河北省职业院校在线精品课程

职业教育机电类专业系列教材

电路分析与应用

第三版

沈　翃　马智浩　主　编
李　策　李文超　胡　洋　副主编
陈昌建　主　审

化学工业出版社
·北京·

内容简介

本教材实现互联网+（智慧职教 MOOC 学院）与传统教育的完美融合，本课程是河北省职业院校在线精品课程，采用“纸质教材+数字课程”的出版形式，扫描二维码，即可观看微课、动画、仿真及综合实训等数字资源。本书以应用知识为主，注重理论联系实际，全书共有九章：包括电路基本概念和定律、直流电阻电路的分析、正弦交流电路的稳态分析、谐振电路、互感耦合电路、二端口网络、非正弦周期电流电路、线性电路过渡过程的时域分析、线性电路过渡过程的复频域分析等。章前有哲思语录和科学家简介，有知识导图、学习目标、本章内容介绍，节后有思考与讨论，每章有知识梳理与学习导航、习题。书后附有习题参考答案等，以便教师在使用时能够科学、有效地组织教学。

本教材在编写中注重保持知识的系统性和完整性的基础上，尽量压缩、简化理论推导过程，增加一些实用性较强、与生产实践相近的实例，力求通俗易懂，以适应高职高专学生的学习需求，为学习后续课程打下基础，并为学生对小产品、小制作和创新的实践能力培养打下基础。

本书可作为高等职业院校、成人高校及应用型本科院校举办的二级职业技术学院电气、电子、计算机类专业的基础课教材，也可以作为非电类专业的公共基础课教材，还可供有关工程技术人员参考学习或作为专接本辅导用书。

图书在版编目（CIP）数据

电路分析与应用/沈翃，马智浩主编．—3 版．—北京：化学工业出版社，2022.4

河北省职业院校在线精品课程　职业教育机电类专业系列教材

ISBN 978-7-122-42740-3

Ⅰ.①电…　Ⅱ.①沈…②马…　Ⅲ.①电路分析-高等职业教育-教材　Ⅳ.①TM133

中国国家版本馆 CIP 数据核字（2023）第 049367 号

责任编辑：廉　静　张双进　　　　装帧设计：王晓宇
责任校对：刘　一

出版发行：化学工业出版社（北京市东城区青年湖南街 13 号　邮政编码 100011）
印　　装：三河市延风印装有限公司
787mm×1092mm　1/16　印张 18½　字数 456 千字　2023 年 6 月北京第 3 版第 1 次印刷

购书咨询：010-64518888　　　　售后服务：010-64518899
网　　址：http：//www.cip.com.cn
凡购买本书，如有缺损质量问题，本社销售中心负责调换。

定　　价：56.00 元

前　言

本次修订主要是为了适应高职高专教育人才培养模式和教学内容体系改革的需要。加强课程思政，通过课程实现育人的理念和实践，课程思政做到润物细无声，有效融入而不是叠加。教材在教学中能够文理交融（课程思政），通过教材中的哲思语录和科学家简介，运用人文思想去诠释某些工科理论和现象，展现事理之间的相通性，体现人类探索知识的轨迹、凝练知识的智慧、应用知识的历程，丰富学生的人文情怀。

第三版保持了第二版条理清楚、概念阐述清楚、简洁明了的特色，并在第二版基本内容体系与讲解风格的基础上又做了补充。本书第三版与前二版相比，主要有以下特点。

① **立足专业，紧贴大纲，点到为止。**本书依据职业院校电类专业课程标准的要求，精挑细选课程内容，并在降低难度上下功夫，每章前增加知识导图，在编写教材时尽量以实物图、示意图“说话”，力求让学生知道图中的实物是什么，用在哪里，优缺点是什么，什么样的操作不能做。

② **密切联系生产和生活实际。**例如：第一章的功率计算及电源、负载的判别；第二章测量技术中常用的可以测量温度的电桥电路；第三章的三相功率的测量；第四章的谐振电路的应用；第五章的同名端的测量及变压器；第六章的电抗移向器、滤波器；第七章的非正弦周期信号的频谱图；第八章的衰减震荡器；第九章的微分电路与积分电路等。教材在讲述理论时，随时引入应用实例，使得教学内容更加生动实用，体现了课程教学的职业教育特色。

③ **本书得益于现代信息技术的飞速发展。**对各章节的知识点、技能点进行动画、虚拟仿真，把抽象的知识形象化，便于学生理解与掌握。通过这种教学安排，激发学生的求知欲，提高了学习兴趣，从而提升教学效果。教材整体分为基础篇和拓展篇两部分。基础篇（前五章）是必学模块，拓展篇（后四章）是在必学模块基础上专接本及专业方向进行的拓展与加深，本书的参考学时数为60～90学时，各校、各专业可根据自己的实际情况制定教学方案，也可用作学生专接本考试的学习用书。

④ **本教材实现互联网与传统教育的完美融合**，采用“纸质教材＋数字课程”的出版形式，扫描二维码，即可观看微课、动画、仿真等数字资源，随扫随学，突破传统课堂教学的时空限制，激发学生自主学习，打造高效课堂；也可采用线上与线下结合的教学方法，将课堂教学与网上资源进行有机整合，便于实现翻转课堂教学与学习。可使用移动学习APP工具开展混合式教学，以课堂互动性、参与感为重点，贯穿课前、课中、课后的学习。本书配套大量的教学资源，包括教学课件、微课、动画、仿真、习题答案、技能操作视频、教学大纲和授课计划等，读者可以到“智慧职教MOOC学院”平台，申请加入《电路分析与应用》课程进行学习。本课程是河北省职业院校在线精品课程。

本书由沈翃、马智浩担任主编，由李策、李文超、胡洋担任副主编。参加编写人员有梁向东、李明卉、董建昭、任立平。编写人员及分工：马智浩编写第一章和第七章；李策编写第三章；李文超编写第四章；胡洋编写第五章；梁向东编写第六章；李明卉编写第八章；董建昭编写第九章、任立平编写习题参考答案、附录及所有高等数学内容；沈翃编写第二章并统编全书。

本书由陈昌建教授担任主审，她认真仔细地审阅了全书，并提出了许多宝贵意见，在此表示诚挚的谢意。

由于编者水平有限，不妥之处在所难免，恳请同行和读者指正。

编者　**2022 年 6 月**

资源对照表

二维码编号	资源名称	类型	页码
1	1.1　电路和电路模型——知识素养	pdf	4
2	1.2　电路和电路模型——微课	mp4	4
3	1.3　电路的基本物理量——知识素养	pdf	5
4	1.4　电路的基本物理量——微课	mp4	5
5	1.5　电路的基本物理量——课件	pdf	5
6	1.6　电阻元件和欧姆定律——知识素养	pdf	10
7	1.7　电阻元件和欧姆定律——微课	mp4	10
8	1.8　电阻元件和欧姆定律——课件	pdf	10
9	1.9　仿真实训：电路元件伏安特性测绘——动画	mp4	11
10	1.10　仿真：电路元件伏安特性测绘——课件	pdf	11
11	1.11　电压源与电流源——知识素养	pdf	12
12	1.12　电压源与电流源——微课	mp4	12
13	1.13　电压源与电流源——课件	pdf	12
14	1.14　基尔霍夫定律——知识素养	pdf	13
15	1.15　基尔霍夫定律——微课	mp4	13
16	1.16　基尔霍夫定律——课件	pdf	13
17	1.17　仿真实训：基尔霍夫定律——动画	mp4	16
18	1.18　仿真：基尔霍夫定律——课件	pdf	16
19	1.19　电位的分析与计算——知识素养	pdf	16
20	1.20　电位的分析与计算——微课	mp4	16
21	1.21　电位的分析与计算——课件	pdf	16
22	1.22　综合实训：电位与电压测量——视频	mp4	17
23	1.23　综合实训：电位与电压测量——课件	pdf	17
24	2.1　电阻的串联、并联和混联——知识素养	pdf	26
25	2.2　电阻的串联、并联和混联——课件	pdf	26
26	2.3　电阻的串联、并联和混联——微课	mp4	26
27	2.4　电阻的Y形连接与△形连接的等效变换——知识素养	pdf	30
28	2.5　电阻的Y形连接与△形连接的等效变换——课件	pdf	30
29	2.6　电阻的Y形连接与△形连接的等效变换——微课	mp4	30
30	2.7　电源模型及等效变换——知识素养	pdf	32
31	2.8　电源模型及等效变换——课件	pdf	32
32	2.9　电源模型及等效变换——微课	mp4	32
33	2.10　支路电流法——知识素养	pdf	36
34	2.11　支路电流法——课件	pdf	36
35	2.12　支路电流法——微课	mp4	36
36	2.13　网孔电流法——知识素养	pdf	39
37	2.14　网孔电流法——微课	mp4	39
38	2.15　网孔电流法——课件	pdf	39
39	2.16　节点电位法——知识素养	pdf	41
40	2.17　节点电位法——微课	mp4	41
41	2.18　节点电位法——课件	pdf	41
42	2.19　叠加定理——知识素养	pdf	45
43	2.20　叠加定理——微课	mp4	45
44	2.21　叠加定理——课件	pdf	45
45	2.22　仿真实训：叠加定理——动画	mp4	46
46	2.23　仿真：叠加定理——课件	pdf	46
47	2.24　戴维南定理——知识素养	pdf	49

续表

二维码编号	资源名称	类型	页码
48	2.25 戴维南定理——微课	mp4	49
49	2.26 戴维南定理——课件	pdf	49
50	2.27 仿真实训:戴维南定理——动画	mp4	50
51	2.28 仿真:戴维南定理——课件	pdf	50
52	2.29 综合实训:戴维南定理测量——视频	mp4	50
53	2.30 负载获得最大功率的条件——知识素养	pdf	53
54	2.31 负载获得最大功率的条件——微课	mp4	53
55	2.32 负载获得最大功率的条件——课件	pdf	53
56	2.33 受控源——知识素养	pdf	55
57	2.34 受控源——微课	mp4	55
58	2.35 受控源——课件	pdf	55
59	3.1 正弦交流电的基本概念——知识素养	pdf	69
60	3.2 正弦量的基本概念——微课	mp4	69
61	3.3 正弦量的基本概念——课件	pdf	69
62	3.4 正弦量的相量表示——知识素养	pdf	73
63	3.5 正弦量的相量表示——微课	mp4	73
64	3.6 正弦量的相量表示——课件	pdf	73
65	3.7 电容元件和电感元件——知识素养	pdf	77
66	3.8 电容元件与电感元件——微课	mp4	77
67	3.9 电容元件与电感元件——课件	pdf	77
68	3.10 正弦交流电路中的电阻——知识素养	pdf	84
69	3.11 单一参数电路元件中的纯电阻元件——微课	mp4	84
70	3.12 单一参数电路元件中的纯电阻元件——课件	pdf	84
71	3.13 正弦交流电路中的电感——知识素养	pdf	85
72	3.14 单一参数电路元件中的纯电感元件——微课	mp4	85
73	3.15 单一参数电路元件中的纯电感元件——课件	pdf	85
74	3.16 正弦交流电路中的电容——知识素养	pdf	87
75	3.17 单一参数电路元件中的纯电容元件——微课	mp4	87
76	3.18 单一参数电路元件中的纯电容元件——课件	pdf	87
77	3.19 基尔霍夫定律相量形式——知识素养	pdf	90
78	3.20 基尔霍夫定律相量形式——微课	mp4	90
79	3.21 基尔霍夫定律相量形式——课件	pdf	90
80	3.22 复阻抗与复导纳——知识素养	pdf	92
81	3.23 复阻抗与复导纳——微课	mp4	92
82	3.24 复阻抗与复导纳——课件	pdf	92
83	3.25 仿真:RLC串联电路相位观察——动画	mp4	93
84	3.26 正弦电路的功率——知识素养	pdf	100
85	3.27 正弦电路的功率——微课	mp4	100
86	3.28 正弦电路的功率——课件	pdf	100
87	3.29 功率因数提高——知识素养	pdf	104
88	3.30 功率因数提高——微课	mp4	104
89	3.31 功率因数提高——课件	pdf	104
90	3.32 三相电源——知识素养	pdf	106
91	3.33 三相电源——微课	mp4	106
92	3.34 三相电源——课件	pdf	106
93	3.35 三相负载的连接——知识素养	pdf	109
94	3.36 三相负载的连接——微课	mp4	109
95	3.37 三相负载的连接——课件	pdf	109
96	3.38 仿真:三相交流电路电压电流的测量——动画	mp4	114
97	3.39 三相功率的计算——知识素养	pdf	116

续表

二维码编号	资源名称	类型	页码
98	3.40　三相负载功率的分析与计算——微课	mp4	116
99	3.41　三相负载功率的分析与计算——课件	pdf	116
100	3.42　仿真:三相交流电路功率的测量——动画	mp4	116
101	3.43　综合实训:三相电路连接测量——视频	mp4	116
102	4.1　串联谐振特征——知识素养	pdf	127
103	4.2　串联谐振特征——微课	mp4	127
104	4.3　串联谐振特征——课件	pdf	127
105	4.4　仿真:PLC 串联谐振电路——动画	mp4	127
106	4.5　串联谐振电路的谐振曲线与通频带——知识素养	pdf	130
107	4.6　串联谐振电路的谐振曲线与通频带——微课	mp4	130
108	4.7　串联谐振电路的谐振曲线与通频带——课件	pdf	130
109	4.8　并联谐振——知识素养	pdf	134
110	4.9　并联谐振——微课	mp4	134
111	4.10　并联谐振——课件	pdf	134
112	4.11　仿真:RLC 并联谐振电路——动画	mp4	134
113	4.12　谐振的应用——知识素养	pdf	139
114	4.13　谐振的应用——微课	mp4	139
115	4.14　谐振的应用——课件	pdf	139
116	4.15　综合实训:谐振电路测量——视频	mp4	139
117	5.1　互感与互感系数——知识素养	pdf	145
118	5.2　互感与互感系数——微课	mp4	145
119	5.3　互感与互感系数——课件	pdf	145
120	5.4　同名端——知识素养	pdf	148
121	5.5　同名端——微课	mp4	148
122	5.6　同名端——课件	pdf	148
123	5.7　互感线圈的连接——知识素养	pdf	150
124	5.8　互感线圈的连接——微课	mp4	150
125	5.9　互感线圈的连接——课件	pdf	150
126	5.10　变压器——知识素养	pdf	155
127	5.11　变压器——微课	mp4	155
128	5.12　变压器——课件	pdf	155
129	5.13　变压器变换电压电流作用——动画	mp4	155
130	5.14　仿真:变压器变换阻抗作用——动画	mp4	155
131	5.15　综合实训:变压器测量——视频	mp4	155

目　录

基础篇

拓 展 篇

基础篇

哲思语录：合抱之木，生于毫末；九层之台，
起于累土；千里之行，始于足下。

科学家简介

瓦特（James Watt，詹姆斯·瓦特 1736 年 1 月 19 日～1819 年 8 月 19 日），英国皇家学会院士，爱丁堡皇家学会院士，是苏格兰著名的发明家和机械工程师。1776 年制造出第一台有实用价值的蒸汽机，以后又经过一系列重大改进，使之成为“万能的原动机”，在工业上得到广泛应用。他提出马力的概念以及以他名字命名的功的国际标准单位——瓦特，瓦特是国际单位制中功率和辐射通量的计量单位。

瓦特生于英国格拉斯哥。他对当时已出现的蒸汽机原始雏形作了一系列的重大改进，发明了单缸单动式和单缸双动式蒸汽机，提高了蒸汽机的热效率和运行可靠性，对当时社会生产力的发展作出了杰出贡献。他改良了蒸汽机、发明了气压表、气动锤。美国人富尔顿发明了用瓦特蒸汽机作动力的轮船；英国人史蒂芬逊发明了用瓦特蒸汽机作动力的火车。蒸汽机车加快了 19 世纪的运输速度：蒸汽机→蒸汽轮机→发电机，蒸汽为第二次工业革命即电力发展铺平了道路。在瓦特的讣告中，对他发明的蒸汽机有这样的赞颂：“它武装了人类，使虚弱无力的双手变得力大无穷，健全了人类的大脑以处理一切难题。它为机械动力在未来创造奇迹打下了坚实的基础，将有助于报偿后代的劳动。”

欧姆（Georg Simon Ohm，乔治·西蒙·欧姆 1787 年 5 月 16 日～1854 年 7 月 7 日）一个天才的研究者是德国物理学家，最主要的贡献是通过实验发现了电流公式，后来被称为欧姆定律。为纪念其重要贡献，人们将其名字作为电阻单位。欧姆的名字也被用于其他物理及相关技术内容中，比如“欧姆接触”、“欧姆杀菌”、“欧姆表”等。

欧姆生于德国埃尔兰根城，1826 年，欧姆发现了电学上的一个重要定律——欧姆定律，这是他最大的贡献。这个定律在我们今天看来很简单，然而它的发现过程却并非如一般人想象的那么简单。欧姆为此付出了十分艰巨的劳动。在那个年代，人们对电流强度、电压、电阻等概念都还不大清楚，特别是电阻的概念还没有，当然也就根本谈不上对它们进行精确测量了；况且欧姆本人在他的研究过程中，也几乎没有机会跟他那个时代的物理学家进行接触，他的这一发现是独立进行的。欧姆独创地运用库仑的方法制造了电流扭力秤，用来测量电流强度，引入和定义了电动势、电流强度和电阻的精确概念。1826 年，他把研究成果写成题目为《金属导电定律的测定》的论文，发表在德国《化学和物理学杂志》上。欧姆在 1827 年出版的《动力电路的数学研究》一书中，从理论上推导了欧姆定律，此外他对声学也有贡献。欧姆定律及其公式的发现，给电学的计算带来了很大的方便。1841 年，英国皇家学会授予他科普利金质奖章，并且宣称欧姆定律是“在精密实验领域中最突出的发现”，他得到了应有的荣誉。1854 年，欧姆在德国逝世。十年之后英国科学促进会为了纪念他，决定用欧姆的名字作为电阻单位的名称。

第一章　电路基本概念和定律

☼知识导图

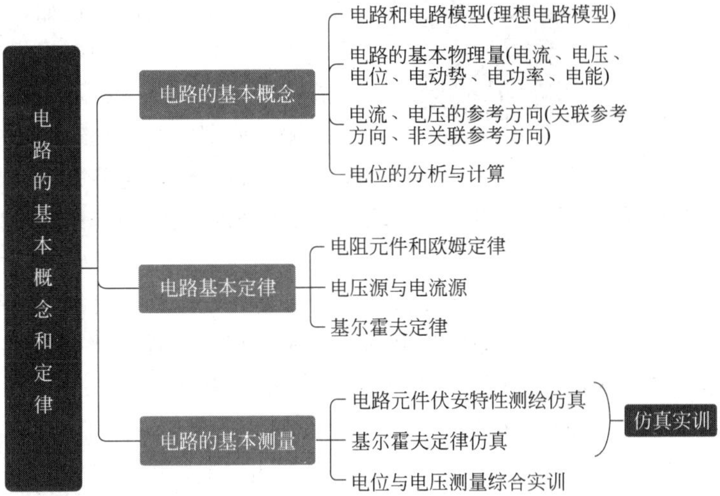

☼学习目标

☆知识目标：①理解电路与电路模型的概念；
②理解电流、电压、功率的定义及其相互关系；
③理解电压、电流参考方向的概念；
④理解电阻元件和欧姆定律；
⑤理解电源的特点及输出的电压与电流的关系；
⑥理解基尔霍夫定律；
⑦理解直流电路中各点电位的分析方法。

☆技能目标：①掌握欧姆定律的应用计算方法；
②掌握电压源、电流源的属性和端口对外特性（VCR）；
③熟练掌握基尔霍夫定律分析计算电路；
④熟练掌握功率的计算及元件状态的确定；
⑤熟练掌握直流电路中电位的计算方法；
⑥掌握直流电流、直流电压和直流电位的测量方法。

☆培养目标：①培养学生自主学习的习惯；
②培养学生勤于思考、做事认真的良好作风；
③培养学生团队合作精神，具备与人沟通和协调的能力。

本章主要介绍了电路的基本概念和基本变量，阐明电路中电流、电压应服从的基本规律，即它们的约束关系。同时讨论电阻、电压源和电流源等常见理想电路元件，这是分析与计算电路的基础。本章介绍基本概念：电路、电路模型、电路图；基本物理量：电流、电压、电位、电功率；基本元件：电阻、电压源、电流源；基本定律：欧姆定律、基尔霍夫定律。

第一节　电路和电路模型

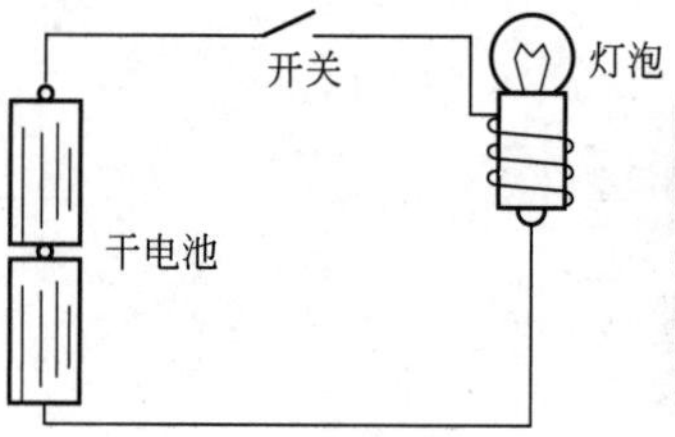

图 1-1　手电筒电路

知识素养

1.1　电路和电路模型

一、电路

人们在日常生活、生产、科研中广泛地使用着种类繁多的电路。例如，为了采光而使用的照明电路；收音机和电视机中将微弱信号进行放大的电路；从各种不同信号中选取所需信号的输入调谐电路；交通运输中使用的各种信号控制电路；传输电能的超高压输电线路；自动化生产线上有各种专门用途的电路等。总之，人们的日常生活和国民经济的发展离不开各种电路。

电路是由电器设备和元器件按一定方式连接起来，为电流流通提供了路径的总体，也叫网络。电路中供给电能的设备和器件称为电源，电路中使用电能的设备或元器件称为负载，手电筒电路（见图 1-1）就是一个简单的实用电路。这个电路是由一个电源（干电池）、一个负载（小灯泡）、一个开关和连接导体（手电筒金属壳或金属条）组成。

二、电路模型

实际电路中元件虽然种类繁多，但在电磁现象方面却有共同之处。有的元件主要消耗电能，如各种电阻器、电灯、电烙铁、电炉等；有的元件主要储存磁场能量，如各种电感线圈；有的元件主要储存电场能量，如各种类型的电容器；有的元件和设备主要供给电能，如电池和发电机。为了便于对电路进行分析和计算，常把实际的元件加以近似化、理想化，在一定的条件下忽略其次要性质，用足以表征其主要特征的“模型”来表示，即用理想元件来表示。例如，用“电阻元件”这样一个理想电路元件来反映消耗电能的特征，因为当电流通过电阻器时，在它内部进行着把电能转换成热能等不可逆过程。这样，在电源频率不十分高的电路中所有的电阻器、电烙铁、电炉等实际电路元器件，都可以用“电阻元件”这个模型来近似地表示。同样，在一定条件下，线圈可以用“电感元件”来近似地表示；电容器可以用“电容元件”来近似地表示。

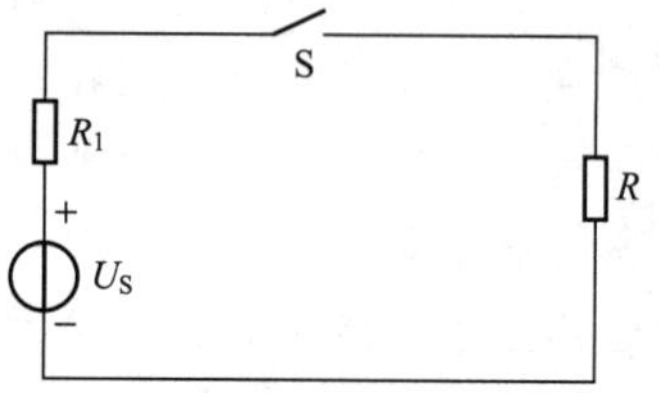

图 1-2　电路模型

微课

1.2　电路和电路模型

这种由理想元件构成的电路，称为实际电路的“电路模型”。图 1-2 就是图 1-1 的电路模型。

三、应用示例

当今，在人类社会生活的各个领域，电无处不在。在电子、电气技术的应用中，从简单到复杂，从手动到自动，从模拟到数字，电子技术越来越先进，应用也越来越广泛。如图 1-3 所示，在电力系统、洗衣机、电冰箱、汽车、电脑、手机等应用中，涉及电的技术已经相当现代化。面对各式各样的实际电路，我们如何了解电路的性能？如果出现了故障，如何把它修好？如何设计一个新电路？为了解决这些问题，作为工程技术人员，必须认真学习电路的基本知识，掌握分析电路的基本方法。

图 1-3　电的广泛应用

【思考与讨论】

1. 举一生活中的电路实例，分析它是由哪几部分组成？各部分的作用是什么？
2. 绘出一个简单的实际电路模型。
3. 一个实际电路器件是否只能由一个理想电路元件来抽象？为什么？试举例说明。

第二节　电路的基本物理量

知识素养 1.3　电路的基本物理量

微课 1.4　电路的基本物理量

课件 1.5　电路的基本物理量

一、电流

电荷做有规则的定向运动形成电流。在金属导线中，电流是由带负电的电子的定向运动所形成，而在电解液和气态导体中，电流则是由正、负离子以及电子的定向运动所形成。习惯上把正电荷运动的方向规定为电流的实际方向。实践表明，正电荷沿某一方向运动和等量的负电荷朝反方向运动所产生的电效应是一样的，因此，如果电流是由电子的定向运动形成，那么，该电流的实际方向可以认为是电子运动的反方向，如图 1-4 所示。

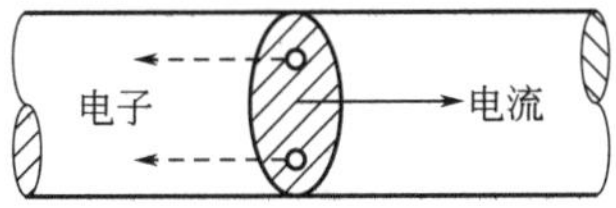

图 1-4　电荷的定向运动

如果在同一段时间内流过导体横截面的电荷量不一样，则导体中电流的大小是不相同的，因此，引入了电流这一物理量来表征电流的大小。设在一段时间 Δt 内，通过导体横截面的电量为 Δq，则电流 i 定义为

$$i=\lim_{\Delta t\to 0}\frac{\Delta q}{\Delta t}=\frac{\mathrm{d}q}{\mathrm{d}t} \tag{1-1}$$

式中　q——电荷量，C（库仑）；

t——时间，s（秒）；

i——电流，A（安培）。

在实际使用中，电流强度还会用到较小一些的单位：mA（毫安）和 μA（微安），它们之间的换算关系如下。

$$1\text{A}=1000\text{mA}$$
$$1\text{mA}=1000\mu\text{A}$$

大小和方向均不随时间改变的电流称为恒定电流，简称直流，常用字母 DC 来表示。显然，对于恒定电流，在任意相同时间间隔 Δt 内通过导体横截面的电荷量 Δq 都是相同的，式(1-1) 可以简化为

$$I=\frac{\Delta q}{\Delta t}=\text{恒量} \tag{1-2}$$

注意：用大写字母 I 表示恒定电流，小写字母 i 表示变化电流。

大小和方向随时间变化的电流叫变动电流。在变动电流中有一种呈周期性变化且一个周期内平均值为零的电流称为交变电流，简称交流，常用字母 AC 来表示。正弦交流是一种常见的、典型的交变电流。本书第三章将详细讨论正弦交流电路。

二、电压

从物理课中已经知道，电荷在电场力的作用下移动，电场力要做功。在电路中，电场力将单位正电荷从 A 点移到 B 点所做的功称为 A、B 两点间的电压。设有正电荷 dq 在电场力的作用下，从 A 点移到 B 点，电场力做的功为 dw，则 A、B 两点间的电压为

$$u_{\text{AB}}=\frac{\text{d}w}{\text{d}q} \tag{1-3}$$

式中，w 的单位是 J（焦耳）；q 的单位是 C（库仑）；u_{AB} 的单位是 V（伏特）。在实际使用中，电压还会用到较大的单位 kV（千伏）和较小的单位 mV（毫伏）、μV（微伏），它们之间的换算关系如下。

$$1\text{kV}=1000\text{V}$$
$$1\text{V}=1000\text{mV}$$
$$1\text{mV}=1000\mu\text{V}$$

电压的实际方向规定为正电荷在电场中受电场力作用而移动的方向。

如果电压的大小和方向均不随时间改变，则称为直流电压。显然，对于直流电压，在任何时刻电场力将电荷 q 从 A 点移到 B 点所做的功都是相同的，式(1-3) 可以简化成

$$U_{\text{AB}}=\frac{w}{q} \tag{1-4}$$

与前面讨论电流时一样，用大写字母 U 代表直流电压，为了区别，小写字母 u 代表变化的电压。

电压总是对电路中两点而言，所以通常用带双下标的字母来表示，且双下标字母的顺序与计算该电压时两点之间的顺序相对应。设正电荷 q 从 A 点运动到 B 点电场力做正功 dw，那么，该电荷从 B 点回到 A 点时将克服电场力而做功 dw_{BA} 或者说电场力将做负功 dw_{BA}。根据物理学的知识可知，d$w_{\text{AB}}=-$dw_{BA}，于是有

$$u_{\text{BA}}=\frac{-\text{d}w_{\text{AB}}}{q}=\frac{+\text{d}w_{\text{BA}}}{q}=-u_{\text{AB}} \tag{1-5}$$

由此可知，改变电压起点与终点的顺序，电压的数值不变，但要相差一个负号。

三、电位

在电子线路中，经常会遇到需要测量或分析电路中各点与某个固定点之间电压的情况，此时往往把该固定点称为参考点，而把电路中各点与参考点之间的电压称为各点的电位。电位通常用字母 V 表示，如 A 点的电位记作 V_A。电位与电压的单位相同。

参考点在电路图中常用符号“⊥”表示。当参考点选定以后，电路中各点的电位便有一固定的数值。下面来研究电路中任意两点 A 和 B 的电位（V_A 和 V_B）与这两点的电压（u_{AB}）之间的关系。设在图 1-5 所示的一段电路中取 O 点为参考点，于是有

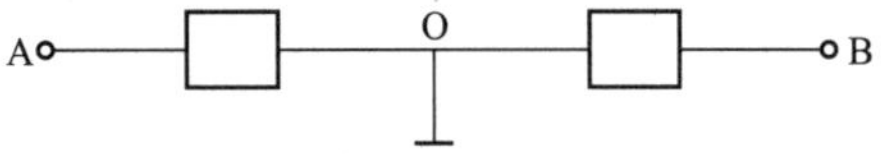

图 1-5　电位表示方法

$$V_A = u_{AO},\ V_B = u_{BO}$$

A、B 两点的电位差为

$$V_A - V_B = u_{AO} - u_{BO} = u_{AO} + u_{OB}$$

这里 $u_{AO} + u_{OB}$ 就是电场力将单位正电荷从 A 点经过 O 点再移到 B 点所做的功，也就是 A、B 两点之间的电压 u_{AB}，即有

$$u_{AB} = V_A - V_B \tag{1-6}$$

这就是说，电路中两点之间的电压等于该两点之间的电位差。在电场力的作用下，正电荷总是从高电位点移向低电位点，因此在引入了电位概念之后，也可以说，电压的实际方向是由高电位点指向低电位点。这种对电压方向的规定更加实用。

电路中各点的电位值与参考点的选择有关，当所选的参考点变动时，各点的电位值将随之变动，因此，在电路中不指定参考点而谈论各点的电位是没有意义的。另外，参考点本身的电位为零，即 $V_O = 0$，所以参考点也叫零电位点。

四、电流与电压的参考方向

电流和电压是电路分析中通常需要求解的物理量，常称为电路变量。前面对这些电路变量的方向做了明确的规定。在简单的电路里，电流和电压的实际方向往往可以明显地预见到，但对比较复杂的电路，却很难直观地判断出它们的实际方向，有时电流、电压的方向还在不断地改变，更是无法在电路中用一个固定的箭头来表示它们的真实方向。在这种情况下，可以先任意选取一个方向作为电流（或电压）的方向并标注在电路上，根据这个方向再结合有关的电路定律进行分析、计算。这个任意选取的方向称为参考方向。若据此而求得的电流（或电压）为正值，则其实际方向与设定的参考方向相同；若求得的电流（或电压）为负值，则其实际方向与设定的参考方向相反。

参考方向在电路中一般用实线箭头表示，也可以用双下标表示，如 i_{AB}、u_{AB} 等，其参考方向表示由 A 指向 B。除此以外，电压参考方向还可以用“参考极性”的标注方法来表示，即在电路或元件两端标以“+”“−”符号，“+”号表示假设为高电位端，“−”号表示假设为低电位端，由高电位端指向低电位端的方向就是假设的电压的参考方向，这是较常用的一种电压参考极性的表示方法，如图 1-6 所示。

电流参考方向和电压参考方向可以任意选定，为了方便起见，往往将一段电路或一个元件上的电流和电压的参考方向选成一致，电流和电压的这种参考方向称为关联参考方向，简称关联方向，电压和电流的关联参考方向如图 1-7 所示，本书中未特别说明，均采用关联参考方向。

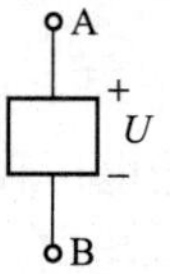

图 1-6　电压参考极性的表示方法（方框代表一个元件或一段电路）

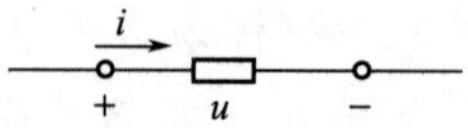

图 1-7　电压和电流的关联参考方向

参考方向是进行电路分析、计算的一个重要概念。在选取一定参考方向的前提下，电流、电压都是代数量，其实际方向由参考方向与该代数量的正、负来决定。不规定参考方向而去谈论一个电流或电压值是没有意义的。读者应注意养成习惯，每提及一个电流或电压，应同时指明其参考方向；每求解一个电流或电压，应预先设定其参考方向。

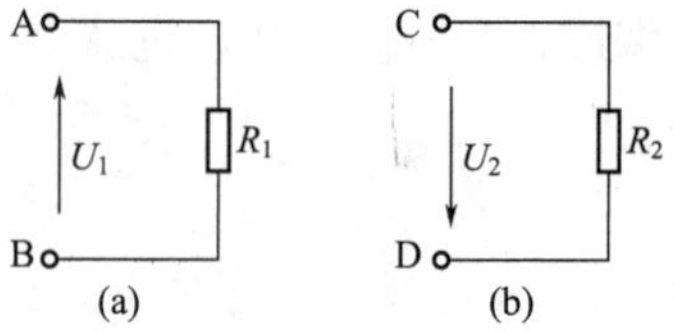

图 1-8　例 1-1 图

【例 1-1】 在如图 1-8 所示的电路中，已知 $U_1=-100\text{V}$，$U_2=200\text{V}$，求 U_{AB} 和 U_{CD} 各为多少？

解　U_1 和 U_2 是以图中箭头的方向为其参考方向，现 U_{AB} 表示的参考方向与 U_1 的箭头方向相反［图 1-8(a)］，U_{CD} 表示的参考方向与箭头方向一致［图 1-8(b)］，故有

$$U_{AB}=-U_1=-(-100\text{V})=100\text{V}$$

$$U_{CD}=U_2=200\text{V}$$

五、电能与电功率

1. 电能

电流通过电路元件时，电场力要做功。当有电流从元件的高电位端流入，低电位端流出，即有正电荷从元件的“+”端移到“−”端时，电场力做正功，电能转化为其他形式的能量。例如，电流流过电阻元件时电能转化为热能，或者电流流过被充电的电池时电能转换为化学能，此时元件消耗电能，见图 1-9(a)。相反，当电流从元件的低电位端流入，高电位端流出，即有正电荷从元件的“−”端移到“+”端时，电场力做负功，元件将其他形式的能量转换为电能，例如正在供电的电源，此时元件向外提供电能，如图 1-9(b) 所示。

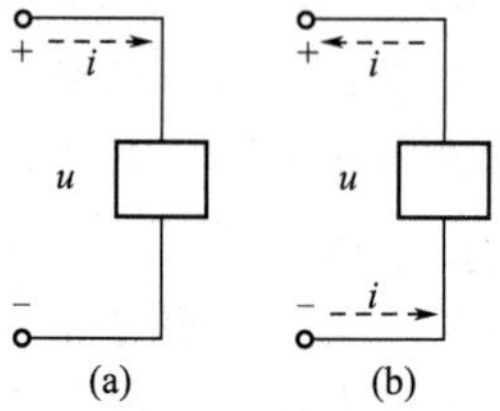

图 1-9　元件性质的确定

设在 dt 时间内，有正电荷 dq 从元件的“+”端移到“−”端，若元件两端的电压为 u，则电场力移动电荷做的功为

$$\mathrm{d}w=u\,\mathrm{d}q=ui\,\mathrm{d}t \tag{1-7}$$

即在 dt 时间内，元件消耗了电能 dw。如果正电荷 dq 是从元件的“−”端移到“+”端，则电场力做负功，dw 表示元件提供电能。

在直流的情形下，电压 U 和电流 I 都是常量，根据式(1-7)，电场力做的功为

$$W=\int_0^t \mathrm{d}w=\int_0^t ui\,\mathrm{d}t=UIt \tag{1-8}$$

至于元件是消耗电能还是提供电能，则要视电压与电流的实际方向而定，在电压和电流取关联参考方向时，若算得 $W>0$，说明 U、I 实际方向与参考方向一致，即有电流从元

件的高电位端流入、低电位端流出，说明元件消耗电能；若算得 $W<0$ 则说明 U、I 实际方向与参考方向相反，即有电流从元件的低电位端流入、高电位端流出，说明元件向外提供电能。

电功的单位是 J（焦耳），工程上也常用 kW・h（千瓦时，俗称“度”）作单位，它们的换算关系为

$$1\text{kW}\cdot\text{h}=3.6\times10^6\text{J}$$

2. 电功率

为了表示元件消耗或提供电能的快慢，引入了电功率这一物理量，电能对时间的变化率叫电功率。电功率简称为功率，用字母 p 表示，即

$$p=\frac{\mathrm{d}w}{\mathrm{d}t}=ui \tag{1-9}$$

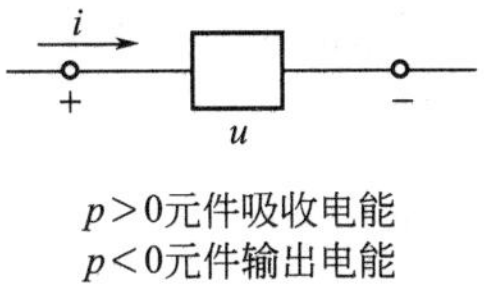

图 1-10　吸收功率与输出功率

同样，当 $p>0$ 时，说明元件消耗电能，为吸收功率；当 $p<0$ 时，则说明元件提供电能，为输出功率，如图 1-10 所示。

如果电流和电压为非关联参考方向时，可将式(1-9) 改写成

$$p=-ui \tag{1-10}$$

这样，$p>0$ 仍然表示元件消耗电能，为吸收功率；$p<0$ 表示元件向外提供电能，为输出功率。

电功率的单位是 W（瓦），在实际使用中还会用到 kW（千瓦）和 mW（毫瓦），它们之间的换算关系如下。

$$1\text{kW}=1000\text{W}$$

$$1\text{W}=1000\text{mW}$$

在直流的情况下，式(1-9) 可写成

$$P=\frac{W}{t}=UI \tag{1-11}$$

即功率在数值上等于单位时间内电路（或元件）所提供或消耗的电能。

六、应用示例

试求图 1-11 中元件的功率。

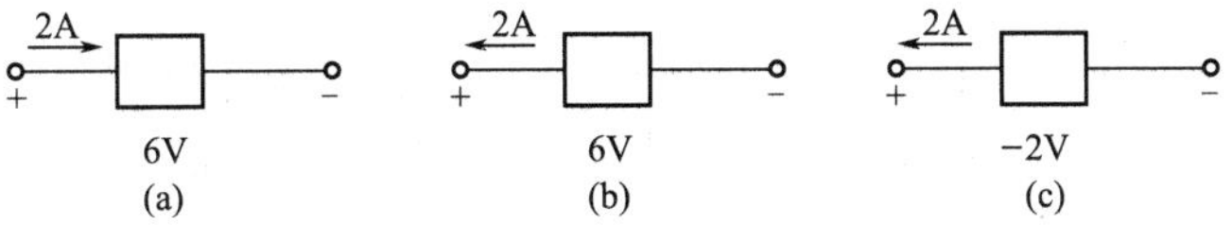

图 1-11　应用示例图

解　图 1-11(a) 为关联参考方向，$P=UI=6\text{V}\times2\text{A}=12\text{W}$($P>0$，元件消耗电能)；

图 1-11(b) 为非关联参考方向，$P=-UI=-6\text{V}\times2\text{A}=-12\text{W}$（$P<0$，元件提供电能）；

图 1-11(c) 为非关联参考方向 $P=-UI=-(-2\text{V})\times2\text{A}=4\text{W}$（$P>0$，元件消耗电能）。

【思考与讨论】

1. 为什么在电路分析计算之前，要标出各处电流、电压的参考方向？

2. 电流、电压和电动势的实际方向是如何规定的？什么叫正方向？为什么要规定正方向？

3. 一个完整的电路中，有的元件吸收功率，有的元件发出功率，各元件吸收的功率与发出的功率应满足什么关系？为什么？

第三节 电阻元件和欧姆定律

知识素养 1.6 电阻元件和欧姆定律

微课 1.7 电阻元件和欧姆定律

课件 1.8 电阻元件和欧姆定律

一、电阻元件

电阻元件是电路的基本元件之一，研究电阻元件的规律是电路分析的基础。

物体对电流的阻碍作用称为电阻，电阻用符号 R 表示，单位是 Ω（欧姆），有时还会用到 kΩ（千欧）和 MΩ（兆欧），换算关系为

$$1\text{k}\Omega = 10^3\,\Omega$$

$$1\text{M}\Omega = 10^6\,\Omega$$

物体的电阻与其本身材料的性质、几何尺寸和所处的环境温度等有关。

$$R = \rho \frac{l}{S} \tag{1-12}$$

式中 ρ——材料的电阻率，Ω·m（欧·米）；

l——电流流过的路径，m（米）；

S——电流流过的横截面积，m^2（平方米）。

电阻的倒数称为电导，用符号 G 表示。

$$G = 1/R \tag{1-13}$$

电导的单位是 S（西门子）。

利用电阻性质所制成的实体元件叫电阻器，实际电阻器在电路中除了电阻性质外还会表现出其他的一些电磁现象。而电阻元件则是从实际电阻器抽象出来的理想化元件，它忽略了一些次要性质。其符号如图 1-12 所示。白炽灯、电炉、电烙铁等以消耗电能而发热或发光为主要特征的一些电路元件在电路模型中都可以用电阻元件来表示。电阻元件也简称为电阻，“电阻”一词既可以指一种元件，又可以指元件的一种性质。

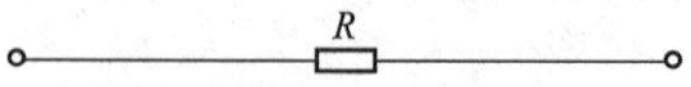

图 1-12 电阻元件的符号

二、欧姆定律

从电路分析的角度来看，对一个元件感兴趣的并非是其内部结构，而是其外部特性，即该元件两端的电压与通过该元件的电流之间的关系，这个关系称为电压电流关系（Voltage-Current Relationship，缩写为 VCR），也叫伏安特性。

1827 年德国物理学家欧姆通过大量的实验，总结出了电阻元件上电压、电流与电阻三者之间关系的规律，即欧姆定律（Ohm’s law）。

当电阻元件上电压与电流取关联参考方向时，如图 1-13(a) 所示，欧姆定律为

图 1-13　欧姆定律图示

$$u=Ri \tag{1-14}$$

当电阻元件上电压与电流取非关联参考方向时，如图 1-13(b) 所示，欧姆定律则为

$$u=-Ri \tag{1-15}$$

在直角平面坐标系中，以电流为横坐标，电压为纵坐标，可画出电阻元件的伏安特性曲线。如电阻 R 的数值不随其上的电压或电流变化，是一常数，则称电阻 R 为线性电阻，其伏安特性为一条过原点的直线，如图 1-14 所示。

实际中的电阻元件或多或少都表现出一定的非线性，这样其伏安特性不再是一条直线，而是一条曲线，如图 1-15 所示是晶体二极管的伏安特性曲线。这种元件称为非线性电阻元件，非线性电阻元件的伏安特性不服从欧姆定律。本书后面所提到的电阻，如无特殊说明，均指线性电阻。

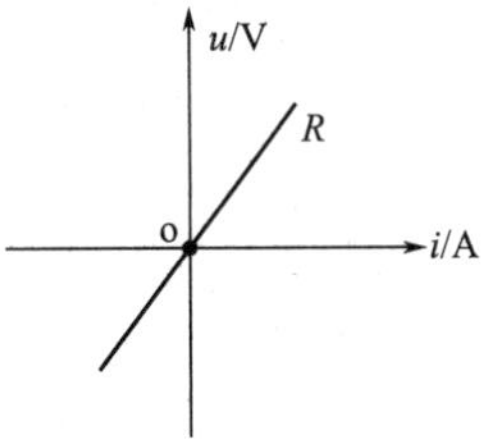

图 1-14　线性电阻的伏安特性

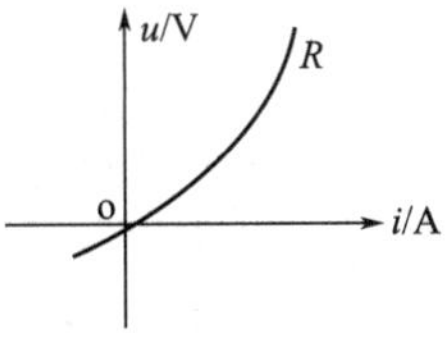

图 1-15　二极管的伏安特性曲线

动画　1.9　仿真实训：电路元件伏安特性测绘

课件　1.10　仿真：电路元件伏安特性测绘

三、应用示例

如图 1-16 所示，求电阻元件上的功率、图 (a) 中 U 和图 (b) 中的 I。

解　图 1-16(a) 中，电压和电流的参考方向关联，则 $U=2\times5\text{V}=10\text{V}$。

$$\begin{aligned}P&=UI\\&=10\times2\text{W}\\&=20\text{W}\end{aligned}$$

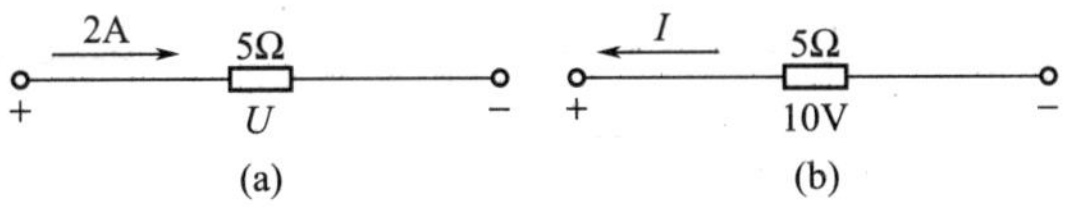

图 1-16　应用示例图

图 1-16(b) 中电压和电流的参考方向为非关联，则 $I=-\frac{10}{5}\text{A}=-2\text{A}$。

$$\begin{aligned}P&=-UI\\&=-10\times(-2)\text{W}\\&=20\text{W}>0\end{aligned}$$

从此例可看出，电阻元件上的功率始终是正值，这说明电阻元件是耗能元件。

【思考与讨论】

1. 电路模型中的电阻元件描述实际电路中哪一种物理现象？哪些实际电路器件可抽象为电阻元件？

2. 在温度一定的条件下，电阻与导体的长度、横截面积及电阻率的关系如何？

3. 某白炽灯额定电压为220V，额定功率为40W，求该白炽灯的电阻值。

第四节　电压源与电流源

知识素养　1.11 电压源与电流源

微课　1.12 电压源与电流源

课件　1.13 电压源与电流源

将各种实际电源发出电能的特性抽象为电压源元件和电流源元件。有的实际电源需要用电压源元件表示其特性，而有的实际电源需要用电流源元件表示其特性。

一、电压源元件

在生产和日常生活中，像发电机、蓄电池等电源设备，当其所带负载在额定范围内且变化不大时，输出的电压基本是稳定的。把在工作时提供的端电压基本稳定的实际电源抽象为电压源元件。

电压源元件的定义：若二端元件输出的端电压保持确定的规律，而与流过的电流无关，则称该元件为电压源元件。可分为时变电压源和时不变电压源，时变电压源的伏安关系如图1-17(a)所示，它的端电压与流过的电流无关，但随时间变化，如图中的 t_1、t_2、t_3 时刻，端电压的大小和方向不同。时不变电压源的伏安关系如图1-17(b)所示，它的端电压的大小和方向与流过的电流无关，且是不随时间变化的常数，即直流电压源。电压源的符号如图1-17(c)所示，u_S 为电压源的电压，若直流电压源时用大写字母 U_S 表示，这是电压源的唯一参数。

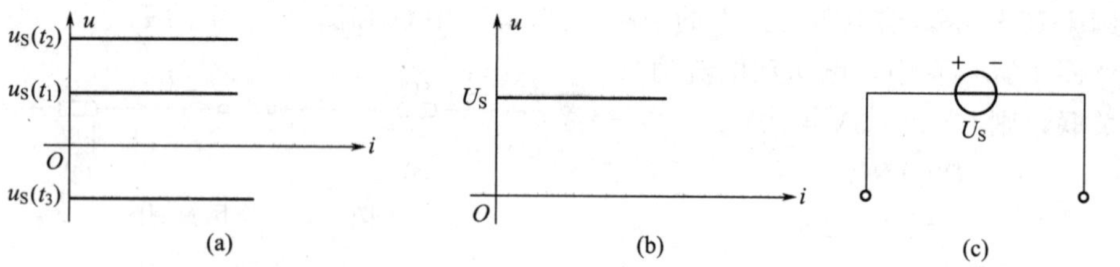

图1-17　电压源的伏安特性及符号

二、电流源元件

有些实际电源在工作时提供的电流基本是稳定的，如光电池、电子技术中的恒流源等，把这些实际电源抽象为电流源元件。

电流源元件的定义：若二端元件输出的电流保持确定的规律，而与两端的电压无关，则称该元件为电流源元件。也可分为时变电流源和时不变电流源，时变电流源的伏安关系如图1-18(a)所示，输出电流与两端电压无关，但随着时间变化，如图中的 t_1、t_2、t_3 时刻，输出电流的大小和方向不同。时不变电流源的伏安关系如图 1-18(b) 所示，输出电流的大小和方向与两端电压无关，且是不随时间变化的常数，即直流电流源。电流源的符号如图 1-18(c) 所示，i_S 为电流源的电流，若直流电流源使用大写字母 I_S 表示，这是电流源的唯一参数。

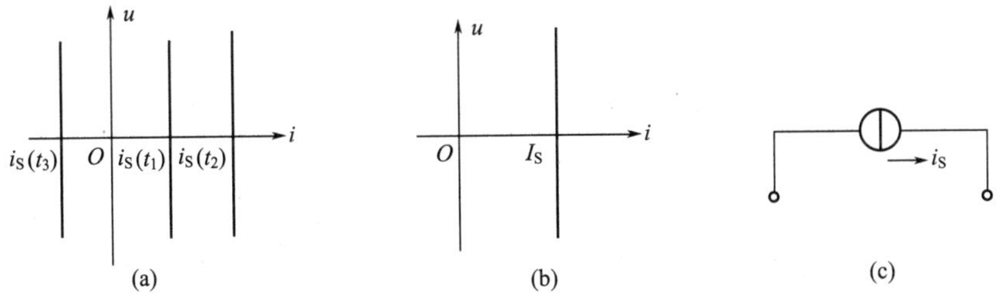

图 1-18　电流源的伏安特性及符号

三、应用示例

电路如图 1-19 所示，分析电路各元件的功率。

解　由于流过电压源的电流由与它相连接的电流源决定，$I=1A$。电压源的电压、电流为关联参考方向，其功率

$$P_U=U_SI=5\times1W=5W>0(\text{吸收})$$

电流源的端电压由与之相连接的电压源决定，$U=5V$。电流源的电压、电流为非关联参考方向，其功率

$$P_1=-UI_S=-5\times1W=-5W<0(\text{发出})$$

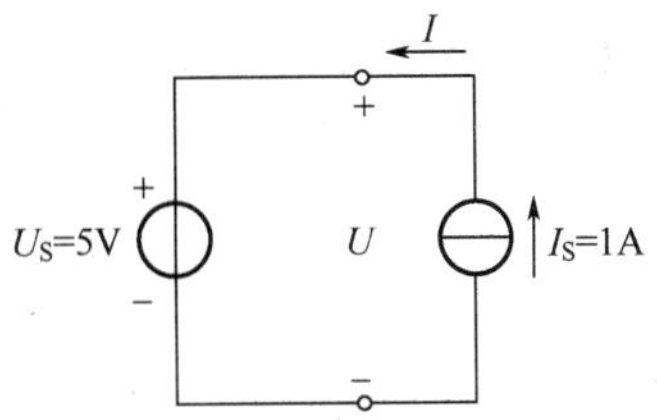

图 1-19　应用示例图

根据能量守恒原理，电路中，一部分元件发出的功率一定等于其他部分元件吸收的功率。或者说，整个电路的功率代数和为零，即功率平衡$\sum P=0$。如该电路中电流源发出的功率全部被电压源所吸收，达到功率平衡。

【思考与讨论】

1. 电压源和电流源的基本性质是什么？各有什么特点？
2. 电压源与其他元件并联、电流源与其他元件串联的等效电路是什么？
3. 电压源中的电流 I 和电流源中的电压 U 由什么决定？

第五节　基尔霍夫定律

知识素养　1.14　基尔霍夫定律

微课　1.15　基尔霍夫定律

课件　1.16　基尔霍夫定律

每个电路元件都有自己的伏安关系，但在电流和电压两个物理量中，只有一个是自由的。只有将元件置于电路以后，元件的电压或者电流的具体数值才能被确定。也就是说，元件的电流和电压除了取决于自身的伏安关系之外，还取决于元件外围的电路结构。这就说明电路中某元件电压和电流的值，需要根据内部的伏安关系和外部电路的制约去确定，即电路

的求解需要依据内部和外部两类约束条件。将元件的伏安关系称为求解电路的内部约束条件，而本节介绍的基尔霍夫定律则是外部约束条件。两类约束条件恰如事物变化的内因和外因，共同决定着电路的求解。

基尔霍夫定律是电路分析的基本定律，分为电流定律和电压定律。讨论之前先介绍几个名词术语。

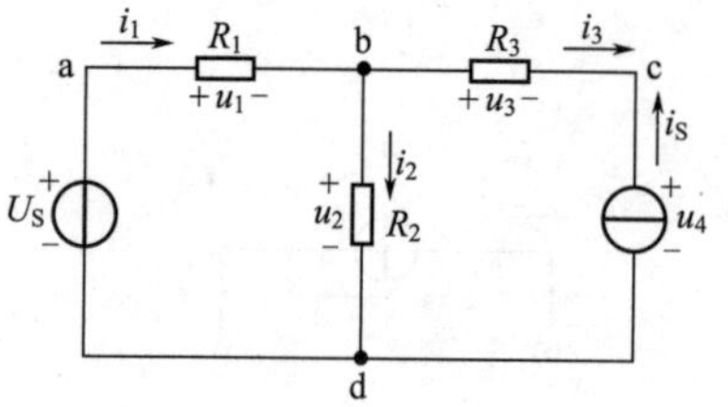

图 1-20　有关名词术语

支路：一个二端元件或同一个电流流过的几个二端元件的连接称为支路，如图 1-20 中有三条支路，bad、bcd 和 bd。

节点：三条及三条以上支路的连接点称为节点。如图 1-20 中有两个节点，b 和 d。

回路：由若干条支路围成的闭合路径称为回路。如图 1-20 中有三个回路，abcda，abda 和 bcdb。

网孔：内部不含有支路的回路称为网孔。如图 1-20 中有两个网孔，abda 和 bcdb。

一、基尔霍夫电流定律

定律内容：在任意时刻，流入电路任意一节点的电流之和等于流出该节点的电流之和。如规定参考方向为流入节点的电流为正、流出节点的电流为负（也可做相反规定），则该定律还可描述为：任一节点的电流代数和为零。定律的一般表达式为

$$\sum_{k=1}^{n} i_k = 0 \tag{1-16}$$

据式(1-16)，对于图 1-20 中的节点 b 有

$$i_1 - i_2 - i_3 = 0$$

也可以把基尔霍夫电流定律（KCL）使用的场合，由节点推广到一封闭的曲面，称为广义节点。例如图 1-21 中，当左右两个电路仅由有下面一条连线相连时，电流 i_1 必然为零，当有上下两条连线相连时，必有

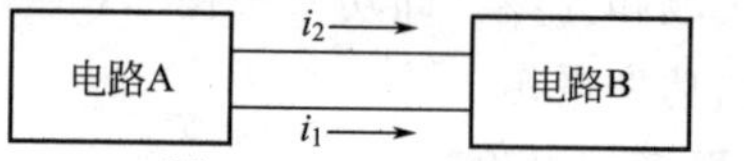

图 1-21　广义节点

$$i_1 + i_2 = 0$$

基尔霍夫电流定律的本质是电荷守恒原理和电流连续性原理，所以它的正确性是显然的。该定律的正确性与构成电路的元件性质无关，也就是说各种类型的元件在电路里都必须服从该定律。

二、基尔霍夫电压定律

定律内容：在任意时刻，从电路任一回路的任一点出发，沿着任意的方向绕行一周，各元件电压升高之和等于电压降低之和。如规定沿着绕行方向电压降低为正，电压升高为负（也可做相反规定），则该定律还可描述为：任一回路的电压代数和为零。定律的一般表达式为

$$\sum_{k=1}^{n} u_k = 0 \tag{1-17}$$

据式(1-17)，对于图 1-20 中的回路（也是网孔）abda 中，选顺时针的绕行方向，从 a 点开始，且电压降为正，电压升为负，有

$$u_1 + u_2 - u_S = 0$$

即

$$R_1 i_1 + R_2 i_2 - u_S = 0$$

也可以把基尔霍夫电压定律（KVL）适用的场合，有回路推广到一个开口电路，称为假想回路。例如图 1-22 中，a、b 为开路的端口，可认为有一个电压源 u_{ab}（但没有电流流过），形成闭合回路，选绕行方向为顺时针，且沿绕行方向电压降为正，列出 KVL 方程为

$$u_{S2}+u_{ab}-u_{S1}-Ri=0$$

可求出 ab 端口的电压为

$$u_{ab}=u_{S1}+Ri-u_{S2}$$

基尔霍夫电压定律的本质是能量守恒原理，所以它的正确性也是显然的。该定律的正确性与构成电路的元件性质无关，也就是说各种类型的元件在电路里都必须服从该定律。

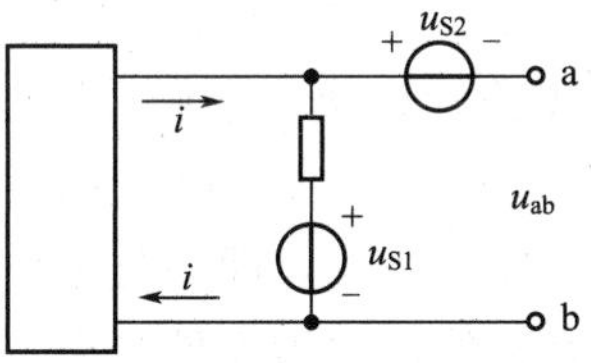

图 1-22　开口电路的电压

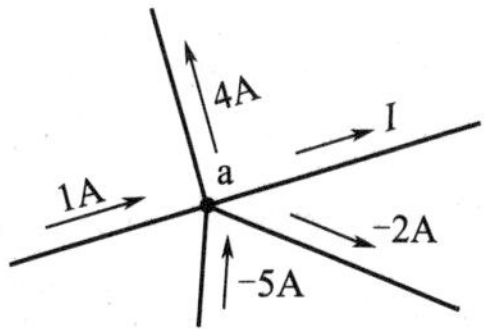

图 1-23　例 1-2 图

【例 1-2】 通过某节点 a 的电流如图 1-23 所示，求电流 I。

解　设流入节点的电流为正，流出节点的电流为负，据 KCL 有

$$1+(-5)-I-4-(-2)=0$$

$$I=-6\text{A}$$

若设流入节点的电流为负，流出节点的电流为正，据 KCL 有

$$-1-(-5)+4+(-2)+I=0$$

$$I=-6\text{A}$$

由此例可见，流出为正还是流入为正可任意假设，不影响计算结果，但在一个 KCL 方程中只能是一种假设。

【例 1-3】 电路如图 1-24 所示，求电压 U_1、U_2。

解　对外边回路顺时针绕行方向，且电压降为正，电压升为负，列写 KVL 方程，得

$$2-U_1-(-5)-3=0$$

$$U_1=4\text{V}$$

对左边网孔选顺时针绕行方向，且电压降为正，电压升为负，列写 KVL 方程，得

$$2+U_2-3=0$$

$$U_2=1\text{V}$$

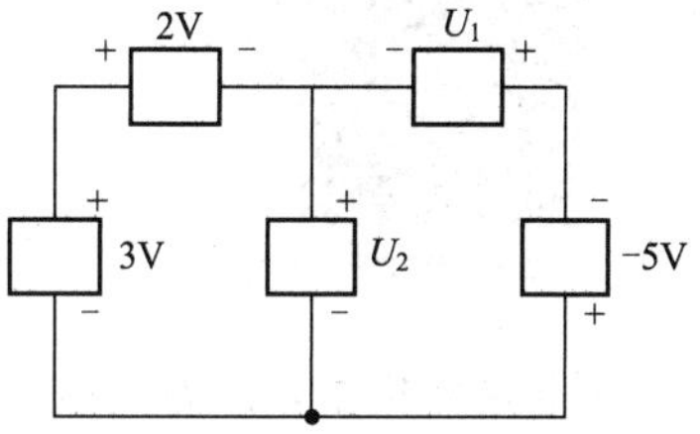

图 1-24　例 1-3 图

显然，绕行方向为顺时针还是逆时针可任意设定，电压升为正还是电压降为正也可任意设定，不影响计算结果，但在一个 KVL 方程中只能是一种假设。

三、应用示例

电路如图 1-25 所示，求开路电压 U。

解　对于两个电压源和两个电阻连接成的回路，设电流方向和绕行方向均为顺时针，且沿着绕行方向电压降为正，电压升为负，有

$$5I+10+3I-2=0$$

$$I=-1A$$

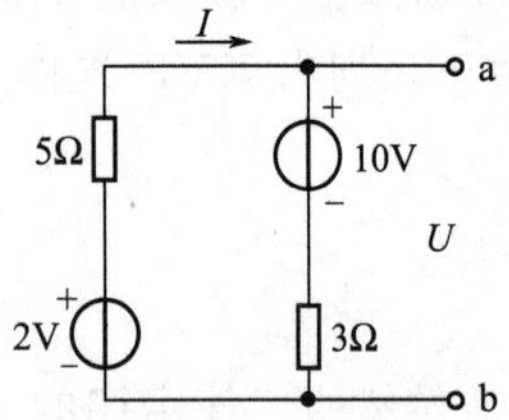

图 1-25　应用示例图

1.17　仿真实训：基尔霍夫定律

1.18　仿真：基尔霍夫定律

KVL 可扩展用于对开口电路求取开路电压，设 a、b 端子之间的开路电压为 U 后，与 10V 电压源和 3Ω 电阻支路（或 2V 电压源和 5Ω 电阻支路）构成一个假设回路，则

$$U-3I-10=0\quad 将\ I=-1A\ 代入，得\ U=10+3\times(-1)V=7V$$

基尔霍夫两大定律构成的外部约束条件也称为“拓扑”约束，即只与电路的连接结构有关，而与元件性质无关；元件伏安关系构成的内部约束条件也称为元件约束，只与元件性质有关，而与电路的连接结构无关。两者的联立就确定了电路的解。故求解电路的任何方法都应该是，也必定是这两类约束条件既必要又充分的体现。

【思考与讨论】

1. 根据 KCL 定律和 KVL 定律列节点电流和回路电压方程时，如何确定方程中每项的符号？
2. 应用 KVL 定律时，回路绕行方向的选择是否影响计算结果？
3. 电路模型给出后，两种约束关系即可列出，一种是来自元件特性的 VCR，另一种是来自支路与节点连接关系的 KCL 和 KVL，两种约束关系有什么本质联系？各自的物理含义如何？

第六节　电路中各点电位的分析

1.19　电位的分析与计算

1.20　电位的分析与计算

1.21　电位的分析与计算

在电路分析中，经常用到电位（potential）这一物理量。有时根据电路中某些点电位的高低直接来分析电路的工作状态。例如在图 1-26 所示电路中，要判断二极管中有无电流，就必须知道二极管两端点的电位，只有当阳极（a 点）的电位比阴极（b 点）的电位高于某一数值（导通电压通常为 0.3V 或 0.7V）时，二极管才能导通，电路中才有电流流过；反之，当 b 点电位高于 a 点时，二极管就截止，电路中就没有电流流过。利用电路中一些点的电位来分析电路工作情况的这种电位分析方法是十分有用的。

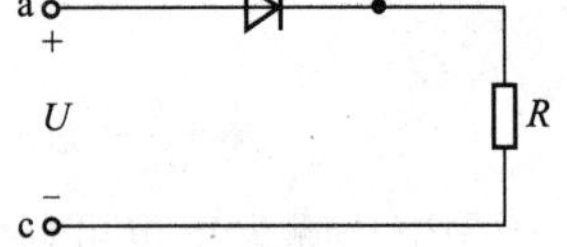

图 1-26　含有晶体二极管的电路

一、电位的有关概念

前面已经介绍了电压及电位的概念。如电压 U_{ab} 的参考“+”极在 a 点，参考“−”极在 b 点，U_{ab} 表示从 a 到 b 点的电压降。

当 $U_{ab}>0$，即 $V_a>V_b$ 是电场力将单位正电荷由 a 点移至 b 点所做的功。

当 $U_{ab}<0$，即 $V_a<V_b$ 是局外力将单位正电荷由 a 点移至 b 点所做的功。

当选定电路中 b 点为参考点，就是规定 b 点的电位为零，$V_b=0$。由于参考点的电位为零，所以参考点又叫零电位点。

参考点是可以任意选定的，但一经选定后，各点电位的计算即以该点为准。如果换一个参考点，则各点电位也就不同，即电位随参考点的选择而异。因此，在电路中不指定参考点而谈论各点的电位是没有意义的。

在工程中常选大地作为参考点，即认为大地电位为零。在电子电路中，线路并不一定接地，常选一条特定的公共线（电路图中可视为一点）作为电位的参考点，这条公共线是很多元件汇集之处，且常与底座相连，这条线叫“地线”。

二、电路中各点电位的分析

电位虽是指某一点而言，但实际上还是指两点之间的电压，只不过这第二点是规定了的，是指参考点。因此，会计算电路中任意两点的电压，也就会计算电位，方法完全一样。下面举例说明。

以图 1-27(a) 所示电路为例，计算电路中各点的电位。首先选定 e 点为参考点，即 e 点的电位为零，$V_e=0$。下面依次求出各点的电位。

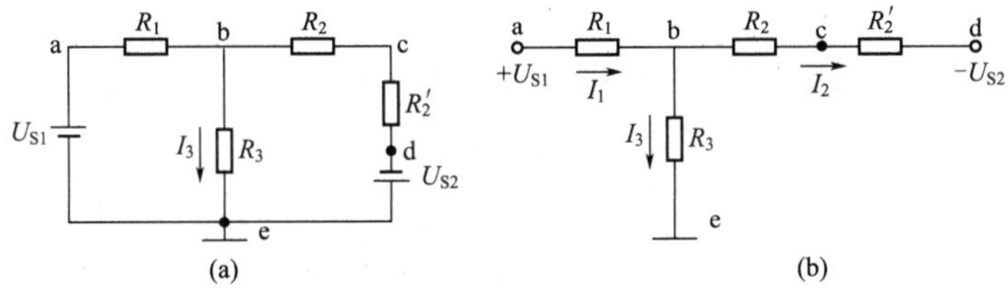

图 1-27　电路中各点的电位

视频　1.22　综合实训：电位与电压测量

课件　1.23　综合实训：电位与电压测量

$$V_a=U_{ae}=U_{S1}$$
$$V_b=U_{be}=I_3R_3$$
$$V_c=U_{ce}=I_2R_2'-U_{S2}$$
$$V_d=U_{de}=-U_{S2}$$

求一点的电位往往有几条路径，例如 b 点的电位不仅可沿 R_3 这条路径求得，而且还可沿路径 bae 或 bcde 求得。前面已叙述过，电路中两点电压是与路径无关的。所以，在求电路中某点电位时，尽量选取最简单的路径。

在电子电路中一般都把电源、信号输入和输出的公共端接在一起作为参考点，因而电子电路中有一种习惯画法，即电源不再用符号表示，而改为标出其电位的极性和数值。图 1-27(a) 可改画为图 1-27(b)。a 点电位比参考点 e 的电位高 U_{S1}，所以在 a 点标出 $+U_{S1}$，d 点电位比参考点 e 的电位低 U_{S2}，所以在 d 点标出 $-U_{S2}$。意思就是电压源的正极接在 a 端，其电压数值为 U_{S1}，电压源的负极接在参考点 e，而 d 点是与另一电压源负极相接，其电压值为 U_{S2}，电压源的正极则接在参考点 e。

图 1-28 给出了另外两个例子。图 1-28(a) 中 1 点电位比参考点 b 的电位高 U_{S1}，所以 1 点标出 $+U_{S1}$；2 点电位比参考点 b 的电位低 U_{S2}，所以 2 点标出 $-U_{S2}$。图 1-28(b) 中的情况类似。对于一般电路的画法及电子电路中的习惯画法都应熟悉。

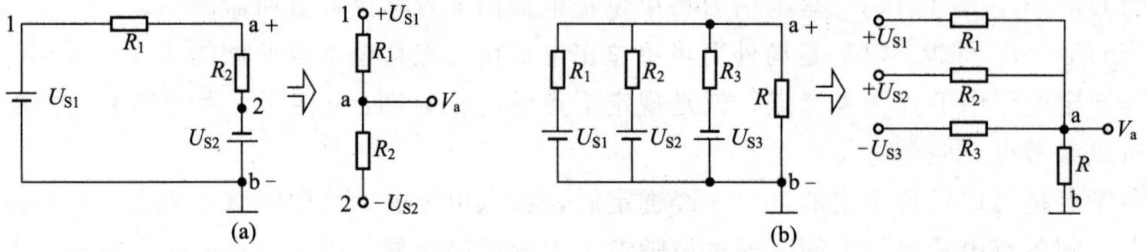

图 1-28 电子电路的习惯画法

三、等电位点

电路中电位相同的点称为等电位点。例如图 1-29 中 a、b、c 三点的电位分别为

$$V_a=\frac{12}{8}\times 2\text{V}=3\text{V}$$

$$V_b=\frac{12}{12}\times 3\text{V}=3\text{V}$$

$$V_c=\frac{12}{8}\times 4\text{V}=6\text{V}$$

其中 a、b 两点电位相等是等电位点。等电位点的特点是：各点之间虽然没有直接相连，但其电位相等，电压等于零。若用导线或电阻元件将等电位点连接起来，其中没有电流通过，不会影响电路的原有工作状态。

b、c 两点电位不等，这时若用导线连接，则改变电路原有的工作状态。b、c 两点强迫电位相等，导线中有电流。

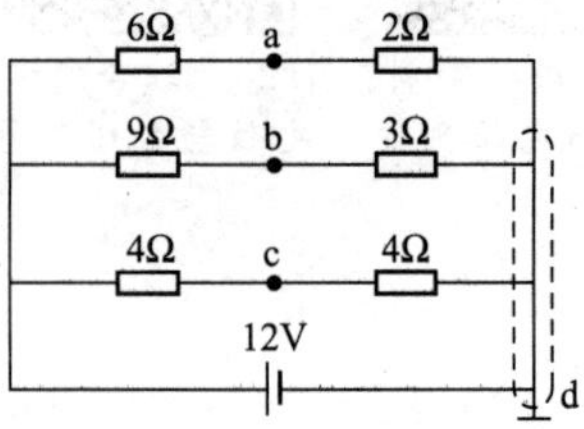

图 1-29 等电位点

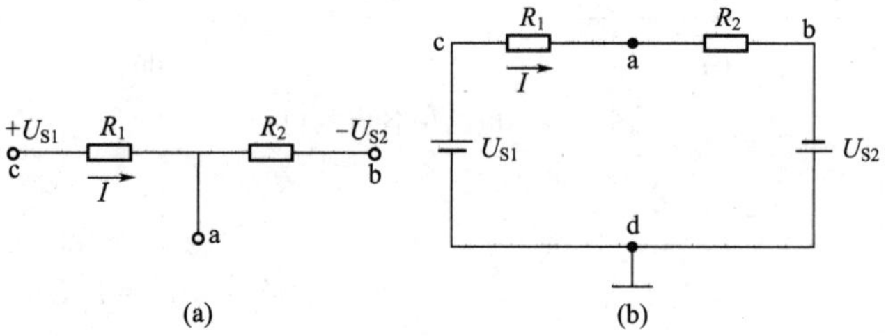

图 1-30 例 1-4 图

【例 1-4】 图 1-30(a) 中，已知 $U_{S1}=10\text{V}$，$U_{S2}=5\text{V}$，$R_1=100\Omega$，$R_2=1400\Omega$，求 V_a、V_b、V_c 及 U_{ab}。

解 图 1-30(a) 的电路可改画为一般电路，如图 1-30(b) 所示。其中 d 为电源的公共端，是电路的参考点。选定电流参考方向如图所示。

解法一

$$V_c=U_{S1}=10\text{V}$$

$$V_b=-U_{S2}=-5\text{V}$$

则
$$U_{cb}=V_c-V_b=15\text{V}$$

电流
$$I=\frac{U_{cb}}{R_1+R_2}=\frac{15}{100+1400}\text{A}=0.01\text{A}=10\text{mA}$$

$$U_{ab}=IR_2=0.01\times 1400\text{V}=14\text{V}$$

$$V_a=U_{ab}+V_b=[14+(-5)]\text{V}=9\text{V}$$

解法二

从一般电路图可看出，这是一个单回路电路，电流参考方向选定如图。选绕行方向为顺时针方向。

根据 KVL，可得

$$IR_1+IR_2-U_{S2}-U_{S1}=0$$

$$I=\frac{U_{S2}+U_{S1}}{R_1+R_2}=\frac{10+5}{100+1400}\text{A}=0.01\text{A}$$

$$V_a=U_{ad}=IR_2-U_{S2}=(0.01\times1400-5)\text{V}=9\text{V}$$

$$V_b=U_{bd}=-U_{S2}=-5\text{V}$$

$$V_c=U_{cd}=U_{S1}=10\text{V}$$

或沿另一路径，则

$$V_a=U_{ad}=-IR_1+U_{S1}=(-0.01\times100+10)\text{V}=9\text{V}$$

$$V_b=U_{bd}=-I(R_1+R_2)+U_{S1}$$

$$=[-0.01\times(100+1400)+10]\text{V}=-5\text{V}$$

$$V_c=U_{cd}=I(R_1+R_2)-U_{S2}=[0.01\times(100+1400)-5]\text{V}=10\text{V}$$

结果与前面所求一样，可见与路径无关。

$U_{ab}=V_a-V_b=[9-(-5)]\text{V}=14\text{V}$

【例 1-5】 求如图 1-31 所示电路中 a、b、c、d、e、f 各点的电位。

解　选择 g 点为参考点。由图看出两个单回路电流互不流通，选定右网孔电流 I 的参考方向如图所示。

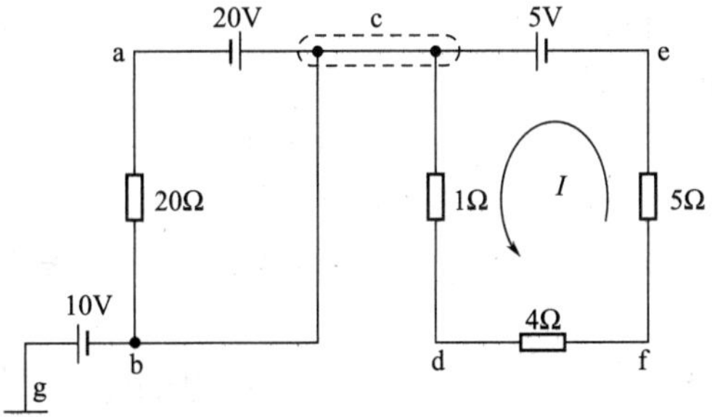

图 1-31　例 1-5 图

$$I=\frac{5}{5+4+1}\text{A}=0.5\text{A}$$

$$V_b=U_{bg}=-10\text{V}$$

$$V_c=V_b=-10\text{V}$$

$$V_a=U_{ag}=U_{ac}+V_c=[-20+(-10)]\text{V}=-30\text{V}$$

$$V_d=U_{dc}+V_c=-I\times1+V_c=[-0.5\times1+(-10)]\text{V}=-10.5\text{V}$$

$$V_e=U_{ec}+V_c=[-5+(-10)]\text{V}=-15\text{V}$$

$$V_f=U_{fd}+V_d=-I\times4+V_d=[-0.5\times4+(-10.5)]\text{V}=-12.5\text{V}$$

四、应用示例

如图 1-32(a) 所示电路，当开关断开与接通时，求 a 点的电位。

解　电路中所有接地点实际上都是连在一起的。

当开关 S 断开时，电路简化成图 1-32(b) 所示。电流 I 的参考方向选定，如图 1-32(b) 所示。

$$I=\frac{U_{S1}+U_{S2}}{R_1+R_2+R_3}=\frac{15+6}{(2+15+51)\times10^3}\text{A}$$

$$=0.31\times10^{-3}\text{A}=0.31\text{mA}$$

$$V_A=IR_2+IR_3-U_{S2}=I\ (R_2+R_3)\ -U_{S2}$$

$$=\ (0.31\times10^{-3}\times66\times10^3-6)\ \text{V}=14.46\text{V}$$

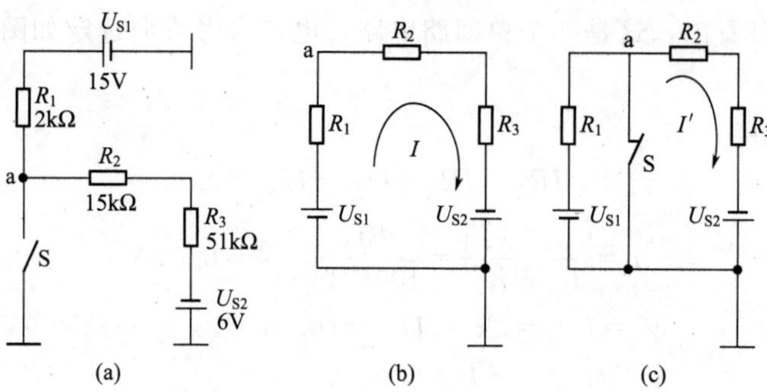

图 1-32 应用示例图

当开关合上时，电路简化为图 1-32(c) 所示。电流 I'参考方向选定如图 1-32(c) 所示。

$$I'=\frac{U_{S2}}{R_2+R_3}=\frac{6}{(15+51)\times 10^3}\text{A}$$
$$=0.091\times 10^{-3}\text{A}=0.091\text{mA}$$
$$V'_a=I'(R_2+R_3)-U_{S2}=[0.091\times 10^{-3}\times 66\times 10^3-6]\text{V}=0\text{V}$$

也可直接看出 a 点已接地，所以 $V'_a=0$。此时开关 S 支路中有电流，电路中一些点的电位与开关断开时不同。

【思考与讨论】

1. 电位的国际单位制是什么？常用的单位都有哪些？它们之间的换算关系？
2. 接“地”是否将导线埋入大地中？实际“接地”应如何解释？
3. 说一说“电位是相对的量”这句话是如何理解？

知识梳理与学习导航

一、知识梳理

本章主要介绍了四个方面的内容。

1. 研究电路的一般方法

理想电路元件是指实际电路元件的理想化模型。由理想电路元件构成的电路，称为电路模型。在电路理论研究中，都用电路模型来代替实际电路加以分析和研究。

2. 电流、电压和电功率

① 电荷的定向移动形成电流。电流的大小用电流强度表示，即单位时间内通过导体横截面的电荷量 $i=\frac{\mathrm{d}q}{\mathrm{d}t}$；其方向指正电荷运动的方向。SI 单位是 A（安培）。电流一般用符号 i 表示，直流用符号 I 表示。

② 电路中 a、b 两点间电压，其大小等于电场力由 a 点移动单位正电荷到 b 点所做的功，其方向是由高电位点指向低电位点。电压一般用符号 u_{ab} 表示，直流电用 U_{ab} 表示。SI 单位是 V（伏特）。

③ 参考方向是事先选定的一个方向。如果选定电流的参考方向为从标有电压“+”端指向“−”端，则称电流与电压的参考方向为关联参考方向，简称关联方向。

④ 电功率指电能量对时间的变化率，用符号 p 或 P 表示。在关联方向下，$p=ui$，

$p>0$ 表示元件消耗（或吸收）功率；$p<0$ 表示元件发出（或提供）功率。SI 单位为 W（瓦特）。

3. 元件的约束

① 电阻 R 是反映元件对电流呈现阻碍作用的一个参数。SI 单位为 Ω（欧姆）。对于线性电阻来说，在电压与电流的关联方向下有

$$u=Ri$$

即欧姆定律。

电阻的功率　　$p=ui=Ri^2=\frac{u^2}{R}$

② 电导指电阻的倒数，是表征元件材料导电能力的一个参数，用符号 G 表示，$G=\frac{1}{R}$。SI 单位是 S（西门子）。

③ 电压源是一个二端元件。它的端电压固定不变，或是一定的时间函数 $u_S(t)$，不会因为它所连接的电路不同而改变；通过它的电流取决于与它连接的外电路，是可以改变的。电压源一般用 u_S 表示，直流电压源用 U_S 表示。

④ 电流源是一个二端元件。通过电流源的电流是定值，或是一定的时间函数 $i_S(t)$，与端电压无关；电流源的端电压是随着与它连接的外电路的不同而不同。电流源一般用 i_S 表示，直流电流源用 I_S 表示。

4. 互联的约束

① 基尔霍夫定律是研究电路互联的基本规律，对电路中的任一节点，在任一时刻有 KCL 为 $\sum i=0$，是电荷守恒的逻辑推论。对电路中的回路，在任一瞬时，沿任一回路循行方向，有 KVL 为 $\sum u=0$，是能量守恒的逻辑推论。对于电阻电路来说 $\sum u=0$ 又可写成 $\sum IR=\sum U_S$。

② 电路中各点电位的分析是 KCL、KVL 和欧姆定律的一种应用，它是一种十分有用的分析方法。常常根据电路中某些点电位的高低直接分析电路的工作状态。

参考点是可以任意选定的。参考点的电位为零，所以叫零电位点。各点的电位随参考点的选择而异。

二、学习导航

1. 知识点

☆电路与电路模型

☆电路中的基本物理量：电流、电压、功率与能量

☆电阻与 VCR 特性

☆电压源、电流源的定义及其 VCR

☆基尔霍夫定律（KCL、KVL）

☆电路中各点电位

2. 难点与重点

☆关联参考方向与非关联参考方向的分析

☆理想元件的电压、电流关系（VCR）

☆基尔霍夫定律（广义：KCL、KVL）

☆功率的计算及元件状态的确定

3. 学习方法

☆理解电路、电路模型、电路图概念

☆掌握电流、电压及参考方向的概念

☆理解欧姆定律和基尔霍夫定律

☆通过做练习题掌握电路分析的基本方法，同时加强理解电压源、电流源的外特性

习　题　一

1-1　已知在 2s 内从 A 到 B 通过某导线横截面的电荷量为 0.5C，如图 1-33 所示，请分别就电荷为正和负两种情况下求 I_{AB} 和 I_{BA}。

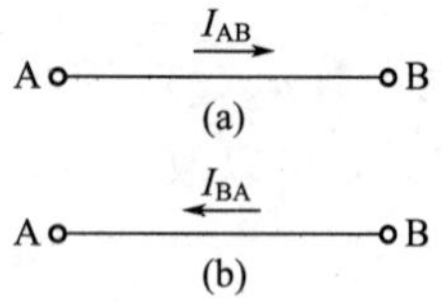

图 1-33

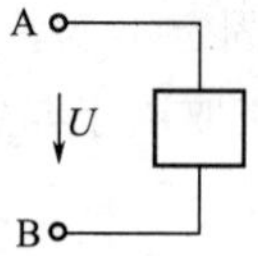

图 1-34

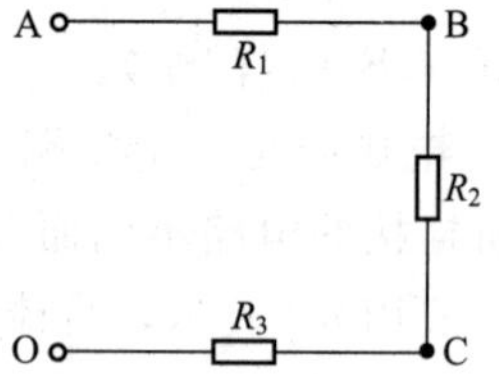

图 1-35

1-2　如图 1-34 所示的电路中，已知 $U=-100$V，请写出 U_{AB} 和 U_{BA} 各为几伏？

1-3　如图 1-35 所示电路中，若以"O"点为参考点时，$V_A=21$V，$V_B=15$V，$V_C=5$V，现重选 C 点为参考点，求 V_O、V_A、V_B，并计算两种情况下的 U_{AB} 和 U_{BO}。

1-4　在如图 1-36 所示的三个元件中，①元件 A 处于耗能状态，且功率为 10W，电流 $I_A=1$A 求 U_A；②元件 B 处于供能状态，且功率为 10W，电压 $U_B=100$V，求 I_B 并标出实际方向；③元件 C 上 $U_C=10$mV，$I_C=2$mA，且处于耗能状态，请标出 I_C 的实际方向并求 P_C。

1-5　如图 1-37 所示电路中，方框代表某个元件，已知 ab 段所在的元件的电功率为 500W，且处于供能状态，其余三个元件处于耗能状态，电功率分别为 50W、400W 和 50W。①求 U_{ab}、U_{cd}、U_{ef}、U_{gh}；②由题意可知，电路提供的电能恰与其消耗的电能相等，这符合能量守恒定律。试根据①中计算的结果观察这一定律反映在整个电路的电压上有什么规律？

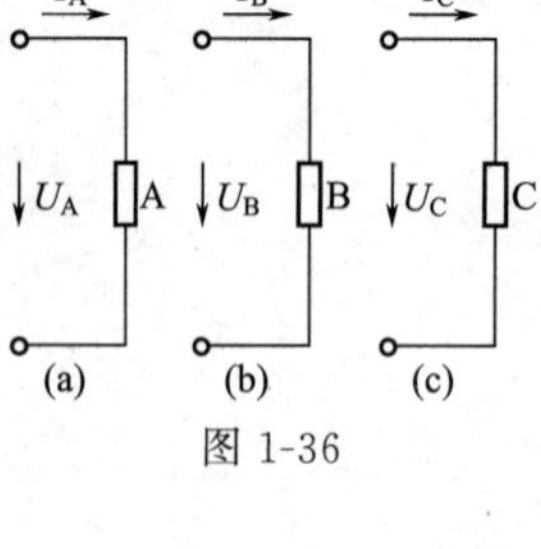

图 1-36

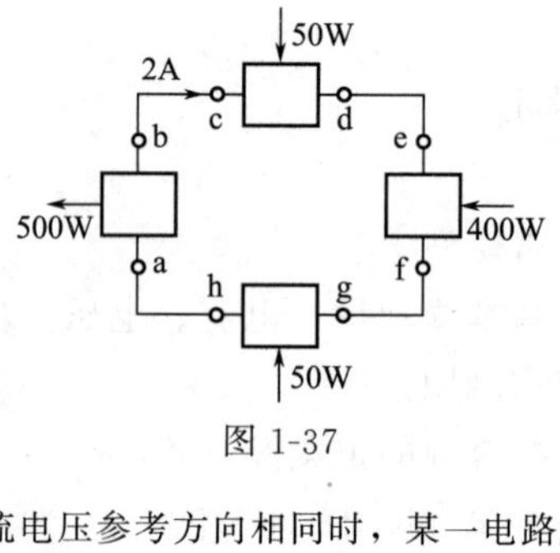

图 1-37

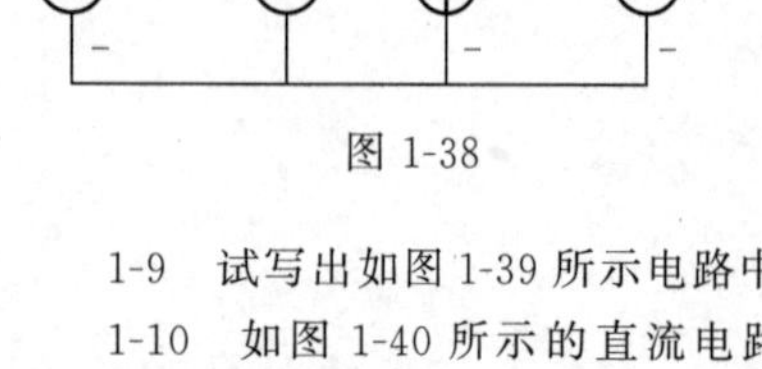

图 1-38

1-6　在电流电压参考方向相同时，某一电路元件的电流和电压分别为 $i(t)=\cos1000t$ 和 $u(t)=\sin1000t$，在电流的一个周期内，试确定电流、电压实际方向相同的区间和相反区间。

1-7　求如图 1-38 所示电路中各独立电源吸收的功率。

1-8　两个标明 220V、60W 的白炽灯泡，若分别接在 380V 和 110V 电源上，消耗的功率各是多少（假定灯泡电阻是线性的）？

1-9　试写出如图 1-39 所示电路中 u_{ab} 和电流 i 的关系式。

1-10　如图 1-40 所示的直流电路可用来测量电源的电动势 E 和内阻 R_S，图中 $R_1=28.7\Omega$，$R_2=$

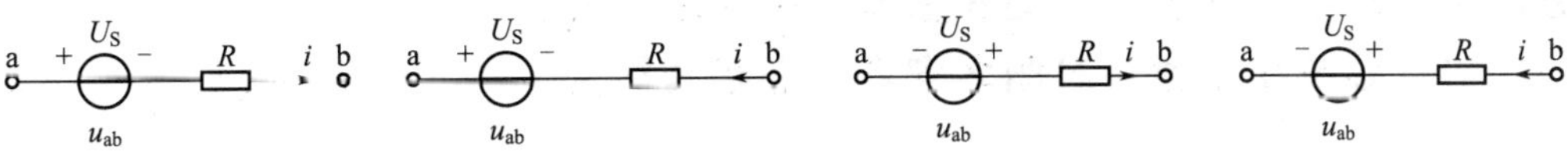

(a)　　(b)　　(c)　　(d)

图 1-39

57.7Ω。当开关 S_1 闭合，S_2 打开时，电流表读数为 0.2A；当开关 S_1 打开，S_2 闭合时，电流表读数为 0.1A，试求 E 和 R_S。

1-11　计算图 1-41 中电阻上的电压和两电源发出的功率。

1-12　图 1-42 中，已知 $U_{S1}=3V$，$U_{S2}=2V$，$U_{S3}=5V$，$R_2=1\Omega$，$R_3=4\Omega$ 试计算 I_1、I_2、I_3 和 a、b、d 点电位（以 c 点为参考点）。

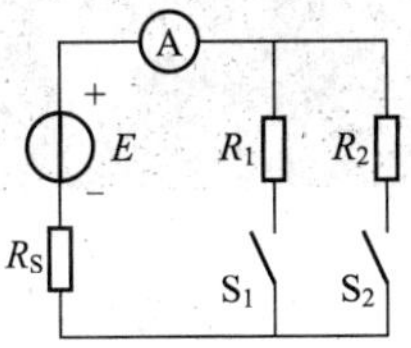

图 1-40

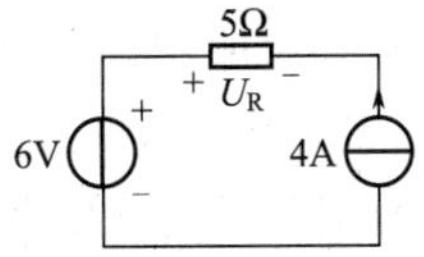

图 1-41

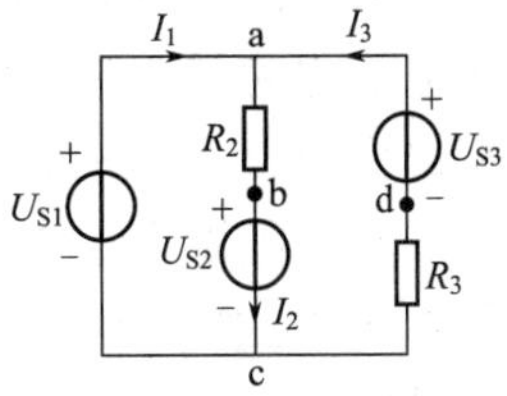

图 1-42

1-13　图 1-43 的电路中，已知各点电位为 $V_1=20V$，$V_2=12V$，$V_3=18V$，试求各支路电流。

1-14　电路如图 1-44 所示，当开关 S 断开或闭合时，分别求电位器滑动端移动时，a 点电位的变化范围。

1-15　图 1-45 所示电路。①仅用 KCL 求各元件电流；②仅用 KVL 求各元件电压；③求各电源发出的功率。

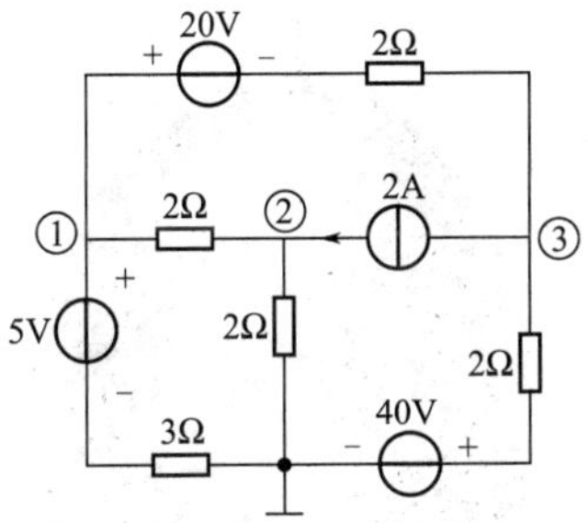

图 1-43

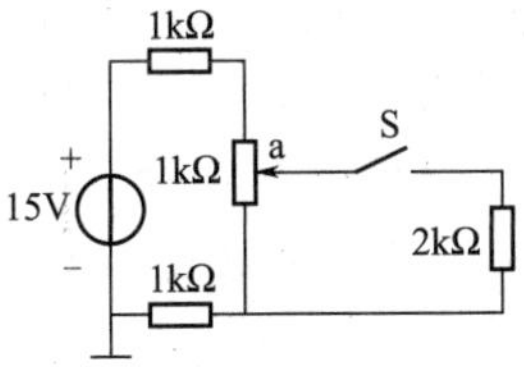

图 1-44

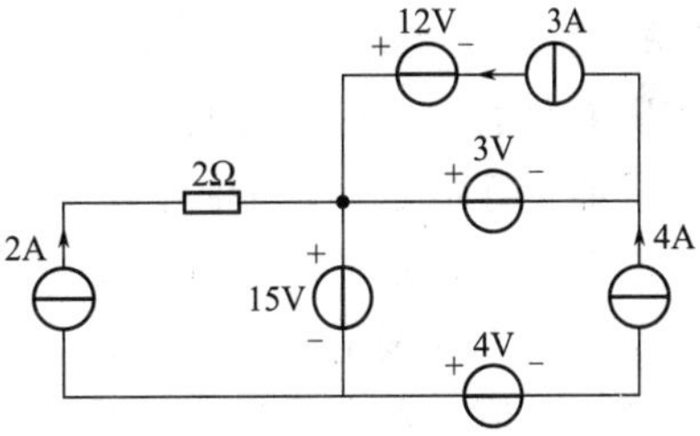

图 1-45

哲思语录：求木之长者，必固其根本，欲流之远者，
必浚其泉源，思国之安者，必积其德义。

科学家简介

基尔霍夫（Gustav Robert Kirchhoff，古斯塔夫·罗伯特·基尔霍夫 1824 年 3 月 12 日～1887 年 10 月 17 日），德国物理学家。他提出了稳恒电路网络中电流、电压、电阻关系的两条电路定律，即著名的基尔霍夫电流定律（KCL）和基尔霍夫电压定律（KVL），解决了电器设计中电路方面的难题。目前基尔霍夫电路定律仍旧是解决复杂电路问题的重要工具。基尔霍夫被称为“电路求解大师”。

基尔霍夫出生于普鲁士的柯尼斯堡（今为俄罗斯加里宁格勒），1845 年，他提出了著名的基尔霍夫电流、电压定律，后来又研究了电路中电的流动和分布，从而阐明了电路中两点间的电势差和静电学的电势这两个物理量在量纲和单位上的一致。使基尔霍夫电路定律具有更广泛的意义。1859 年，基尔霍夫做了用灯焰烧灼食盐的实验，在对这一实验现象的研究过程中，得出了关于热辐射的定律，后被称为基尔霍夫定律，1862 年他又进一步得出绝对黑体的概念。他的热辐射定律和绝对黑体概念是开辟 20 世纪物理学新纪元的关键。1900 年 M. 普朗克的量子论就发源于此。在海德堡大学期间制成光谱仪，与化学家本生合作创立了光谱化学分析法，科学家利用光谱化学分析法，还发现了铊、碘等许多种元素。1850 年，在柏林大学执教的基尔霍夫发表了他关于板的重要论文，这就是力学界著名的基尔霍夫薄板假设。

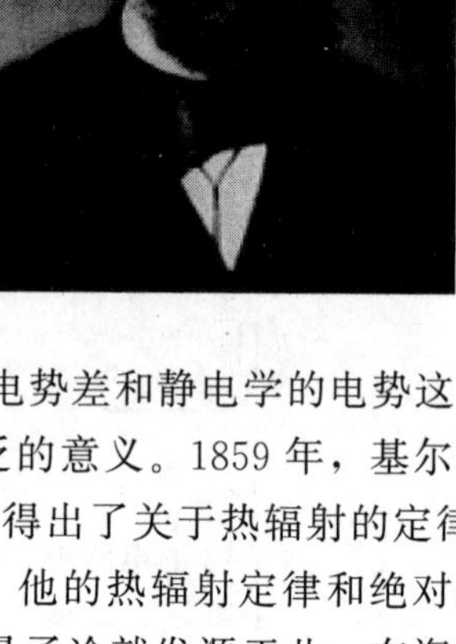

焦耳（James Prescott Joule，詹姆斯·普雷斯科特·焦耳 1818 年 12 月 24 日～1889 年 10 月 11 日），英国物理学家。焦耳在研究热的本质时，发现了热和功之间的转换关系，并由此得到了能量守恒定律，最终发展出热力学第一定律。国际单位制导出单位中，能量的单位—焦耳，就是以他的名字命名。他和开尔文合作发展了温度的绝对尺度。他还观测过磁致伸缩效应，发现了导体电阻、通过导体电流及其产生热能之间的关系，也就是常称的焦耳定律。

他出生于曼彻斯特近郊的索尔福德。焦耳自幼跟随父亲参加酿酒劳动，没有受过正规的教育。他的第一篇重要的论文于 1840 年被送到英国皇家学会，当中指出电导体所发出的热量与电流强度、导体电阻和通电时间的关系，此即焦耳定律。焦耳的主要贡献是他钻研并测定了热和机械功之间的当量关系。焦耳提出能量守恒与转化定律：能量既不会凭空消失，也不会凭空产生，它只能从一种形式转化成另一种形式，或者从一个物体转移到另一个物体，而能的总量保持不变，奠定了热力学第一定律（能量不灭原理）之基础。1852 年焦耳和 w. 汤姆孙（即开尔文）发现气体自由膨胀时温度下降的现象，被称为焦耳-汤姆孙效应。这效应在低温和气体液化方面有广泛应用。他对蒸汽机的发展做了不少有价值的工作。由于他在热学、热力学和电方面的贡献，皇家学会授予他最高荣誉的科普利奖章（CopleyMedal）。

第二章　直流电阻电路的分析

☼知识导图

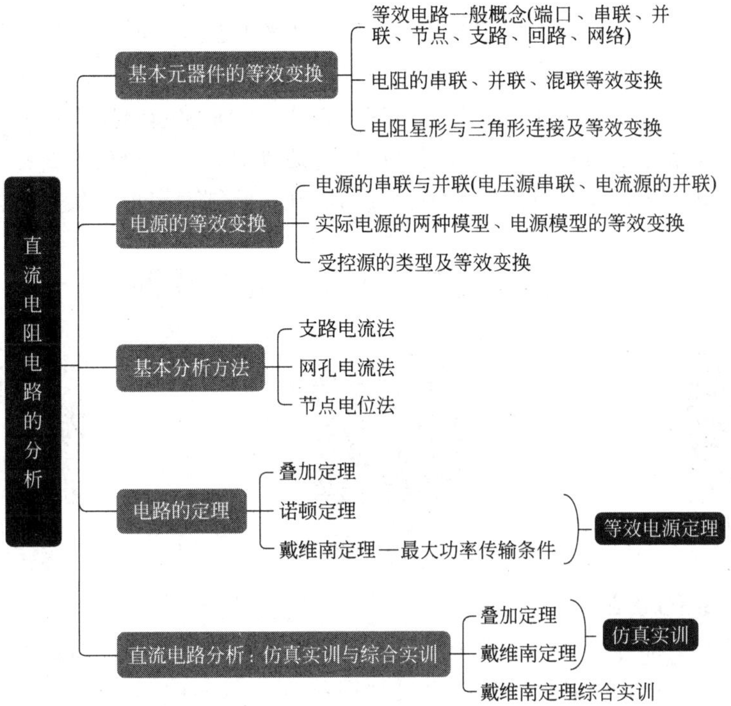

☼学习目标

☆知识目标：①理解电阻网络的等效变换：串联、并联；Y-△；

②理解电源的串联、并联；

③理解两种电源模型的等效变换；

④理解支路电流法；

⑤理解网孔电流法；

⑥理解节点电压法；

⑦理解叠加定理的应用方法；

⑧理解戴维南定理的应用方法；

⑨理解受控源的概念 VCR 及类别；

⑩理解最大功率传输定理。

☆技能目标：①能熟练分析串联分压、并联分流电路；

②会正确完成电阻 Y、△的连接和相互转换；

③掌握电压源、电流源的等效变换方法；

④会正确使用支路电流法、网孔电流法及节点电压法分析电路；

⑤熟练掌握叠加定理分析计算电路的应用方法；

⑥熟练掌握戴维南定理分析计算电路的应用方法；
⑦会对含有受控源电路进行分析与计算；
⑧会正确运用最大功率传输定理求解电路。
☆培养目标：①培养学生认真的学习态度；
②培养学生严谨细致的工作作风；
③培养学生分析问题和解决问题的能力。

前面讲解简单的电阻电路，应用KCL、KVL和欧姆定律（元件的VCR）可方便地求出电路的响应。实际遇到的电路大多比上述电路复杂，但某些电路通过对其中局部电路的等效变换即可简化为简单电路，从而给电路分析带来方便。本章将重点讲解较复杂的直流电阻电路的分析。本章介绍等效的概念：电阻和电源模型的等效方法；分析方法：支路电流法、网孔电流法、节点电压法；线性电路的定理：叠加定理、戴维南定理、最大功率传输定理。

第一节 电阻的串联、并联及混联

知识素养
2.1 电阻的串联、并联和混联

课件
2.2 电阻的串联、并联和混联

微课
2.3 电阻的串联、并联和混联

一、等效网络的概念

如果电路的某一部分只有两个端子与其他部分相连，则这部分电路称为二端口网络。用图2-1(a) 表示，方框内的字母“N”代表“网络（Network）”一词；网络内含有电源时，称为含源（Active）二端口网络，方框内字母用“A”表示，如图2-1(b) 所示；网络内未含电源时，称为无源（Passive）二端口网络，方框内字母用“P”表示，如图2-1(c) 所示。

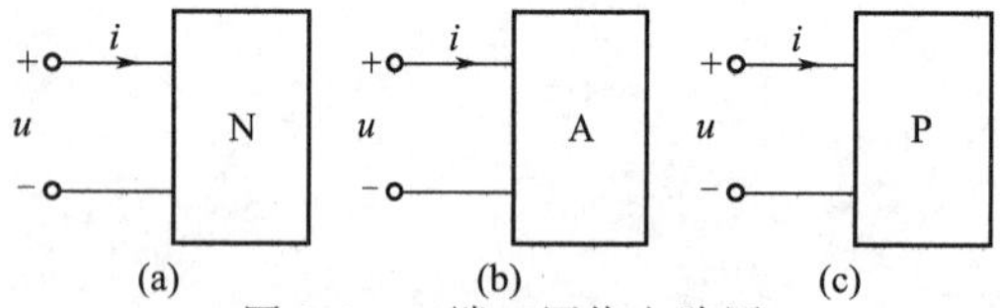

图 2-1 二端口网络电路图

图2-1中所标的电压、电流叫做端口电压和端口电流，这两者之间的关系称为二端口网络的伏安特性。若一个二端口网络端口的伏安特性相同，则这两个二端口网络对同一个负载（或外电路）而言是等效的，即互为等效网络。因此，可以利用一个结构简单的等效网络代替原来较复杂的网络，将电路简化。

一个无源二端口网络的等效网络为一个电阻，该电阻叫做等效电阻，其阻值等于关联参考方向下二端口网络的端口电压与电流的比值。

二、电阻的串联及其分压

几个电阻首尾相连，各电阻流过同一电流的连接方式，称为电阻的串联连接，如图2-2所示。

设通过各个电阻的电流均为 I，由KVL定律可知

$$\begin{aligned}U&=U_1+U_2+U_3\\&=IR_1+IR_2+IR_3\\&=I(R_1+R_2+R_3)\end{aligned}$$

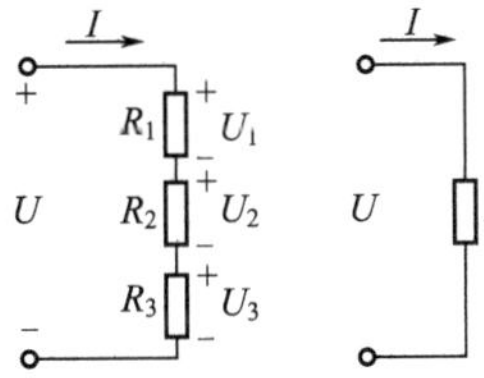

图 2-2　电阻的串联

则串联等效电阻为

$$R=\frac{U}{I}=R_1+R_2+R_3 \tag{2-1}$$

即：几个电阻串联时的等效电阻等于串联的各电阻之和。

若端口电压已知，则各电阻的电压分别为

$$U_1=IR_1=\frac{U}{R}R_1=\frac{R_1}{R}U$$

$$U_2=IR_2=\frac{U}{R}R_2=\frac{R_2}{R}U$$

$$U_3=IR_3=\frac{U}{R}R_3=\frac{R_3}{R}U \tag{2-2}$$

式(2-2) 就是串联电路的分压公式。公式表明串联电路中各电阻上的电压与其电阻值成正比，与串联电路的总电阻成反比。

【例 2-1】 电路如图 2-3 所示，欲将量限为 5V、内阻 10kΩ 的电压表改装成 5V、25V、100V 多量限的电压表，求所需串联电阻的阻值。

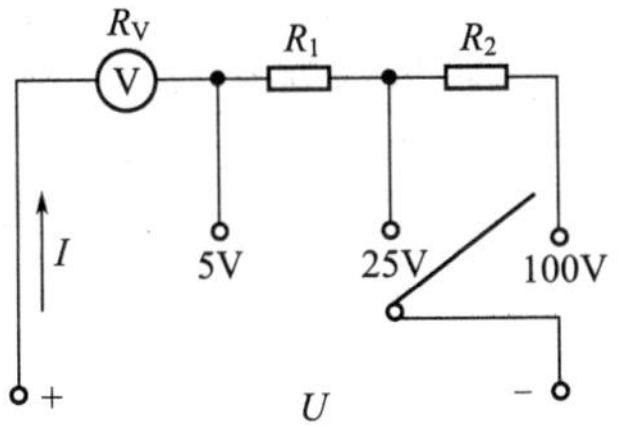

图 2-3　多量限电压表

解　设 25V 量限需串联电阻 R_1，100V 量限需再串联电阻 R_2。

电路中表头允许通过的电流为

$$I=\frac{U_V}{R_V}=\frac{5}{10\times10^3}\text{A}=0.5\text{mA}$$

对 25V 量限来说分压电阻为 R_1，则

$$R_1=\frac{U_{R1}}{I}=\frac{25-5}{0.5\times10^{-3}}\Omega=40\text{k}\Omega$$

同理，100V 量限的分压电阻为 R_1 和 R_2，则

$$R_2=\frac{U_{R2}}{I}=\frac{100-25}{0.5\times10^{-3}}\Omega=150\text{k}\Omega$$

三、电阻的并联及其分流

两个电阻首尾分别相连，各电阻处于同一电压下的连接方式，称为并联。如图 2-4 所示三个电阻并联的电路。

设各个电阻两端的电压均为 U，则由 KCL 定律可得

$$\begin{aligned}I&=I_1+I_2+I_3\\&=\frac{U}{R_1}+\frac{U}{R_2}+\frac{U}{R_3}\\&=U\left(\frac{1}{R_1}+\frac{1}{R_2}+\frac{1}{R_3}\right)\end{aligned}$$

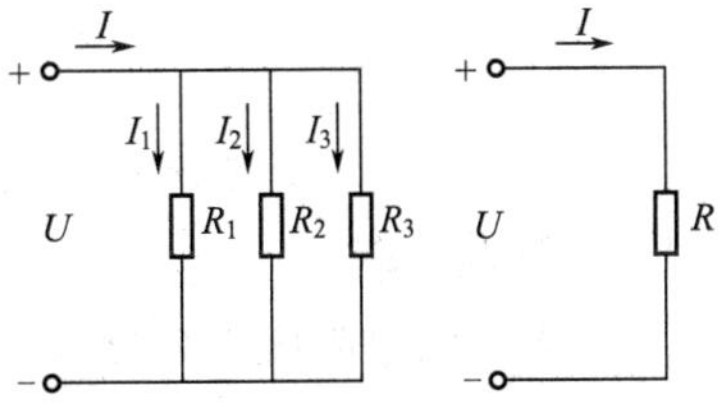

图 2-4　电阻的并联

$$\frac{I}{U}=\frac{1}{R_1}+\frac{1}{R_3}+\frac{1}{R_3}=\frac{1}{R}$$

所以

$$\frac{1}{R}=\frac{1}{R_1}+\frac{1}{R_2}+\frac{1}{R_3}$$

即

$$G=G_1+G_2+G_3 \tag{2-3}$$

式(2-3) 表明，并联连接等效电阻的倒数（即电导 G）等于并联的各电阻的倒数（电导）之和。

当只有两个电阻并联时，其等效电阻为

$$R=\frac{R_1R_2}{R_1+R_2} \tag{2-4}$$

若端口的电流为已知，则各电阻的电流分别为

$$I_1=\frac{U}{R_1}=\frac{I}{G}G_1=\frac{G_1}{G}I$$

同理

$$I_2=\frac{G_2}{G}I$$

$$I_3=\frac{G_3}{G}I$$

上式就是并联电路的分流公式。公式表明，并联电阻通过的电流与电阻成反比。若只有两个电阻并联时，其分流公式为

$$I_1=\frac{R_2}{R_1+R_2}I$$

$$I_2=\frac{R_1}{R_1+R_2}I \tag{2-5}$$

【例 2-2】 电路如图 2-5 所示，若将内阻为 1800Ω，满偏电流为 100μA 的表头，改装成量限为 1mA 的电流表，应并联多大的分流电阻？

解 因为 $I_A=100\mu A$，$R_A=1800\Omega$，要制成 1mA（即 1000μA）的电流表，通过分流电阻的电流为

$$I=I-I_A=(1000-100)\mu A=900\mu A$$

由分流公式可得

$$\frac{I_A}{I_R}=\frac{R}{R_A}$$

$$R=\frac{I_A}{I_R}R_A=\frac{100}{900}\times1800\Omega=200\Omega$$

即表头并联一个 200Ω 的分流电阻时，就将量限为 100μA 的电流表改装成了 1mA 的电流表。

四、电阻混联

当电路中的电阻既有串联又有并联时，称为电阻混联电路。下面通过应用示例介绍电阻混联电路的分析方法。

五、应用示例

图 2-6 为常用的电阻器分压电路。分压器 a、b 两端接电源，固定端 b 和滑动端 c 接负载。滑动分压器上的滑动端 c 可向负载输出 $0\sim U_S$ 的电压。

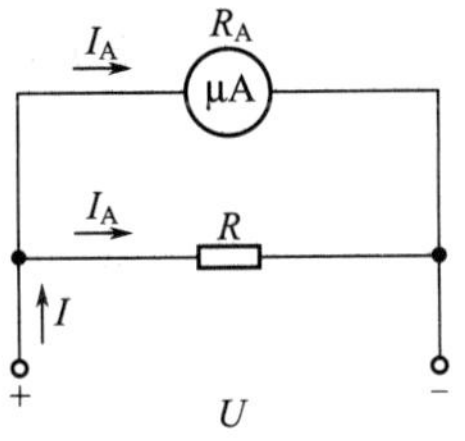

图 2-5　电流表电路

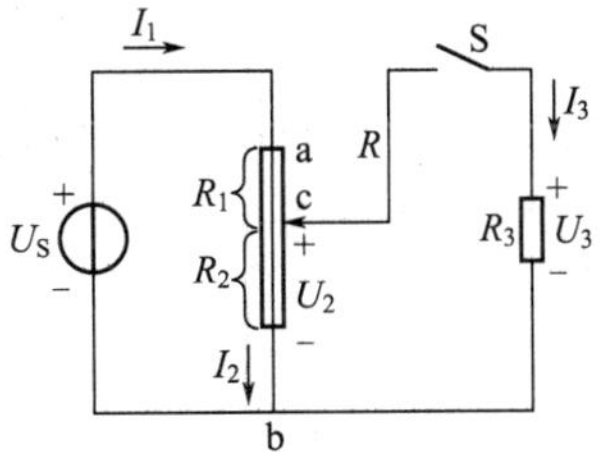

图 2-6　应用示例图

现已知 $U_S=12V$，负载电阻 $R_3=200\Omega$，滑动端 c 位于分压器的中间，分压器两段电阻 $R_1=R_2=600\Omega$。试求开关 S 在断开和闭合两种情况下的电压 U_2、负载电压 U_3 以及分压器两段电阻中的电流 I_1 和 I_2。

解　① S 断开时，电路等效电阻为

$$R=R_1+R_2=1200\Omega=1.2k\Omega$$

分压器两段电阻 R_1、R_2 串联，流过同一电流，即

$$I_1=I_2=\frac{U_S}{R_1+R_2}=\frac{12}{1200}A=10mA$$

由欧姆定律可得　$U_2=I_2R_2=10\times10^{-3}\times600V=6V$　（或用分压公式）

$$U_3=0$$

② S 闭合时，等效电阻为

$$R=R_1+\frac{R_2R_3}{R_2+R_3}=\left(600+\frac{600\times200}{600+200}\right)\Omega=750\Omega$$

分压器 R_1 中的电流为

$$I_1=\frac{U_S}{R}=\frac{12}{750}A=16mA$$

应用分流公式，可求得 R_2 中的电流为

$$I_2=\frac{R_3}{R_2+R_3}I_1=\frac{200}{600+200}\times16mA=4mA$$

则　$U_2=U_3=I_2R_2=I_3R_3=2.4V$

通过上述分析可知，当分压器接入负载后（并联），使电路的等效电阻减小，电路总电流变大，因此，分压器接入负载后，要注意电流是否超过额定值，以免损坏。

【思考与讨论】

1. 电阻如何扩大电压表量程？
2. 电阻如何扩大电流表量程？
3. 把一段电阻为 10Ω 的导线对折起来使用，其电阻值如何变化？如果把它拉长一倍，其电阻又会如何变化？

第二节　电阻的星形、三角形连接及其等效变换

对于一些简单的电阻电路，采用串、并联简化的方法去分析，但有时电路中的电阻既不是串联也不是并联，如图 2-7 所示是一种具有桥形结构的电路，它是测量中常用的一种电桥

知识素养

2.4 电阻的Y形连接与△形连接的等效变换

课件

2.5 电阻的Y形连接与△形连接的等效变换

微课

2.6 电阻的Y形连接与△形连接的等效变换

电路。当电桥不平衡时，等效电阻 R_{ab} 不能直接从串并联简化求得，而需经过一种专门的变换，即电阻的星形连接和三角形连接之间的等效变换。

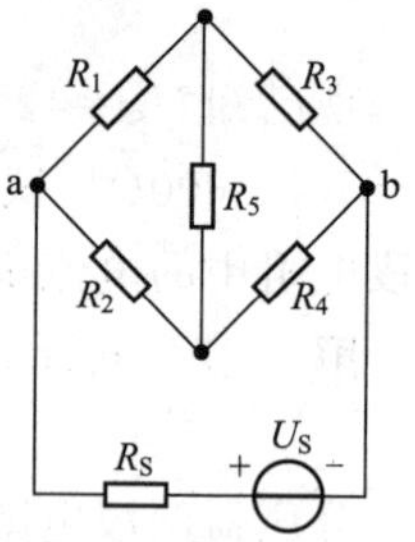

图 2-7 电桥电路

一、电阻的星形、三角形连接

1. 电阻的星形连接

如图 2-8 所示，三个电阻的一端接在一起，另一端分别与外电路连接，这种连接方式称为星形连接，图 2-8(a) 形状像“Y”，也称 Y 连接，图 2-8(b) 形状像“T”，也称 T 连接。

2. 三角形连接

如图 2-9 所示，三个电阻首尾相连，连成一个闭合回路，然后三个连接点再分别与外电路连接，这种连接方式称为三角形连接，图 2-9(a) 形状像“△”，也称△连接，图 2-9(b) 形状像“Π”，也称 Π 连接。

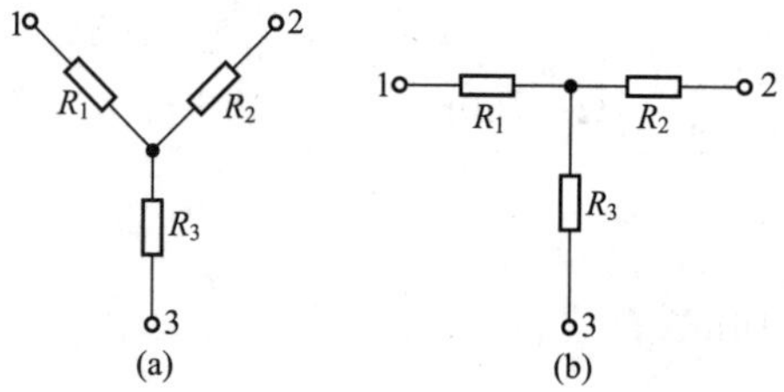

图 2-8 电阻的星形连接

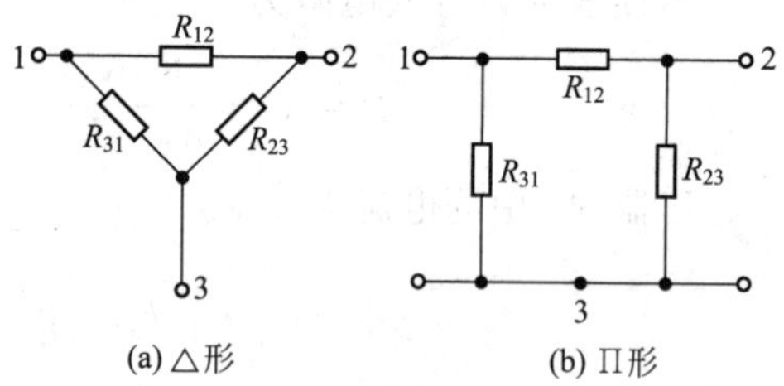

图 2-9 电阻的三角形连接

二、星形与三角形连接的等效变换

在电路分析中，为了简化电路的分析与计算，需要将电阻的星形与三角形连接进行等效互换，使电路化简成电阻串、并联的简单形式。

等效变换的条件是变换前后对应端子间的电压不变，流入对应端子电流分别相等。

如图 2-10 所示的 Y 与△，当外部电流 I_1、I_2、I_3 对应相等，电压 U_{12}、U_{23}、U_{31} 对应相等的条件下，可以推导出等效变换的公式（推导从略），将 Y 连接等效变换为△连接时，即已知 R_1、R_2、R_3 求等效的 R_{12}、R_{23}、R_{31}，其公式为

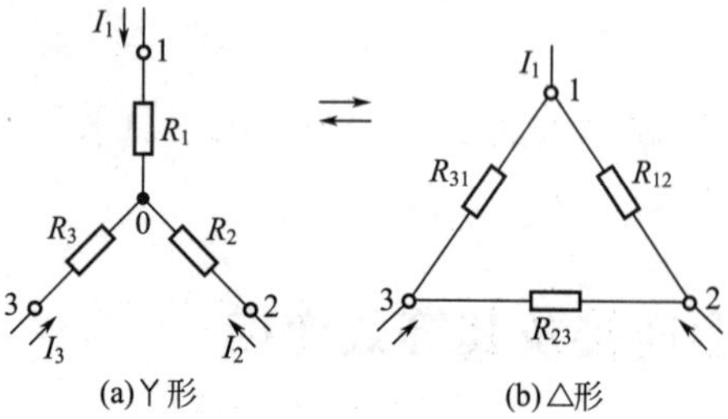

图 2-10 Y形与△形互换

$$
\text{Y}\rightarrow\triangle \quad
\begin{aligned}
R_{12} &= \frac{R_1R_2+R_2R_3+R_3R_1}{R_3} \\
R_{23} &= \frac{R_1R_2+R_2R_3+R_3R_1}{R_1} \\
R_{31} &= \frac{R_1R_2+R_2R_3+R_3R_1}{R_2}
\end{aligned}
\qquad (2\text{-}6)
$$

将△形连接等效变换为Y连接时，即已知 R_{12}、R_{23}、R_{31} 求等效的 R_1、R_2、R_3，其公式为

△→Y

$$R_1=\frac{R_{12}R_{31}}{R_{12}+R_{23}+R_{31}}$$

$$R_2=\frac{R_{23}R_{12}}{R_{12}+R_{23}+R_{31}} \tag{2-7}$$

$$R_3=\frac{R_{31}R_{23}}{R_{12}+R_{23}+R_{31}}$$

在进行Y与△等效变换的时候，应注意以下几点。

① 等效是对外部等效，变换时认准与外界相连的三个端子，对应的位置不能变。

② 为便于记忆，可将Y与△等效变换关系归纳成通式

Y→△通式 $R_\Delta=\dfrac{\text{Y形每相邻两电阻乘积之和}}{\text{Y形对角电阻}}$

△→Y通式 $R_Y=\dfrac{\text{对应点△形相邻两电阻之乘积}}{\text{△形三边电阻之和}}$

③ 待求支路不能变换掉，否则就无法计算了。

④ 当 $R_{12}=R_{23}=R_{31}=R_\Delta$ 时，则 $R_1=R_2=R_3=\frac{1}{3}R_\Delta$

当 $R_1=R_2=R_3=R_Y$ 时，则 $R_{12}=R_{23}=R_{31}=3R_Y$

三、应用示例

计算如图2-11(a)所示电路中的电流 I_1。

解 此电桥电路因为 $1\times4\neq5\times8$，故不平衡，此时可将接到1、2、3作三角形连接的3个电阻等效变换为Y连接，如图2-11(b)所示

$$R_1=\frac{4\times8}{4+4+8}=2\Omega$$

$$R_2=\frac{4\times4}{4+4+8}=1\Omega$$

$$R_3=\frac{4\times8}{4+4+8}=2\Omega$$

将图2-11(b)化简为图2-11(c)的电路，则

$$R_4=(1+2)\Omega=3\Omega$$

$$R_5=(5+1)\Omega=6\Omega$$

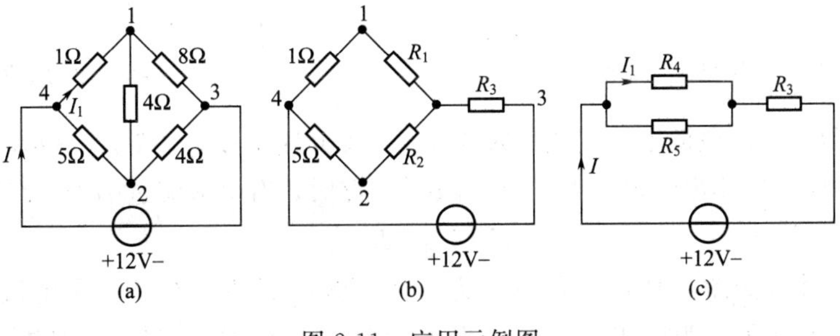

图2-11 应用示例图

所以

$$I=\frac{12}{\dfrac{R_4R_5}{R_4+R_5}+R_3}=\frac{12}{\dfrac{3\times6}{3+6}+2}\text{A}=3\text{A}$$

$$I_1=\frac{R_5}{R_4+R_5}I=\frac{6}{3+6}\times3\text{A}=2\text{A}$$

本示例中也可将 5Ω、4Ω、4Ω 三个电阻化成三角形来解，同学们可以自己去做。

【思考与讨论】

1. 为什么要对电阻连接方式进行 Y→△ 或 △→Y 的变换？

2. Y→△ 或 △→Y 时等效变换的条件是变换前后对应端钮间什么不变？流入对应端钮电流具有什么特点？

3. Y→△ 或 △→Y 时等效变换关系有什么特点？

第三节　两种电源模型及等效变换

知识素养 2.7　电源模型及等效变换

课件 2.8　电源模型及等效变换

微课 2.9　电源模型及等效变换

在第一章第四节中介绍了电压源与电流源元件，两者都是对实际电源的抽象。但是，若直接用这两种元件来表示实际电源，则与实际情况是有较大偏差的。例如，任何实际电源的端电压或多或少都随负载电流的增大而减小，但电压源元件的端电压是恒定的。故当需要尽量准确地表示实际电源时，可以用几种元件的组合来作为实际电源的模型，即电压源与电阻串联的模型和电流源与电阻并联的模型。

一、实际电源的电压源模型

实际电源在工作时的端电压随着负载电流的增大而减小，这一现象可由一个电压源与电阻的串联作为模型，如图 2-12（a）所示，这种模型常被称为实际电源的电压源模型。

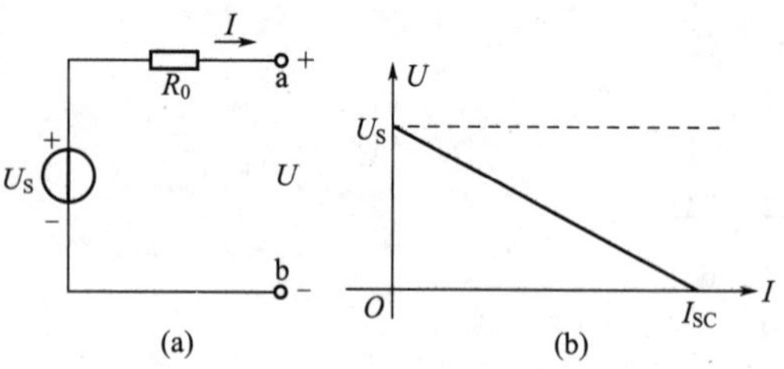

图 2-12　实际电源的电压源模型

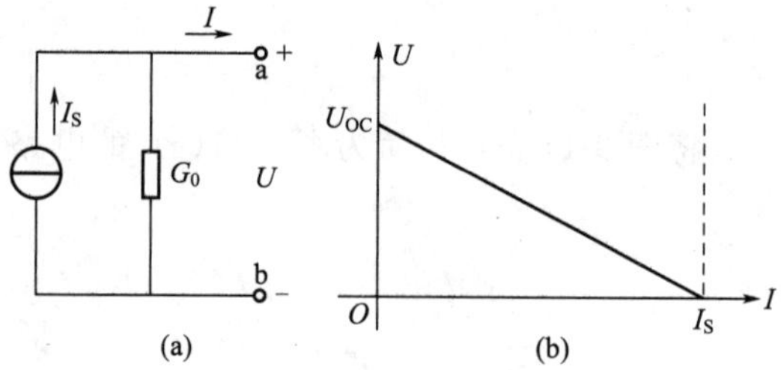

图 2-13　实际电源的电流源模型

U_S 的数值等于实际电源不接负载时的端电压，即开路电压，用 U_{OC} 表示，$U_{OC}=U_S$。R_0 为实际电源的内阻，即输出电阻。当 a、b 端接外电路时，有电流流过端子，其伏安特性为

$$U=U_S-R_0I \tag{2-8}$$

其端子的伏安特性则如图 2-12(b) 所示，为一条下倾的斜线。在某一个电流 I 时，斜线上方为内阻压降，斜线下方为输出端电压。当 $I=0$，即开路时，有最大的输出电压，称为开

路电压，用 U_{OC} 表示，此时 $U=U_{OC}=U_S$，是斜线与纵轴的交点；当 $U=0$，即短路时，有最大的输出电流，称为短路电流，用 I_{SC} 表示，此时 $I=I_{SC}=U_S/R_0$，是斜线与横轴的交点。当然，由于实际电源的内阻很小，故短路电流很大，将使实际电源损坏，因此，实际电源一般不允许将其短路。

二、实际电源的电流源模型

实际电源在工作时提供的电流随着负载电压的增大而减小，这一现象可由一个电流源与电阻的并联作为模型，如图 2-13(a) 所示，这种模型常被称为实际电源的电流源模型。

I_S 的数值等于实际电源短路时提供的电流，即短路电流，用 I_{SC} 表示，$I_{SC}=I_{SO}G_0$ 为实际电源的内电导，即输出电导。当 a、b 端接外电路时，有电流流过端子，其伏安特性为

$$I=I_S-G_0U \tag{2-9}$$

其端子的伏安特性如图 2-13(b) 所示，为一条下倾的斜线，在某一个电压 U 时，斜线右方为内阻分流，斜线左方为输出电流。当 $I=0$，即开路时，有最大的输出电压，称为开路电压，用 U_{OC} 表示，此时 $U=U_{OC}=I_S/G_0$，是斜线与纵轴的交点；当 $U=0$，即短路时，有最大的输出电流，称为短路电流，用 I_{SC} 表示，此时 $I=I_{SC}=I_S$，是斜线与横轴的交点。

三、实际电源两种模型的等效互换

由图 2-12(b) 和图 2-13(b) 可看出，两种模型的伏安关系都是下倾的斜线，故当满足一定条件时可使它们完全相等，由式 (2-8) 可得出

$$I=\frac{U_S}{R_0}-\frac{U}{R_0} \tag{2-10}$$

与式(2-9) 比较，若使伏安关系表达式相等，必须满足

$$I_S=\frac{U_S}{R_0}\text{和}\ R_0=\frac{1}{G_0} \tag{2-11}$$

式(2-11) 即是两种电源等效变换的条件，在应用时必须注意：电压电流的参考方向必须如图 2-12(a) 和图 2-13(a) 所示，即电流源的电流流出端对应电压源的正极端，而电阻只是变换了位置，阻值不变。

实际上，可把这种等效变换推广，任意的电压源串联电阻的组合与电流源并联电阻的组合，都可以进行等效互换，而不论电阻是否为电源的内阻。

【例 2-3】 求如图 2-14(a) 所示电路的等效电流源模型和如图 2-14(c) 所示电路的等效电压源模型。

解　图 2-14(a) 中，$U_S=10\text{V}$，$R_0=5\Omega$，按照式(2-11) 得等效电流源模型的参数为

$$I_S=\frac{U_S}{R_0}=\frac{10}{5}\text{A}=2\text{A},\ G_0=\frac{1}{R_0}=\frac{1}{5}\text{S}=0.2\text{S}$$

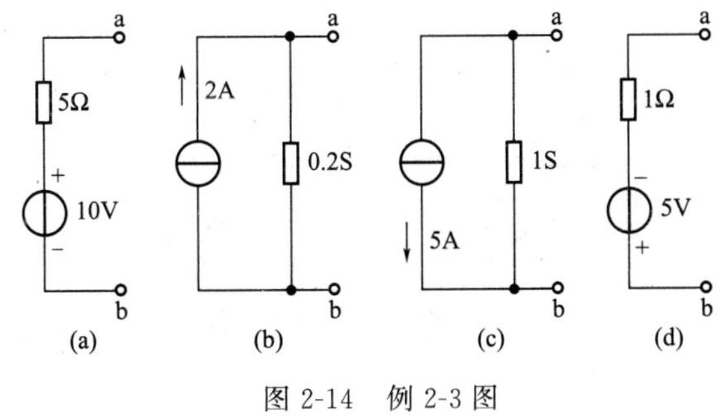

图 2-14　例 2-3 图

等效电流源模型如图 2-14(b)，电流源电流 I_S 的方向向上。

图 2-14(c) 中，$I_S=5\text{A}$，$G_0=1\text{S}$，按照式(2-11) 等效电压源模型的参数为

$$R_0=\frac{1}{G_0}=\frac{1}{1}\Omega=1\Omega,$$

$$U_S=R_0I_S=1\times5\text{V}=5\text{V}$$

等效电压源模型如图 2-14(d)，电压源 U_S

的方向为下正上负。

在进行电源模型等效互换时，应注意以下几个问题。

① 电压源从负极到正极的方向与电流源电流的方向在变换前后应保持一致。

② 电源的等效变换仅对外路成立，对计算电流、电压成立，但对电源内部及对功率的计算是不等效的。

③ 理想电压源和理想电流源不能进行等效变换，因为这两者的伏安特性完全不同，不能等效变换。

等效变换的目的是为了将复杂的电路化简成简单的电路，从而简化电路的分析与计算。

四、几种含源支路的等效变换

根据对外电路伏安关系一致的二端口网络彼此等效的道理，以下几种含源二端口网络均可以等效成一个电源元件。

① 几个电压源（或电压源模型）与电压源（或电压源模型）串联时，可合并成一个电压源（或电压源模型），其具体方法如图 2-15 所示，其中

$$U_S = U_{S1} - U_{S2} + U_{S3}$$
$$R_0 = R_{01} + R_{02}$$

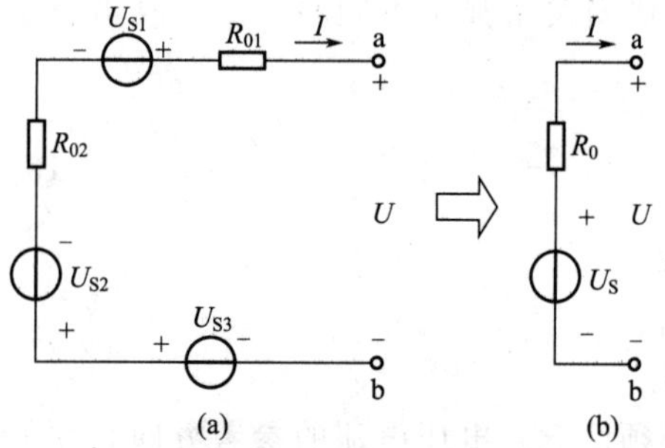

图 2-15 电压源串联

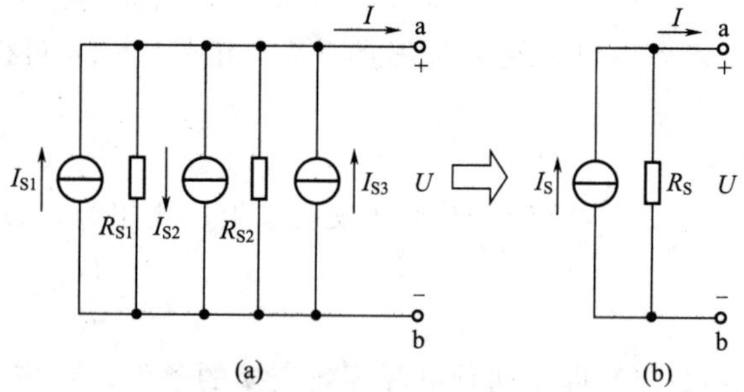

图 2-16 电流源并联

② 几个电流源（或电流源模型）与电流源（或电流源模型）并联时，可合并成一个电流源（或电流源模型），其具体方法如图 2-16 所示，其中

$$I_S = I_{S1} - I_{S2} + I_{S3}$$
$$\frac{1}{R_S} = \frac{1}{R_{S1}} + \frac{1}{R_{S2}}$$

③ 在不计算电流和功率的条件下，理想电压源与任何二端元件（或支路）并联，都可等效成该理想电压源，如图 2-17 所示。

④ 在不计算电压和功率的条件下，理想电流源与任何元件（用二端口网络 N 表示）串联，均可等效成该理想电流源，如图 2-18 所示。

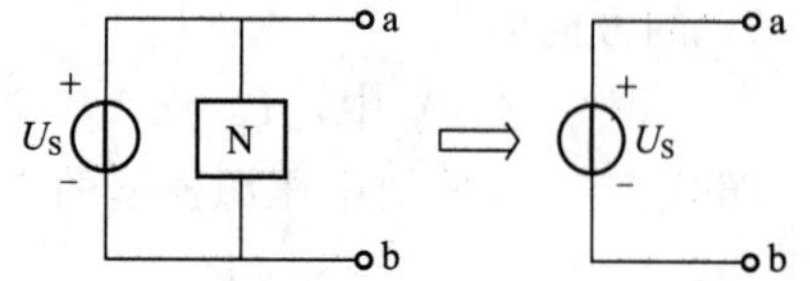

图 2-17 理想电压源与二端口网络并联

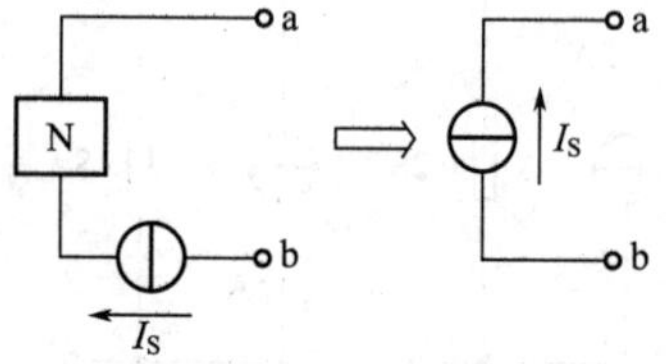

图 2-18 理想电流源与任何元件串联

注意：理想电压源与它自己是不能并联的，理想电流源与它自己也是不能串联的，因为这有悖于生产实际，是不存在的。

⑤ 含源混联二端口网络的化简，可以根据电路的具体结构，灵活运用上述四种方法进行化简，其原则是，先各个局部化简，后整体电路化简；从二端口网络端子的里侧，逐步向端子侧化简。

下面通过具体例子解释化简方法。

【例 2-4】 将图 2-19(a) 所示电路化简成电压源模型。

解 电路中包含两个电源，其中 5V 电压源和 5Ω 电阻构成电压源模型，2A 为理想电流源，它们属于并联关系。将电压源模型等效变换为电流源模型，即可对该电路进行合并化简，化简过程如图 2-19(b)～(d)所示。

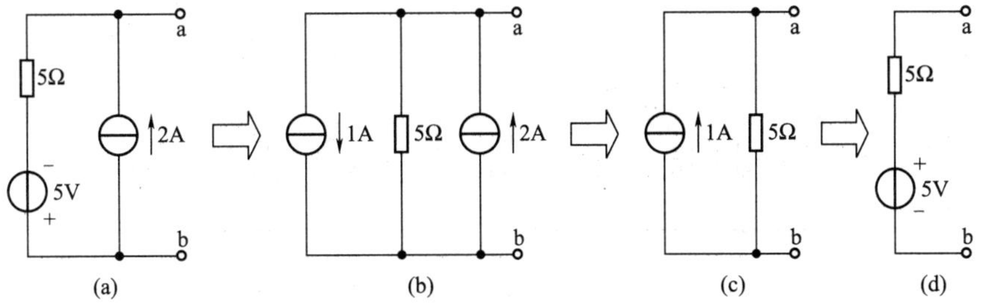

图 2-19　例 2-4 图

【例 2-5】 求如图 2-20(a) 所示电路中的电流 I。

解 电路化简过程如图 2-20 所示，最后得到一个如图 2-20(c) 所示的单一闭合电路，由欧姆定律可得

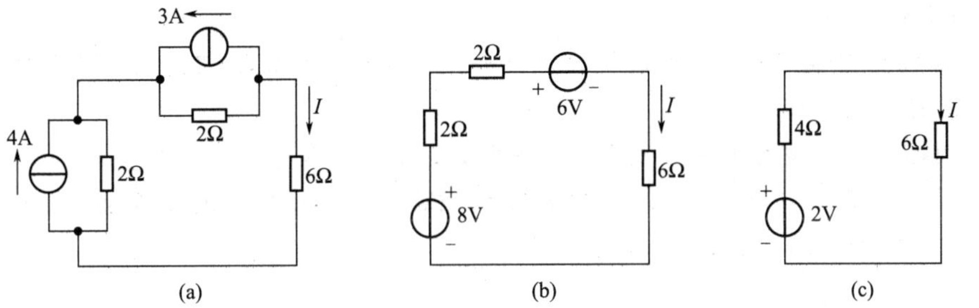

图 2-20　例 2-5 图

$$I=\frac{2}{4+6}\text{A}=0.2\text{A}$$

可见，电源等效变换法分析电路，可以将一个复杂的电路化简为比较简单的电路求解。这种方法通常适用于多电源电路，并且多个电源属于并联关系。在电路的等效变换过程中，还要特别注意待求支路（即外电路）必须始终保留，不能与其他元件进行合并化简。

五、应用示例

试用电压源模型与电流源模型等效变换的方法，计算图 2-21(a) 电路中 1Ω 电阻上的电流 I。

解 利用电源等效变换的方法，从二端口网络 a、b 端子的里侧（左边）逐步向 a、b 端子侧（右边）化简，变换过程如图 2-21(b)～(f)，最后将电路化简为最简回路如图 2-21(f) 所示，利用分流公式可得

$$I=\frac{2}{2+1}\times 3\text{A}=2\text{A}$$

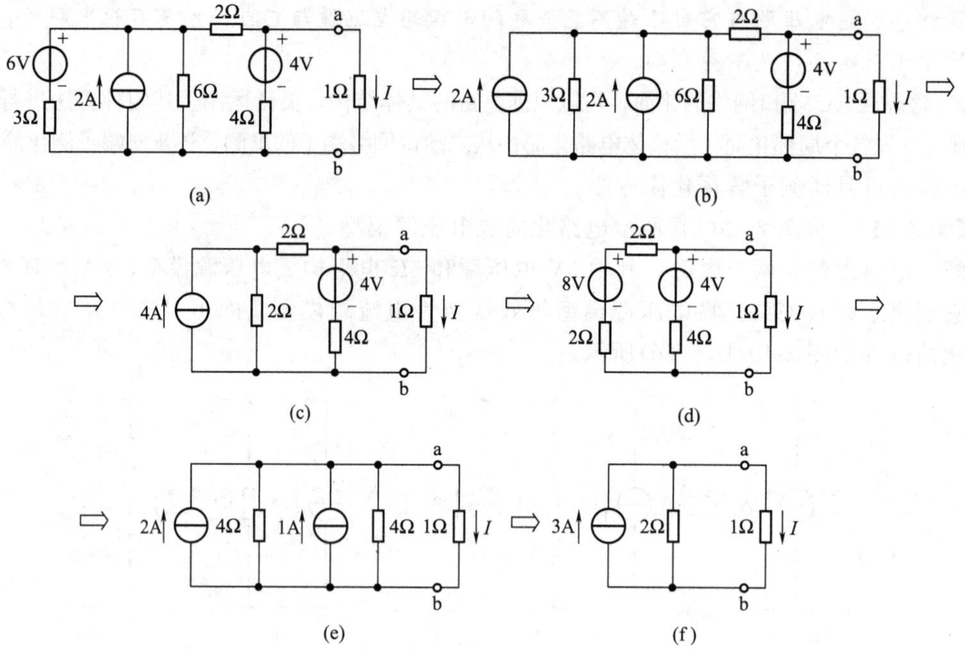

图 2-21 应用示例图

从上述分析过程来看，利用电源等效变换的方法，求解电路中某一支路的电流时，可以避免解方程，从而简化计算。但需注意的是，在整个变换过程中，所求电量所在的支路（如本题的 1Ω 电阻支路）不能参与变换，否则，变换是不等效的。

【思考与讨论】

1. 电压源模型与电流源模型的等效变换条件是什么？并说明理想电压源与理想电流源之间能否进行等效变换。

2. 一实际电压源支路与一理想电流源并联时，如何求其等效电路？

3. 某实际电源，当外电路开路时端电压为 12V，当外电路接 8Ω 的负载电阻时，其端电压为 8V。试绘出该实际电源的电压源模型。

第四节 支路电流法

知识素养 2.10 支路电流法　　课件 2.11 支路电流法　　微课 2.12 支路电流法

在由多个电压源、电流源及电阻组成的结构复杂的电路中，用电阻串并联、混联的等效变换化简或者电源的等效变换，不一定就可以计算某些较复杂电路，但可以运用电路的基本定律引申出多种其他的分析方法来计算分析。

计算复杂电路的各种方法中，支路电流法是最基本的。在分析时它是以支路电流作为求解对象，应用基尔霍夫定律分别对节点和回路列写所需要的方程组，再解方程组求得各支路电流，再运用欧姆定律得到各条支路上的电压。

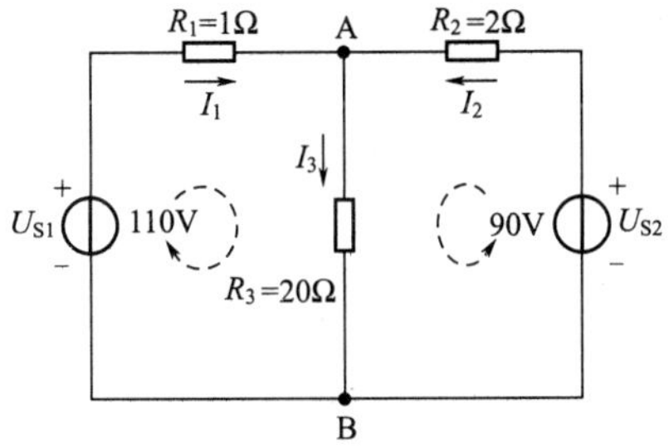

图 2-22　支路电流法

如图 2-22 所示是一个比较简单的电路，在这个电路中有 3 条支路、2 个节点、3 个回路和 2 个网孔。在应用支路电流法来计算各条支路电流时，首先必须假设各条支路电流的参考方向 I_1、I_2、I_3，其次，根据基尔霍夫电流定律列写出 $n-1$ 个独立的 KCL 方程（本电路有 2 个节点，但独立节点有一个）。

节点 A：$I_1+I_2-I_3=0$

然后，根据基尔霍夫电流定律列写出 m 个独立的 KVL 方程。

$$R_1I_1+R_3I_3=U_{S1}$$
$$R_2I_2+R_3R_3=U_{S2}$$

应用基尔霍夫电流、电压定律一共可列写出 $(n-1)+m=b$ 个独立方程。

最后将上述三个方程联立成一个三元一次方程组，代入数据后，可得

$$\begin{cases} I_1+I_2-I_3=0 \\ I_1+20I_3=110 \\ 2I_2+20I_3=90 \end{cases}$$

经计算后可求得

$$I_1=10\text{A}\ ,\ I_2=-5\text{A},\ I_3=5\text{A}。$$

一、支路电流法的一般步骤

① 判断电路的支路数 b 和节点数 n；

② 标出支路电流的参考方向；

③ 用基尔霍夫电流定律对独立节点列出（$n-1$）个电流方程；

④ 标出电动势的参考方向和回路的绕行方向，按基尔霍夫电压定律，列出 $b-(n-1)$ 个独立的电压方程；

⑤ 解联立方程组，求得各支路电流，如 I 为负值时，说明 I 的实际方向与参考方向相反；

⑥ 检验计算结果。

支路电流法的缺点在于当电路支路数较多时，未知数多，需求解的联立方程式也较多，计算过程繁琐。

二、应用示例

图 2-23 为一个测量技术中常用的可以测量温度的电桥电路。已知：$E=4\text{V}$，$R_1=R_3=R_4=400\Omega$，$R_2=347\Omega$，仪表电阻 $R_g=600\Omega$。R_t 为铜热电阻，0℃时，$R_t=53\Omega$，放在需要测量温度的地方，用导线把它接到电桥的一个桥臂中。求：温度为 0℃、100℃时，仪表中通过的电流 I_g 及其两端电压 U_g。

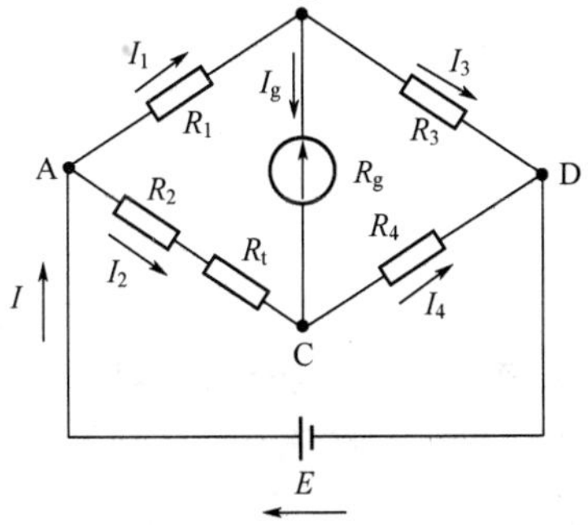

图 2-23　应用示例图

解　可先分析该电路的特点（即节点数、支路数、网孔数）。确定列方程个数。

分析图 2-23 电路可知：电路共有 6 条支路（6 个未知电流见图），若用支路电流法（这种方法对于三条支路以上的复杂电路来说较繁，不太适合，但目前我们只学习了

这种方法）解题，需要列 6 个方程。但实际上由基尔霍夫电流定律可得

$I_2=I-I_1$；　　$I_3=I_1-I_g$　　$I_4=I-I_1+I_g$

这样就把支路未知电流的数目由 6 个简化为 3 个。即只要将 I、I_1、I_g 三个电流求出来，就可以将 I_2、I_3、I_4 求出。

根据基尔霍夫电压定律列方程如下：

由回路 ABCA 列方程：$I_1R_1+I_gR_g-(I-I_1)(R_2+R_t)=0$

即：$I_1(R_1+R_2+R_t)+I_gR_g-I(R_2+R_t)=0$

由回路 BDCB 列方程：$(I_1-I_g)R_3-(I-I_1+I_g)R_4-I_gR_g=0$

即：$I_1(R_3+R_4)-I_g(R_3+R_4+R_g)-IR_4=0$

由回路 ABDA 列方程：$I_1R_1+(I_1-I_g)R_3=E$

即：$I_1(R_1+R_3)-I_gR_3=E$

将已知数据代入上面式子，便可以求出

$$I_g=\frac{2(R_2+R_t)-800}{320000+1200(R_2+R_t)}$$

① 当温度为 0℃时，由于$(R_2+R_t)=R_3=R_1=R_4=400\Omega$，满足电桥平衡条件，此时 $I_g=0$，$U_g=0$。

② 当温度为 100℃时，$R_2+R_t=422\Omega$，不满足电桥平衡条件，$I_g\neq0$，代入上面方程式得：$I_g=0.053\text{mA}$，$U_g=I_gR_g=31.8\text{mV}$。

从上面的计算可知，当其中一个桥臂温度变化时→电阻变化→电桥不平衡→I_g 变化→U_g 变化。若将 B、C 作为输出端，这样对应一个温度，就会有一个对应的输出电压 U_g。反过来，通过仪表所指出的不同的毫伏数，就可以知道 I_g，可以求出 R_t，从而便测出与此相对应的温度值。

【思考与讨论】

1. 支路电流法的依据是什么？如何列出足够的独立方程？

2. 试对图 2-24 所示电路列出求解各支路电流所需的方程（电流的参考方向可自行选定）。

3. 图 2-25 是含有电流源的电路，试列出求解各支路电流所需的方程（恒流源 I_s 所在的支路电流是已知的）。

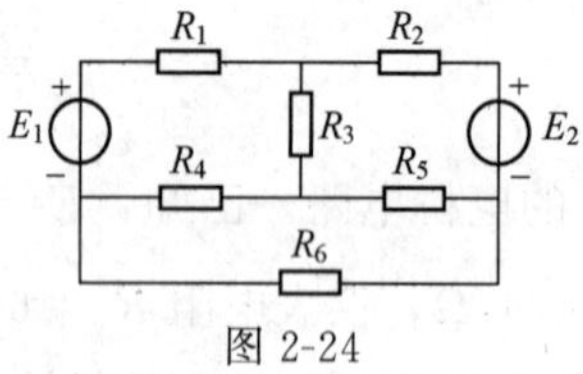

图 2-24

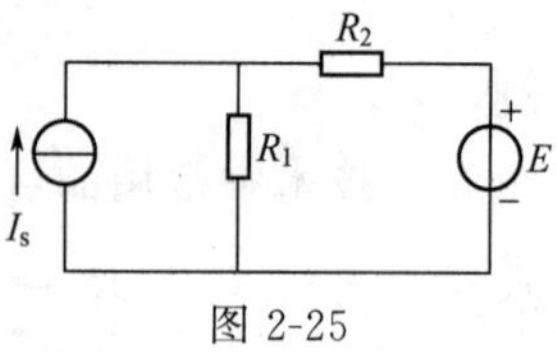

图 2-25

第五节　网孔电流法

网孔电流法简称网孔法。它是系统地分析线性电路的方法之一。该方法根据 KVL 定律以网孔电流为未知量，列出各网孔回路的电压方程，并联立求解出网孔电流，再进一步求解出各支路电流的方法。支路电流就是通过每一条支路的电流，如图 2-26 中的 I_1、I_2、I_3。

知识素养 2.13 网孔电流法　　微课 2.14 网孔电流法　　课件 2.15 网孔电流法

一、网孔电流及其与支路电流的关系

电路中实际存在的电流是支路电流，网孔电流是为了简化分析电路时所列方程的个数而假设的中间变量，电路中最终所求解的变量是支路电流等实际存在的物理量。

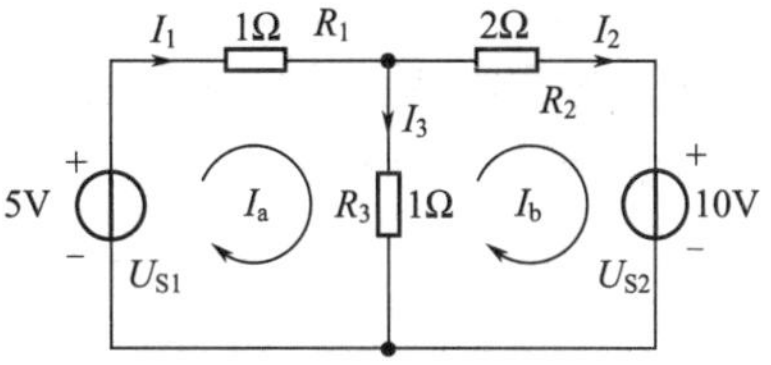

图 2-26 网孔电流法

假想的在每一个网孔回路中流动的独立电流称为网孔电流，如图 2-26 中的 I_a、I_b，其箭头所指的方向为网孔电流的参考方向。而各支路电流是由网孔电流组成的，即某一条支路电流等于通过该支路的各网孔电流的代数和，当网孔电流的参考方向与支路电流的参考方向相同时，网孔电流为正，否则为负，如 $I_1=I_a$，$I_2=I_b$，$I_3=I_a-I_b$。

二、网孔电流方程

网孔电流方程，实质上是以网孔电流为变量的 KVL 方程，下面推导网孔电流方程的一般形式。

假设各网孔电流的参考方向均为顺时针，网孔回路的绕行方向与之相同，根据 KVL 定律可列出如下方程。

$$\begin{cases} I_1R_1+I_3R_3-U_{S1}=0 \\ I_2R_2-I_3R_3+U_{S2}=0 \end{cases}$$

将上述方程中的支路电流用网孔电流代替，方程即变为

$$\begin{cases} I_aR_1+(I_a-I_b)R_3-U_{S1}=0 \\ I_bR_2-(I_a-I_b)R_3+U_{S2}=0 \end{cases}$$

整理后为

$$\begin{cases} I_a(R_1+R_3)-I_bR_3=U_{S1} & \text{a 网孔电流方程} \\ I_b(R_2+R_3)-I_aR_3=-U_{S2} & \text{b 网孔电流方程} \end{cases}$$

写出一般式为

$$\begin{cases} I_aR_{aa}+I_bR_{ab}=U_{sa} & \text{a 网孔电流方程} \\ I_bR_{bb}+I_aR_{ba}=U_{sb} & \text{b 网孔电流方程} \end{cases} \tag{2-12}$$

式(2-12) 即为网孔电流法的一般规律方程，其中 $R_{aa}=R_1+R_3$ 为组成网孔 a 的各支路的所有电阻之和，称为网孔 a 的自电阻。同理，$R_{bb}=R_2+R_3$ 为网孔 b 的自电阻。$R_{ab}=R_{ba}=R_3$ 为相邻 a、b 两网孔公共支路的电阻之和，称为 a、b 两孔的互电阻，其符号为负（注意，互电阻的符号为负的条件是：电路中所有网孔电流的参考方向一致，否则不一定为负）。U_{Sa}、U_{Sb} 分别为 a、b 两网孔中所含电压源的电位升的代数和。当电压源电位升（从负极到正极）的方向与本网孔电流的参考方向一致时，U_S 为正，否则为负。用网孔电流法分析时，解题步骤可归纳如下。

① 设定各网孔电流的参考方向，同时规定这也是列方程式时的回路绕行方向。

② 列出网孔电流方程，并注意自阻总是正的，互阻的正负取决于公共电阻上的两网孔电流的方向是否一致。

③ 解网孔电流方程，求出各网孔电流。

依据电路结构关系，按设定的支路电流的参考方向，由网孔电流求出各支路电流及其他待求量。

【例 2-6】 用网孔电流求图 2-27 电路中各支路电流。

解 假设各支路电流和网孔电流的参考方向如图 2-27 所示。

根据网孔电流方程的一般式可得

$$I_a(2+1+2)-I_b\times 2-I_c\times 1=(6-18)\text{V}$$
$$-I_a\times 2+I_b(2+6+3)-I_c\times 6=(18-12)\text{V}$$
$$-I_a\times 1-I_b\times 6+I_c(1+3+6)=(25-6)\text{V}$$

解联立方程可以得出 $I_a=-1\text{A}$；$I_b=2\text{A}$；$I_c=3\text{A}$。

则各支路电流分别为 $I_1=I_a=-1\text{A}$；$I_2=I_b=2\text{A}$；$I_3=I_c=3\text{A}$。

$I_4=I_c-I_a=4\text{A}$；$I_5=I_a-I_b=-3\text{A}$；$I_6=I_c-I_b=1\text{A}$。

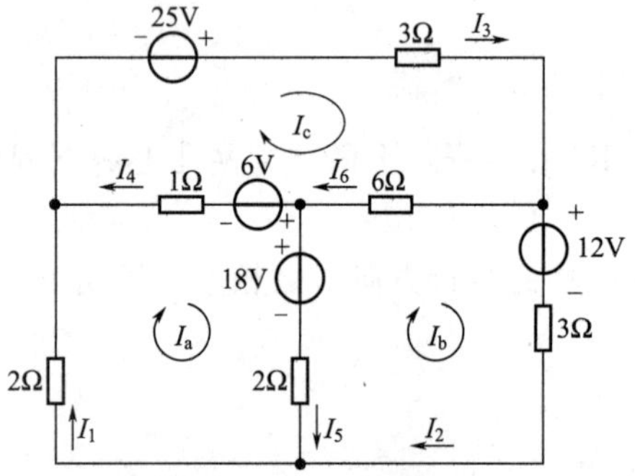

图 2-27 例 2-6 图

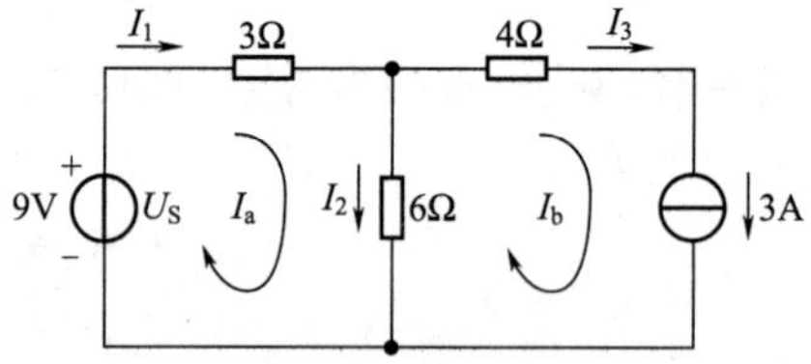

图 2-28 例 2-7 图

【例 2-7】 求图 2-28 电路中的各支路电流。

解 设网孔电流的参考方向均为顺时针，各支路电流分别为 I_1、I_2、I_3，参考方向如图 2-28 所示。

则网孔电流方程为

$$I_a(3+6)-6I_b=9\text{V}$$
$$I_b=3\text{A}$$

解得 $I_a=3\text{A}$

则 $I_1=I_a=3\text{A}$；$I_2=I_a-I_b=(3-3)=0\text{A}$；$I_3=I_b=3\text{A}$。

从本例可以看出，当网孔回路中含有电流源时，本网孔的网孔电流即为已知量，而不需要再列本网孔的 KVL 方程，从而简化了电路的计算。

三、应用示例

在图 2-29 所示电路中，各元件参数如图所示，试求各支路电流。

解 ① 假设各支路电流的参考方向和网孔电流 I_{m1}、I_{m2}、I_{m3} 的循行方向，如图 2-29 所示。

② 写出各网孔的自阻

$$R_{11}=R_1+R_3=(5+5)\Omega=10\Omega$$
$$R_{22}=R_2+R_3+R_4=(5+10+10)\Omega=25\Omega$$

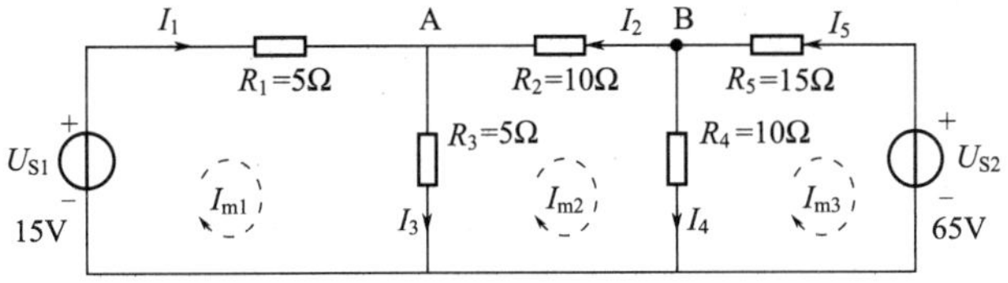

图 2-29　应用示例图

$$R_{33}=R_4+R_5=(10+15)\Omega=25\Omega$$

③ 写出各网孔的互阻

$$R_{12}=R_{21}=R_3=5\Omega$$
$$R_{23}=R_{32}=R_4=10\Omega$$

④ 列写 m 个独立的网孔 KVL 方程

$$\begin{cases} R_{11}I_{m1}-R_{12}I_{m2}=U_{S1} \\ -R_{21}I_{m1}+R_{22}I_{m2}-R_{23}I_{m3}=0 \\ -R_{32}I_{m2}+R_{33}I_{m3}=-U_{S2} \end{cases}$$

⑤ 代入数据解联立方程组

$$\begin{cases} 10I_{m1}-5I_{m2}=15 \\ -5I_{m1}+25I_{m2}-10I_{m3}=0 \\ -10I_{m2}+25I_{m3}=-65 \end{cases}$$

解得　$I_{m1}=1\text{A}$；$I_{m2}=-1\text{A}$；$I_{m3}=-3\text{A}$。

⑥ 求各支路电流

$$I_1=I_{m1}=1\text{A};\ I_2=-I_{m2}=1\text{A};\ I_3=I_{m1}-I_{m2}=[1-(-1)]=2\text{A};$$
$$I_4=I_{m2}-I_{m3}=[-1-(-3)]=2\text{A};\ I_5=-I_{m3}=3\text{A}。$$

【思考与讨论】

1. 支路电流可以用电流表测出，为什么网孔电流有时能用电流表测出？有时又不能用电流表测出？

2. 网孔电流方程中的自电阻、互电阻、网孔电压源的代数和的含义各指什么？它们的正、负号如何确定？

3. 试用网孔电流法求支路电流法中应用示例图中的电流 I_g。

第六节　节点电位法

知识素养　2.16　节点电位法

微课　2.17　节点电位法

课件　2.18　节点电位法

以节点电压为求解对象的电路分析方法称为节点电位法。在任意复杂结构的电路中总会有 n 个节点，取其中一个节点作为参考节点，其他各节点与参考节点之间的电压就称为节点电压。所以，在有 n 个节点的电路中，一定有 $n-1$ 个节点电压。

一、节点电位和节点电位法

图 2-30 电路中有三个节点 a、b、c。假设 c 点为参考节点，则 $V_c=0$，a、b 点的电位就称为节点电位，用 V_a、V_b 表示。

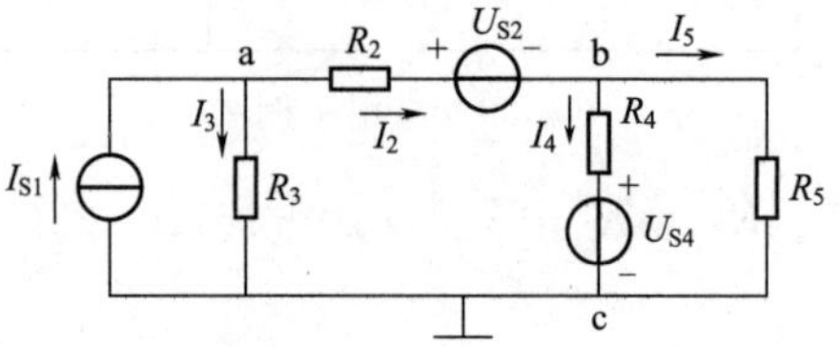

图 2-30　三个节点的电路

节点电位法是以节点电位为未知量（如 V_a、V_b），根据 KCL 定律列出节点（a、b 点）的节点电位方程，联立方程解出节点电位，进而求解出电路的其他未知量的方法。

该方法宜于在节点数较少，而支路数较多的电路中应用。

1. 各支路电流与节点电位的关系

设各支路电流的参考方向如图 2-30 所示，根据欧姆定律可列出无源支路电流的关系式为

$$I_3=\frac{V_a}{R_3}=V_aG_3$$

$$I_5=\frac{V_b}{R_5}=V_bG_5$$

由 KVL 定律列出含源支路电流的关系式为

$$I_2=\frac{V_a-V_b-U_{S2}}{R_2}=(V_a-V_b-U_{S2})G_2$$

$$I_4=\frac{V_b-U_{S4}}{R_4}=(V_b-U_{S4})G_4$$

2. 节点电位法

由 KCL 定律列出 a、b 节点的节点电流方程，即

$$节点\ a：I_2+I_3=I_{S1}$$

$$节点\ b：I_4+I_5-I_2=0$$

将支路电流代入节点电流方程，经整理后，上述方程变为

$$\begin{cases}(G_2+G_3)V_a-G_2V_b=I_{S1}+U_{S2}G_2\\-G_2V_a+(G_2+G_4+G_5)V_b=U_{S4}G_4-U_{S2}G_2\end{cases}$$

电位方程写成一般式

$$\begin{cases}G_{aa}V_a+G_{ab}V_b=I_{Sa}\\G_{ba}V_a+G_{bb}V_b=I_{Sb}\end{cases}\tag{2-13}$$

式中，$G_2+G_3=G_{aa}$ 叫做 a 点的自电导，其值等于直接连接在 a 点的各条支路的电导之和。$G_2+G_4+G_5=G_{bb}$ 是 b 点的自电导，自电导的符号总为正。$G_2=G_{ab}=G_{ba}$ 为节点 a、b 共用支路的总电导，叫互电导，其符号总为负，互电导等于直接连接在 a、b 两点之间的各条支路的电导之和。$I_{S1}+U_{S2}G_2=I_{Sa}$ 为流过节点 a 的电流源电流的代数和；$U_{S4}G_4-U_{S2}G_2=I_{Sb}$ 为流过节点 b 的电流源电流的代数和。当电流源电流流入节点时为正，流出节点时为

负。若电路为电压源与电阻串联时，将其等效变换成电流源与电阻并联即可。

3. 解题步骤

① 选定参考节点。

② 根据式(2-13) 列出节点电位方程，解联立方程得到节点电位。

③ 利用欧姆定律和 KCL 定律求解出各支路电流。

【例 2-8】 电路如图 2-31 所示，已知电路中各电导均为 1S，$I_{S2}=5A$，$U_{S4}=10V$，求 V_a、V_b 及各支路电流。

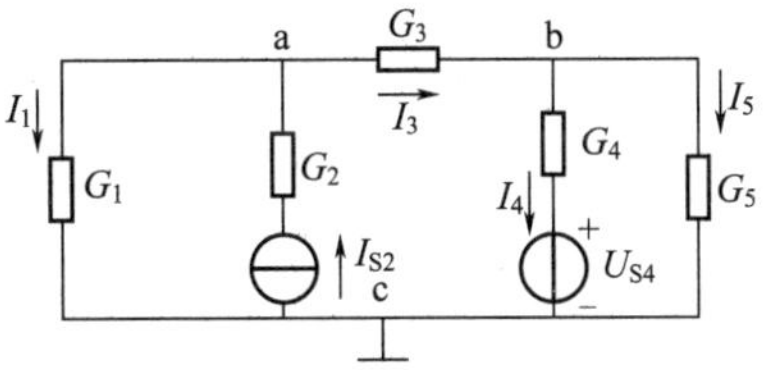

图 2-31　例 2-8 图

解

$$\begin{cases} V_a(G_1+G_3)-G_3V_b=I_{S2} \\ -G_3V_a+(G_3+G_4+G_5)V_b=U_{S4}G_4 \end{cases}$$

与电流源串联的电阻不起作用，列方程时不列入。将上式代入数据可得

$$\begin{cases} 2V_a-V_b=5 \\ -V_a+3V_b=10 \end{cases}$$

解得　$V_a=5V$，$V_b=5V$

则　$I_1=V_aG_1=(5\times1)=5A$

$I_3=(V_a-V_b)G_3=(5-5)\times1A=0A$

$I_4=(V_b-U_{S4})G_4=(5-10)\times1A=-5A$

$I_5=V_bG_5=(5\times1)A=5A$

二、弥尔曼定理

如果在一个电路中有两个节点，那么，取其中一个为参考节点，其节点电压只有一个。只有两个节点的节点电压分析方法是节点电压法中的特例，称之为弥尔曼定理。两个节点的电路可以看作是许多条支路的并联电路，此种方法应用颇广。

图 2-32 仅含有两个节点（a、o）的电路，用节点电位法时，因为只有一个独立的节点，所以只需列一个方程，即

$$V_a\left(\frac{1}{R_1}+\frac{1}{R_2}\right)=I_S+\frac{U_{S1}}{R_1}-\frac{U_{S2}}{R_2}$$

$$U_{ao}=\frac{I_S+\dfrac{U_{S1}}{R_1}-\dfrac{U_{S2}}{R_2}}{\dfrac{1}{R_1}+\dfrac{1}{R_2}}=V_a$$

推广到一般情况，则

$$U_{ao}=\frac{\Sigma U_{Si}G_i+\Sigma I_{Si}}{\Sigma G_i} \tag{2-14}$$

式(2-14) 称为弥尔曼定理。

【例 2-9】 电路如图 2-33 所示，试用弥尔曼定理，求各支路电流。

解　设各支路电流的参考方向如图 2-33 所示，则

$$V_a=\frac{\dfrac{5}{2}+\dfrac{4}{10}-\dfrac{8}{10}}{\dfrac{1}{2}+\dfrac{1}{10}+\dfrac{1}{10}}V=3V$$

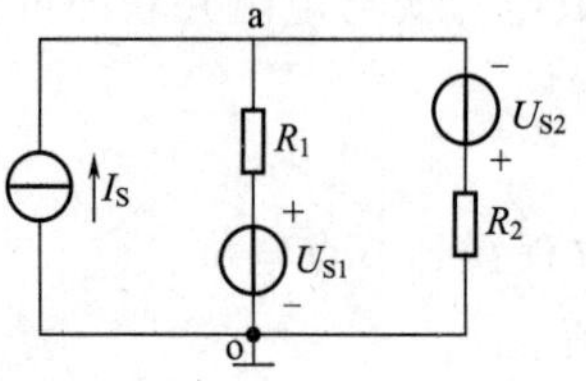

图 2-32　两个节点的电路

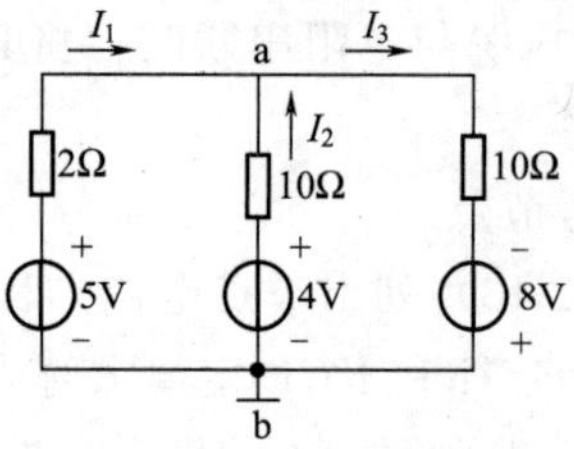

图 2-33　例 2-9 图

$$I_1=\frac{5-V_a}{2}=1\text{A}$$

$$I_2=\frac{4-V_a}{10}=0.1\text{A}$$

$$I_3=\frac{V_a+8}{10}=1.1\text{A}$$

通过上例可见，对于只有两个节点的电路，运用节点电位法直接套用弥尔曼定理的公式较为简单。

三、应用示例

在图 2-34 所示的电路中，各元件参数及电流参考方向如图所示，当开关 S 打到 c 和 d 时，求电路中各支路电流的大小。

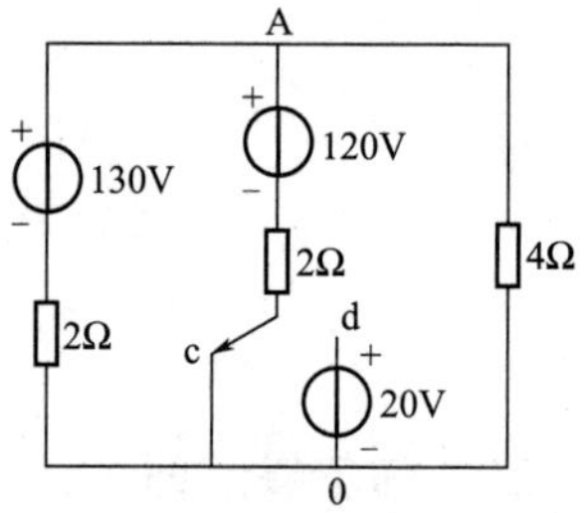

图 2-34　应用示例图

解　① 当开关 S 打到 c 时

$$U_{AC}=\frac{\frac{130}{2}+\frac{120}{2}}{\frac{1}{2}+\frac{1}{2}+\frac{1}{4}}\text{V}=\frac{65+60}{\frac{5}{4}}\text{V}=100\text{V}$$

根据含源支路欧姆定律求得

$$I_1=\frac{-100+130}{2}\text{A}=15\text{A}$$

$$I_2=\frac{-100+120}{2}\text{A}=10\text{A}$$

$$I_3=\frac{100}{4}\text{A}=25\text{A}$$

② 当开关 S 打到 d 时，以 0 为参考点

$$U_{AO}=\frac{\frac{130}{2}+\frac{120+20}{2}}{\frac{1}{2}+\frac{1}{2}+\frac{1}{4}}\text{V}=\frac{65+70}{\frac{5}{4}}\text{V}=108\text{V}$$

根据含源支路欧姆定律可求得

$$I_1=\frac{-108+130}{2}\text{A}=11\text{A}$$

$$I_2=\frac{-108+140}{2}\text{A}=16\text{A}$$

$$I_3=\frac{108}{4}\mathrm{A}=27\mathrm{A}$$

【思考与讨论】

1. 节点电位方程中，方程两边的各项分别表示什么意义？其正、负号如何确定？

2. 节点法以节点电压为未知量，试问什么是节点电压？节点电压的参考方向是如何规定的？

3. 列写网孔电流法中应用示例图 2-29 中的节点电位方程。

第七节　叠加定理

知识素养　2.19　叠加定理

微课　2.20　叠加定理

课件　2.21　叠加定理

一、叠加定理

叠加定理是线性电路分析中的一个重要定理。可叙述如下：在任何线性电路中，由多个电源共同作用在支路中所产生的电压或电流必定等于由各个电源单独作用时在相应支路中产生的电压或电流的代数和。

在如图 2-35(a) 所示的电路中有两个电源共同作用，一个是电压源 U_S，另一个是电流源 I_S。若要求 R_2 支路中的电流 I_2，可以把电路（a）分解成两个电源 U_S、I_S 分别单独作用的电路，如图 2-35(b)、(c) 所示。

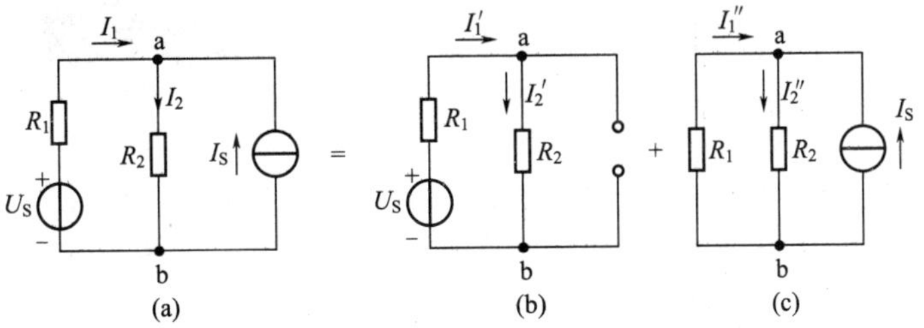

图 2-35　叠加定理

图 2-35(b) 是表示有电压源 U_S 单独作用时在 R_2 支路中产生的电流 I_2'，其大小为

$$I_2'=\frac{U_S}{R_1+R_2}$$

图 2-35(c) 是表示有电压源 I_S 单独作用时在 R_2 支路中产生的电流 I_2''，其大小为

$$I_2''=I_S\frac{R_1}{R_1+R_2}$$

那么，由两个电源 U_S 和 I_S 共同作用，在 R_2 支路上产生的电流 I_2 应为

$$I_2=I_2'+I_2''=\frac{U_S}{R_1+R_2}+I_S\frac{R_1}{R_1+R_2}$$

若 $R_1=2\Omega$、$R_2=12\Omega$、$U_S=6\mathrm{V}$、$I_S=4\mathrm{A}$，则

$$I_2'=\frac{6}{2+12}\text{A}=\frac{3}{7}\text{A},\ I_2''=\left(4\times\frac{2}{2+12}\right)\text{A}=\frac{4}{7}\text{A},$$

故
$$I_2=I_2'+I_2''=\left(\frac{3}{7}+\frac{4}{7}\right)\text{A}=1\text{A}。$$

二、应用叠加定理时注意事项

① 当其中一个电源单独作用时，应将其他电源除去，但必须保留其内阻。除源的规则是：电压源短路，电流源开路。

② 叠加定理只适用于线性电路。从数学上，看叠加定理就是线性方程的可加性定理。

③ 最后叠加时，必须要认清各个电源单独作用时，在各条支路上所产生的电压、电流的分量是否与各条支路上原电压、电流的参考方向一致。一致时，各分量取正号，反之取负号，最后叠加时应为代数和，即

$$I_j=I_j'+I_j''$$

④ 叠加定理只能用来分析计算电路中的电压和电流，不能用来计算电路中的功率。因为功率与电压、电流之间不存在线性关系，即

$$P=R_2(I_2)^2\neq R_2(I_2')^2+R_2(I_2'')^2$$

【例 2-10】 在如图 2-36(a) 所示的电路中，各元件参数如图 2-36 所示，试用叠加定理求 10V 电压源上的电流 I_E 以及 10V 电压源的发出功率。

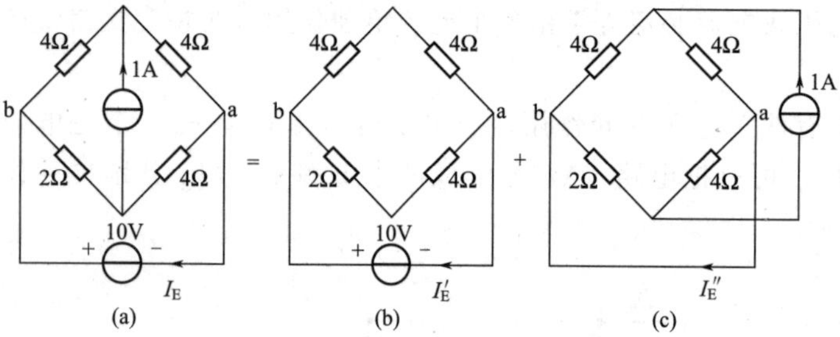

图 2-36 例 2-10 图

动画

2.22 仿真实训：叠加定理

课件

2.23 仿真：叠加定理

解 本电路中有一个电压源和一个电流源共同作用。在进行分析时将电路分解成一个电压源单独作用（电流源开路）和一个电流源单独作用（电压源短路）的电路，总的电流 I_E 可看成是这两个电源单独作用时产生的 I_E 分量叠加而成。电路如图 2-36(b)、(c) 所示。

当 10V 电压源单独作用时，其等效电路如图 2-37 所示。

$$I_E'=\left(\frac{10}{4+4}+\frac{10}{2+4}\right)\text{A}$$

$$=\left(\frac{5}{4}+\frac{5}{3}\right)\text{A}$$

$$=\frac{35}{12}\text{A}$$

当 1A 电流源单独作用时，其等效电路如图 2-38 所示。

$$I_1''=\frac{4}{4+4}\times I_S=\frac{1}{2}\text{A}$$

$$I_2''=I_1''=\frac{1}{2}\text{A}$$

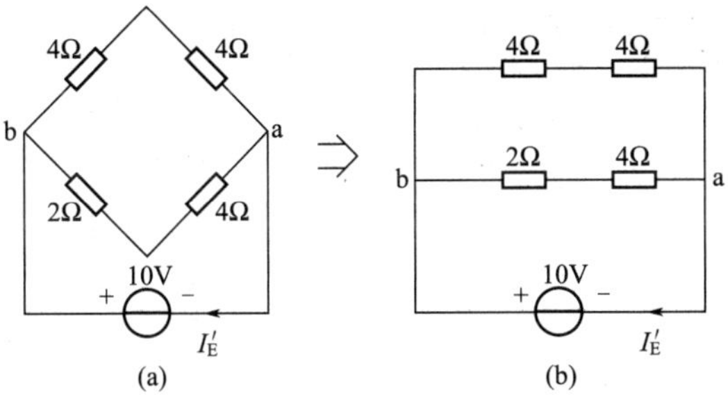

图 2-37　10V 电压源单独作用的等效电路

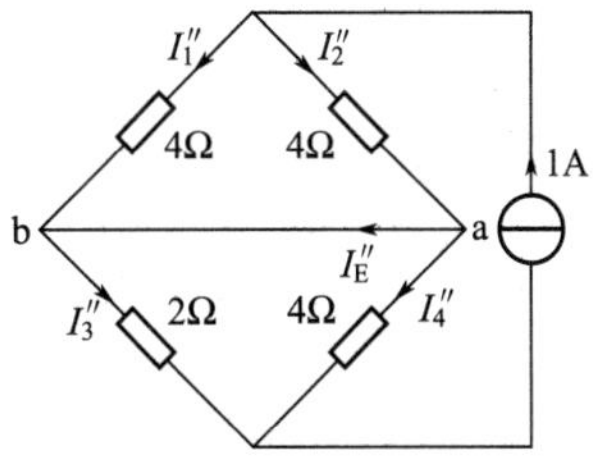

图 2-38　1A 电流源单独作用的等效电路

$$I''_3=\frac{4}{4+2}\times I_S=\frac{2}{3}\text{A}$$

$$I''_4=\frac{2}{4+2}\times I_S=\frac{1}{3}\text{A}$$

根据 KCL，在节点 a 处

$$I''_2=I''_4+I''_E$$

故

$$I''_E=I''_2-I''_4=\left(\frac{1}{2}-\frac{1}{3}\right)\text{A}=\frac{1}{6}\text{A}$$

应用叠加定理可得

$$I_E=I'_E+I''_E=\left(\frac{35}{12}+\frac{1}{6}\right)\text{A}=\frac{37}{12}\text{A}$$

$$P_{10V}=EI=\frac{37}{12}\times 10\text{W}=\frac{185}{6}\text{W}\approx 30.8\text{W}$$

从上述例子可见，用叠加定理分析线性电路有时是比较方便的，它可将复杂电路简化成简单电路。只含有一个电源的电路在多数情况下可以用电阻串并联的方法简化，直接用欧姆定律求解，从而避免了联立方程组的麻烦。

【例 2-11】 应用叠加定理计算如图 2-39(a) 所示电路各支路的电流和各元件（电源和电阻）两端的电压。

解 先假设各支路电流的参考方向 I_1、I_2、I_3、I_E。

本电路可分解为 10A 电流源单独作用和 10V 电压单独作用的两个电路。I_S 单独作用时，分别求得各支路电流和元件两端电压的分量，见图 2-39(b) 电路。

$$I'_1=\frac{4}{4+1}\times 10\text{A}=8\text{A}$$

$$I'_3=\frac{1}{4+1}\times 10\text{A}=2\text{A}$$

$$I'_{2\Omega}=I_S=10\text{A}$$

$$I'_E=I'_1=8\text{A}$$

$$I'_2=0\text{A}$$

U_S 单独作用时，如图 2-39(c) 所示

$$I''_2=\frac{U_S}{5}=\frac{10}{5}\text{A}=2\text{A}$$

$$I''_1=I''_3=\frac{U_S}{1+4}=\frac{10}{5}\text{A}=2\text{A}$$

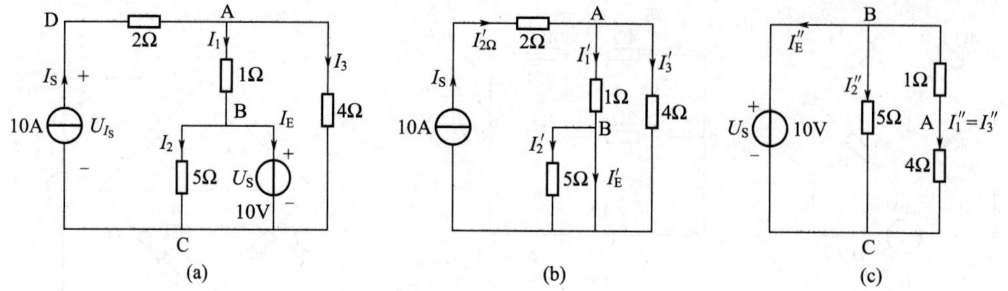

图 2-39　例 2-11 图

$$I''_{2\Omega}=0\text{A}$$

$$I''_E=-(I''_2+I''_1)=-(2+2)\text{A}=-4\text{A}$$

故

$$I_1=I'_1-I''_1=(8-2)\text{A}=6\text{A}$$

$$I_2=I'_2+I''_2=(0+2)\text{A}=2\text{A}$$

$$I_3=I'_3+I''_3=(2+2)\text{A}=4\text{A}$$

$$I_{2\Omega}=I'_{2\Omega}+I''_{2\Omega}=(10+0)\text{A}=10\text{A}$$

$$I_E=I'_E+I''_E=[8+(-4)]\text{A}=4\text{A}$$

$$U_{AC}=I_3\times4=4\times4\text{V}=16\text{V}$$

$$U_{AB}=U_{AC}-U_{BC}=(16-10)\text{V}=6\text{V}$$

因为

$$U_{AC}=U_{AD}+U_{I_S}$$

所以

$$U_{I_S}=U_{AC}-U_{AD}=[16-(-10)\times2]\text{V}=36\text{V}$$

三、应用示例

试用叠加定理计算图 2-40 电路中 3Ω 电阻支路的电流 I 及 U，并计算该电阻吸收的功率 P，并验证叠加定理是否适用于功率的计算。

解　① 当电流源单独作用时，其等效电路见图 2-40(b)。

由分流式可得

$$I'=\frac{6\times9}{3+6}\text{A}=6\text{A}$$

$$U'=3I'=3\times6\text{V}=18\text{V}$$

② 当电压源单独作用时，相应的电路见图 2-40(c)，由欧姆定律可求得

$$I''=\frac{27}{3+6}\text{A}=3\text{A}$$

$$U''=3I''=3\times3\text{V}=9\text{V}$$

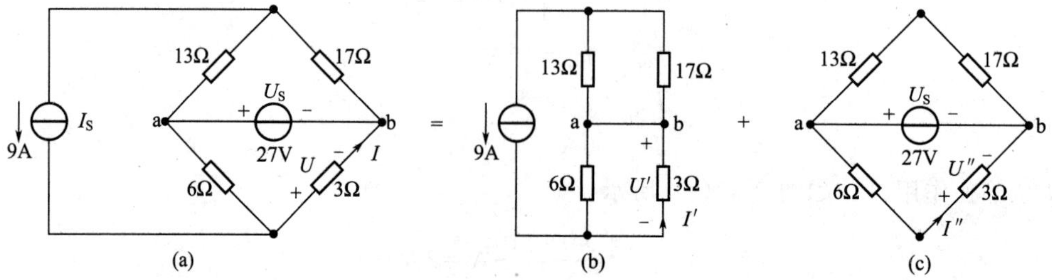

图 2-40　应用示例图

③ 将两个分量进行叠加求总电流、总电压，则

$$I=I'+I''=(6+3)\text{A}=9\text{A}$$

$$U=U'+U''=(18+9)\text{V}=27\text{V}$$

④ 求功率，并验证叠加定理是否适用于求功率。

$$P=I^2R=IU=9\times27\text{W}=243\text{W}$$

$$P'=I'U'=6\times18\text{W}=108\text{W}$$

$$P''=I''U''=3\times9\text{W}=27\text{W}$$

$$P'+P''=(108+27)\text{W}=135\text{W}\neq P$$

显然，叠加定理是不适用于求功率的。

【思考与讨论】

1. 叠加定理的内容是什么？使用该定理时应注意哪些问题？

2. 两理想电压源并联或两理想电流源串联时，叠加定律是否适用？

3. 利用叠加定律可否说明在单电源电路中，各处的电压和电流随电源电压或电流成比例的变化？

第八节　戴维南定理与诺顿定理

知识素养　2.24　戴维南定理

微课　2.25　戴维南定理

课件　2.26　戴维南定理

一、戴维南定理的内容

运用网孔电流法、节点电位法和叠加定理可以把电路中所有支路的电流全部求解出来，但在实际情况中，有时只需计算电路中某一支路的电流、电压时，采用上述方法就比较麻烦。在这种情况下，将所求支路以外的部分（二端口网络）进行化简，可以将电路结构化简，从而简化电路的分析计算。戴维南定理就是求解线性含源二端口网络等效电路的重要定理，并由叠加定理推导而得（推导过程省略）。

戴维南定理指出：任一线性含源二端口网络，对外电路（负载）来说，都可以用一个电压源与电阻串联的模型等效代替，其中电压源的电压等于该网络的开路电压 U_{OC}。串联电阻 R_0 等于该网络中所有的电压源代之以短路，电流源代之以开路后，所得无源二端口网络的等效电阻，用电路表示如图 2-41 所示。电子电路中常称 R_0 为含源二端口网络的输出电阻，用戴维南定理求出的二端口网络的等效串联模型（等效电源）称为戴维南等效电路。

二、戴维南定理的应用

应用戴维南定理的解题步骤如下。

① 将所求变量所在的支路（待求支路）与电路的其他部分断开，形成一个或几个二端网络。

② 求二端口网络的开路电压 U_{OC}（注意设该电压的参考方向）。

③ 将二端口网络中的所有电压源用短路代替、电流源用断路代替，得到无源二端口网

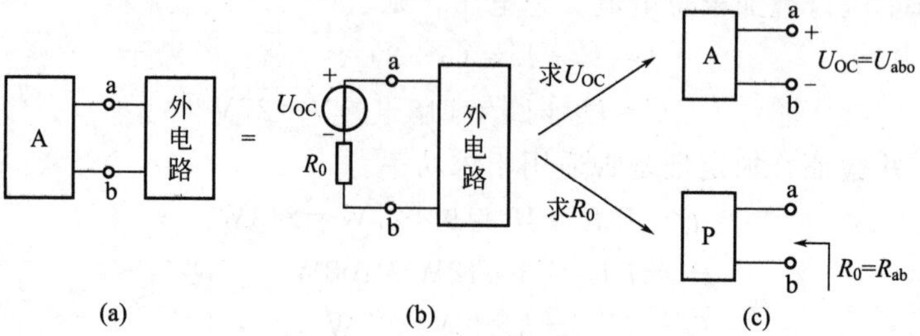

图 2-41 戴维南定理

络，求二端口网络端子的等效电阻 R_0。

④ 画出戴维南等效电路，并与待求支路相连，得到一个无分支闭合电路，再求变量电流或电压。

【例 2-12】 试用戴维南定理求图 2-42 所示电路中的电流 I 及电压 U_{ab}。

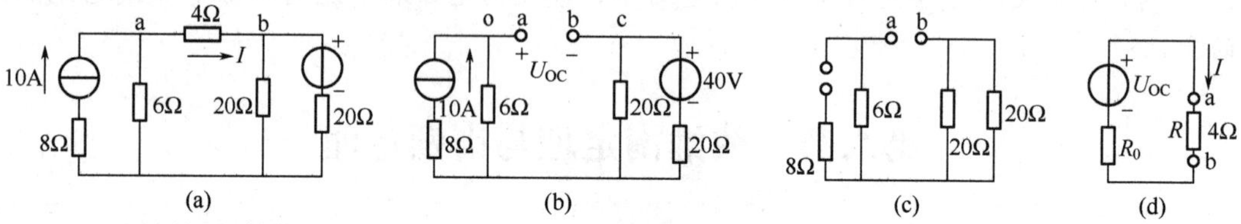

图 2-42 例 2-12 图

解 ① 将待求支路断开，电路如图 2-42(b) 所示，求 U_{OC}，即

$$U_{OC}=U_{abo}=\left(10\times6-\frac{40}{20+20}\times20\right)\text{V}=40\text{V}$$

② 求等效电阻 R_0。

将含源网络内部的电压源用短路代替、电流源用断路代替后，等效电路如图 2-42(c) 所示，则

$$R_0=6\Omega+\frac{20\times20}{20+20}\Omega=16\Omega$$

③ 画出戴维南等效电路，并与待求支路相连，如图 2-42(d) 所示，则

$$I=\frac{U_{OC}}{R_0+R}=\frac{40}{16+4}\text{A}=2\text{A}$$

$$U_{ab}=IR=2\times4\text{V}=8\text{V}$$

动画 2.27 仿真实训：戴维南定理

课件 2.28 仿真：戴维南定理

视频 2.29 综合实训：戴维南定理测量

三、戴维南等效电路参数的测定

根据戴维南定理，确定一个线性含源二端口网络的等效串联模型，并不要求一定知道网络内部的情况，因为其开路电压 U_{OC} 和等效电阻 R_0 可以通过实验测定。

测量开路电压 U_{OC} 最简单的方法是用高内阻的电压表直接测量，如图 2-43(a) 所示。

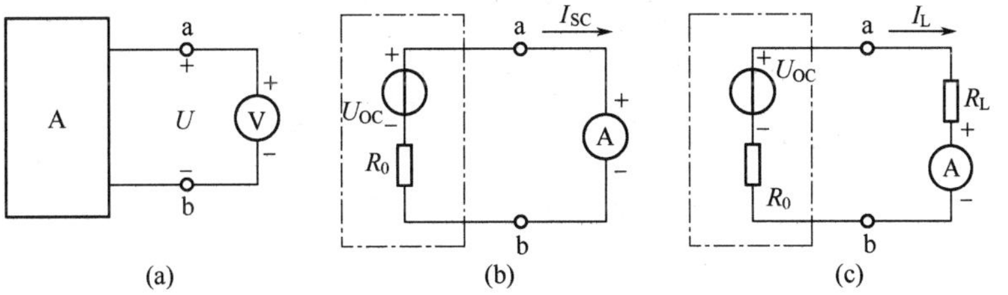

图 2-43　等效串联模型参数的测定

选用高内阻电压表的目的是为了减少测量误差。

如果该二端口网络允许短路，则再用电流表测量其端口的短路电流 I_{SC}，如图 2-43(b) 所示。电流表必须是低内阻的电流表，否则误差比较大。从图 2-43(b) 可以看出，输出电阻为

$$R_0=\frac{U_{OC}}{I_{SC}}$$

上述方法常称为“开路电压、短路电流法”。

若二端口网络不允许短路，则可以采用其他的方法，比如外接电阻法，如图 2-43(c) 所示，则等效电阻为

$$R_0=\frac{U_{OC}}{I_L}-R_L$$

四、诺顿定理

线性含源二端口网络，除了用电压源与电阻串联的模型等效代替外，还可以用一个电流源 I_S 与电阻（内阻）R_S 并联的等效电路代替，这个结论称为诺顿定理，其等效电路称为诺顿等效电路，如图 2-44 所示。

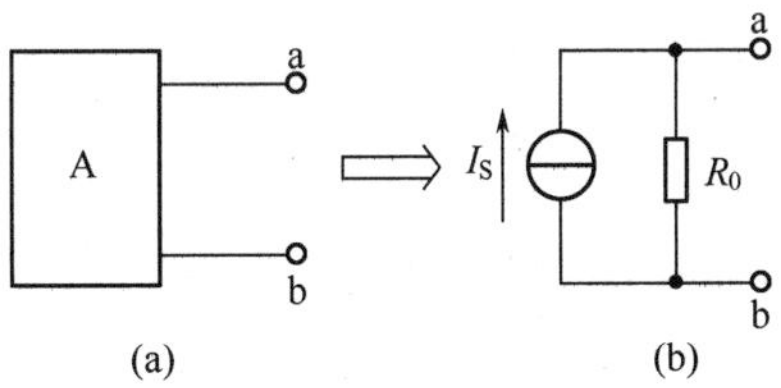

图 2-44　诺顿定理

戴维南等效电路与诺顿等效电路，可以通过电源模型之间的等效变换得到。

戴维南定理与诺顿定理统称为等效电源定理，应用等效电源定理进行解题的方法，称为等效电源法。该方法适用于分析计算电路中某一支路的电流、电压的情况。使用时应特别注意等效变换的等效性，否则计算结果是错误的。

五、应用示例

用戴维南定理计算电桥（bridge）中的电流 I_G。

已知：$E=12\text{V}$　$R_1=R_2=5\Omega$　$R_3=10\Omega$　$R_4=5\Omega$　$R_g=10\Omega$

解　图 2-45 的电路可化为图 2-46 所示的等效电路。

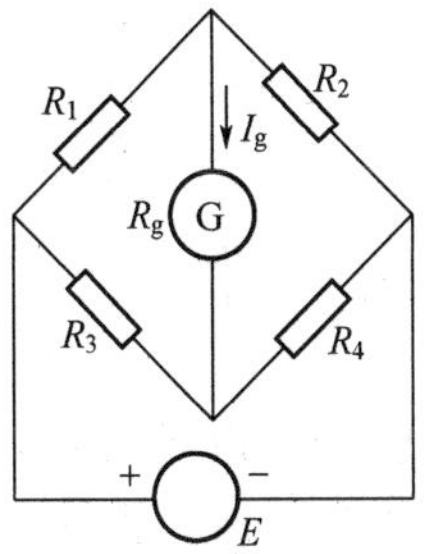

图 2-45　电路图

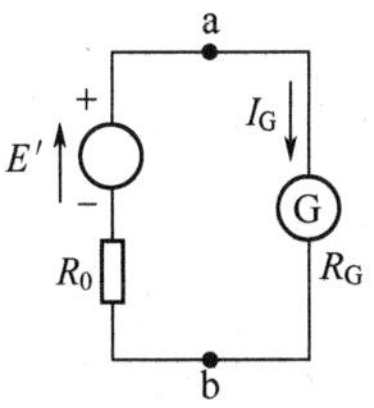

图 2-46　图 2-45 所示电路的等效电路

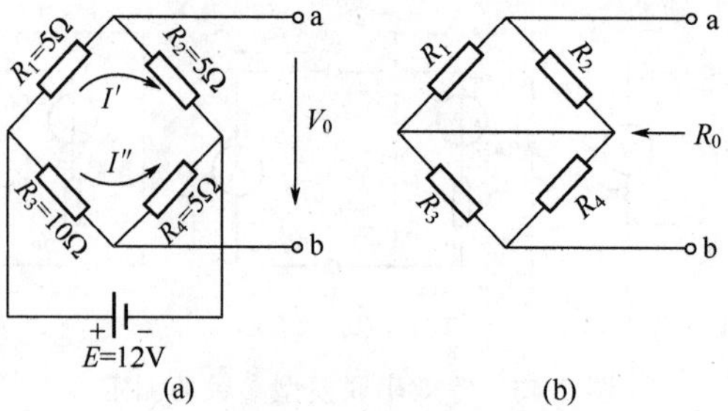

图 2-47　计算等效电源的 E'和 R_0 电路

等效电源的电动势 E'可由图 2-47(a) 求得：

$$I'=\frac{E}{R_1+R_2}=\frac{12}{5+5}+A=1.2A$$

$$I''=\frac{E}{R_3+R_4}=\frac{12}{10+5}A=0.8A$$

于是　　$E'=V_0=I''R_3-I'R_1=(0.8\times10-1.2\times5)V=2V$

或　　$E'=V_0=I'R_2-I''R_4=(1.2\times5-0.8\times5)V=2V$

等效电源的内阻 R_0 可由图 2-47(b) 求得

$$R_0=\frac{R_1R_2}{R_1+R_2}+\frac{R_3R_4}{R_3+R_4}=\left(\frac{5\times5}{5+5}+\frac{10\times5}{10+5}\right)\Omega=(2.5+3.3)\Omega=5.8\Omega$$

而后由图 2-47 求出

$$I_G=\frac{E'}{R_0+R_G}=\frac{2}{5.8+10}A=\frac{2}{15.8}A=0.126A$$

显然，比用支路电流法求解简便得多。

若要通过电桥对角线支路的电流为零（$I_G=0$），则需 $U_G=0$，即

$$U_0=\frac{E}{R_1+R_2}\times R_2-\frac{E}{R_3+R_4}\times R_4=0$$

于是有

$$R_2R_3=R_1R_4$$

这就是电桥平衡的条件。利用电桥平衡的原理，当三个桥臂的电阻为已知时，则可准确地求出第四桥臂的电阻。

【思考与讨论】

1. 线性无源单口网络的最简等效电路是什么？如何求得？
2. 线性含源单口网络的最简等效电路是什么？如何求此电路？
3. 测得一有源单口网络的开路电压为 20V，短路电流为 1A，试画出其戴维南等效电路和诺顿等效电路。

第九节　负载获得最大功率的条件

在测量、电子和信息系统中，常常遇到电阻负载如何从电源获得最大功率的问题。已经知道，负载要想获得最大功率，就必须同时获得比较大的电压和电流。在图 2-48(a) 所示的电路中，网络 N 表示向负载 R_L 提供能量的含源二端口网络，由戴维南定理可知该电路可以

等效为如图 2-48(b) 所示的电路。

知识素养 2.30 负载获得最大功率的条件

微课 2.31 负载获得最大功率的条件

课件 2.32 负载获得最大功率的条件

显然，负载获得的功率为

$$P=I^2R_L=\frac{R_LU_S^2}{(R_0+R_L)^2}$$

若负载 R_L 过大，则回路电流过小；若负载 R_L 过小，则负载电压过小，此时都不能获得最大功率，那么负载获得最大功率的条件是什么呢？

用数学方法对上式求极大值（推导过程从略）。可得负载获得最大功率的条件为

当 $R_L=R_0$ 时

$$P_m=\frac{U_S^2}{4R_0} \tag{2-15}$$

即：当负载电阻等于电源内阻时，负载获得最大功率。最大功率用式（2-15）进行计算。一般常把负载获得最大功率的条件称为最大功率传输定理。在工程上，把满足最大功率传输的条件称为阻抗匹配。

阻抗匹配的概念在实际中很常见，如在有线电视接收系统中，由于同轴电缆的传输阻抗为 75Ω，为了保证阻抗匹配以获得最大功率传输，就要求电视接收机的输入阻抗也为 75Ω。有时候很难保证负载电阻与电源内阻相等，为了实现阻抗匹配就必须进行阻抗变换，常用的阻抗变换器有变压器、射极输出器等。

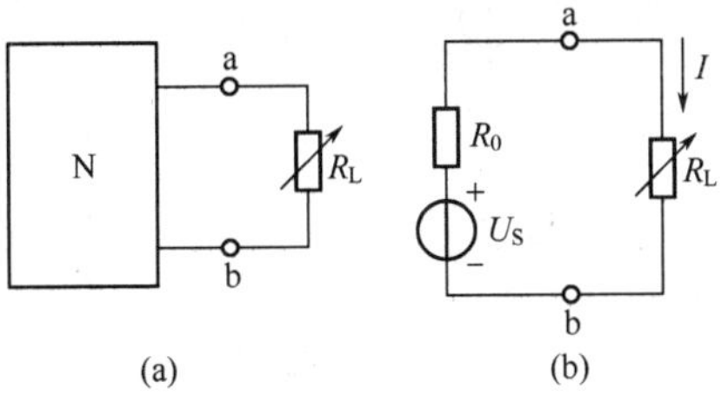

图 2-48　最大功率传输

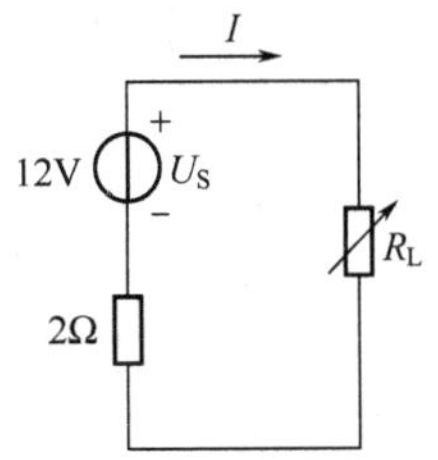

图 2-49　例 2-13 图

【例 2-13】 电路如图 2-49 所示，求 R_L 分别等于 1Ω、2Ω、4Ω 时负载获得的功率及电源输出功率的效率。

解　① $R_L=1\Omega$ 时

$$I=\frac{12}{2+1}\text{A}=4\text{A}$$

$$P_L=4^2\times1\text{W}=16\text{W}$$

$$P_{U_S}=[(-4)\times12]\text{W}=-48\text{W}$$

$$\eta=\left|\frac{P_L}{P_{U_S}}\right|=\frac{16}{48}=33.3\%$$

② $R_L=2\Omega$ 时

$$I=\frac{12}{2+2}\text{A}=3\text{A}$$
$$P_L=3^2\times2\text{W}=18\text{W}$$
$$P_{U_S}=[(-3)\times12]\text{W}=-36\text{W}$$
$$\eta=\left|\frac{P_L}{P_{U_S}}\right|=\frac{18}{36}=50\%$$

③ $R_L=4\Omega$ 时

$$I=\frac{12}{2+4}\text{A}=2\text{A}$$
$$P_L=2^2\times4\text{W}=16\text{W}$$
$$P_{U_S}=[(-2)\times12]\text{W}=-24\text{W}$$
$$\eta=\left|\frac{P_L}{P_{U_S}}\right|=\frac{16}{24}=66.7\%$$

比较上面的三种情况，进一步验证了最大功率传输的条件。同时发现，当功率最大时，电源的功率传输效率并不是最大而只有 50%，也就是说电源产生的功率有一半在电源的内部损耗掉。在电力系统中要求尽可能提高电源的效率，以便充分地利用能源，因而不要求阻抗匹配；但是在电子技术中，常常注重将微弱信号进行放大，而不注重效率的高低，因此常使用最大功率传输的条件，要求负载与电源之间实现阻抗匹配。

应用示例

电路如图 2-50(a) 所示，负载 R_L 为何值时获得最大功率？最大功率为多少？

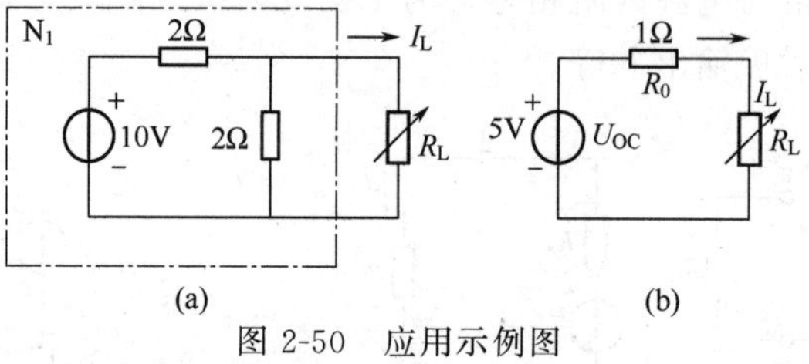

图 2-50　应用示例图

解　① 首先断开负载 R_L，求其余电路的戴维南等效电路，如图 2-50(b) 所示，则

$$U_{OC}=U_S=\frac{2}{2+2}\times10\text{V}=5\text{V}$$
$$R_0=\frac{2\times2}{2+2}\Omega=1\Omega$$

② 在图 2-50(b) 电路中，根据最大功率传输定理可知，当 $R_L=R_0=1\Omega$ 时负载获得最大功率，最大功率为

$$P_m=\frac{U_S^2}{4R_0}=\frac{5^2}{4}\text{W}=6.25\text{W}$$

【思考与讨论】

1. 有源单口网络 Ns 向负载 R_L 传输功率，负载 R_L 获得最大功率的条件是什么？如何理解电路“匹配”现象？

2. 有一个 20Ω 的负载要想从一个内阻为 10Ω 的电源获得最大功率，采用一个 20Ω 电阻与该负载并联的办法是否可以？为什么？

3. 某负载电阻从实际电源获得最大功率时，电路的传输效率为多少？

第十节　受　控　源

知识素养 2.33　受控源　　微课 2.34　受控源　　课件 2.35　受控源

一、受控源的概念

在以前所讨论的电压源和电流源，都称为独立电源。所谓独立电源是指电压源的电压和电流源的电流是恒定的，不受电路中其他参数的控制。除了这种电源以外，在电子电路中，还存在着另一种类型的电源，即电压源的电压和电流源的电流受电路中其他参数控制，而不由自身决定，这样的电源称为受控电源。受控源在电子电路中得到了广泛的应用，如图 2-51 所示的由光敏三极管构成的路灯自动控制系统。

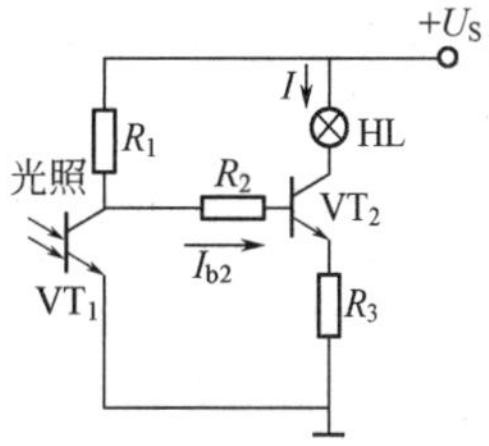

图 2-51　路灯自动控制系统

当白天光照时，光敏三极管 VT_1 饱和导通，输出为低电平，造成 VT_2 截止，电流 I 为零，电灯无法点亮；当黑夜到来，光敏三极管 VT_1 截止，输出高电平，使 VT_2 饱和导通，产生较大电流 I，点亮电灯。在此例中，电流 I 就具有受控特性，即该电流受到了光照（或者说前一个三极管 VT_1 基极的电流）的控制，可以认为这是一个受控电流源，称其为电流控制的电流源。另外，三极管、运算放大器等很多电子器件都具有受控特性，可以等效为受控源，因此，必须了解受控源电路的特点和分析方法。

二、受控源的分类

受控源是一个电源，它与独立电源的区别在于它受到电路中其他参数的控制。根据受控源的类型是电压源还是电流源，以及控制参数是电压还是电流等不同情况，受控源分为四种类型：电压控制电压源（VCVS）；电流控制电压源（CCVS）；电压控制电流源（VCCS）；电流控制电流源（CCCS）。四种受控源的电路模型依次如图 2-52(a)～(d) 所示。

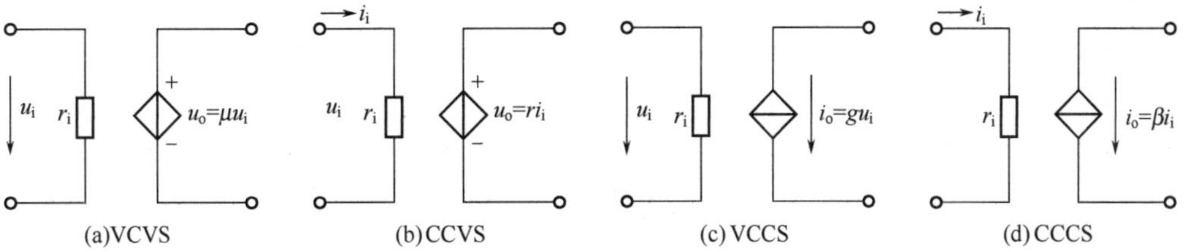

图 2-52　受控源的类型

受控电源的电路符号用菱形表示，以便与独立电源的圆形符号相区别。在受控源电路模型中，r、μ、β、g 称为受控源的控制系数，它反映了控制量对受控源的控制能力。

三、含受控源电路的分析

含受控源电路的分析方法，可以用前几节所介绍的方法，不同之处在于要增加一个控制量与所求变量之间的关系方程（即需要找到控制量与所求变量的关系式）。需要特别指出的是，在用叠加定理戴维南定理求等效电阻的计算时，对受控源的处理方法，不能像其他方法那样当成独立源去处理，而要把它看成是电阻一样去处理（即不能将其短路或断路，而要保持在电路中的原来位置和原来的参数不变）。

【例 2-14】 求图 2-53 所示电路中的电流 I_2。

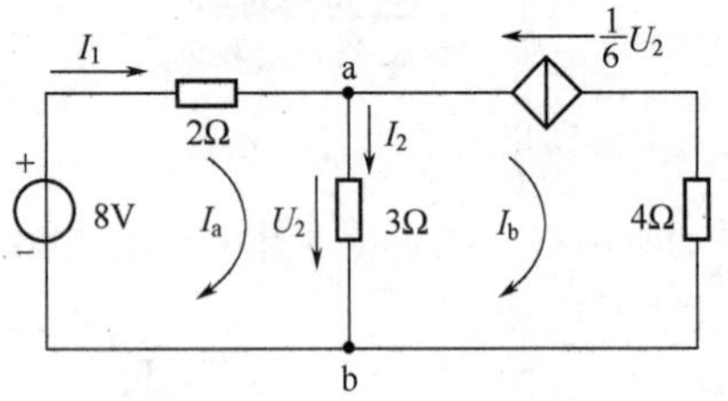

图 2-53 例 2-14 图

解 在图 2-53 电路中包含有电压控制的电流源，其控制量为电压 U_2。

（1）用网孔电流法解

$$I_a(2+3)-I_b 3=8$$

$$I_b=-\frac{1}{6}U_2$$

$$I_2=I_a-I_b$$

$$I_2=\frac{U_2}{3}$$

联立上述方程，可解得 $I_2=2A$

（2）节点电位法

$$U_{ab}=U_2=\frac{\frac{8}{2}+\frac{1}{6}U_2}{\frac{1}{2}+\frac{1}{3}}$$

解得

$$U_2=6V$$

则

$$I_2=\frac{U_2}{3}=\frac{6}{3}A=2A$$

【例 2-15】 电路如图 2-54 所示，求 ab 端的等效电阻。

解 假设端口有电压 U 和电流 I，电阻 10Ω 所在支路电流为 I_1。

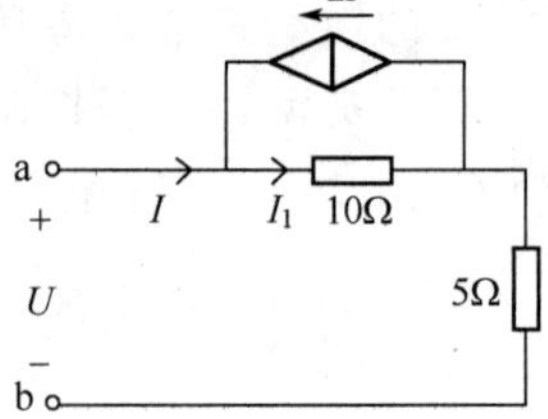

图 2-54 例 2-15 图

根据 KCL 可知

$$I_1=I+2I=3I \quad (1)$$

根据 KVL 列方程： $10I_1+5I=U$ （2）

将式(1) 代入式(2) 整理得

$$U=35I$$

则 ab 端的等效电阻为

$$R=\frac{U}{I}=35\Omega$$

【例 2-16】 化简图 2-55 所示的电路。

解 根据 KVL 列方程：$3I+(I-I_1)2-3I_1=0$

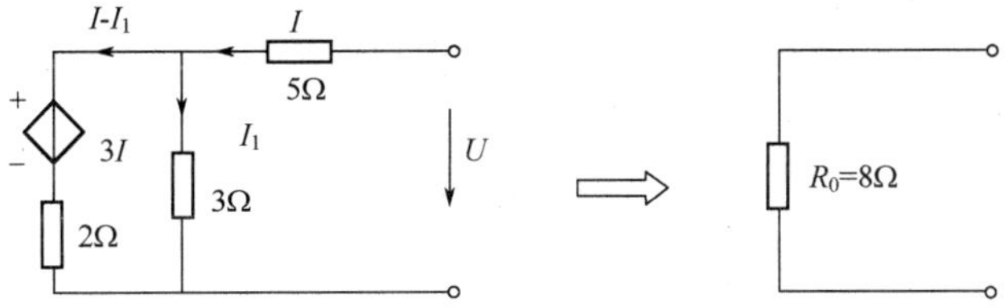

图 2-55　例 2-16 图

得　$I_1=I$

又　$$U=5I+3I_1=8I \qquad R_0=8\Omega$$

四、应用示例

如图 2-56 所示为三极管放大器电路的微变等效电路。U_i 为输入电压，U_0 为输出电压。已知 $U_i=15\text{mV}$，$R_1=1\text{k}\Omega$，$R_2=2\text{k}\Omega$，$R_3=100\Omega$，$\beta=40$。

求：输出电压 U_0。

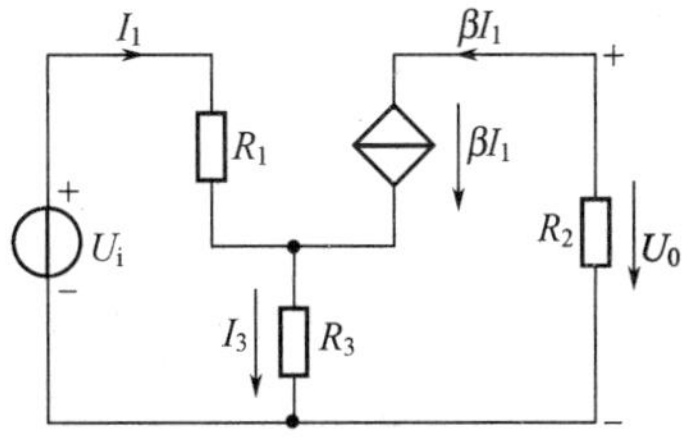

图 2-56　应用示例图

解　电路中包含电流控制的电流源，其控制量为输入回路的电流 I_1。

① 首先求解控制量 I_1，设左面回路的绕行方向为顺时针方向，根据 KVL 及 KCL 定律可得

$$I_1R_1+I_3R_3-U_i=0$$
$$I_3=I_1+\beta I_1=(1+\beta)I_1$$

则

$$I_1=\frac{U_i}{R_1+(1+\beta)R_3}=\frac{15\times10^{-3}}{1\times10^3+(1+40)\times100}\text{A}=2.94\mu\text{A}$$

② 求输出电压 U_0，由欧姆定律可得

$$U_0=(-\beta I_1)R_2=-2.94\times10^{-6}\times40\times2\times10^3\text{V}$$
$$=235.2\text{mV}$$

【思考与讨论】

1. 受控源有几种类型？试举出各种受控源的实例。
2. 受控源在进行电源等效变换时，需要特别注意的事项是什么？为什么？
3. 受控源与独立电源有何不同？

知识梳理与学习导航

一、知识梳理

1. 等效是电路分析的重要概念，利用等效可以化简电路，以利于分析计算。所谓等效是指内部结构完全不同的两个二端口网络，若它们对应端子的伏安关系 $u=f(i)$完全相同，也即对任意的外部电路有完全相同的作用，则称这两个网络是等效的。

2. 等效的方法在电路分析中被频繁使用，如电阻串并联网络的等效方法；电阻星形与三角形连接网络之间的等效方法；实际电源的电压源模型与电流源模型之间的等效方法；两种电源模型的串并联及它们与电阻元件串并联时的等效方法。

3. 电路分析是在给定电路结构和参数的条件下，求解电路中的电流和电压。一般分析

法是指对几乎所有线性网络都适用的方法。无论何种一般方法，都需要选定求解变量，建立相应的联立方程组，然后求解。所选的变量既必须是独立的，即各个变量之间没有联系，又必须是完备的，即其他的物理量都可由它们求得。

4. b 条支路 n 个节点的电路，b 个支路电流是一组独立且完备的变量，建立 $n-1$ 个独立的 KCL 方程和 $b-(n-1)$ 个独立的 KVL 方程，联立求解，这就是支路电流法。求出 b 个支路电流，据元件的伏安关系可以求出 b 个电压。

5. $b-(n-1)$ 个网孔电流——假想在网孔内流动的电流，是一组独立且完备的变量，建立 $b-(n-1)$ 个独立的 KVL 方程，联立求解，这就是网孔电流法。电路的非边界支路中有不能等效为电压源模型的电流源时，需假设电流源两端的电压，并补充相邻网孔电流关系的方程。求出网孔电流，再求出其他的电流、电压。该方法只适用于平面电路。

6. $n-1$ 个节点电压——相对于参考点的电压，是一组独立且完备的变量，建立 $n-1$ 个独立的 KCL 方程，联立求解，这就是节点电压法。电路的两个非参考节点之间有不能等效为电流源模型的电压源时，需假设电压源的电流，并补充相邻节点电压关系的方程，求出节点电压，再求出其他的电压、电流。该方法也适用于非平面电路。

7. 对于含有受控源的电路，其基本原则是：受控源当独立源看待，但要考虑控制关系。可认为受控源的电压或电流“已知”，只不过已知的不是电压或电流数值，而是代数关系而已。列写支路、网孔、节点方程时，必须补充控制量方程。

8. 叠加定理是线性电路的基本定理，其作用在于把一个复杂电路等效为几个简单电路。当一个独立源作用时，其他独立源取零值。将所有独立源分别作用产生的响应求出后，求代数和，就得到电路的解。每一个独立源必须作用一次，且只能作用一次。所求响应只能是电压和电流，功率不能叠加。

9. 戴维南定理和诺顿定理指出了一个线性有源二端口网络，可以等效为电压源与电阻的串联组合或电流源与电阻的并联组合，并且指出了等效模型参数的确定方法，即电压源的电压等于二端口网络的开路电压，电流源的电流等于二端口网络的短路电流，等效电阻等于所有独立电源取零值时的输入电阻。两定理的作用在于当只求某一条支路的响应时，可将该支路移开，剩余的有源二端口网络可被等效，使电路成为单回路或单节点偶电路。

10. 最大功率传输定理指出了在实际电源的电压和内阻确定，且负载电阻可变的情况下，当负载电阻等于电源内阻时，在负载上可获得最大功率。

二、学习导航

1. 知识点

☆电阻的串联、并联，等效电阻和等效变换的概念

☆分流公式与分压公式

☆Y-△电路等效变换

☆支路电流法

☆网孔电流法

☆节点电压法

☆叠加定理

☆戴维南定理

☆最大功率传输定理

2. 难点与重点

☆等效及等效变换的概念，两种电源模型的等效变换

☆支路电流法、网孔电流法及节点电压法

☆叠加定理和戴维南定理

☆受控源概念的理解及含受控源简单电路的分析计算

☆选用合适的电路分析方法分析和计算电路

3. 学习方法

☆理解等效的概念

☆理解定理和各种方法分析电路的一般步骤

☆通过做练习题掌握各种方法分析计算电路

☆对线性电路的定理清楚三个问题：一是定理的内容；二是定理的适用范围；三是如何应用定理对电路进行分析计算

习　题　二

2-1　电路如图 2-57 所示，试求解电流 I_3 和电压 U_{ab}、U_{bc} 和 U_{ca}。

2-2　①如图 2-58 所示电路有几个节点？几个网孔？试列写一个节点的电流方程和一个网孔的回路电压方程；②若开关 S 断开，电压 U_{ab} 为多少？

2-3　在如图 2-59 所示电路中，如果 15Ω 电阻上的电压为 30V，方向如图 2-59 所示，试求电阻 R 及电压 U_{ab}。

2-4　在如图 2-60 所示电路中，已知滑线电阻器的电阻 $R=100\Omega$，额定电流 $I_N=2A$，电源电压 $U=110V$，当 a、b 两点开路时，试在下述情况下分别计算电压 U_0：①$R_1=0$；②$R_1=0.5R$；③$R_1=0.9R$。

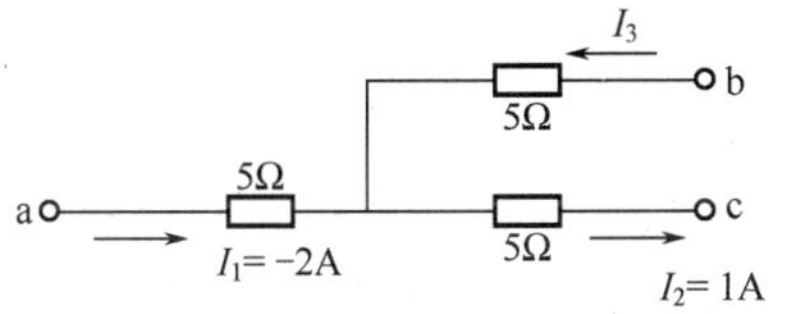

图 2-57

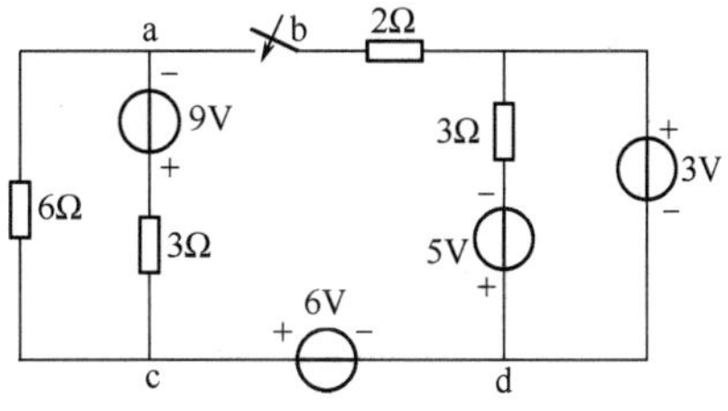

图 2-58

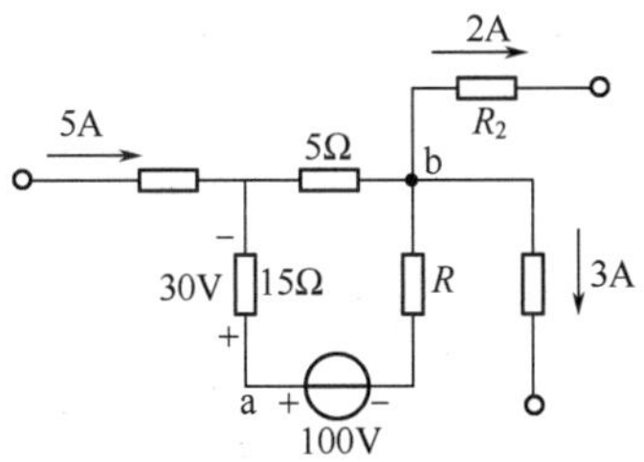

图 2-59

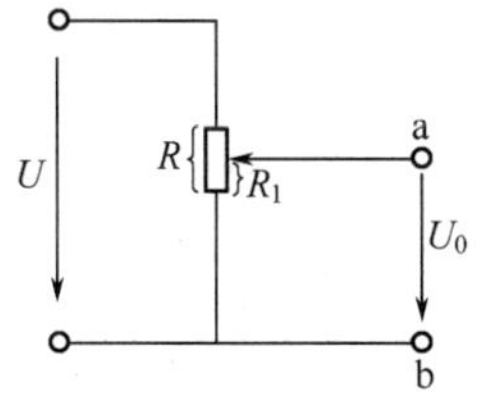

图 2-60

2-5　在题 2-4 中，在 a、b 两端接 $R_L=50\Omega$ 的负载电阻后，重新计算 U_0，并分析第③种情况时使用滑线电阻器的安全问题。

2-6　在如图 2-61 所示的电路中，直流电源的电动势为 E，它的内阻 $R_0=0.1\Omega$；负载是一组电灯和一只电阻炉 R_L。设负载端电压为 200V，电阻炉取用的功率为 600W，电灯组共有 14 盏灯并联，每盏灯的电阻为 400Ω，连接导线的电阻 R_1 为 0.2Ω，求：①电源的输出电压 U 和电源的电动势 E；②电源产生的功率和各负载消耗的功率，并验证功率平衡。

2-7 今有额定电压 110V，功率为 40W 和 15W 的两只灯泡并联在 110V 的直流电源上，电路如图 2-62 所示，问①每只灯泡的电阻和额定电流为多大？②能否将它们串联在 220V 的电源上使用？为什么？③若有一只 220V、40W 和一只 220V、15W 的灯泡串联后接到 220V 的电源上使用，会发生什么现象？

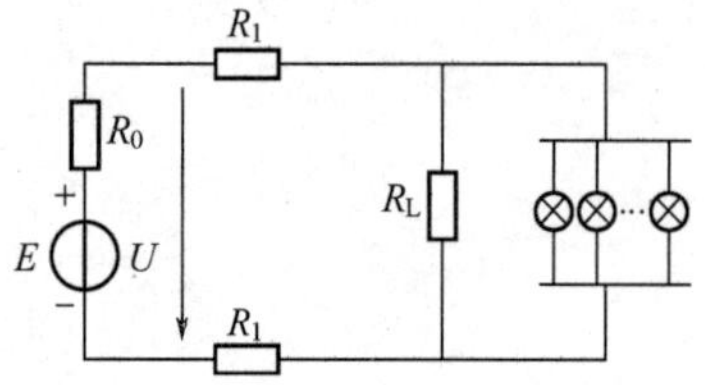

图 2-61

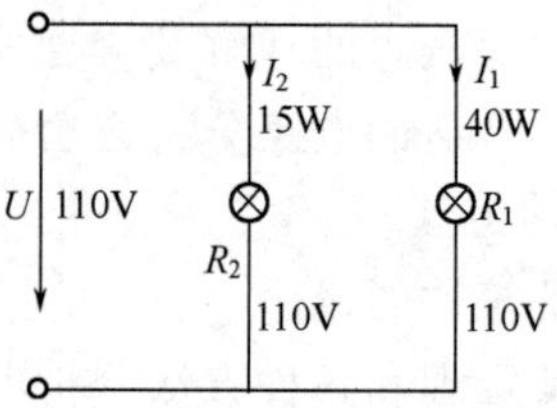

图 2-62

2-8 试求如图 2-63 所示电路中 a 点的电位。

2-9 在如图 2-64 所示电路中，①求各点的电位；②若选择 b 点为参考点，电路中各点的电位有何变化？

2-10 在如图 2-65 所示电路中，已知 $U_1=12\text{V}$，$U_2=-6\text{V}$，$U_3=2\text{V}$，$R_1=R_2=20\text{k}\Omega$，$R_3=R_4=10\text{k}\Omega$，求 a 点的电位。

2-11 在如图 2-66 所示电路中，求开关 S 断开和闭合两种情况下 a 点的电位。

2-12 ①画出将图 2-67 所示电路中的电压源省略掉，而用电位表示的电路图；②求图中 a 点的电位。

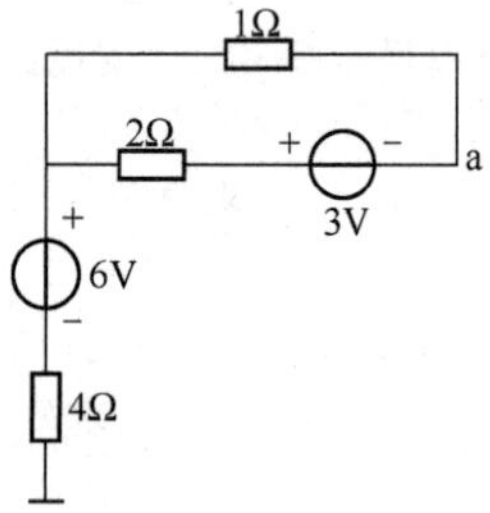

图 2-63

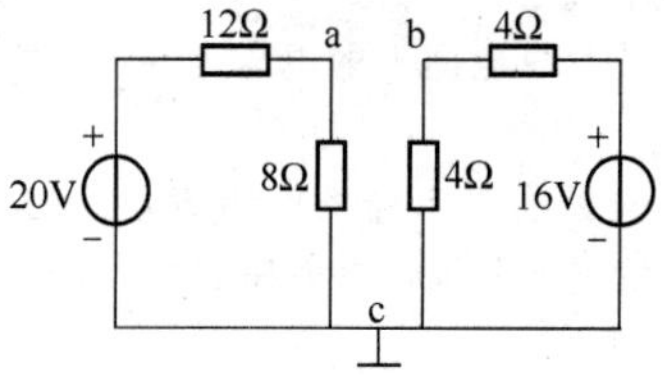

图 2-64

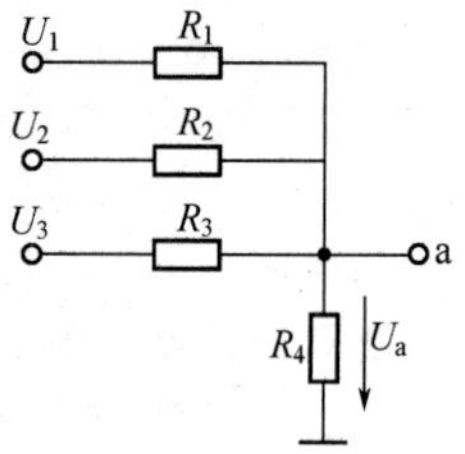

图 2-65

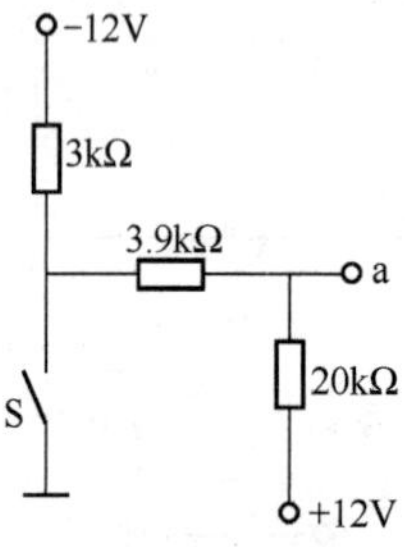

图 2-66

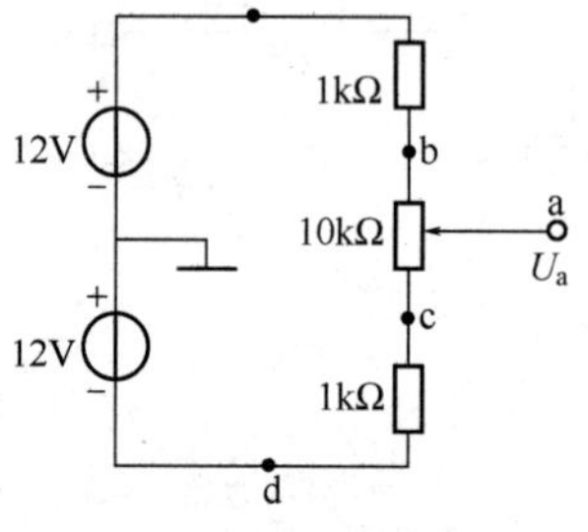

图 2-67

2-13 求图 2-68 所示电路的等效电阻 R_{ab}。

2-14 将图 2-69 所示电路中的星形电阻网络和三角形电阻网络进行等效交换。

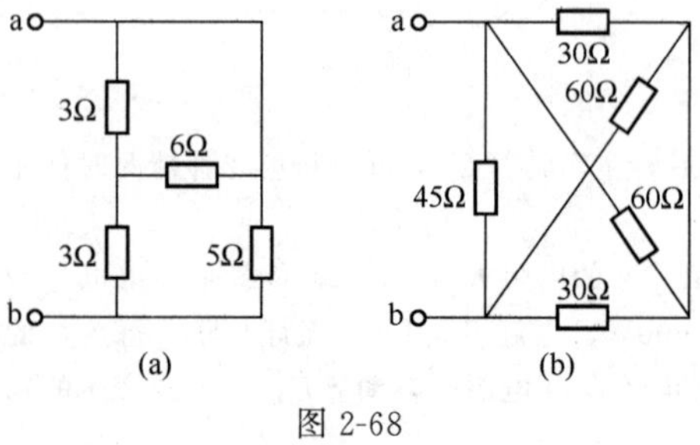

图 2-68

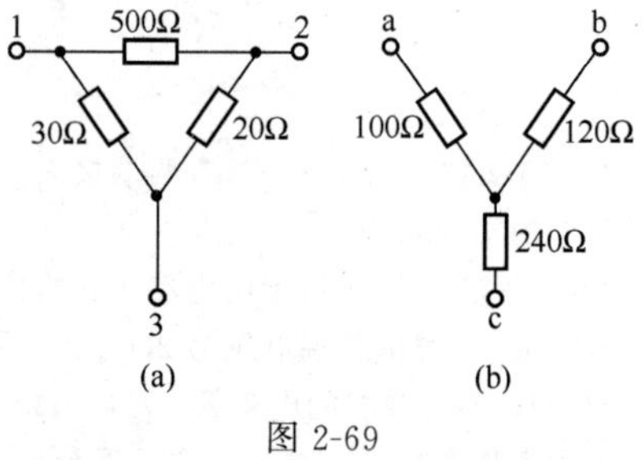

图 2-69

2-15　求图 2-70 所示电路中 a、b 间的等效电阻。

2-16　用星形与三角形网络等效变换求图 2-71 所示电路中的电流 I_2。

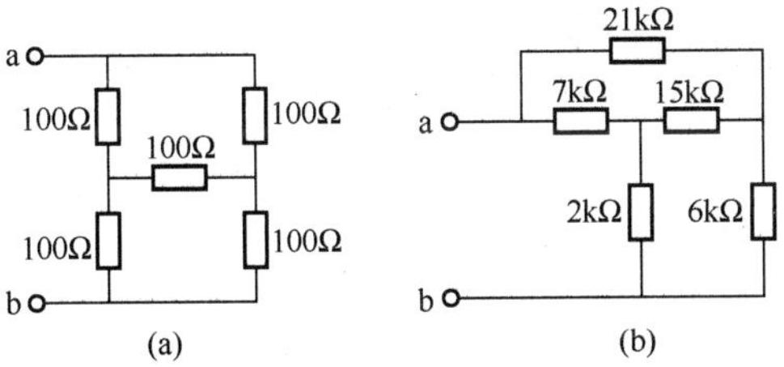

图 2-70

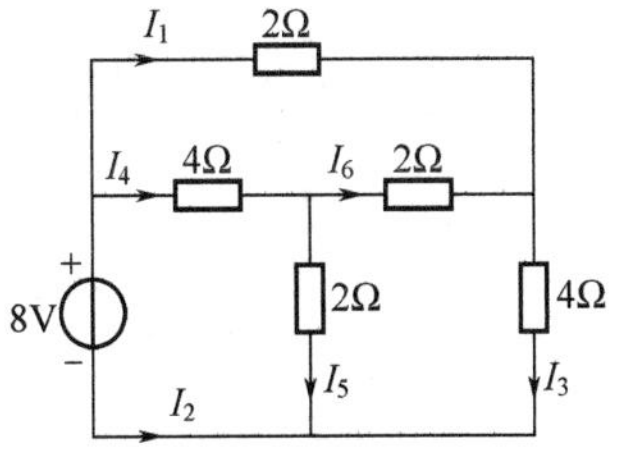

图 2-71

2-17　两个电容器并联的总电容为 10μF，串联后总电容为 2.1μF，求每个电容器的电容。

2-18　将 1μF 的电容器充电至 2V，将 2μF 的电容器充电至 1V，然后将极性相同的端连接在一起，问并联后的电压 U 是多少？

2-19　在图 2-72 所示电路中，求各理想电流源的端电压、功率及电阻上消耗的功率。

2-20　计算如图 2-73 所示电路中的电流 I_3。

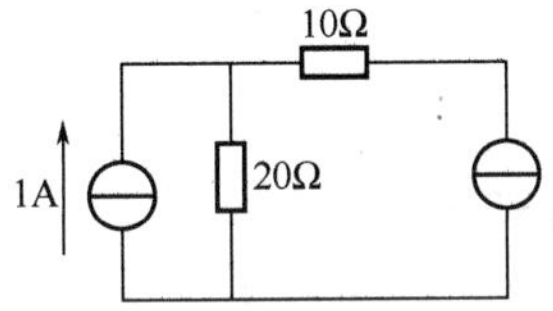

图 2-72

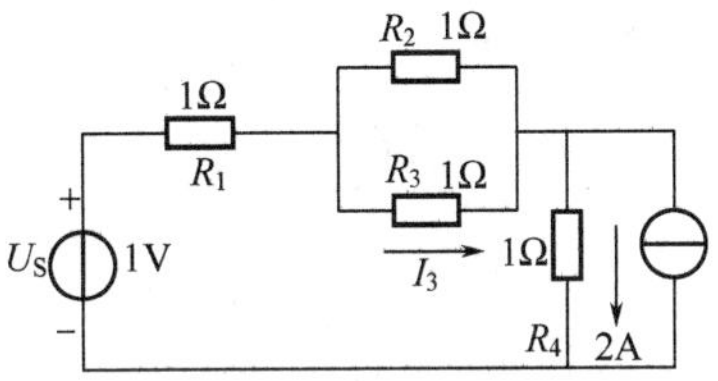

图 2-73

2-21　计算如图 2-74 所示电路中的电压 U。

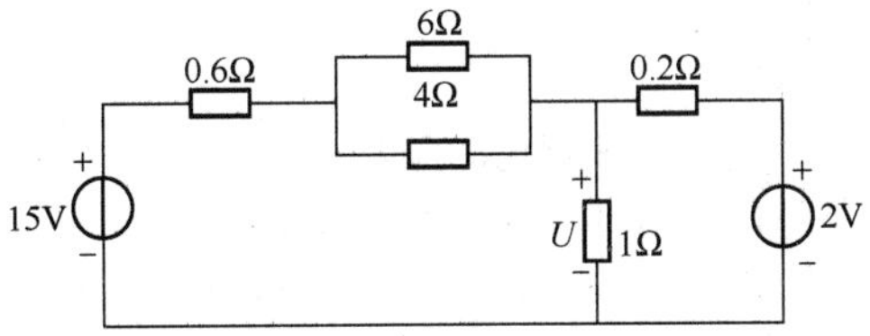

图 2-74

2-22　用电源变换法将图 2-75 所示电路等效变换为电压源或电流源。

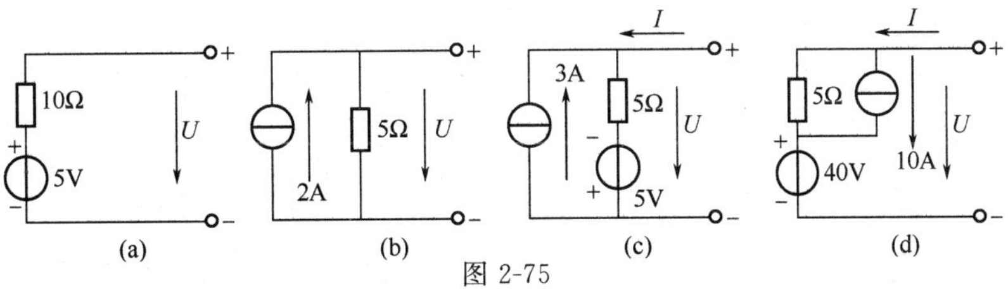

图 2-75

2-23　试用电压源与电流源的等效变换法，求图 2-76 所示电路中 2Ω 电阻上的电流 I。

2-24　用网孔电流法求图 2-77 所示电路各支路电流。

2-25　在图 2-78 所示电路中，分别计算电压源的电流和电流源的电压及其各自的功率。

2-26　列出求解如图 2-79 所示电路中各网孔电流所必需的方程。

2-27　列出求解如图 2-80 所示电路中各网孔电流所必需的方程。

2-28　用节点电位法求解图 2-77 所示电路中各支路的电流。

2-29　用弥尔曼求解图 2-81 所示电路中 a 点电位和电压 U_{ac}。

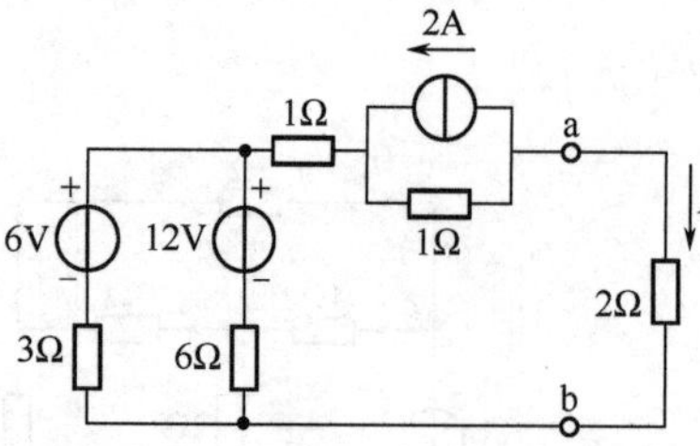

图 2-76

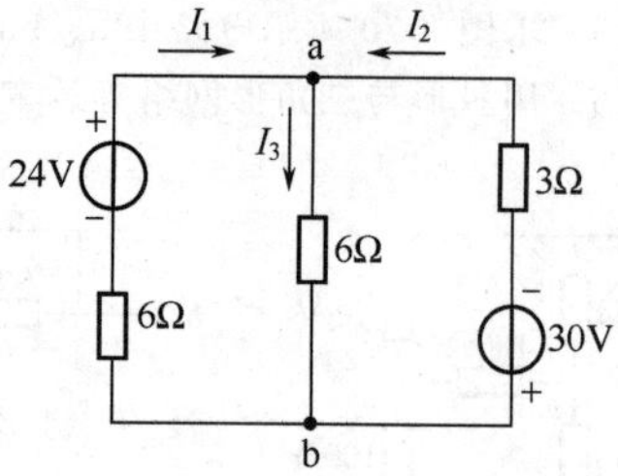

图 2-77

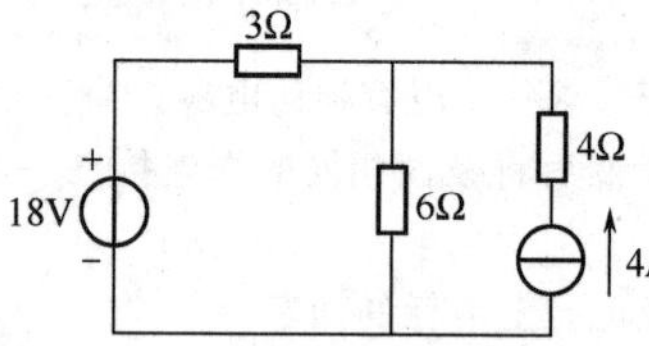

图 2-78

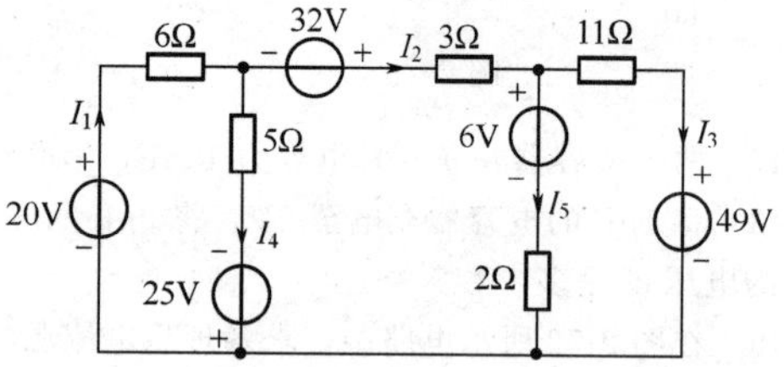

图 2-79

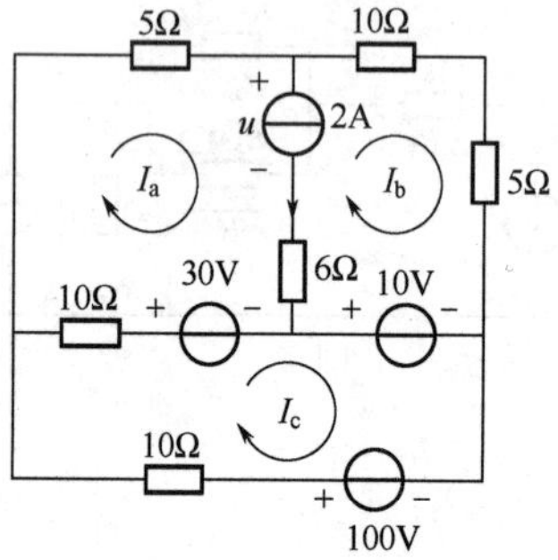

图 2-80

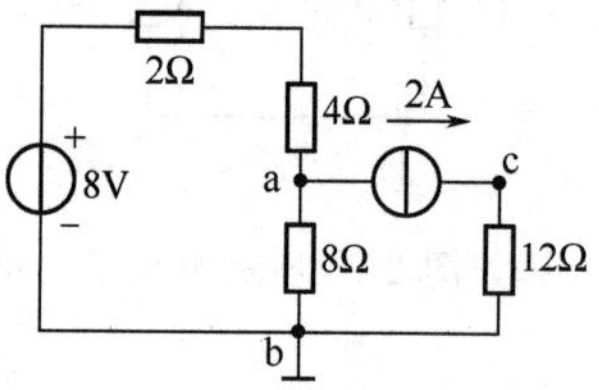

图 2-81

2-30　试用叠加原理计算如图 2-82 所示电路的电流 I。

2-31　试用叠加原理计算如图 2-83 所示电路的 I_2，I_3 及 U_{S1}。

2-32　在如图 2-83 中的 a、b 两端接入一个恒流源 I_{S2} 后（见图 2-84），重新计算 I_2、I_3 及 U_{S1}。

2-33　用戴维南定理求图 2-84 所示电路中的 I_3。

2-34　用戴维南定理计算如图 2-85 所示电路中的电流 I。

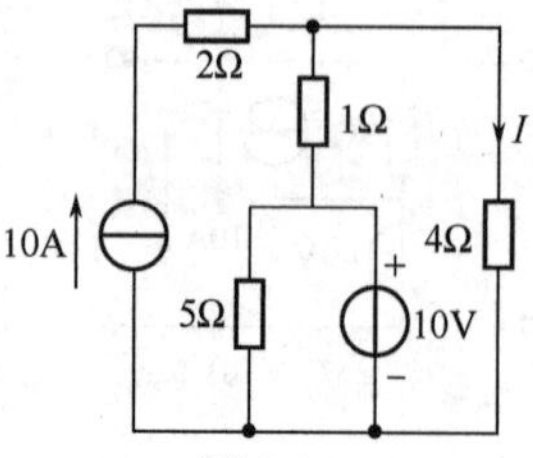

图 2-82

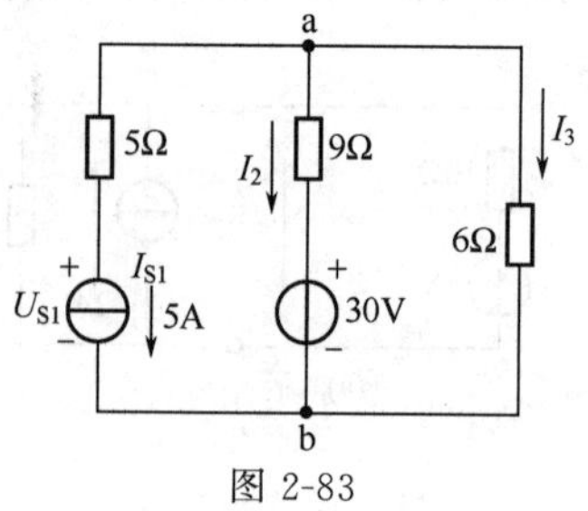

图 2-83

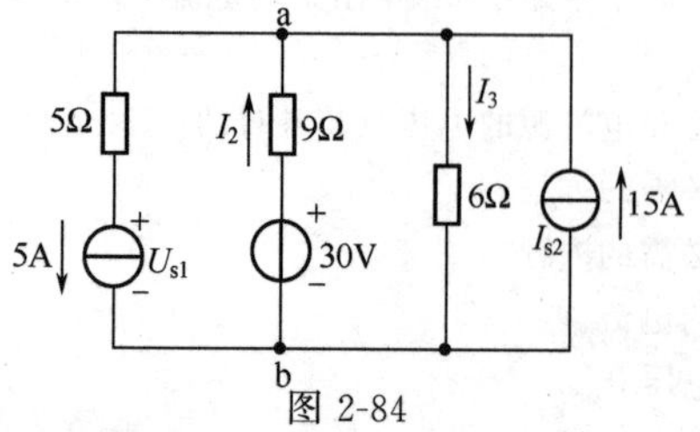

图 2-84

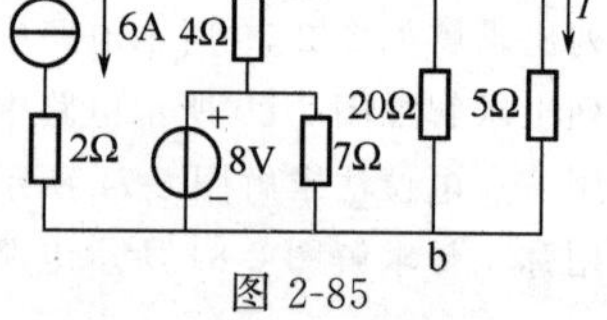

图 2-85

2-35　用戴维南定理计算如图 2-86 所示电路中的电流 I。

2-36　求图 2-87 所示含受控源电路中 R_L 两端的电压 U。

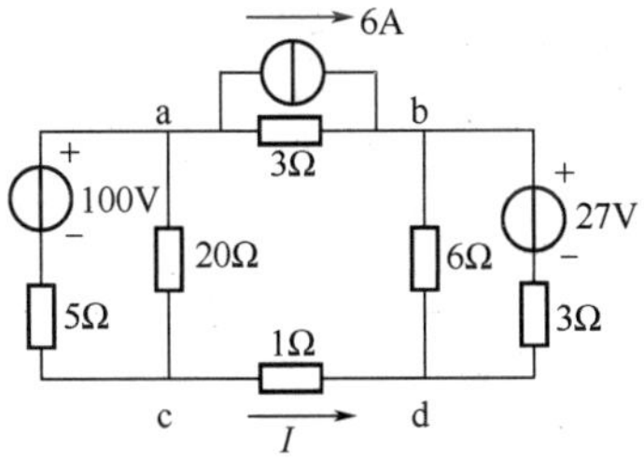

图 2-86

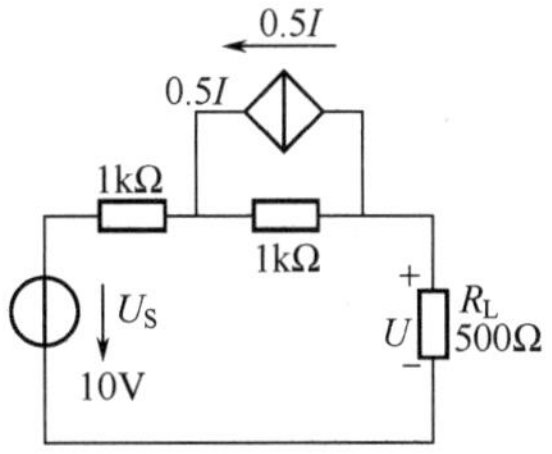

图 2-87

2-37　求图 2-88 所示电路中的电压 U 和电流 I_2。

2-38　求图 2-89 所示电路中，当 $R_L=80\Omega$，$R_L=160\Omega$，$R_L=240\Omega$ 时的功率。

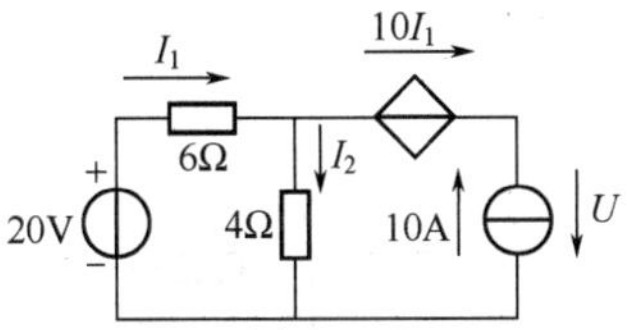

图 2-88

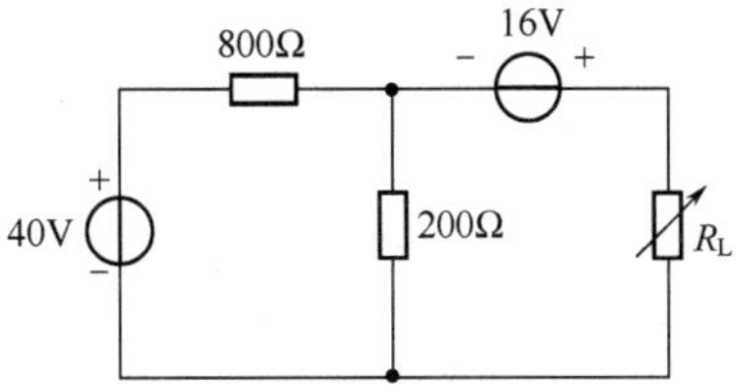

图 2-89

2-39　求图 2-90 所示电路中 R_L 可获得的最大功率。

2-40　①试分别用网孔电流法、叠加原理和戴维南定理求解图 2-91 所示电路中的电流 I；②比较总结各种分析方法的特点。

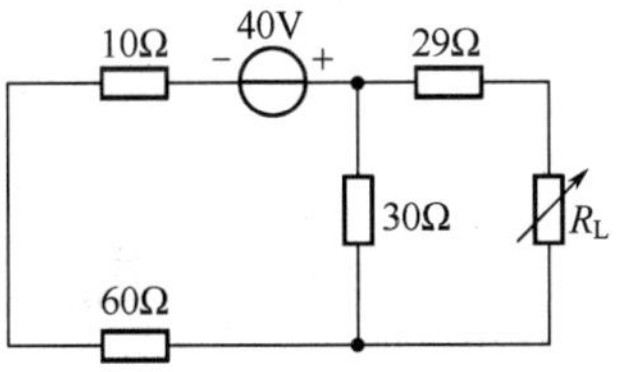

图 2-90

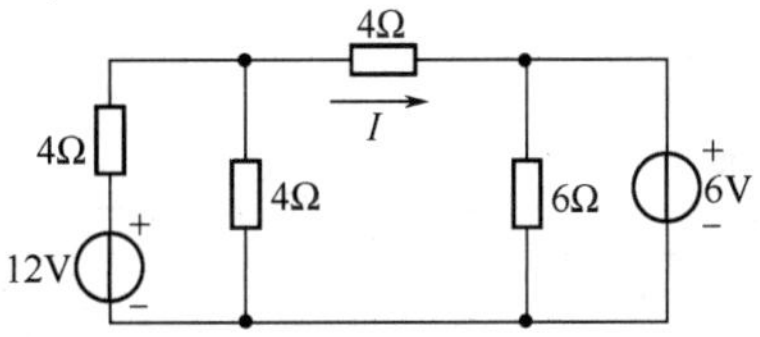

图 2-91

2-41　试用网络简化、电源变换和 KCL、KVL 求图 2-92 所示电路中 12V 电源提供的功率。

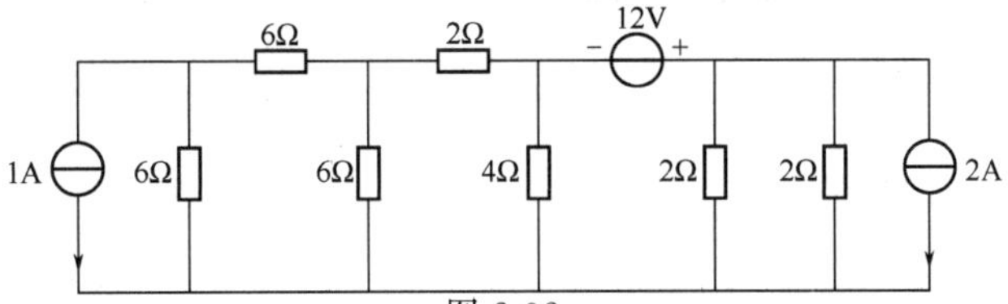

图 2-92

2-42　试用电源变换法求图 2-93 所示电路中各电阻元件的电流。

2-43　求图 2-94 所示电路的最简等效电路，已知 $r=3\Omega$。

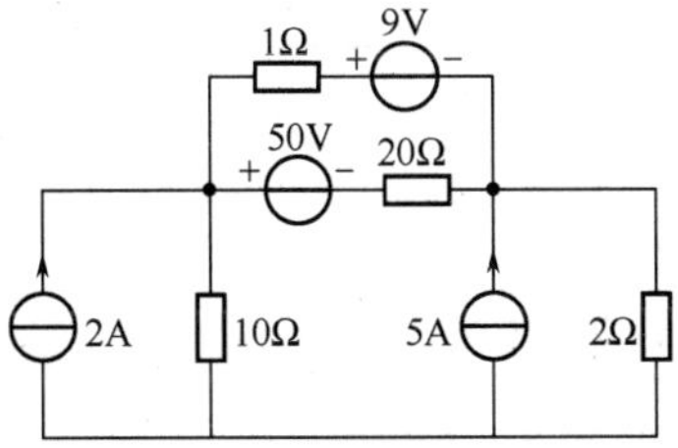

图 2-93

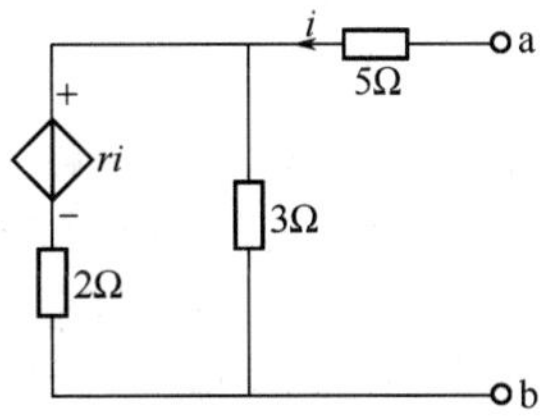

图 2-94

2-44　试求图 2-95 各电路的等效电阻。

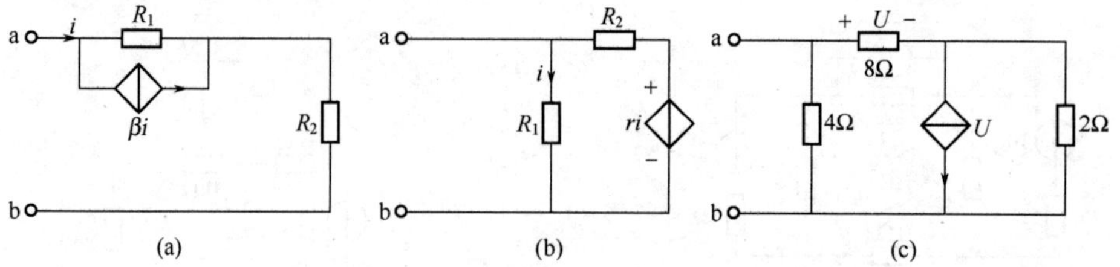

图 2-95

2-45　用节点法求解图 2-96 中各支路电压。

2-46　用节点法求解图 2-97 所示电路中的 I_x 和受控电流源发出的功率。

2-47　用电源变换法求图 2-98 所示电路中的 U_x。

2-48　用叠加定理求图 2-99 中的电流 I，欲使 $I=0$，问 U_S 应取何值？

2-49　用叠加定理求图 2-100 中的 U_x。

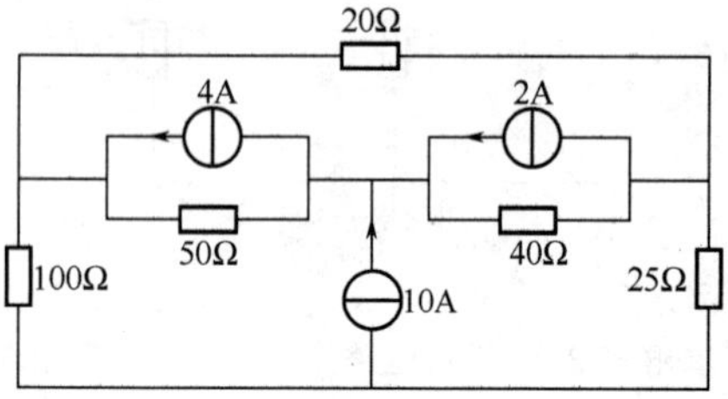

图 2-96

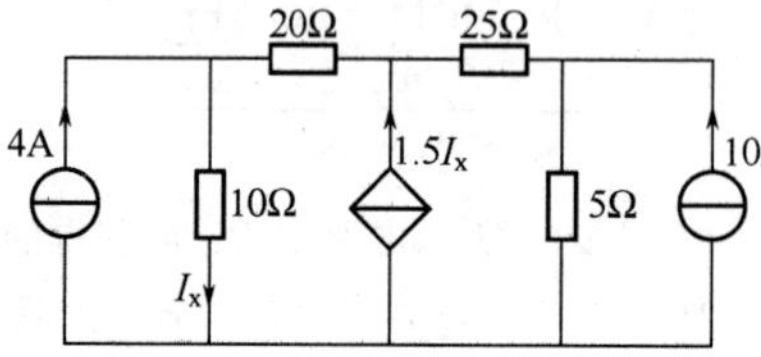

图 2-97

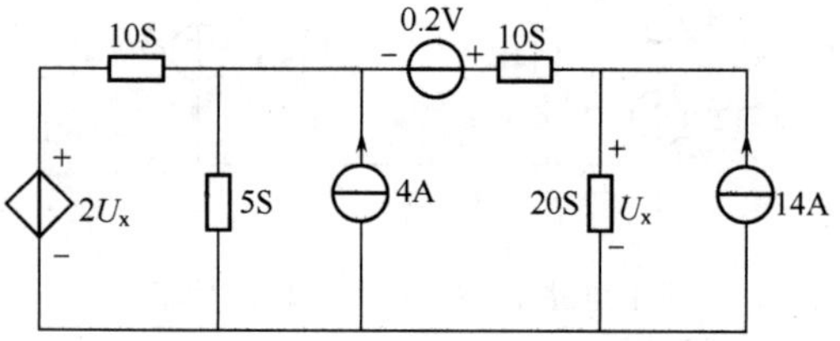

图 2-98

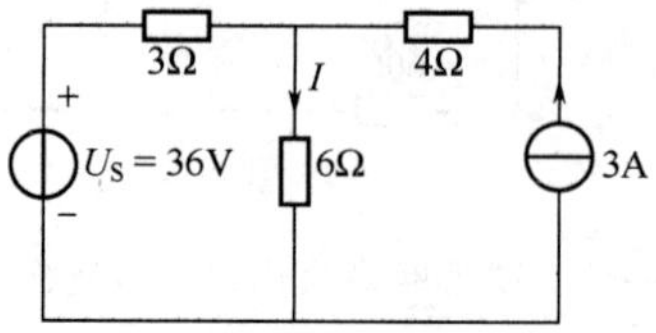

图 2-99

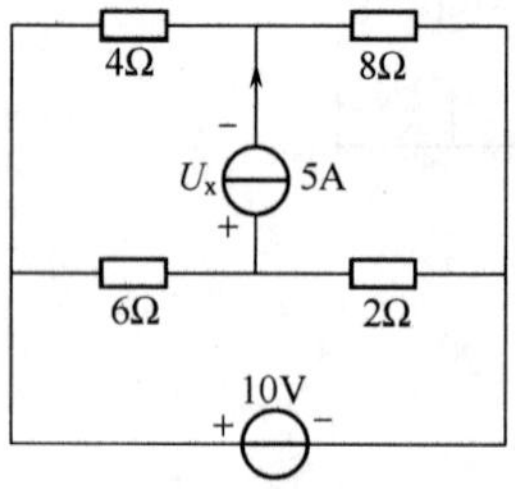

图 2-100

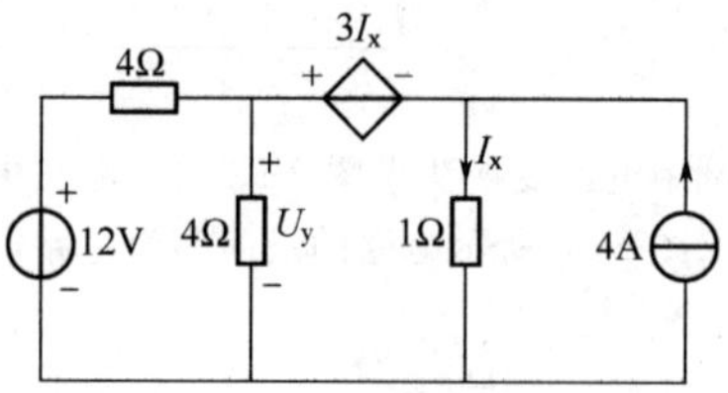

图 2-101

2-50　用叠加定理求图 2-101 电路中的 I_x 和 U_y。

2-51　用叠加原理求图 2-102 中 3A 电流源发出的功率。

2-52　图 2-103 电路中，各电阻均为 2Ω，试用单元电流法求各支路电流。

2-53　试求图 2-104 所示电路中各电路的戴维南等效电路。

2-54　试求图 2-105 所示电路的戴维南等效电路。

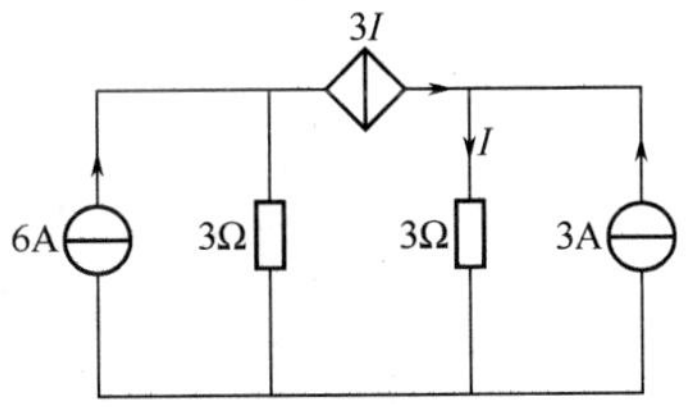

图 2-102

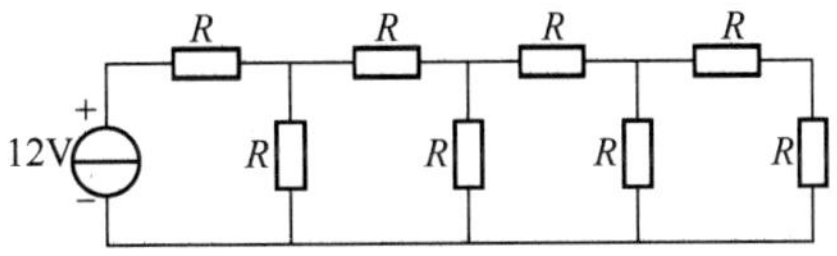

图 2-103

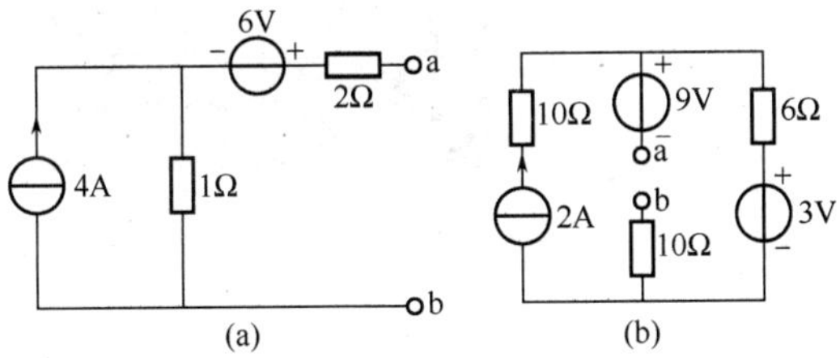

图 2-104

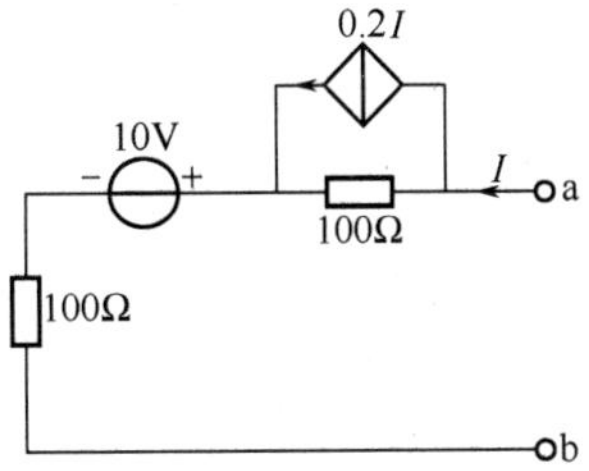

图 2-105

哲思语录：工欲善其事，必先利其器，
善学者尽其理，善行者究其难。

科学家简介

爱迪生（Thomas Alva Edison，托马斯·阿尔瓦·爱迪生 1847 年 2 月 11 日～1931 年 10 月 18 日），世界著名的美国发明家、物理学家、企业家，拥有众多知名重要的发明专利超过 2000 多项，被传媒授予“门洛帕克的奇才”称号！他是人类历史上第一个利用大量生产原则和电气工程研究的实验室来进行从事发明专利而对世界产生重大深远影响的人。

爱迪生诞生于美国中西部的俄亥俄州（Ohio）的米兰（Milan）小市镇。尽管一生只在学校里读过三个月的书，但通过坚持不懈的努力，发明了电灯、电报、留声机、电影等一千多种成果，成为著名的发明家，为人类的文明和进步做出了巨大的贡献。爱迪生同时也是一位伟大的企业家，1879 年，爱迪生创办了“爱迪生电力照明公司”，1890 年，爱迪生已经将其各种业务组建成为爱迪生通用电气公司。虽然爱迪生没有纯理论科学家的气质，但是他却奠定了一项重大的科学理论基础。1882 年他发现在接近真空的状态下，电流可以在彼此不相接触的电线之间通过，这个现象就叫做爱迪生效应，它不仅有重要的实际意义，而且还有广泛的应用价值，最终导致了电子工业的成立。1931 年 10 月 18 日，爱迪生在西奥伦治逝世，终年 84 岁，1931 年 10 月 21 日，全美国熄灯以示哀悼。

特斯拉（Nikola Tesla，尼古拉·特斯拉 1856 年 7 月 10 日～1943 年 1 月 7 日）是世界知名的发明家、物理学家、机械工程师和电机工程师。1893 年他展示了无线通讯并成为了电流之战的赢家之后，就成为了美国最伟大的电子工程师之一，备受尊敬。许多他早期的成果变成现代电子工程的先驱，而且他的许多发现具有重要的开创性。在公元 1943 年，美国最高法院承认他为无线电的发明者。以他名字而命名的磁力线密度单位（1 Tesla＝10000 Gause）更表明他在磁力学上的贡献。

特斯拉出生于一个名叫斯米连村庄的塞尔维亚人家庭中，这个村庄位于奥地利帝国（今克罗地亚共和国）的利卡区戈斯皮奇附近。他一生的发明数不胜数：1882 年，他继爱迪生发明直流电（DC）后不久，即发明了交流电（AC），并制造出世界上第一台交流电发电机，并始创多相传电技术，就是现在全世界广泛应用的 50～60Hz 传送电力的方法。1895 年，他替美国尼加拉瓜发电站制造发电机组，致使该发电站至今仍是世界著名水电站之一。1897 年，他使马可尼的无线传讯理论成为现实。1898 年，他又发明无线电遥控技术并取得专利（美国专利号码＃613.809）。1899 年，他发明了 X 光（X-Ray）摄影技术。在使用电的现代世界上到处都可以看见特斯拉的遗产。撇开他在电磁学和工程上的成就，特斯拉也被认为对机器人、弹道学、资讯科学、核子物理学和理论物理学上等各种领域有贡献。特斯拉虽然一次都未接受诺贝尔奖，但在他 1931 年 75 岁生日的时候，收到八位诺贝尔物理学奖得主的感谢函，1943 年他的葬礼时，有三位诺贝尔物理学奖得主代表诺贝尔团队致辞。

第三章　正弦交流电路的稳态分析

☼知识导图

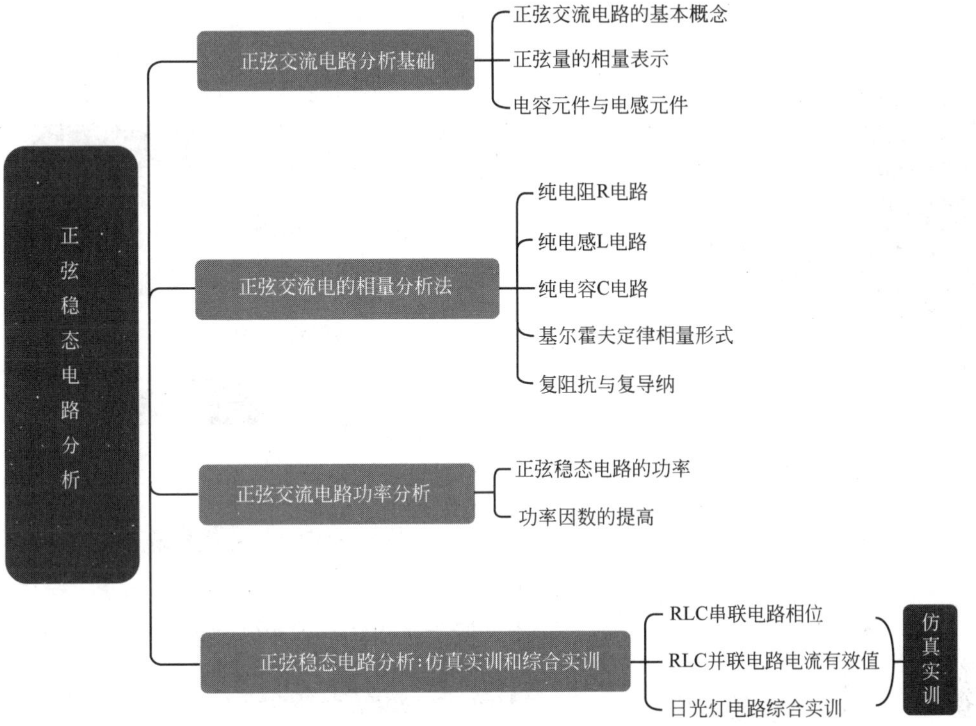

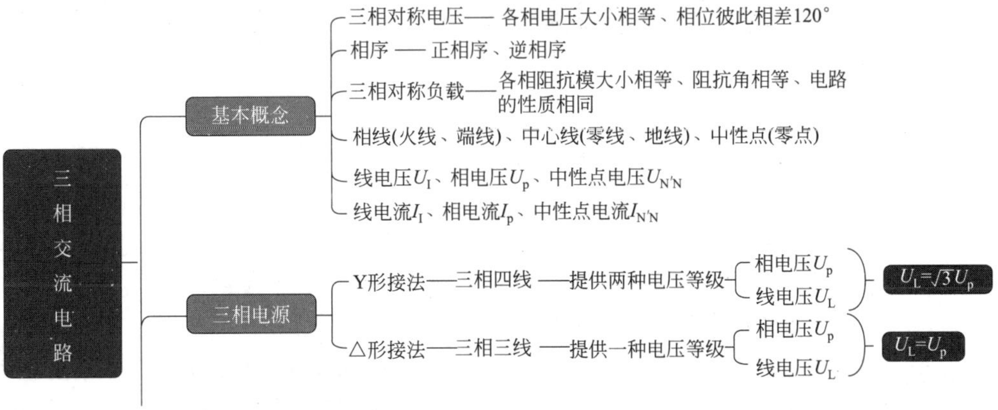

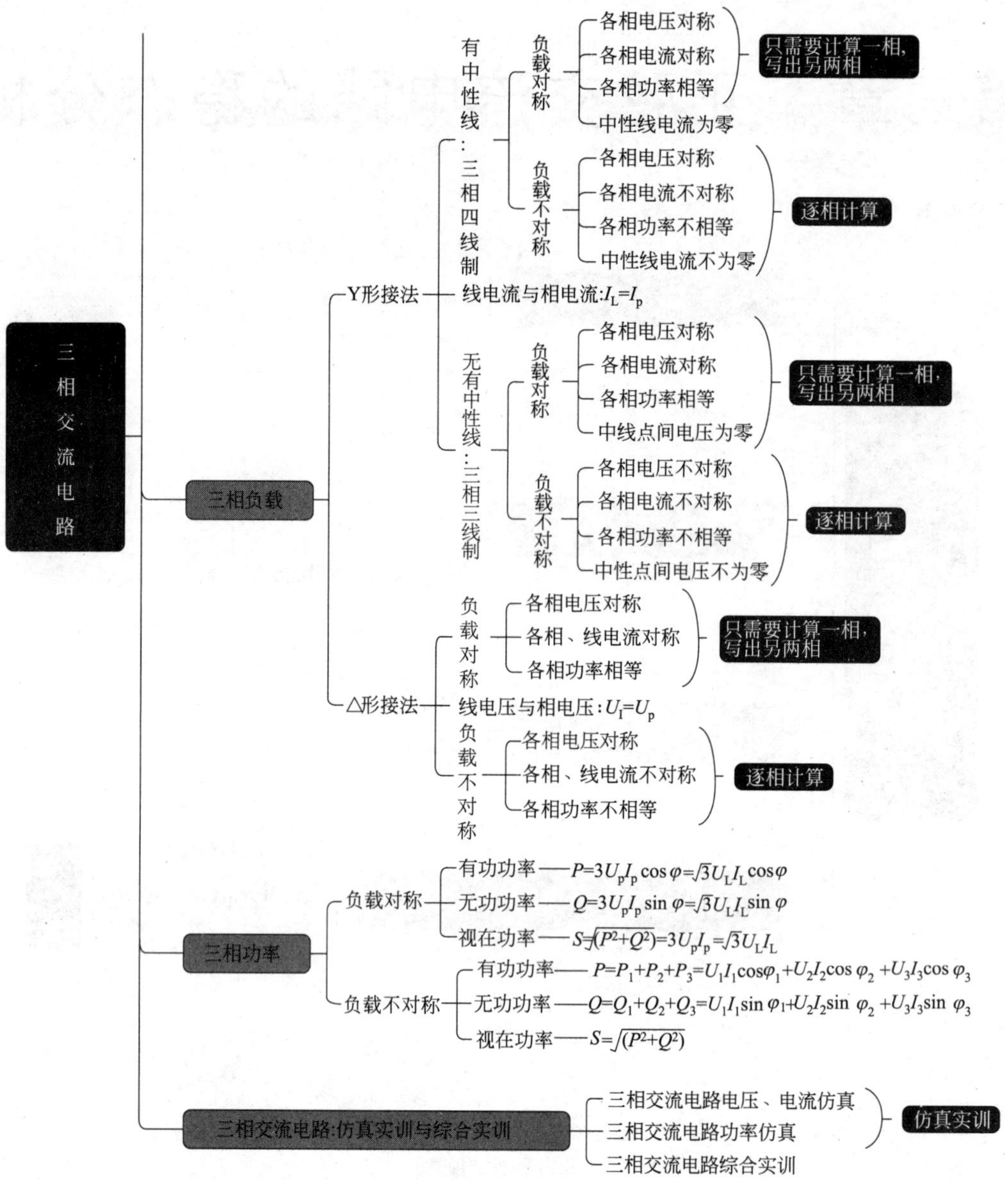

☼学习目标

☆知识目标：①理解正弦交流电的基本概念与基本物理量；

②理解正弦量的表示方法；

③理解纯电阻、电感和电容交流电路的特点与计算方法；

④理解电阻、电感、电容串联交流电路的分析计算方法；

⑤理解相量形式的基尔霍夫定律；

⑥理解复阻抗、复导纳的定义及无源单口网络等效复阻抗、复导纳的求解方法；

⑦理解瞬时功率、有功功率、无功功率、视在功率的概念及计算；

⑧理解功率因数的提高；

⑨理解三相交流电源的概念与表示方法；

⑩理解三相交流电路的特点与计算方法。

☆技能目标：①掌握正弦量的表示方法；

②掌握正弦交流电路的分析计算方法；

③熟练掌握串联谐振电路的应用与计算方法；

④熟练掌握无功功率补偿的应用与计算方法；

⑤熟练掌握日光灯电路的安装与接线方法；

⑥掌握日光灯电路的测试方法；

⑦掌握三相交流电路的分析计算方法；

⑧熟练掌握三相交流电路的安装与测试方法。

☆培养目标：①培养学生根据需要查阅、搜索、获取新信息、新知识的能力及正确评价信息的能力；

②培养学生养成及时总结、汇报的习惯；

③具备一般文字组织和产品说明书的编写能力。

本章介绍正弦交流电的基本概念及其表示方法，从单一参数电路出发，讨论交流电路中电压和电流的关系（大小和相位）及功率问题，然后分析 RLC 串联电路，简述一般电路的分析方法，同时还介绍三相电路的基本概念和分析计算方法。本章是电路分析中的重要组成部分。本章介绍基本概念：正弦量及其三要素、有效值、相位差、复阻抗与复导纳、正弦电流电路的功率、对称三相电源、三相负载、线电压与相电压、线电流与相电流；动态元体：电感、电容；基本特征：电阻、电感、电容在正弦电路中的伏安关系；线电流与相电流之间的关系、线电压与相电压之间的关系；分析方法：应用相量和相量图法对正弦电流电路进行计算、对称三相电路的分析与计算、三相电路的功率。

值得指出的是，在将直流电路的基本定律和分析方法扩展到交流电路时，必然有着它自己的特殊表达形式，这是学习本章时需特别注意的。

第一节　正弦交流电路的基本概念

交流电是指大小和方向随时间作周期性往复变化的电压和电流，图 3-1 表示出了几种周期性交流电的波形。

知识素养　3.1　正弦交流电的基本概念

微课　3.2　正弦量的基本概念

课件　3.3　正弦量的基本概念

图 3-1(d) 所示的交流点，其大小和方向随时间按正弦规律变化，称正弦交流电，它是最常用的交流电。例如，发电厂提供的电能是正弦交流电形式；在收音机里为了听到语音广播信号用到的“高频载波”是正弦波形；正弦信号发生器所输出的信号电压，也是随时间按正弦规律变化的。

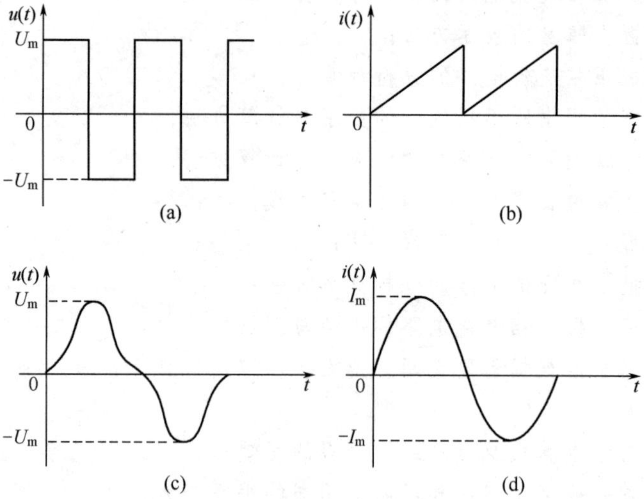

图 3-1　周期性交流电的一般波形

一、正弦交流电的三要素

图 3-2 表示出了正弦量（以电流 i 为例）的一段变化曲线，该曲线可用式(3-1) 表示。

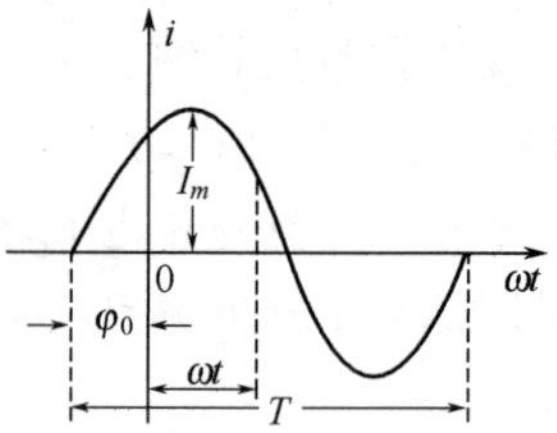

图 3-2　正弦交流电的一段变化曲线

$$i=I_m\sin(\omega t+\varphi_0) \tag{3-1}$$

式中　i——交流电的瞬时大小，称瞬时值；

I_m——瞬时值中最大的值，称幅值；

ω——正弦电流的角频率；

φ_0——正弦电流的初相角。

I_m，ω，φ_0 合称为正弦量的三要素，它们分别表示正弦交流电变化的幅度、快慢和初始状态。下面分别给予详细说明。

1. 幅值

幅值是瞬间值中的最大值，又称为最大值或峰值，通常用 I_m 或 U_m 表示。它们是与时间无关的常数，单位是 A（安培）和 V（伏特）。

2. 角频率

角频率 ω 是表示正弦量变化快慢的一个物理量，为了说明角频率的概念，先了解周期 T 和频率 f 的含义。

周期 T 是正弦量变化一周所需要的时间，周期 T 越大，波形变化越慢；反之，周期 T 越小，波形变化越快，周期 T 的单位是 s（秒）。

频率 f 表示每秒时间内正弦量重复变化的次数。f 越大，正弦量变化越快，反之越慢。频率的单位是 Hz（赫兹）。较高的频率用 kHz（千赫）和 MHz（兆赫）表示。$1\text{kHz}=10^3\text{Hz}$，$1\text{MHz}=10^6\text{Hz}$。

周期 T 和频率 f 互为倒数，即

$$T=\frac{1}{f}\quad 或\quad f=\frac{1}{T} \tag{3-2}$$

中国发电厂提供的电能规定频率 $f=50\text{Hz}$，则每变化一周所需要的时间

$$T=\frac{1}{50}=0.02\text{s}$$

正弦量变化一个周期，相当于正弦函数变化 2π 个弧度，角频率 ω 表示正弦量每秒变化的弧度数，单位是 rad/s（弧度/秒），角频率与周期的关系为

$$\omega T=2\pi$$

$$\omega=\frac{2\pi}{T}=2\pi f \tag{3-3}$$

中国电力系统提供的正弦交流电的频率 $f=50\text{Hz}$，则角频率 $\omega=100\pi\text{rad/s}=314\text{rad/s}$。

3. 初相位

式(3-1) 中的 $\omega t+\varphi_0$ 称为正弦量的相位角，简称相位。相位角是时间的函数。当 $t=0$ 时刻，正弦量的相位称作初相位，又称初相角。初相位 φ_0 的大小和正负，与选择的时间起点有关。通常规定正弦量由负值变化到正值经过的零点为该正弦量的零点，由正弦量零点到计时起点（$t=0$）之间对应的电角度即为初相位 φ_0。由于正弦量是周期性变化的，所以初相位的取值范围一般规定为 $-\pi\leqslant\varphi_0\leqslant\pi$，图 3-3 表示了不同初相位的正弦电压波形。

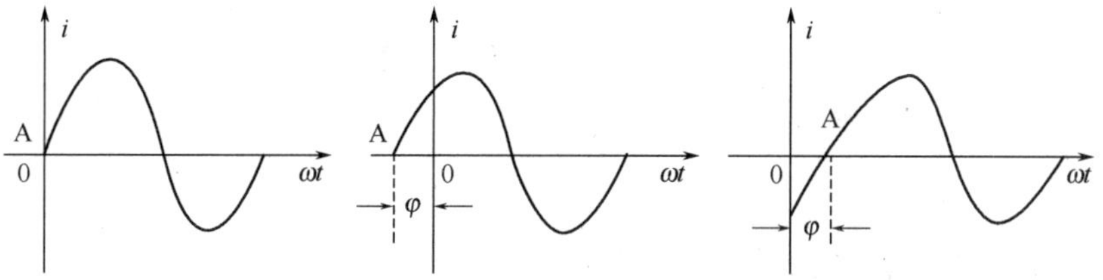

(a) $\varphi=0$　(b) $\varphi>0$　(c) $\varphi<0$

图 3-3　初相位

图 3-3(a) 中，$\varphi_0=0$，这时正弦电压的表达式 $u=U_m\sin\omega t$；

图 3-3(b) 中，$\varphi_0>0$，这时正弦电压的表达式 $u=U_m\sin(\omega t+\varphi_0)$；

图 3-3(c) 中，$\varphi_0<0$，这时正弦电压的表达式 $u=U_m\sin(\omega t-\varphi_0)$。

φ_0 的正负可以这样确定，当正弦量的初始瞬时值为正时，φ_0 为正；初始瞬时值为负时，φ_0 为负。或从正弦零点所处的位置来看，如果正弦零点在纵轴的左侧时，φ_0 为正；在纵轴右侧时 φ_0 为负，两种方法结果相同。

二、正弦交流电的相位差

两个同频率的正弦交流电在任何瞬间的相位角之差或初相位角之差称为相位差，用 φ 表示。

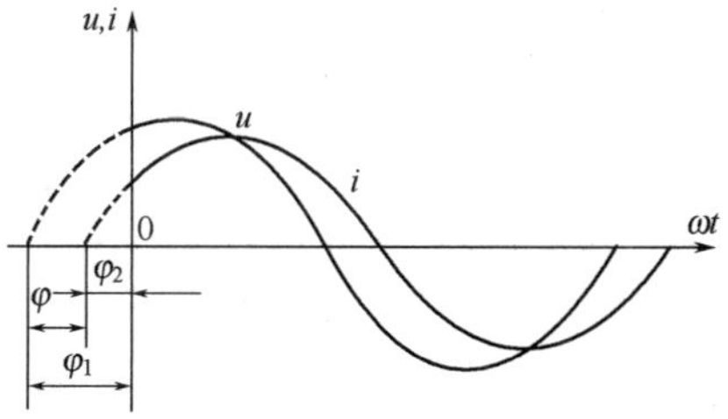

图 3-4　相位差

图 3-4 中，u 和 i 的波形可用式(3-4) 表示

$$u=U_m\sin(\omega t+\varphi_1)$$

$$i=I_m\sin(\omega t+\varphi_2) \tag{3-4}$$

u 和 i 的相位差

$$\varphi=(\omega t+\varphi_1)-(\omega t+\varphi_2)=\varphi_1-\varphi_2 \tag{3-5}$$

可见，相位差 φ 的大小与时间 t、角频率 ω 无关，它仅取决于两个同频正弦量的初相位。

当两个同频正弦量的计时起点（$t=0$）改变时，它们的相位和初相位随之改变，但两者的相位差始终不变。

由图 3-4 可见，因为 u 和 i 的初相位不同（不同相），所以它们的变化步调是不一致的，即不是同时到达正的幅值或零值。图 3-4 中，$\varphi_1>\varphi_2$（$\varphi>0$），所以 u 较 i 先到达正的幅值。称 u 比 i 超前 φ 角，或者 i 比 u 滞后 φ 角，图 3-5 表示出了几种特殊的相

位关系。

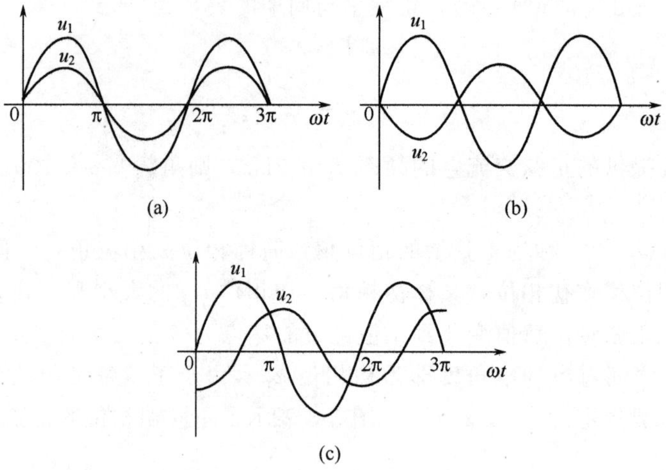

图 3-5 几个特殊的相位关系

图 3-5(a) 中，$\varphi=0$，称 u_1 和 u_2 同相；图 3-5(b) 中，$\varphi=\pi$，称 u_1 和 u_2 反相；图 3-5(c) 中，$\varphi=\frac{\pi}{2}$，称 u_1 和 u_2 正交。

三、正弦交流电的有效值

无论从测量上和使用上，用瞬时值或最大值表示交流电在电路里产生的效果（如热、机械、光等效应）既不确切也不方便。为了使交流电的大小能反映它在电路中做功的效果，电工技术中常用有效值表示交流电量的量值，如常用的交流电压 220V、380V 等都是指有效值。

有效值是从电流的热效应来规定的，因为在电工技术中，电流常表现出其热效应。若某一个周期电流 i 通过电阻 R（如电阻炉）在一个周期内产生热量，和另一个直流电流 I 通过同样大小的电阻在相等时间内产生的热量相等，那么，i 的有效值在数值上就等于 I。

依据上述叙述，可得

$$\int_0^T Ri^2\,\mathrm{d}t = RI^2T$$

由此可得出交流电流的有效值

$$I=\sqrt{\frac{1}{T}\int_0^T i^2\,\mathrm{d}t} \tag{3-6}$$

若 $i=I_{\mathrm{m}}\sin\omega t$，则

$$I=\sqrt{\frac{1}{T}\int_0^T I_{\mathrm{m}}^2\sin^2\omega t\,\mathrm{d}t}=\frac{I_{\mathrm{m}}}{\sqrt{2}}=0.707I_{\mathrm{m}} \tag{3-7}$$

同理

$$U=\frac{U_{\mathrm{m}}}{\sqrt{2}}=0.707U_{\mathrm{m}} \tag{3-8}$$

$$E=\frac{E_{\mathrm{m}}}{\sqrt{2}}=0.707E_{\mathrm{m}} \tag{3-9}$$

式(3-7)～式(3-9)表明，正弦交流电的有效值等于它的最大值的 0.707 倍，按照规定，有效值都用大写字母表示。

所有交流用电设备铭牌上标注的额定电压、额定电流都是有效值，一般交流电流表和电压表的刻度也是根据有效值来定的。

四、应用示例

在某电路中，$i=100\sin\left(6280t-\frac{\pi}{4}\right)$ mA。①试指出它的频率、周期、角频率、幅值、有效值及初相位各为多少？②画出波形图。

解 ① 角频率 $\omega=6280\text{rad/s}$

$$频率\ f=\frac{\omega}{2\pi}=\frac{6280}{2\times3.14}\text{Hz}=1000\text{Hz}$$

$$周期\ T=\frac{1}{f}=\frac{1}{1000}\text{s}=0.001\text{s}$$

幅值 $I_m=100\text{mA}$

有效值 $I=0.707I_m=70.7\text{mA}$

初相位 $\varphi_0=-\frac{\pi}{4}$

② 该电流的波形如图 3-6 所示。

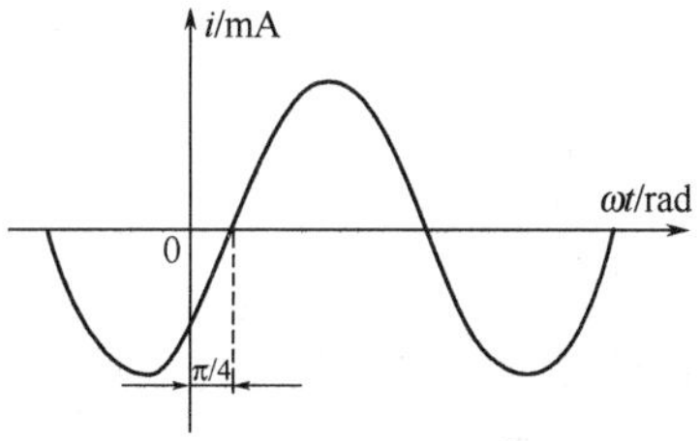

图 3-6 应用示例图

【思考与讨论】

1. 指出正弦电压 $u=220\sin(314t+45°)$ 的最大值、有效值、频率、角频率、周期、相位和初相位各是多少？

2. 正弦电流 $i=310\sin(\omega t-3\pi/4)$ A，试求 $f=50\text{Hz}$、$t=0.5\text{ms}$ 时的瞬时值。

3. 以上两题中的 u 与 i 在相位上能否比较？如果能，哪个超前？它们的相位差是多少？

第二节 正弦量的相量表示方法

知识素养 3.4 正弦量的相量表示　微课 3.5 正弦量的相量表示　课件 3.6 正弦量的相量表示

如上节所述，一个正弦量具有幅值、角频率、初相位三个特征量（三要素），它可用三角函数式如 $i=I_m\sin(\omega t+\varphi_0)$ 或正弦波形（图 3-2）来表示，但用这两种方法来计算正弦交流电的和或差时，运算过程烦琐，很不方便。因此，在电工技术中，常用相量法表示正弦量，相量表示法的基础是复数，就是用复数表示正弦量。

一、用旋转相量表示正弦量

设有一正弦电压 $u=U_m\sin(\omega t+\varphi_0)$，如图 3-7(b) 所示，用旋转相量表示的方法如下。以直角坐标系的 0 点为原点，取相量的长度为振幅 U_m，相量的起始位置与横轴之间的夹角

为初相位 φ_0。并以角频率 ω 绕原点按逆时针方向旋转，这样，该相量在旋转的过程中，每一瞬时在纵轴上的投影即代表正弦电压在该时刻的瞬间值，如图 3-7(a) 所示。例如，$t=0$ 时，$u_0=U_m\sin\varphi_0$；在 $t=t_1$ 时，$u_1=U_m\sin(\omega t_1+\varphi_0)$。

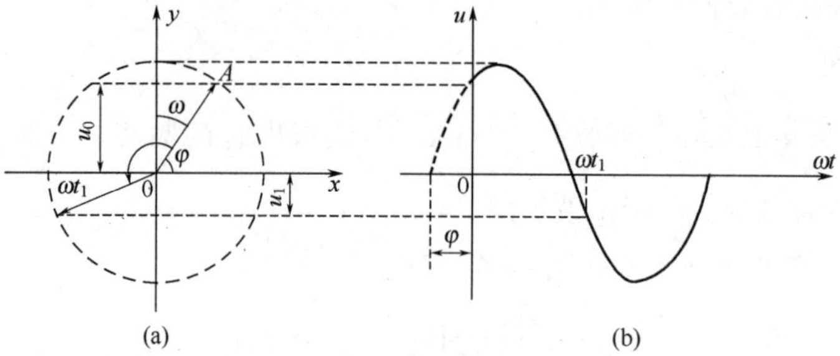

图 3-7 用旋转相量表示正弦值

如上所述，正弦量可用一旋转的有向线段表示，而有向线段可用复数表示，所以正弦量也可用复数表示，为了与一般的复数相区别，把表示正弦量的复数称为相量，并在大写字母上打“·”表示，于是正弦电压 $u=U_m\sin(\omega t+\varphi_0)$ 的相量表示式为

$$\dot{U}_m=U_m(\cos\varphi_0+\mathrm{j}\sin\varphi_0)=U_m e^{\mathrm{j}\varphi_0}=U_m\angle\varphi_0 \tag{3-10}$$

$$\dot{U}_m=U(\cos\varphi_0+\mathrm{j}\sin\varphi_0)=Ue^{\mathrm{j}\varphi_0}=U\angle\varphi_0 \tag{3-11}$$

$\dot{U}_m$ 是电压的幅值相量。$\dot{U}$ 是电压的有效期值相量。注意，相量只是表示正弦量，而不是等于正弦量。另外，式(3-10) 或式(3-11) 中只有两个特征量，即模和幅角，也就是正弦量的幅值（或有效值）和初相位。这是由于在线性电路中，电路的输入和输出均为同频率的正弦量，频率是已知的或特定的，可不必考虑，只要求出正弦量的幅值（或有效值）和初相位即可。

二、相量图

按照各个正弦量的大小和相位关系用初始位置的有向线段画出的若干个相量的图形，称为相量图。在相量图上能形象地看出各个正弦量的大小和相互间的关系。例如，图 3-4 中用正弦波形表示的两个正弦量，若用相量图表示则如图 3-8 所示。

在图 3-8 中可以看出，电压相量 $\dot{U}$ 比电流相量 $\dot{I}$ 超前 φ 角，即正弦电压 u 比正弦电流 i 超前 φ 角。

关于相量表示法作以下几点说明。

① 只有正弦周期量才能用相量表示，相量不能表示非正弦周期量。

② 只有同频率的正弦量才能画在同一相量图上，不同频率的正弦量不能画在同一相量图上，否则就无法进行比较和计算。

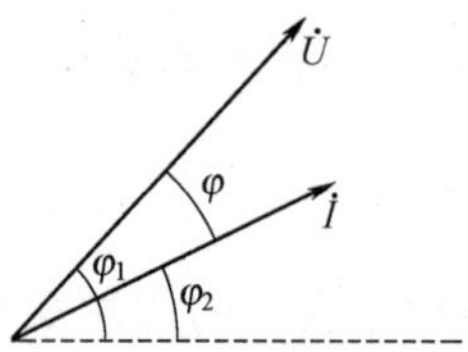

图 3-8 相量图

③ 在相量图中，可以用幅值相量，也可化为有效值相量，但是必须注意，有效值相量在纵轴上的投影不再代表正弦量的瞬时值。

④ 作相量图时，各相量的相对位置很重要，一般任选一个相量为参考相量，通常把它画在直角坐标系的横轴位置上，其余各

相量的位置，则以与这个参考相量之间的相位差角来确定，如图 3-8 所示。

三、正弦交流电路的相量分析方法

在交流电路的分析计算中，常常需要将几个同频率的正弦量相加或相减。如图 3-9 所示的电路中，已知两正弦电流 $i_1=I_{1m}\sin(\omega t+\varphi_1)$，$i_2=I_{2m}\sin(\omega t+\varphi_2)$，试确定 $i=i_1+i_2$。

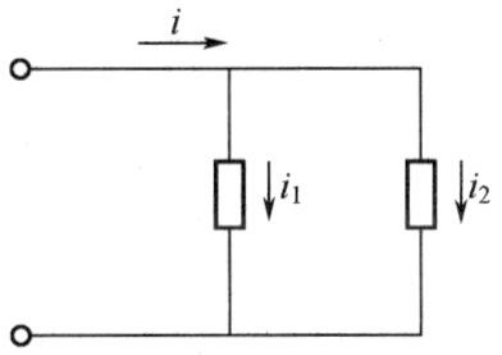

图 3-9　相量运算

求解总电流 i 的方法很多，可用三角函数式求解，也可用复数式求解，还可用正弦波形求解，下面仅讨论相量图求解法，其具体方法如下。

如图 3-10 所示，先做出表示电流 i_1 和 i_2 的矢量 $\dot{I}_{1m}$ 和 $\dot{I}_{2m}$，然后以 $\dot{I}_{1m}$ 和 $\dot{I}_{2m}$ 为两邻边作一平行四边形，其对角线即为总电流 i 的幅值矢量 $\dot{I}_m$，对角线与横轴正方向（参考矢量）之间的夹角即为初相位 φ。这就是相量运算中的平行四边形法则。

如果要进行正弦量的减法运算，仍可用平行四边形法则。例如，在图 3-9 中，若已知 $i=I_m\sin(\omega t+\varphi_1)$，$i_2=I_{2m}\sin(\omega t+\varphi_2)$，求 $i_1=i-i_2$。

这时，首先用相量表示 i 和 i_2。根据相量关系知道，求 $i-i_2$ 可通过求 $\dot{I}_m-\dot{I}_{2m}$ 得到，因减相量等于加负相量，故合成相量 $\dot{I}_{1m}=\dot{I}_m+(-\dot{I}_{2m})$。所以，以 $\dot{I}_m$ 和 $-\dot{I}_{2m}$ 为两邻边作一平行四边形，其对角线即为 i_1 的相量表示，如图 3-11 所示。

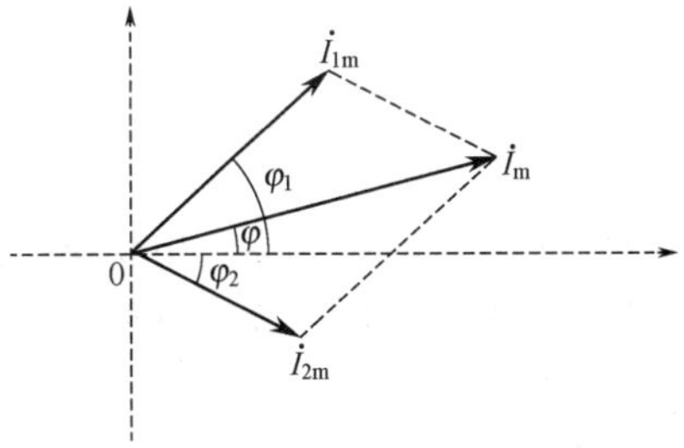

图 3-10　相量的加法运算

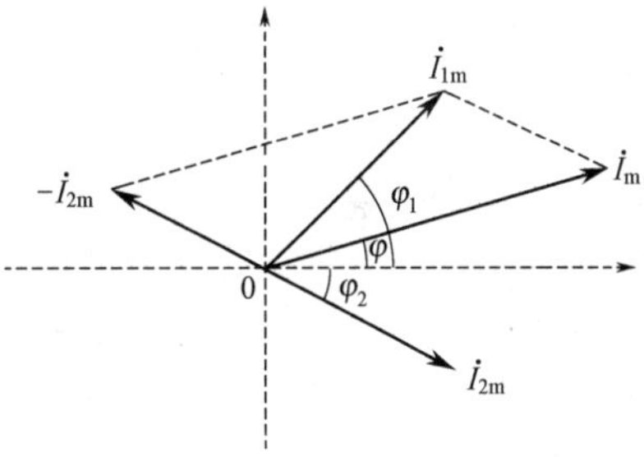

图 3-11　相量的减法运算

由上述可见，利用相量分析法进行正弦量的加、减运算十分简便，相量图是分析正弦交流电路的常用工具。

四、正弦量的复数表示法

正弦交流电的复数法，又称符号法，它是以复数表示相量并作为运算符号进行代数运算的。这样，该符号不仅能表示正弦量的幅值（或有效值），同时也表示它的初相位，以便使正弦量的运算变换为复数运算，应该指出，和相量法一样，只有同频率的正弦交流电才能用复数法计算，不同频率的正弦交流电不能用复数法。

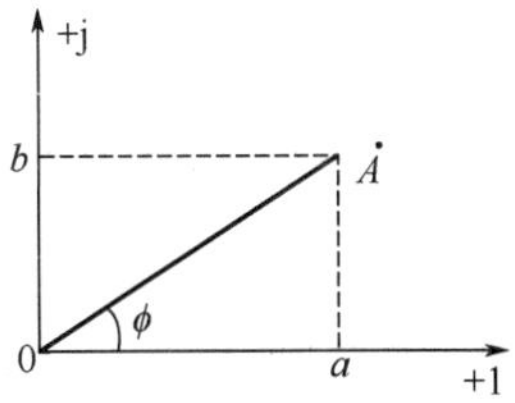

图 3-12　相量的复数表示

首先，复习一下复数的有关性质，然后将它运用到正弦交流电的运算中去。

一个有向线段 $\dot{A}$，将其置于复平面内，如果它与横坐标实轴所成的夹角为 ϕ，如图 3-12，则 $\dot{A}$ 称为复数，表示为

$$\dot{A}=a+jb \tag{3-12}$$

式(3-12) 中，a 与 b 各为复数 $\dot{A}$ 在横轴（实轴 R）与纵轴（虚轴 I_m）上的投影。a 是复数 $\dot{A}$ 的实部（实数部分），jb 中的 b 是复数 $\dot{A}$ 的虚部（虚数部分），符号 $j=\sqrt{-1}$，叫做虚数单位（它在数学中常用 i 代表，在电工中为了与表示电流的 i 避免混淆，而改用 j）。由图 3-12 可见，复数 $\dot{A}$ 可用它的模 γ 和幅角 ϕ 表示，即

$$\gamma=\sqrt{a^2+b^2}$$
$$\phi=\tan^{-1}b/a$$

因为

$$a=\gamma\cos\phi$$
$$b=\gamma\sin\phi \tag{3-13}$$

所以

$$\dot{A}=a+bj=\gamma\cos\phi+j\gamma\sin\phi \tag{3-14}$$

叫做复数的三角式，而 $\dot{A}=a+jb$ 则叫做复数的代数式。

根据欧拉公式 $\cos\phi+j\sin\phi=e^{j\phi}$

可写作

$$\dot{A}=\gamma e^{j\phi} \tag{3-15}$$

这是复数的指数形式，通常将 $e^{j\phi}$ 简记作 $1\angle\phi$，这样式(3-15) 可写成

$$\dot{A}=\gamma\angle\phi \tag{3-16}$$

式(3-16) 称为复数 A 的极坐标式。

综上所述，一个相量的复数可以有四种表示形式，这四种表示形式可以互相变换。

前面曾讲过，一个相量可以用来表示正弦量，而复数可以表示相量，故复数也可以表示正弦量。

这样用复数表示同频率的交流正弦电流（电压或电动势），只需幅值和初相这两个要素就可以完全确定了，这种方法称为复数法。如果将相量图放在复平面上，则相量图和复数法可以结合应用，这对分析、解决正弦交流电路的问题是很方便的。

五、应用示例

已知 $u_1=220\sqrt{2}\sin(314t+30°)$，$u_2=220\sqrt{2}\sin(314t+60°)$

求：$u=u_1+u_2$。

解 已知

$$u_1=220\sqrt{2}\sin(314t+30°)$$
$$u_2=220\sqrt{2}\sin(314t+60°)$$

先分别写出 u_1、u_2 的有效值相量为

$$\dot{U}_1=220e^{j30°}=110\sqrt{3}+j110$$
$$\dot{U}_2=220e^{j60°}=110+j110\sqrt{3}$$

所以

$$\begin{aligned}\dot{U}=\dot{U}_1+\dot{U}_2&=110\sqrt{3}+j110+110+j110\sqrt{3}=110\ (\sqrt{3}+1)\ +j110\ (1+\sqrt{3})\\&=425\angle45°\end{aligned}$$

$$u=425\sqrt{2}\sin(314t+45°)$$

用复数表示正弦量，使正弦量的分析与计算得到简化，的确是比较方便的，在以后的交流电路分析中，常常会遇到相量图和复数法的应用。

【思考与讨论】

1. 正弦量有三要素，而相量只有模和辐角两个要素，为什么可以将正弦量用相量表示？

2. 两个同频率的正弦电压 $u_1(t)$、$u_2(t)$ 的有效值各为 8V、6V，在什么情况下 $u_1(t)+u_2(t)$ 的有效值最小？在什么情况下 $u_1(t)+u_2(t)$ 的有效值最大？各是多少？

3. 指出下列各式的错误

① $i=5\sin(\omega t-30°)=5e^{-j30°}$　　② $U=100e^{j45°}=100\sqrt{2}\sin(\omega t+45°)$

③ $I=10\angle 30°\text{A}$　　④ $I=20e^{20°}\text{A}$

第三节　电容元件和电感元件

知识素养　3.7　电容元件和电感元件

微课　3.8　电容元件与电感元件

课件　3.9　电容元件与电感元件

一、电容元件

1. 电容元件的定义

将所有实际电气设备或器材储存电场能量的特性抽象为电容元件。实际电容是用绝缘介质隔开的一对平行极板。物理学知识说明，当在极板上加上电压后，在极板上会储存等量异号的电荷，在介质中建立起电场，两极板之间就有了电压。

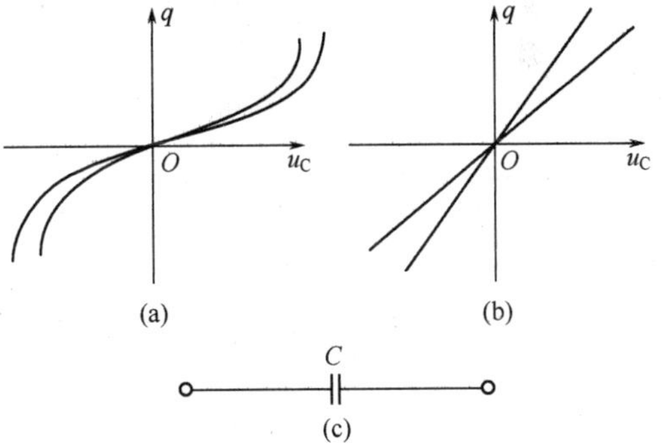

图 3-13　电容元件的库伏关系及电容符号

电容元件的定义：若一个两端元件在任意时刻所储存的电荷 q、电压 u_C 的关系（称为库伏关系），唯一地由 q-u_C 平面的一族曲线所确定，如图 3-13(a) 所示，则此二端元件便称为电容元件。若一族曲线演变成一条过原点的直线，如图 3-13(b) 所示，则称为线性时不变电容，该直线的斜率就是电容元件的电容，本课程主要研究的就是此类电容。电容元件的符号如图 3-13(c) 所示。

线性时不变电容的定义式

$$C=\frac{q}{u_C} \tag{3-17}$$

式中，q 的单位为 C（库仑）；u_C 的单位为 V（伏特）；C 的单位为 F（法拉）。实际电容器的电容量比法拉小得多，因此通常采用微法（$1\mu F=10^{-6}F$）和皮法（$1pF=10^{-12}F$）作为电容的单位。

需要指出的是，实际电容器在工作中，若两端的电压超过一定值时，电容器中的介质就有可能被损坏或击穿，从而使电容器丧失其储存电场能量的作用。通常在电容器上除了标明电容值外，还要有额定电压，使用时不可超过所规定的额定值。

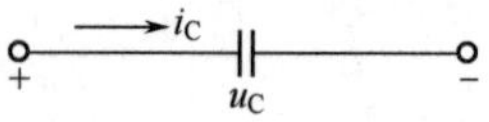

图 3-14 电容元件的伏安关系

2. 电容元件的伏安关系

在如图 3-14 所示的关联参考方向下，根据电容和电流的定义，有

$$i_C=\frac{dq}{dt}=\frac{d(Cu_C)}{dt}=C\frac{du_C}{dt} \tag{3-18}$$

式(3-18) 便是电容元件的伏安关系的微分式。它表明：在任一瞬间，流过电容 C 中的电流 i_C 与其两端的电压 u_C 的变化率成正比，而与该瞬间电容 C 两端电压的大小无关。若电容元件的电压变化，它所储存的电荷量必然发生变化，才能有充电或放电电流，因此电容元件也被称为动态元件。

显然，若作用在电容两端的电压为不变化的直流电压 U_C，则流过的电流 $i_C=0$。即在直流电路中，电容相当于开路。

在式(3-18) 中，若能使电容电压的变化率为无穷大，则电容电流也将为无穷大。同理，若电容电流仅为有限值的话，电容电压便不能跃变，而只能连续变化。

还可将式(3-18) 改写为另一种表达式

$$u_C(t)=\frac{1}{C}\int_{-\infty}^{t}i_C(\tau)d\tau \tag{3-19}$$

式(3-19) 为电容元件伏安关系的积分式，它表明：在任一瞬间，电容两端的电压值 u_C 取决于电流 i_C 从 $-\infty$ 到 t 的积分，它与电容电流过去的全部情况有关，即与所有的充电历史有关。这说明电容有“记忆”电流的作用，故电容元件又被称为记忆元件。

3. 电容元件的储能

在电压与电流为关联参考方向时，线性电容元件吸收的功率为

$$p_C=u_Ci_C=Cu_C\frac{du_C}{dt} \tag{3-20}$$

那么从 $-\infty$ 到 t 时间内电容元件的储能为

$$w_C=\int_{-\infty}^{t}p_C dt=\frac{1}{2}C[u_C^2(t)-u_C^2(-\infty)]$$

由于在 $t=-\infty$ 时，电容元件无电场能量储存，故 $u_C(-\infty)=0$，则

$$w_C=\frac{1}{2}Cu_C^2(t) \tag{3-21}$$

由此可见，尽管电容元件的瞬时功率可正可负，但储能总是大于等于零的，这说明电容元件本身不消耗电能。当电压的绝对值增加时，使 $p_C>0$，电容元件从电路中吸收能量储存于电场中；当电压的绝对值减小时，使 $p_C<0$，电容元件对电路释放出储存于其电场的能量。可见，电容元件是一种储存元件。当然它也是一种无源元件。

【例 3-1】 电容 C 两端电压 u_C 与流过的电流 i_C 的参考方向如图 3-15(a) 所示，i_C 的波形如图 3-15(b) 所示，已知 $u_C(0)=0$。试求 $u_C(t)$ 并画出波形。

解 由图 3-15(b) 波形可知 $i_C(t)$ 的表达式为

$$i_C(t)=\begin{cases}I_S & (0\leqslant t\leqslant t_0)\\ 0 & t>t_0\end{cases}$$

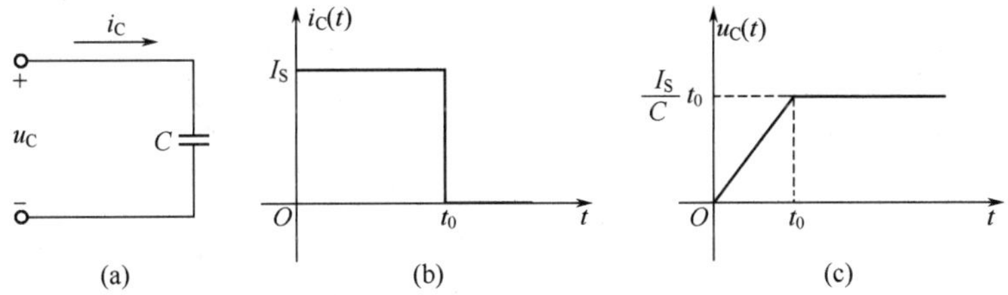

图 3-15　例 3-1 图

根据式(3-19) 可得

$$u_C=\frac{1}{C}\int_{-\infty}^{t}i_C(\tau)d\tau=\frac{1}{C}\left[\int_{-\infty}^{0}i_C(\tau)d\tau+\int_{0}^{t}i_C(\tau)d\tau\right]$$

$$=u_C(0)+\frac{1}{C}\int_{0}^{t}i_C(\tau)d\tau=\frac{1}{C}\int_{0}^{t}i_C(\tau)d\tau$$

当 $0\leqslant t\leqslant t_0$ 时，有

$$u_C(t)=\frac{1}{C}\int_{0}^{t}i_C d\tau=\frac{1}{C}\int_{0}^{t}I_S d\tau=\frac{I_S}{C}t$$

且当 $t=t_0$ 时，有

$$u_C(t_0)=\frac{I_S}{C}t_0$$

当 $t>t_0$ 时，有

$$u_C(t)=\frac{1}{C}\int_{0}^{t}i_C(\tau)dt=\frac{1}{C}\int_{0}^{t_0}i_C(\tau)d\tau+\frac{1}{C}\int_{0}^{t}i_C(\tau)d\tau$$

$$=u_C(t_0)+\frac{1}{C}\int_{0}^{t}i_C(\tau)d\tau=\frac{I_S}{C}t_0$$

可得出电容电压的表达式为

$$u_C(t)=\begin{cases}\frac{I_S}{C}t & 0\leqslant t\leqslant t_0\\ \frac{I_S}{C}t_0 & t\geqslant t_0\end{cases}$$

根据 $u_C(t)$ 的表达式可画出其波形如图 3-15(c) 所示。

二、电感元件

1. 电感元件的定义

将所有实际电气设备或器材储存磁场能量的特性抽象为电感元件。

实际电感是用导线绕成的线圈。物理学知识说明，当在一个匝数为 N 的线圈中通过电流 i_L 时，在其内部及周围产生磁场，磁通为 ϕ_L，它主要集中在线圈内部，称为自感磁通。自感磁通与 N 匝数圈相交链形成自感磁链 $\Psi_L=N\phi_L$。

电感元件的定义：若一个二端元件在任意时刻所储存的磁链 Ψ_L 与所流过电流 i_L 的关系（称为韦安关系），唯一的由 Ψ_L-i_L 平面的一族曲线所确定，如图 3-16(a) 所示，则此二端元件便被称为电感元件。若一族曲线演变成一条过原点的直线，如图 3-16(b) 所示，则被称为线性时不变电感，该直线的斜率就是电感元件的电感，本课程主要研究的就是此类电感。电感元件的符号如图 3-16(c) 所示。

线性时不变电感的定义式为

$$L=\frac{\Psi_L}{i_L} \tag{3-22}$$

式中，Ψ_L 的单位为 Wb（韦伯），i_L 的单位为 A（安培），L 的单位为 H（亨利）。除亨利之外，还采用毫亨（$1\mathrm{mH}=10^{-3}\mathrm{H}$）作为电感的单位。

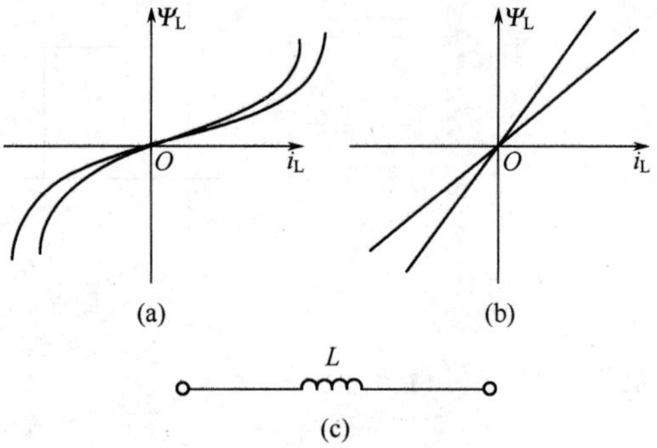

图 3-16　电感元件的韦安关系及电感元件符号

2. 电感元件的伏安关系

在如图 3-17 所示的关联参考方向下，根据法拉第电磁感应定律和电感元件的定义，有

图 3-17　电感元件的伏安关系

$$u_L=\frac{\mathrm{d}\Psi_L}{\mathrm{d}t}=L\frac{\mathrm{d}i_L}{\mathrm{d}t} \tag{3-23}$$

式(3-23) 是电感元件的伏安关系的微分式。它表明：在任一瞬间电感电压 u_L 与电流 i_L 的变化率成正比，而与该瞬间流过电感 L 中的电流的大小无关。若电感元件的电流变化，它所储存的磁链必然发生变化，才能有自感电压，因此电感元件也被称为动态元件。

显然，若流过电感的电流为不变化的直流电流 I_L，则两端的电压 $u_L=0$。即在直流电路中，电感相当于短路。

在式(3-23) 中，若能使电感电流的变化率为无穷大，则电感电压也是无穷大。同理，若电感电压仅为有限值的话，电感电流便不能跃变，而只能连续变化。

还可将式(3-23) 改写为另一种表达形式

$$i_L(t)=\frac{1}{L}\int_{-\infty}^{t}u_L(\tau)\mathrm{d}t \tag{3-24}$$

式(3-24) 为电感元件伏安关系的积分式，它表明：在任一瞬间，电感的电流 i_L 取决于电压 u_L 从 $-\infty$ 到 t 的积分，它与电感电压过去的全部情况有关，即与所有的充电历史有关。这说明电感有“记忆”电压的作用，故电感元件也被称为记忆元件。

3. 电感元件的储能

在电压与电流为关联参考方向时，线性电感元件吸收的功率为

$$p_L=u_Li_L=i_L\frac{\mathrm{d}i_L}{\mathrm{d}t} \tag{3-25}$$

那么从 $-\infty$ 到 t 时间内电感元件的储能为

$$w_L=\int_{-\infty}^{t}p_L\mathrm{d}t=\frac{1}{2}L\left[i_L^2(t)-i_L^2(-\infty)\right]$$

由于 $t=-\infty$ 时，电感元件无磁场能量储存，故 $i_L(-\infty)=0$，则

$$w_L=\frac{1}{2}Li_L^2(t) \tag{3-26}$$

由此可见，尽管电感元件的瞬时功率可正可负，但储能总是大于等于零的，这说明电感元件不消耗电能。当电流的绝对值增加时，使 $p_L>0$，电感元件从电路中吸收能量，储存于磁场中；当电流的绝对值减小时，使 $p_L<0$，电感元件释放出储存于磁场的能量。可见，电感元件也是一种储存元件。当然它也是一种无源元件。

三、电容元件和电感元件的串并联

1. 电容元件的串联

如图 3-18(a) 所示是两个电容元件串联的电路，由电容元件伏安特性可得

$$u_1(t)=\frac{1}{C_1}\int_{-\infty}^{t} i(\tau)\mathrm{d}t,u_2(t)=\frac{1}{C_2}\int_{-\infty}^{t} i(\tau)\mathrm{d}t$$

由 KVL 可知

$$\begin{aligned}u(t)&=u_1(t)+u_2(t)\\&=\frac{1}{C_1}\int_{-\infty}^{t} i(\tau)\mathrm{d}\tau+\frac{1}{C_2}\int_{-\infty}^{t} i(\tau)\mathrm{d}\tau=\left(\frac{1}{C_1}+\frac{1}{C_2}\right)\int_{-\infty}^{t_0} i(\tau)\mathrm{d}\tau\end{aligned}$$

如图 3-18(b) 所示电容元件的伏安特性为

$$u(t)=\frac{1}{C}\int_{-\infty}^{t} i(\tau)\mathrm{d}\tau$$

若要求图 3-18(a)、(b) 有完全相同的伏安关系，需满足

$$\frac{1}{C}=\frac{1}{C_1}+\frac{1}{C_2} \tag{3-27}$$

则称 C 为 C_1、C_2 串联连接网络的等效电容，称图 3-18(b) 为图 3-18(a) 的等效电路。

可以推广到 N 个电容元件的串联连接网络，其等效电容为

$$\frac{1}{C}=\sum_{i=1}^{N}\frac{1}{C_i} \tag{3-28}$$

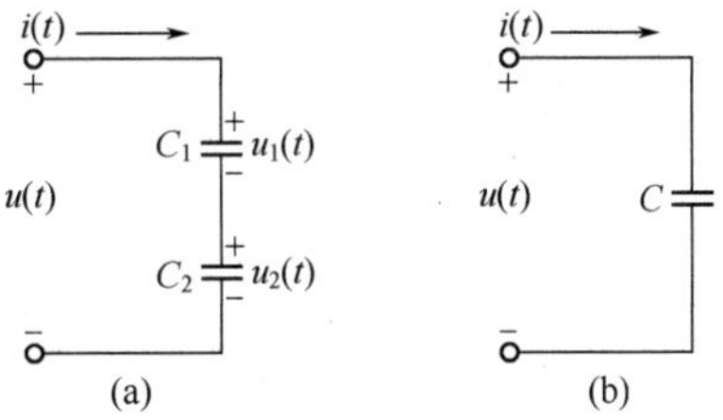

图 3-18　电容元件串联及其等效电路

2. 电容元件的并联

如图 3-19(a) 所示是两个电容元件并联的电路，由电容元件伏安特性可得

$$i_1(t)=C_1\frac{\mathrm{d}u(t)}{\mathrm{d}t},i_2(t)=C_2\frac{\mathrm{d}u(t)}{\mathrm{d}t}$$

由 KCL 可知

$$\begin{aligned}i(t)&=i_1(t)+i_2(t)\\&=C_1\frac{\mathrm{d}u(t)}{\mathrm{d}t}+C_2\frac{\mathrm{d}u(t)}{\mathrm{d}t}=(C_1+C_2)\frac{\mathrm{d}u(t)}{\mathrm{d}t}\end{aligned}$$

图 3-19(b) 所示电容元件的伏安特性为

$$i(t)=C\frac{\mathrm{d}u(t)}{\mathrm{d}t}$$

若要求图 3-19(a)、(b) 有完全相同的伏安关系，需满足

$$C=C_1+C_2 \tag{3-29}$$

则称 C 为 C_1，C_2 并联连接网络的等效电容，称图 3-19(b) 为图 3-19(a) 的等效电路。

可以推广到 N 个电容元件的并联连接网络，其等效电容为

$$C=\sum_{i=1}^{N}C_i \tag{3-30}$$

3. 电感元件的串联

如图 3-20(a) 所示是两个电感元件串联的电路，由电感元件伏安特性可得

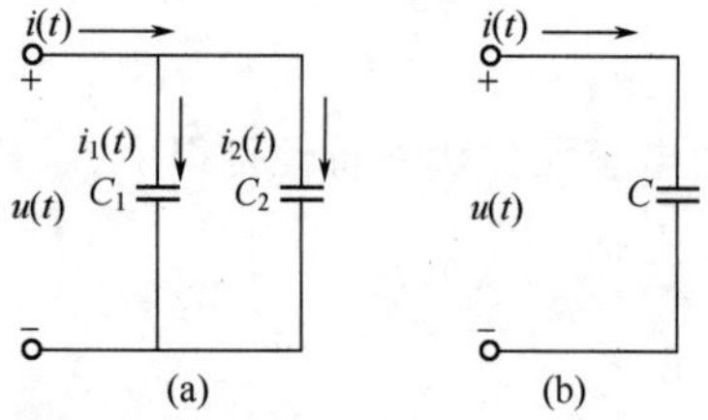

图 3-19 电容元件并联及其等效电路

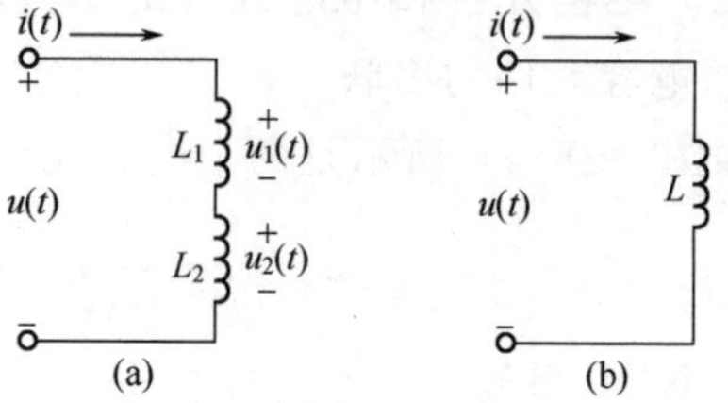

图 3-20 电感元件串联及其等效电路

$$u_1(t)=L_1\frac{\mathrm{d}i(t)}{\mathrm{d}t},u_2(t)=L_2\frac{\mathrm{d}i(t)}{\mathrm{d}t}$$

由 KVL 可知

$$\begin{aligned}u(t)&=u_1(t)+u_2(t)\\&=L_1\frac{\mathrm{d}i(t)}{\mathrm{d}t}+L_2\frac{\mathrm{d}i(t)}{\mathrm{d}t}=(L_1+L_2)\frac{\mathrm{d}i(t)}{\mathrm{d}t}\end{aligned}$$

如图 3-20(b) 所示电感元件的伏安特性为

$$u(t)=L\frac{\mathrm{d}i(t)}{\mathrm{d}t}$$

若要求图 3-20(a)、(b) 有完全相同的伏安关系，需满足

$$L=L_1+L_2 \tag{3-31}$$

则称 L 为 L_1、L_2 串联连接网络的等效电感，称图 3-20(b) 为图 3-20(a) 的等效电路。

可以推广到 N 个电感元件的串联连接网络，其等效电感为

$$L=\sum_{i=1}^{N}L_i \tag{3-32}$$

4. 电感元件的并联

如图 3-21(a) 所示是两个电感元件并联的电路，由电感元件的伏安特性可得

$$i_1(t)=\frac{1}{L_1}\int_{-\infty}^{t}u(\tau)\mathrm{d}\tau,i_2(t)=\frac{1}{L_2}\int_{-\infty}^{t}u_{\mathrm{L}}(\tau)\mathrm{d}\tau$$

由 KCL 可知

$$\begin{aligned}i(t)&=i_1(t)+i_2(t)\\&=\frac{1}{L_1}\int_{-\infty}^{t}u(\tau)\mathrm{d}\tau+\frac{1}{L_2}\int_{-\infty}^{t}u(\tau)\mathrm{d}\tau=\left(\frac{1}{L_1}+\frac{1}{L_2}\right)\int_{-\infty}^{t}u(\tau)\mathrm{d}\tau\end{aligned}$$

如图 3-21(b) 所示电感元件的伏安特性为

$$i(t)=\frac{1}{L}\int_{-\infty}^{t}u(\tau)\mathrm{d}\tau$$

若要求图 3-21(a)、(b) 有完全相同的伏安关系，需满足

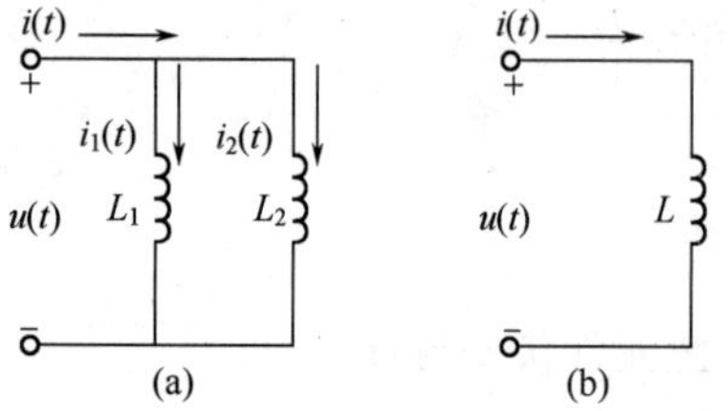

图 3-21 电感元件并联及其等效电路

$$\frac{1}{L}=\frac{1}{L_1}+\frac{1}{L_2} \tag{3-33}$$

则称 L 为 L_1，L_2 并联连接网络的等效电感，称图 3-21(b) 为图 3-21(a) 的等效电路。

可以推广到 N 个电感元件的并联连接网络，其等效电感为

$$\frac{1}{L}=\sum_{i=1}^{N}\frac{1}{L_i} \tag{3-34}$$

四、应用示例

电感元件流过的电力 $i_L(t)$ 如图 3-22(a) 所示，试求在关联参考方向下的电感电压 $u_L(t)$ 并绘出其波形。

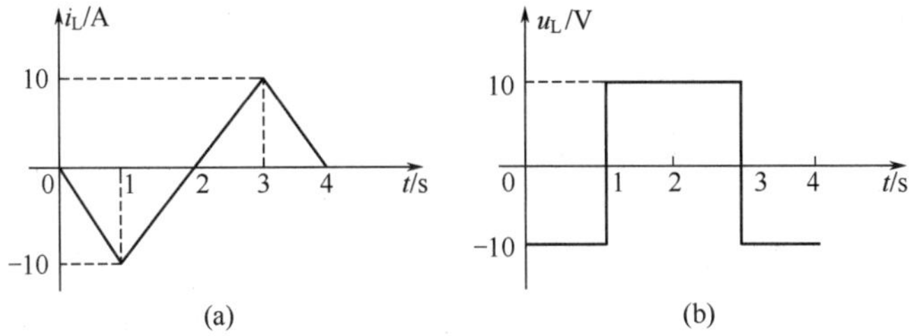

图 3-22　应用示例图

解　由图 3-22(a) 波形可知 $i_L(t)$ 的表达式为

$$i_L(t)=\begin{cases}-10t(\mathrm{A}) & (0\leqslant t\leqslant 1\mathrm{s})\\ +10t-20(\mathrm{A}) & (1\mathrm{s}\leqslant t\leqslant 3\mathrm{s})\\ -10t+20(\mathrm{A}) & (3\mathrm{s}\leqslant t\leqslant 4\mathrm{s})\end{cases}$$

根据式(3-23) 可得

$$u_L(t)=\begin{cases}-10(\mathrm{V}) & (0\leqslant t\leqslant 1\mathrm{s})\\ 10(\mathrm{V}) & (1\mathrm{s}\leqslant t\leqslant 3\mathrm{s})\\ -10(\mathrm{V}) & (3\mathrm{s}\leqslant t\leqslant 4\mathrm{s})\end{cases}$$

根据 $u_L(t)$ 表达式可绘出电感电压波形如图 3-22(b) 所示。

【思考与讨论】

1. 当电容元件两端电压为零时，其电流也必定是零吗？

2. 有人说当流过电感元件的电流越大时，电感元件两端的电压是否也越大？

3. 如果理想电路元件 R、L、C 的两端电压 u 和电流 i 的参考方向选得不一致，你能写出这三种元件的电压、电流关系的表达式吗？

第四节　单一元件伏安关系的相量形式

在直流电流电路中，无源元件是电阻，而在正弦电流电路中，除电阻外，常用的还有电感和电容。前面已经给出这三种元件的伏安关系，本节将讨论这些关系的相量形式，即这三种元件电压相量与电流相量的关系。

一、电阻元件伏安关系的相量形式

电阻元件的伏安关系服从欧姆定律，对于线性时不变电阻元件，在关联参考方向下的伏安关系为

$$u(t)=Ri(t) \tag{3-35}$$

设

$$i(t)=\sqrt{2}I\sin(\omega t+\phi_i) \tag{3-36}$$

知识素养

3.10 正弦交流电路中的电阻

微课

3.11 单一参数电路元件中的纯电阻元件

课件

3.12 单一参数电路元件中的纯电阻元件

将式(3-36) 代入式(3-35)，则有

$$u(t)=R\sqrt{2}I\sin(\omega t+\phi_i)=\sqrt{2}U\sin(\omega t+\phi_i) \tag{3-37}$$

式(3-37) 表明，正弦电流通过某一电阻时，在电阻两端会产生一个同频率的正弦电压，且有

$$\phi_u=\phi_i,\ U=RI \tag{3-38}$$

即在正弦电流电路中，电阻元件电压电流同相位，而有效值服从欧姆定律。电阻元件电压 $u(t)$ 与电流 $i(t)$ 的波形如图 3-23 所示。

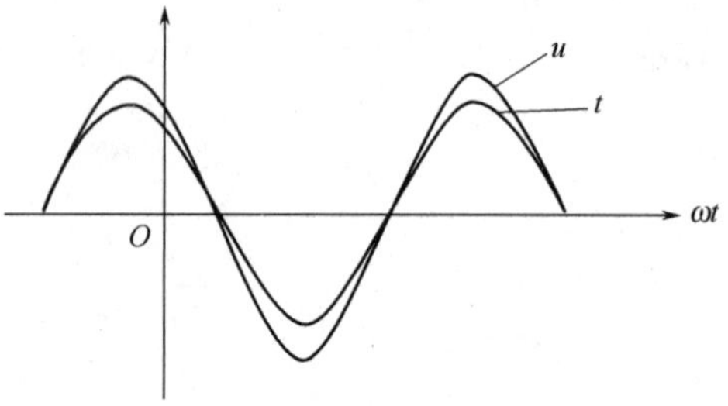

图 3-23 电阻元件的电压电流波形

又由于

$$U_m=\sqrt{2}U,\ I_m=\sqrt{2}I$$

所以由式(3-38) 还可以看到

$$U_m=RI_m \tag{3-39}$$

式(3-39) 表明：在正弦电流电路中，电阻元件电压电流的幅值也服从欧姆定律。

将电压电流用相量表示，即

$$\dot{I}=I\mathrm{e}^{\mathrm{j}\phi_i},\dot{U}=U\mathrm{e}^{\mathrm{j}\phi_u}$$

根据式(3-38) 可得

$$\dot{U}=RI\mathrm{e}^{\mathrm{j}\phi_u}=RI\mathrm{e}^{\mathrm{j}\phi_i}$$

即

$$\dot{U}=R\dot{I} \tag{3-40}$$

式(3-40) 是电阻元件伏安关系的相量形式，按照等式两边复数的模和幅角分别相等的关系，也有

$$\dot{U}=RI,\ \phi_u=\phi_i$$

它们的相量图如图 3-24(a) 所示，根据式(3-40) 可以画出电阻元件的相量模型，图中电流与电压均用相量表示，如图 3-24(b) 所示。

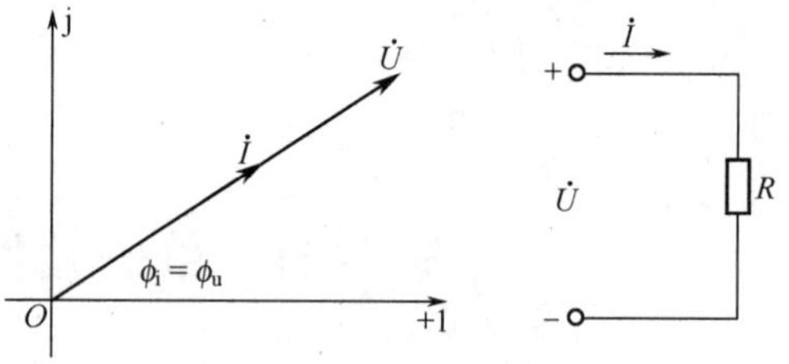

(a) (b)

图 3-24 电阻元件电压电流的相量图和相量模型

【例 3-2】 已知 $R=10\mathrm{k}\Omega$，所加电压的相量 $\dot{U}=220\angle 45°\mathrm{V}$，且 $\omega=314\mathrm{rad/s}$，在关联参考方向下求电流 $i(t)$。

解 因 $\dot{U}=220\angle 45°\mathrm{V}$，$R=10\mathrm{k}\Omega$，所以

$$\dot{I}=\frac{\dot{U}}{R}=\frac{220\angle 45°}{10}\mathrm{A}=22\angle 45°\mathrm{mA}$$

即

$$I=22\text{mA},\ \phi_i=45°$$

又 $\omega=314\text{rad/s}$，所以

$$i(t)=22\sqrt{2}\sin(314t+45°)$$

电阻元件在正弦电流电路中也同样消耗功率，由于此时的电压、电流均随时间按正弦规律变化，故各瞬间消耗的功率也不尽相同。定义：电路中任一瞬间吸收或产生的功率称为瞬时功率，用小写字母 p 表示，它等于瞬时电压与瞬时电流的乘积，即

$$p=ui \tag{3-41}$$

因电阻中的电压电流同相位，故取 $\phi_u=\phi_i=0$，设

$$u(t)=\sqrt{2}U\sin\omega t,\ i(t)=\sqrt{2}I\sin\omega t$$

故

$$p=\sqrt{2}U\sin\omega t\sqrt{2}I\sin\omega t=2UI\sin^2\omega t$$
$$=UI(1-\cos2\omega t) \tag{3-42}$$

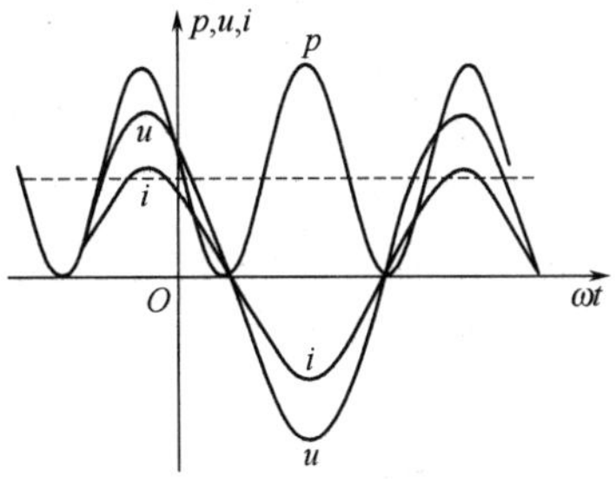

图 3-25　电阻元件的功率

瞬时功率 p 随时间变化的规律如图 3-25 所示，可见曲线都在横坐标上方，即 $p\geqslant0$，这表明电阻总是消耗电能，称为耗能元件。

瞬时功率在一个周期内的平均值称为平均功率，用大写字母 P 表示，则

$$P=\frac{1}{T}\int_0^t p\,\mathrm{d}t=\frac{UI}{T}\int_0^t[1-2\cos\omega t]\,\mathrm{d}t=UI \tag{3-43}$$

可见，在正弦电流电路中，若电压、电流均用有效值表示，那么它的平均功率与直流电路中的平均功率是一样的，常将平均功率简称为功率，单位为 W。

由于 $U=RI$，故式(3-43) 也可以写成

$$P=RI^2=\frac{U^2}{R}=GU^2 \tag{3-44}$$

二、电感元件伏安关系的相量形式

对于线性时不变电感元件，在关联参考方向下的伏安关系为

知识素养　3.13　正弦交流电路中的电感

微课　3.14　单一参数电路元件中的纯电感元件

课件　3.15　单一参数电路元件中的纯电感元件

$$u(t)=L\frac{\mathrm{d}i(t)}{\mathrm{d}t}$$

设

$$i(t)=\sqrt{2}I\sin(\omega t+\phi_i)$$

则

$$u(t)=\sqrt{2}\omega LI\cos(\omega t+\phi_i)=\sqrt{2}\omega LI\sin\left(\omega t+\phi_i+\frac{\pi}{2}\right)$$
$$=\sqrt{2}U\sin(\omega t+\phi_u) \tag{3-45}$$

式(3-45) 表明，正弦电流通过某一电感时，在两端会产生一个同频率的正弦电压，且有

$$\phi_u=\phi_i+\frac{\pi}{2} \tag{3-46}$$

即电感元件的电压相位超前电流 90°。又有

$$U=\omega LI \tag{3-47}$$

即电感元件的电压有效值与电流有效值成正比，由式(3-47) 可得

$$\frac{U}{I}=\frac{U_m}{I_m}=\omega L=X_L \tag{3-48}$$

X_L 具有电阻的量纲，而且有阻止电流通过的性质，故而把它称为电感元件的电抗，简称感抗，单位也是欧姆。式(3-48) 表明：引入感抗后，电感元件电压电流的有效值和幅值的关系符合欧姆定律。

在电感 L 一定的情况下，感抗 X_L 与频率 f 成正比，频率越高，它的感抗也越大。可将直流电流的频率看做 $f=0$，则 $X_L=0$，即电感元件不对直流电流产生阻碍，相当于短路。应该注意的是，感抗只是电压与电流的幅值或有效值之比，而不是它们的瞬时值之比。电感元件电压 $u(t)$ 与电流 $i(t)$ 的波形如图 3-26 所示。

将电压电流用相量表示，即

$$\dot{I}=I\mathrm{e}^{\mathrm{j}\phi_i},\ \dot{U}=U\mathrm{e}^{\mathrm{j}\phi_u}$$

根据式(3-46) 和式(3-47) 可得

$$\dot{U}=\omega LI\mathrm{e}^{\mathrm{j}(\phi_i+\frac{\pi}{2})}=\mathrm{e}^{\mathrm{j}\frac{\pi}{2}}\omega LI\mathrm{e}^{\mathrm{j}\phi_i}=\mathrm{j}\omega LI\mathrm{e}^{\mathrm{j}\phi_i}=\mathrm{j}X_L\dot{I}$$

即

$$\dot{U}=\mathrm{j}\omega L\dot{I}=\mathrm{j}X_L\dot{I} \tag{3-49}$$

式(3-49) 就是电感元件伏安关系的相量形式，按照等式两边复数的模和幅角分别相等的关系，也有

$$U=\omega LI=X_LI,\ \phi_u=\phi_i+90°$$

注意：虚部符号 j 的模为 1，幅角为 90°，其相量如图 3-27(a) 所示。根据式(3-49) 画出的电感元件的相量模型如图 3-27(b) 所示。

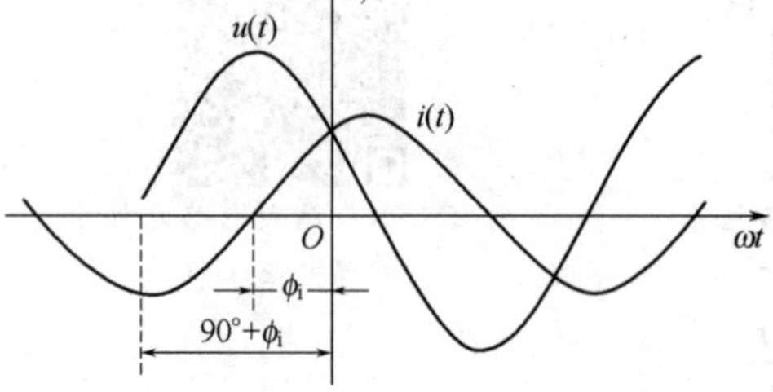

图 3-26 电感元件的电压电流波形

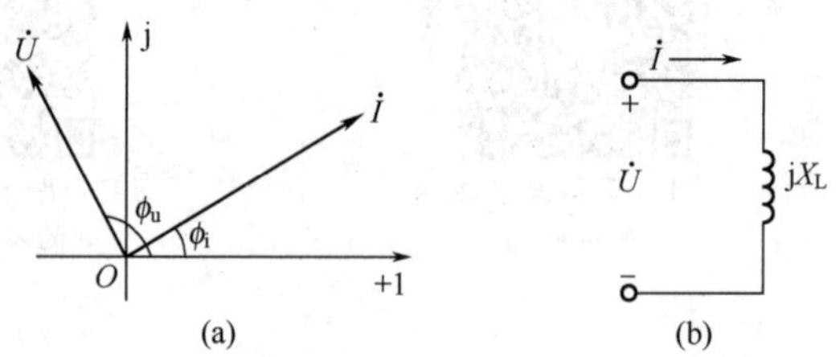

图 3-27 电感元件电压电流的相量图及相量模型

【例 3-3】 已知某电感 $L=0.5$H，端电压的有效值 $U=50$V，初相角 $\phi_u=0°$，频率 $f=50$Hz，试求：(1) 感抗 X_L；(2) 流过电感元件中的电流 $i(t)$。

解 (1) 感抗 $X_L=2\pi fL=2\times3.14\times50\times0.5\Omega=157\Omega$

(2) 设电压的初相位为 0，故有

$$\dot{U}=50\angle0°\mathrm{V}$$

根据式(3-44)可得

$$\dot{I}=\frac{\dot{U}}{\mathrm{j}\omega L}=\frac{50\angle 0^\circ}{157\angle 90^\circ \mathrm{A}}=0.32\angle -90^\circ \mathrm{A}$$

故

$$i(t)=0.32\sqrt{2}\sin(314t-90^\circ)=0.45\sin(314t-90^\circ) \tag{3-50}$$

电感元件吸收的瞬时功率为 p，设电流的初相位为 0°，则电压的初相位为 90°，有

$$\begin{aligned} p&=\sqrt{2}U(\omega t+90^\circ)\sqrt{2}I\sin\omega t=2UI\cos\omega t\sin\omega t\\ &=UI\sin 2\omega t \end{aligned}$$

其平均功率为

$$P=\frac{1}{T}\int_0^T p\,\mathrm{d}t=\frac{1}{T}\int_0^T UI\sin 2\omega t\,\mathrm{d}t=0 \tag{3-51}$$

瞬时功率 p 及 u、i 的波形如图 3-28 所示。

电感元件的平均功率为 0，说明电感元件无能量损耗；当瞬时功率 $p>0$ 时，表明电感元件在吸收能量，并把它转化为磁场能量加以储存；而当 $p<0$ 时，表示电感元件在释放储存在电感元件中的磁场能量，故电感元件是储能元件。

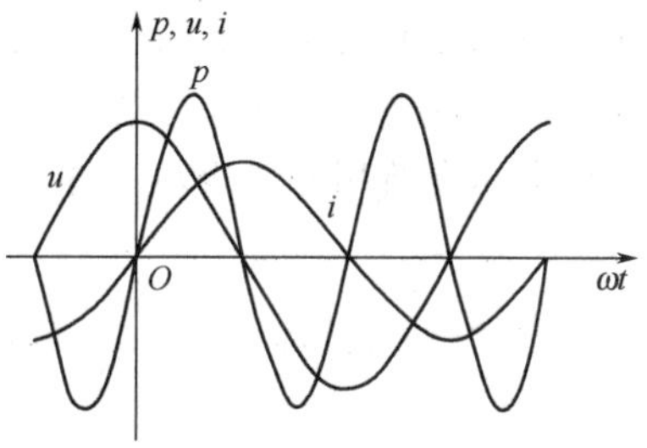

图 3-28　电感元件的瞬时功率

p 的最大值为 UI，即电感元件的能量变化率的最大值为 UI。但能量并未消耗，而是进行交换，故该最大值是电源对电感元件能量交换的最大变化率或最大速率。将它定义为电感元件的无功功率，用 Q_L 表示，即

$$Q_L=UI=I^2X_L=\frac{U^2}{X_L} \tag{3-52}$$

单位为无功伏安，简称乏，用 Var 表示。

知识素养　3.16　正弦交流电路中的电容

微课　3.17　单一参数电路元件中的纯电容元件

课件　3.18　单一参数电路元件中的纯电容元件

三、电容元件伏安关系的相量形式

对于线性时不变电容元件，在关联参考方向下的伏安关系为

$$i(t)=C\frac{\mathrm{d}u(t)}{\mathrm{d}t}$$

设

$$u(t)=\sqrt{2}U\sin(\omega t+\phi_u)$$

则

$$i(t)=\sqrt{2}\omega CU\cos(\omega t+\phi_u)=\sqrt{2}\omega CU\sin(\omega t+\phi_u+\frac{\pi}{2})$$

$$=\sqrt{2}I\sin(\omega t+\phi_i) \tag{3-53}$$

式(3-53) 表明，正弦电流通过某一电容时，在两端会产生一个同频率的正弦电压，且有

$$\phi_i=\phi_u+\frac{\pi}{2} \tag{3-54}$$

即电容元件的电流相位超前电压 90°。又有

$$I=\omega CU \tag{3-55}$$

即电容元件的电流有效值与电压有效值成正比。由式(3-55) 可得

$$\frac{U}{I}=\frac{U_m}{I_m}=\frac{1}{\omega C}=X_C \tag{3-56}$$

X_C 具有电阻的量纲，而且有阻止电流通过的性质，故而把它称为电容元件的电抗，简称容抗，单位也是欧姆。式(3-56) 表明：引入容抗后，电容元件电压电流的有效值和幅值的关系也符合欧姆定律。

在电容 C 一定的情况下，容抗 X_C 与频率 f 成反比，频率越高，它的容抗越小。可将直流电流的频率看做 $f=0$，则 $X_L=\infty$，即电容元件对直流电流有无穷大的阻碍，相当于断路。应该注意的是，容抗只是电压与电流的幅值或有效值之比，而不是它们的瞬时值之比。电容元件电压 $u(t)$ 与电流 $i(t)$ 的波形如图 3-29 所示。

将电压电流用相量表示，即

$$\dot{I}=I\mathrm{e}^{\mathrm{j}\phi_i},\dot{U}=U\mathrm{e}^{\mathrm{j}\phi_u}$$

根据式(3-54) 和式(3-55) 可得

$$\dot{I}=\omega CU\mathrm{e}^{\mathrm{j}(\phi_u+\frac{\pi}{2})}=\mathrm{e}^{\mathrm{j}\frac{\pi}{2}}\omega CU\mathrm{e}^{\mathrm{j}\phi_u}=\mathrm{j}\omega CU\mathrm{e}^{\mathrm{j}\phi_u}=\mathrm{j}\omega C\dot{U}$$

即

$$\dot{U}=\frac{1}{\mathrm{j}\omega C}\dot{I}=-\mathrm{j}X_C\ \dot{I} \tag{3-57}$$

式(3-57) 就是电容元件伏安关系的相量形式。按照等式两边复数的模和幅角分别相等的关系，也有

$$U=\frac{1}{\omega C}I=X_C I,\ \phi_u=\phi_i-90°$$

其相量图如图 3-30(a) 所示。根据式(3-57) 画出的电感元件的相量模型如图 3-30(b) 所示。

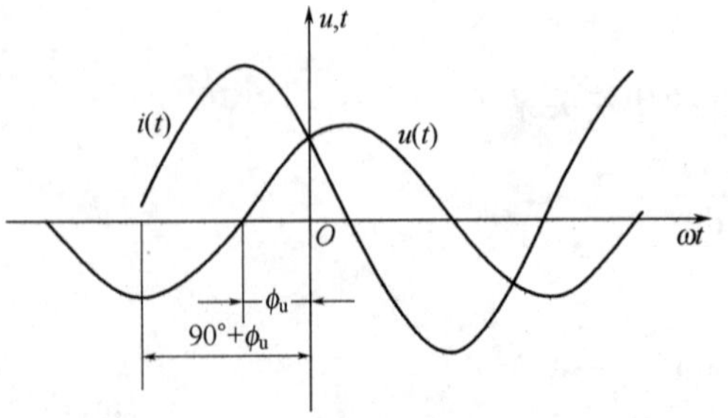

图 3-29　电容元件的电压与电流波形

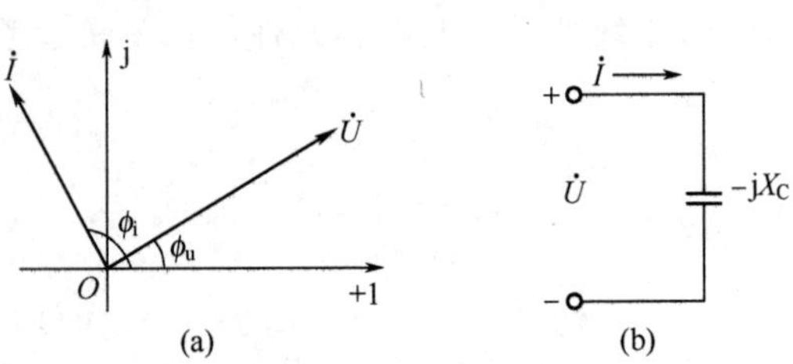

图 3-30　电容元件电压电流的相量图和相量模型

电容元件吸收的瞬时功率为 p，设电流的初相位为 0°，则电压的初相位为 −90°，有

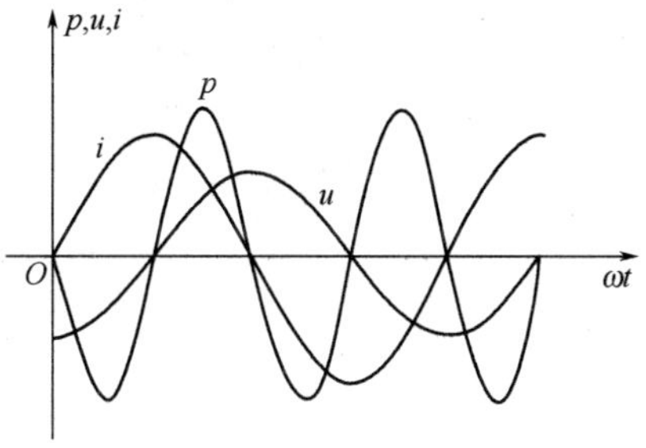

图 3-31　电容元件的瞬时功率

$$p=\sqrt{2}I\sin\omega t\sqrt{2}U\sin(\omega t-90^\circ)=-2UI\sin\omega t\cdot\cos\omega t$$
$$=-UI\sin2\omega t \tag{3-58}$$

其平均功率为

$$P=\frac{1}{T}\int_0^t p\,\mathrm{d}t=\frac{1}{T}\int_0^t -UI\sin2\omega t\,\mathrm{d}t=0 \tag{3-59}$$

瞬时功率 p 及 u、i 的波形如图 3-31 所示。

电容元件的平均功率为 0，说明电容元件无能量损耗。当瞬时功率 $p>0$ 时，表明电容元件在吸收能量，并转化为电场能量加以储存；而当 $p<0$ 时，表示电容元件在释放储存在电容元件中的电场能量，故电容元件是储能元件。

同理，也对电容元件定义无功功率为

$$Q_C=-UI=-I^2X_C=-\frac{U^2}{X_C} \tag{3-60}$$

是电源对电容元件能量交换的最大变化率或最大速率（注意：电容元件的无功功率定义为负值）。

四、应用示例

已知某电容器 $C=0.5\mu F$，流过它的电流有效值 $I=10mA$，初相角 $\phi_i=90^\circ$，$\omega=100rad/s$，试求：(1) 容抗 X_C；(2) 电容元件两端的电压 $u(t)$。

解　(1) $X_C=\dfrac{1}{\omega C}=\dfrac{1}{100\times0.5\times10^{-6}}=2\times10^4$ (Ω)

(2) 因电流相量为 $\dot{I}=10\angle90^\circ mA$，故根据式(3-57) 可得：

$$\dot{U}=-jX_C\dot{I}=-j2\times10^4\times10\times10^{-3}\angle90^\circ$$
$$=2\times10^4\angle-90^\circ\times10\times10^{-3}\angle90^\circ=200\angle0^\circ\ (V)$$

故

$$u(t)=200\sqrt{2}\sin(100t+0^\circ)=283\sin100t(V)$$

【思考与讨论】

1. 电感元件的正弦交流电路，已知 $L=10mH$，$f=50Hz$，$\dot{U}=220\angle-30^\circ V$，求电流相量 $\dot{I}$，并画出 $\dot{U}$、$\dot{I}$ 的相量图。

2. 电容元件的正弦交流电路，已知 $C=2\mu F$，$f=50Hz$，$u=220\sqrt{2}\sin\omega t V$，求电流 i。

3. 图 3-32 所示正弦交流电路中，已知 $U=100V$，$R=10\Omega$，$X_C=10\Omega$，你能求得电流表的读数吗？

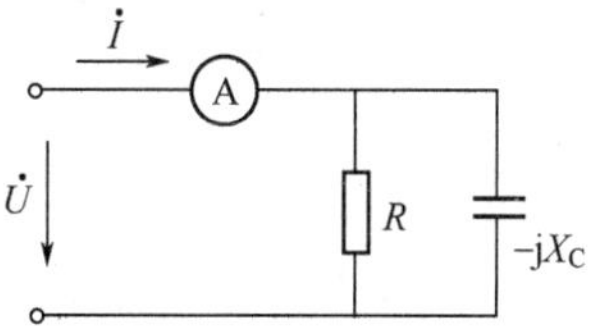

图 3-32　正弦交流电路

第五节　基尔霍夫定律的相量形式及简单正弦电路的分析

电路元件的伏安关系和基尔霍夫定律是分析各种电路的理论基础，即所说的两类约束条件。为了利用相量的方法来分析正弦电流电路，前面已经讨论了电路元件伏安关系的相量形式。现在，来介绍基尔霍夫定律的相量形式。

3.19 基尔霍夫定律相量形式　　3.20 基尔霍夫定律相量形式　　3.21 基尔霍夫定律相量形式

一、基尔霍夫定律的相量形式

KCL 的表达式为

$$\sum_{k=1}^{n} i_k = 0$$

式中，i 可以是任意时刻、任何形式的电流。对于同频率的正弦电流，则有

$$\sum_{k=1}^{n} \sqrt{2} I_k \sin(\omega t + \phi_{ik}) = \sum_{k=1}^{n} IM\left[\sqrt{2}\dot{I}_{\mathrm{k}} e^{j\omega t}\right] = \sqrt{2} IM\left[e^{j\omega t} \sum_{k=1}^{n} \dot{I}_k\right] = 0$$

根据复数与相量的有关定理，有

$$e^{j\omega t} \sum_{k=1}^{n} \dot{I}_{\mathrm{k}} = 0$$

也即

$$\sum_{k=1}^{n} \dot{I}_{\mathrm{k}} = 0 \tag{3-61}$$

式(3-61) 表明：在正弦电流电路中，流入或流出任一节点的各支路电流的相量代数和恒等于 0。该式即为 KCL 的相量形式。

同理，可得 KVL 的相量形式为

$$\sum_{k=1}^{n} \dot{U}_{\mathrm{k}} = 0 \tag{3-62}$$

式(3-62) 表明：在正弦电流电路中，选任意闭合回路，沿任意绕行方向，各支路电压升高或降低的相量代数和恒等于零。该式即为 KVL 的相量形式。

对于任意的正弦电压或正弦电流来说，有

$$\dot{U}_{\mathrm{m}} = \sqrt{2}\dot{U}，\ \dot{I}_{\mathrm{m}} = \sqrt{2}\dot{I}$$

所以式(3-61) 及式(3-62) 也可以分别写成

$$\sum_{k=1}^{n} \dot{I}_{\mathrm{m}k} = 0，\ \sum_{k=1}^{n} \dot{U}_{\mathrm{m}k} = 0 \tag{3-63}$$

二、简单正弦电路的计算

已经掌握了各元件伏安关系的相量形式和基尔霍夫定律的相量形式，现在讨论应用相量法对简单的正弦电流电路进行分析计算，即单回路和单节点电路的正弦稳态分析。

【例 3-4】 如图 3-33(a) 所示电路，已知 $R=50$，$L=25\mathrm{mH}$，$u_S=10\sqrt{2}\sin 10^3 t\,\mathrm{V}$，试求电流 $i(t)$，并画出相量图。

解 为了应用相量法求解该电路，可以用元件的相量模型去代替这些元件，于是便得到了如图 3-33(b) 所示的电路相量模型。

根据 KVL 可知

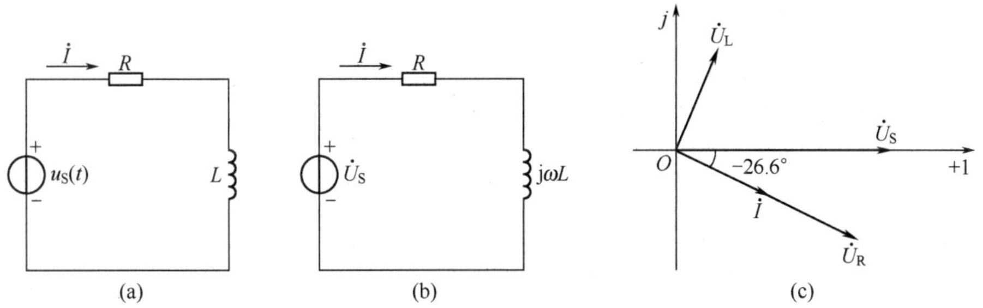

图 3-33　例 3-4 图

$$\dot{U}_S = R\dot{I} + j\omega L\dot{I} = (R + j\omega L)\dot{I}$$

因有 $\dot{U}_S = 10\angle 0\text{V}$，故

$$\begin{aligned}\dot{I} &= \frac{\dot{U}_S}{R + j\omega L} \\ &= \frac{10\angle 0^\circ}{50 + j10^3 \times 25 \times 10^{-3}} \\ &= \frac{10\angle 0^\circ}{50 + j25} \\ &= \frac{10\angle 0^\circ}{55.9\angle 26.6^\circ}\text{A} \\ &= 0.179\angle -26.6^\circ\text{A}\end{aligned}$$

因此有

$$i(t) = 0.179\sqrt{2}\sin(10^3 t - 26.6^\circ)$$

相量图如图 3-33(c) 所示。

三、应用示例

如图 3-34(a) 所示电路中，已知 $R = 10\Omega$，$C = 10\mu\text{F}$，$u_S(t) = 10\sqrt{2}\sin(10^4 t + 30^\circ)\text{V}$，试求电流 $i(t)$。

解　根据图 3-34(a) 可以画出相量模型如图 3-34(b) 所示。电压源的相量为

$$\dot{U}_S = 10\angle 30^\circ\text{V}$$

根据单一元件伏安关系的相量形式可得

$$\dot{I}_R = \frac{\dot{U}_S}{R} = \frac{10\angle 30^\circ}{10}\text{A} = 1\angle 30^\circ\text{A}$$

$$\dot{I}_C = j\omega C\dot{U}_S = j10^4 \times 10 \times 10^{-6} \times 10\angle 30^\circ\text{A} = 1\angle 120^\circ\text{A}$$

根据 KCL 的相量形式可知

$$\begin{aligned}\dot{I} &= \dot{I}_R + \dot{I}_C = (1\angle 30^\circ + 1\angle 120^\circ)\text{A} \\ &= [(0.866 + j0.5) + (-0.5 + j0.866)]\text{A} \\ &= (0.366 + j1.366)\text{A} = 1.414\angle 75^\circ\text{A}\end{aligned}$$

电流为

$$i(t)=1.414\sqrt{2}\sin(10^4t+75°)\text{A}$$

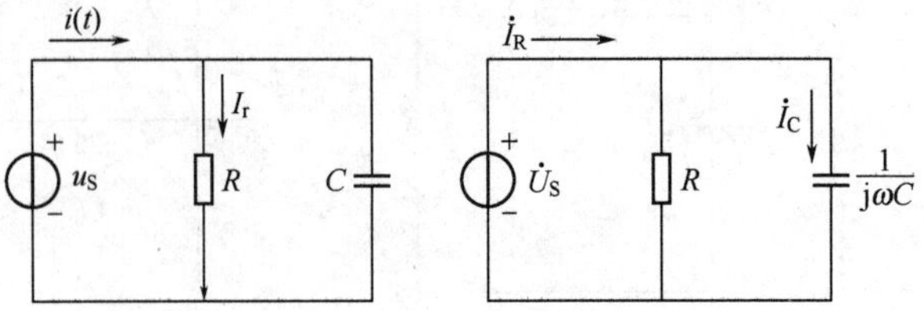

图 3-34 应用示例图

【思考与讨论】

1. R、L 串联的正弦交流电路，已知 $R=3\Omega$，$X_L=4\Omega$，试写出复阻抗 Z，并求电流电压相位差 ϕ 及功率因数 $\cos\phi$。

2. 正弦交流电路，已知 $\dot{U}=20\angle 30°\text{V}$，$Z=4+\text{j}3\Omega$，求电流相量 $\dot{I}$。

3. 正弦交流电路，已知 $\dot{U}=10\angle 15°\text{V}$，$\dot{I}=10+\text{j}10\text{A}$，求 R、X、$\cos\phi$。

第六节 复阻抗、复导纳及其等效变换

知识素养 3.22 复阻抗与复导纳

微课 3.23 复阻抗与复导纳

课件 3.24 复阻抗与复导纳

一、复阻抗

在正弦电流电路中，任一线性无源二端口网络的相量模型可以用图 3-35 表示。将电压相量 $\dot{U}$ 与电流相量 $\dot{I}$ 之比，定义为该线性无源二端口网络的复阻抗，简称阻抗，并用 Z 表示，则在关联参考方向下有

$$Z=\frac{\dot{U}}{\dot{I}} \tag{3-64}$$

或表示为

$$\dot{U}=Z\dot{I} \tag{3-65}$$

式(3-64) 与电阻电路中的欧姆定律很相似，只是此处电压、电流均用相量来表示，它被称为欧姆定律的相量形式。阻抗的单位仍为欧姆。由式(3-64) 可得

$$Z=\frac{\dot{U}}{\dot{I}}=\frac{U\text{e}^{\text{j}\phi_u}}{I\text{e}^{\text{j}\phi_i}}=\frac{U}{I}\text{e}^{\text{j}(\phi_u-\phi_i)}=|Z|\text{e}^{\text{j}\phi} \tag{3-66}$$

式中，$|Z|$ 称为阻抗的模，它等于电压有效值与电流有效值之比；ϕ 为阻抗的幅值，称为阻抗角，它等于电压与电流相位角之差。

由于在正弦电流电路中，$U_m=\sqrt{2}U$，$I_m=\sqrt{2}I$，所以式(3-65) 也可以写成

$$\dot{U}_m = Z\dot{I}_m \tag{3-67}$$

若如图 3-35 所示的无源二端口网络中分别是单个元件 R、L、C，则相应的阻抗分别为

$$Z_R = R, Z_L = j\omega L = jX_L, Z_C = \frac{1}{j\omega C} = -jX_C$$

如图 3-36 所示是一个 RLC 串联电路的相量模型，根据 KVL 的相量形式有

动画

3.25　仿真：RLC 串联电路相位观察

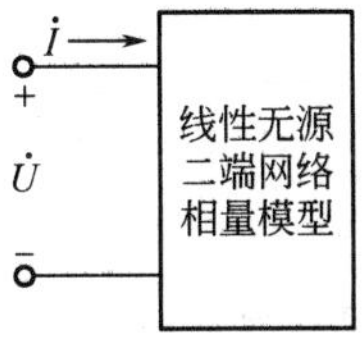

图 3-35　线性无源二端口网络相量模型

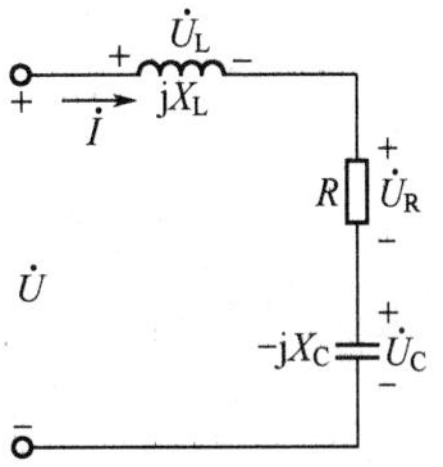

图 3-36　RLC 串联电路的相量模型

$$\begin{aligned}\dot{U} &= \dot{U}_R + \dot{U}_L + \dot{U}_C = \dot{I}R + jX_L\dot{I} - jX_C\dot{I} \\ &= [R + j(X_L - X_C)]\dot{I} = (R + jX)\dot{I} = Z\dot{I}\end{aligned}$$

故该电路的阻抗为

$$Z = R + jX \tag{3-68}$$

$$|Z| = \sqrt{R^2 + X^2} \tag{3-69}$$

$$\phi = \arctan\frac{X}{R} \tag{3-70}$$

式中，X 称为电抗，数值等于感抗与容抗之差。该电路阻抗的实部为电阻部分，虚部为电抗部分，可见，阻抗与电路中的元件参数和正弦量的频率有关。在不同的正弦频率下，阻抗有不同的性质。

① 当 $\omega L = \frac{1}{\omega C}$ 时，$X = 0$，$\phi = 0$，电压电流同相位，电路呈电阻性（称为谐振，详见第四章）。此时 $U_L = U_C$，其相量如图 3-37(a) 所示。

② $\omega L > \frac{1}{\omega C}$ 时，$X > 0$，$\phi > 0$，电压超前于电流，电路呈电感性。此时，$U_L > U_C$，其相量如图 3-37(b) 所示。

③ $\omega L < \frac{1}{\omega C}$ 时，$X < 0$，$\phi < 0$，电压滞后于电流，电路呈电容性。此时，$U_L < U_C$，其相量如图 3-37(c) 所示。

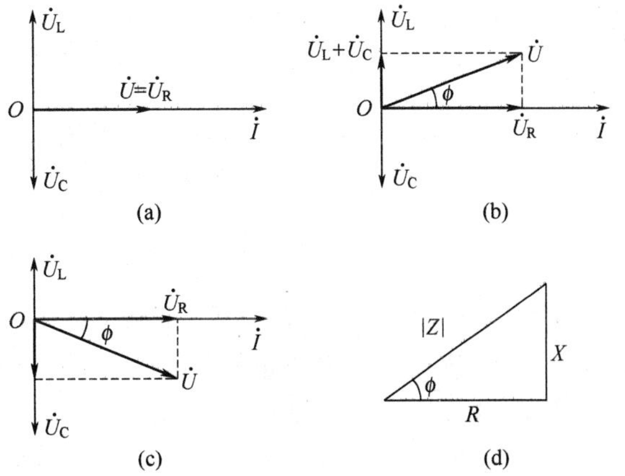

图 3-37　RLC 串联电路的相量图及阻抗三角形

据式(3-69）和式(3-70）可得到一个直角三角形，如图 3-37(d）所示。其一条直角边为电阻 R，另一条直角边为电抗 X，斜边为阻抗 $|Z|$，$|Z|$ 和 R 的夹角为阻抗角 ϕ，该三角形被称为阻抗三角形。

【例 3-5】 在图 3-36 所示的电路中，已知 $R=10\text{k}\Omega$，$L=5\text{mL}$，$C=0.001\mu\text{F}$，外加电压的 $\omega=10^6\text{rad/s}$，试求此电路的阻抗；若 $\dot{U}=10\angle 0°\text{V}$，求该电路中的 $i(t)$。

解 由于 $\omega=10^6\text{rad/s}$，则

$$X_L=\omega L=10^6\times 5\times 10^{-3}\Omega=5\text{k}\Omega$$

$$X_C=\frac{1}{\omega C}=\frac{1}{10^6\times 0.001\times 10^{-6}}\Omega=1\text{k}\Omega$$

所以该电阻的阻抗为

$$Z=R+\text{j}(X_L-X_C)=[10+\text{j}(5-1)]\text{k}\Omega=(10+\text{j}4)\text{k}\Omega=10.77\angle 21.8°\text{k}\Omega$$

由于 $\phi=21.8°>0$，故该电路呈电感性。

又由于 $\dot{U}=10\angle 0°\text{V}$，所以有

$$\dot{I}=\frac{\dot{U}}{Z}=\frac{10\angle 0°}{10.77\angle 21.8°}\text{mA}=0.929\angle -21.8°\text{mA}$$

故可得

$$i(t)=0.929\sqrt{2}\sin(10^6 t-21.8°)$$

二、复导纳

对于如图 3-36 所示的相量模型，定义：电流相量 $\dot{I}$ 与电压相量 $\dot{U}$ 之比称为该无源二端口网络的复导纳，简称导纳，用 Y 表示，即

$$Y=\frac{\dot{I}}{\dot{U}} \tag{3-71}$$

可见，导纳是阻抗的倒数，其单位为 S（西门子）。

由式(3-71）可以得到

$$Y=\frac{\dot{I}}{\dot{U}}=\frac{I\text{e}^{\text{j}\phi_i}}{U\text{e}^{\text{j}\phi_u}}=\frac{I}{U}\text{e}^{\text{j}(\phi_i-\phi_u)}=|Y|\text{e}^{\text{j}\varphi} \tag{3-72}$$

式中，$|Y|$ 称为导纳的模，它等于电流有效值与电压有效值之比；φ 是导纳的幅角，称为导纳角，它是电流与电压的相位差。与式(3-66）对照，很显然，有

$$|Z|=\frac{1}{|Y|},\phi=-\varphi \tag{3-73}$$

当 $\varphi<0$ 时，表示电流滞后于电压，电路呈电感性；$\varphi=0$ 时，表示电流与电压同相，电路呈电阻性；$\varphi>0$ 时，表示电流超前于电压，电路呈电容性。

同样，式(3-71）也可以写成

$$Y=\frac{\dot{I}_m}{\dot{U}_m}$$

对于单个电路元件 R、L、C 来说，它们相应的导纳为

$$Y_R=\frac{1}{R}=G，Y_L=\frac{1}{j\omega L}=-jB_L，Y_C=j\omega C=jB_C$$

式中，G 称为电阻元件的电导，数值上等于电阻的倒数；B_L 称为电感元件的电纳，简称为感纳，数值上等于感抗的倒数；B_C 称为电容元件的电纳，简称为容纳，数值上等于容抗的倒数。

图 3-38 所示的是一个 RLC 并联电路的相量模型，根据 KCL 的相量形式可以得到

$$\dot{I}=\dot{I}_G+\dot{I}_L+\dot{I}_C=\dot{U}G+\dot{U}(-jB_L)+\dot{U}(jB_C)$$
$$=[G+j(B_C-B_L)]\dot{U}=Y\dot{U}$$

则该电路的导纳为

$$Y=G+jB \tag{3-74}$$

$$|Y|=\sqrt{G^2+B^2} \tag{3-75}$$

$$\varphi_Y=\arctan\frac{B}{G} \tag{3-76}$$

式中，B 称为电纳，数值等于感纳和容纳之差。该电路导纳的实部为电导部分，虚部为电纳部分。和电阻部分一样，导纳也与电路元件的参数和正弦量的频率有关，在不同的频率下，导纳也有不同的性质，同理，也可以得到一个导纳三角形。

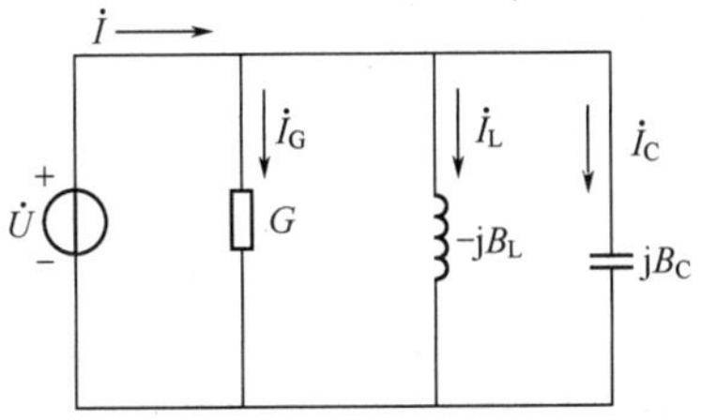

图 3-38　RLC 并联电路的相量模型

【例 3-6】 在图 3-38 所示的 RLC 并联电路的相量模型中，若 $R=10\Omega$，$L=0.5\text{mH}$，$C=50\mu\text{F}$，外加电压的角频率 $\omega=10^4\text{rad/s}$，求该电路的等效导纳，且说明该电路的性质。若 $\dot{U}=2\angle0°\text{V}$，试求电流 $i(t)$。

解　由于 $\omega=10^4\text{rad/s}$，所以

$$B_C=\omega C=10^4\times50\times10^{-6}\text{S}=0.5\text{S}$$

$$B_L=\frac{1}{\omega L}=\frac{1}{10^4\times0.5\times10^{-3}}\text{S}=0.2\text{S}$$

$$G=\frac{1}{R}=\frac{1}{10}\text{S}=0.1\text{S}$$

故该电路的等效导纳为

$$Y=G+jB=G+j(B_C-B_L)$$
$$=(0.1+j0.3)\text{S}=0.316\angle71.56°\text{S}$$

由于 $\varphi=71.56°>0$，说明电流 $\dot{I}$ 超前于电压 $\dot{U}$，故该电路呈电容性。

又由于 $\dot{U}=2\angle0°\text{V}$，故

$$\dot{I}=Y\dot{U}=0.316\angle71.56°\times2\angle0°\text{A}=0.732\angle71.56°\text{A}$$

$$i(t)=0.732\sqrt{2}\sin(10^4t+71.56°)$$

三、阻抗与导纳的等效互换

已经知道，同一线性无源二端口网络既有等效阻抗又有等效导纳，且两者互为倒数。根据阻抗与导纳的定义

$$Z=\frac{\dot{U}}{\dot{I}}=R+\mathrm{j}X,\ Y=\frac{\dot{I}}{\dot{U}}=G+\mathrm{j}B$$

可以说明：可将该线性无源二端口网络等效成一个电阻 R 与电抗 $\mathrm{j}X$ 相串联的电路，如图 3-39(a) 所示。图中 $X>0$ 时，说明它等效为感抗，即它由电感元件构成；$X<0$ 时，它等效为容抗，即它由电容元件构成。也可将该线性无源二端口网络等效成一个电导 G 与电纳 B 相并联的电路，如图 3-39(b) 所示。图中 $B>0$ 时，它等效为容纳，即它由电容元件构成；$B<0$ 时，它等效为感纳，即它由电感元件构成。

综上所述，同一个无源二端口网络既可以用一个电阻和电抗相串联的模型去等效，也可以用一个电导和电纳相并联的模型去等效。那么这两种等效模型中的各参数一定有某种对应关系。换句话说，既可以用导纳模型去等效阻抗模型，也可以用阻抗模型去等效导纳模型。

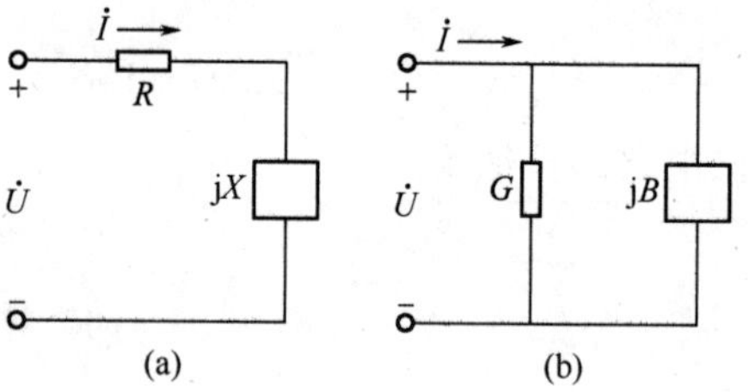

图 3-39　阻抗与导纳的等效电路

若已知阻抗为 $Z=R+\mathrm{j}X$，则其等效导纳为

$$Y=\frac{1}{Z}=\frac{1}{R+\mathrm{j}X}=\frac{R}{R^2+X^2}-\mathrm{j}\frac{X}{R^2+X^2}=G+\mathrm{j}B$$
$$G=\frac{R}{R^2+X^2},B=-\frac{X}{R^2+X^2} \tag{3-77}$$

若已知导纳为 $Y=G+\mathrm{j}B$，则其等效阻抗为

$$Z=\frac{1}{Y}=\frac{1}{G+\mathrm{j}B}=\frac{G}{G^2+B^2}-\mathrm{j}\frac{B}{G^2+B^2}=R+\mathrm{j}X$$
$$R=\frac{G}{G^2+B^2},\ X=-\frac{B}{G^2+B^2} \tag{3-78}$$

需要说明的是，当把 R 和 X 相串联的电路与 G 和 Y 并联的电路等效变换时，$G\neq\frac{1}{R}$，$B\neq\frac{1}{X}$。由于电抗 X 或电纳 B 与频率有关，变换时等效电导或等效电阻也是与频率有关的参数。

【例 3-7】 日光灯电路中，镇流器是一个绕在铁芯上的线圈，相当于一个有损耗的电感元件。现假设镇流器上的电压为 220V，镇流器中通过的电流为 300mA，电压与电流的相位差是 75，电源频率为 $f=50\mathrm{Hz}$，试求它的等效模型元件参数。

解 ① 若用电阻与电感的串联模型去描述该镇流器，已知 $U=220\mathrm{V}$，$I=330\mathrm{mA}$，$\phi=75°$，所以有

$$|Z|=\frac{U}{I}=\frac{220}{300\times10^{-3}}\Omega=733\Omega$$

元件参数为

$$R=|Z|\cos\phi=733\cos75°\Omega=190\Omega$$
$$X=|Z|\sin\phi=733\sin75°\Omega=708\Omega$$
$$L=\frac{X}{\omega}=\frac{X}{2\pi f}=\frac{708}{2\pi\times50}\mathrm{H}=2.25\mathrm{H}$$

此时，镇流器相当于一个 190Ω 的电阻和一个 2.25H 的电感元件相串联，如图 3-40(a)

所示。

② 若用电导与电感的并联模型去描述该镇流器，则元件参数为

$$G=\frac{R}{R^2+X^2}=\frac{190}{190^2+708^2}\text{S}=3.5\times10^{-4}\text{S}$$

$$R'=\frac{1}{G}=\frac{1}{3.5\times10^{-4}}\Omega=2.86\text{k}\Omega$$

$$B=\frac{-X}{R^2+X^2}=\frac{-708}{190^2+708^2}\text{S}=-1.3\times10^{-3}\text{S}$$

$$L'=-\frac{1}{\omega B}=-\frac{1}{2\pi\times50\times(-1.3\times10^{-3})}\text{H}=2.44\text{H}$$

此时，镇流器相当于一个 2.86kΩ 的电阻和一个 2.44H 的电感元件相并联的电路，如图 3-40(b) 所示。

四、阻抗和导纳的串并联

1. 阻抗的串联

如图 3-41 所示的电路是由 n 个阻抗元件相串联组成的，根据相量形式的欧姆定律，各阻抗元件上的电压分别为

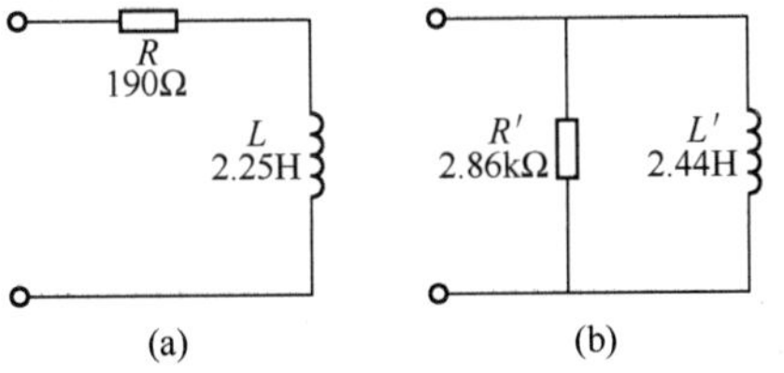

图 3-40　例 3-7 图

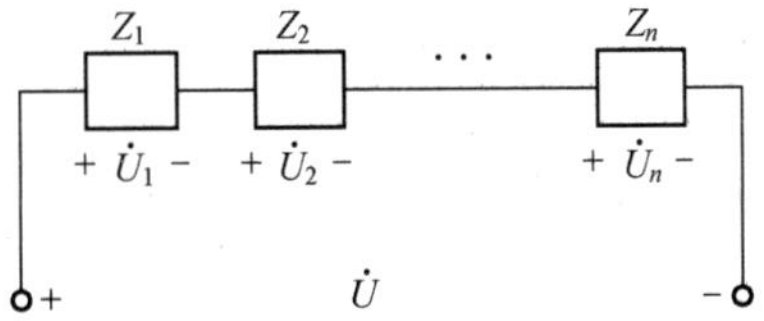

图 3-41　阻抗的串联

$$\dot U_1=Z_1\dot I，\dot U_2=Z_2\dot I，\cdots，\dot U_n=Z_n\dot I$$

根据 KVL 的相量形式可得

$$\dot U=\dot U_1+\dot U_2+\cdots+\dot U_n=Z_1\dot I+Z_2\dot I+\cdots+Z_n\dot I \tag{3-79}$$

式中，Z 为 n 个阻抗元件相串联后的等效阻抗，且

$$Z=Z_1+Z_2+\cdots+Z_n=\sum_{k=1}^{n}Z_k=\sum_{k=1}^{n}(R_k+\text{j}X_k)$$

第 i 个元件上的电压

$$\dot U_i=\frac{Z_i}{Z}\dot U \tag{3-80}$$

式(3-80) 是串联阻抗的分压公式。由此可见，阻抗串联电路的等效阻抗和分压公式与电阻串联电路很相似，只是此处使用的是相量与阻抗而已。

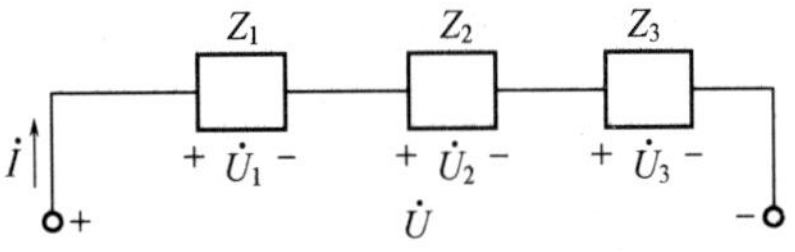

图 3-42　例 3-8 图

【例 3-8】 如图 3-42 所示的电路中，$Z_1=(5+\text{j}5)\Omega$，$Z_2=(8+\text{j}2)\Omega$，$Z_3=(10+\text{j}5)\Omega$，$\dot U=100\angle30°\text{V}$。试求该电路的等效阻抗 Z 及各阻抗元件的电压，并说明该电路的性质。

解 根据式(3-79)，该电路的等效阻抗为

$$Z=Z_1+Z_2+Z_3=(5+j5+8+j2+10+j5)\Omega$$
$$=(23+j12)\Omega=25.9\angle 27.6°\Omega$$

根据式(3-80) 可得

$$\dot U_1=\frac{Z_1}{Z}\dot U=\frac{5+j5}{23+j12}\times 100\angle 30°V=27.3\angle 47.4°V$$

$$\dot U_2=\frac{Z_2}{Z}\dot U=\frac{8+j2}{23+j12}\times 100\angle 30°V=31.8\angle 18.1°V$$

$$\dot U_1=\frac{Z_1}{Z}\dot U=\frac{5+j5}{23+j12}\times 100\angle 30°V=27.3\angle 47.4°V$$

因为 $\phi=27.6°>0$，说明 $\dot U$ 超前于 $\dot I$，故该电路为感性电路。

【例 3-9】 如图 3-43 为 RC 串联电路，设外加正弦电压的频率为 $\omega=10000\text{rad/s}$，$U=10V$，$C=10\mu F$，$R=100\Omega$，试求 I、U_R、U_C。

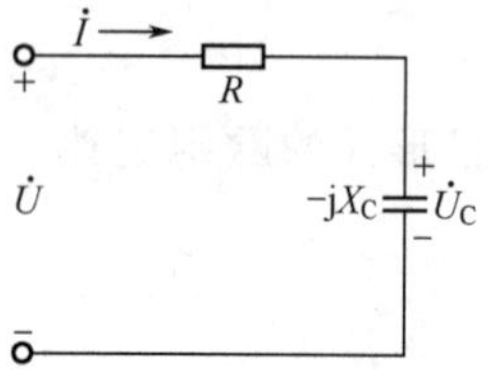

图 3-43 例 3-9 图

解 设电路阻抗为

$$Z=R-jX_C=\left(100-j\frac{1}{1000\times 10\times 10^{-6}}\right)\Omega$$
$$=(100-j100)\Omega=141.4\angle -45°\Omega$$

设电压的初相位为零，则

$$\dot U=10\angle 0°V$$

则所求电流、电压相量为

$$\dot I=\frac{\dot U}{Z}=\frac{10\angle 0°}{141.4\angle -45°}A=70.7\angle +45°mA$$

$$\dot U_C=-jX_C\dot I=-j100\times 70.7\times 10^{-3}\angle 45°V=7.07\angle -45°V$$

$$\dot U_R=R\dot I=100\times 70.7\times 10^{-3}\angle 45°V=7.07\angle 45°V$$

故所求电流、电压有效值为

$$I=70.7mA$$
$$U_C=7.07V$$
$$U_R=7.07V$$

2. 阻抗的并联

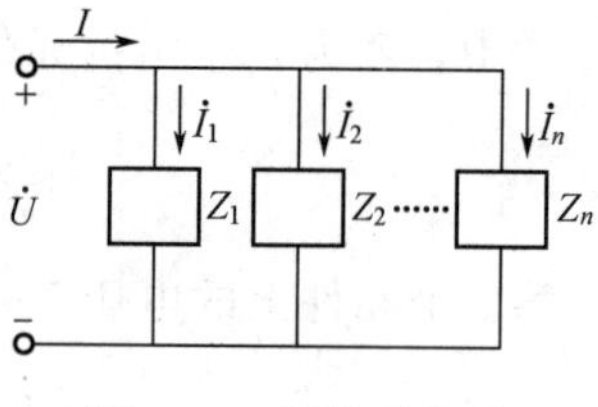

图 3-44 阻抗的并联

如图 3-44 所示的电路是由 n 个阻抗元件并联组成的，根据相量形式的欧姆定律（在元件并联的情况下，采用导纳为元件参数），可得 $\dot I=Y_1\dot U,\dot I_2=Y_2\dot U,\cdots,\dot I_n=Y_n\dot U$

根据 KCL 的相量形式可得

$$\dot I=\dot I_1+\dot I_2+\cdots+\dot I_n=Y_1\dot U+Y_2\dot U+\cdots+Y_n\dot U$$
$$=(Y_1+Y_2+\cdots+Y_n)\dot U=Y\dot U$$

式中，Y 为 n 个导纳元件相并联后的等效导纳，且

$$Y=Y_1+Y_2+\cdots+Y_n=\sum_{k=1}^{n}Y_k=\sum_{k=1}^{n}(G_k+\mathrm{j}B_k) \tag{3-81}$$

第 i 个元件上的电流

$$\dot{I}_i=\frac{Y_i}{Y}\dot{I} \tag{3-82}$$

式(3-82) 是并联导纳的分流公式。

当两个元件 Z_1 和 Z_2 相并联时，其等效阻抗为

$$Z=\frac{Z_1Z_2}{Z_1+Z_2} \tag{3-83}$$

每个元件中流过的电流

$$\dot{I}_1=\frac{Z_2}{Z_1+Z_2}\dot{I}，\ \dot{I}_2=\frac{Z_1}{Z_1+Z_2}\dot{I} \tag{3-84}$$

由此可见，导纳并联电路的等效导纳和分流公式与电阻并联电路也很相似，只是用导纳代替了电导。

【例 3-10】 在如图 3-45 所示电路中，已知 $R=10\Omega$，$X_\mathrm{L}=10\Omega$，$X_\mathrm{C}=10\Omega$，$\dot{I}=2\angle 60°$ A。试求该电路的等效阻抗及各支路电流相量。

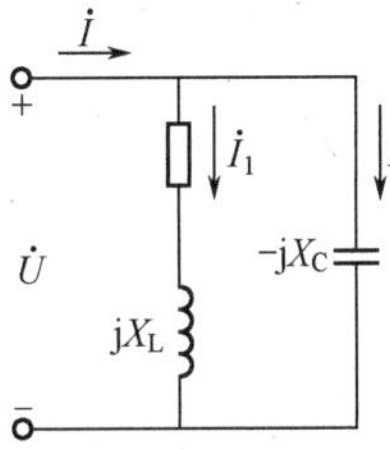

图 3-45　例 3-10 图

解　电阻电感串联支路的导纳为

$$Y_1=\frac{1}{R+\mathrm{j}X_\mathrm{L}}=\frac{1}{10+\mathrm{j}10}\mathrm{S}=\frac{10-\mathrm{j}10}{200}\mathrm{S}$$

$$=(0.05-\mathrm{j}0.05)\mathrm{S}=0.0707\angle -45°\mathrm{S}$$

电容元件的导纳为

$$Y_2=\frac{1}{-\mathrm{j}X_\mathrm{C}}=\mathrm{j}0.1\mathrm{S}$$

故该电路的等效导纳为

$$Y=Y_1+Y_2=(0.05-\mathrm{j}0.05+\mathrm{j}0.1)\mathrm{S}$$

$$=(0.05+\mathrm{j}0.05)\mathrm{S}=0.0707\angle -45°\mathrm{S}$$

该电路的等效阻抗为

$$Z=\frac{1}{Y}=\frac{1}{0.0707\angle 45°}\Omega=14.14\angle -45°\Omega$$

支路电流相量为

$$\dot{I}_1=\frac{Y_1}{Y}\dot{I}=\frac{0.0707\angle -45°}{0.0707\angle 45°}\times 2\angle 60°\mathrm{A}=2\angle -30°\mathrm{A}$$

$$\dot{I}_2=\frac{Y_1}{Y}\dot{I}=\frac{\mathrm{j}0.1}{0.0707\angle 45°}\times 2\angle 60°\mathrm{A}=2.83\angle 105°\mathrm{A}$$

五、应用示例

电路如图 3-46 所示，已知 $R_1=30\Omega$，$R_2=100\Omega$，$C=0.1\mu\mathrm{F}$，$L=1\mathrm{mH}$，$i_2(t)=2\sqrt{2}\sin(10^5t+60°)\mathrm{V}$，试求电压 $u(t)$ 及 ab 端的等效阻抗 Z_ab。

解　省略建立相量模型的步骤，直接按相量法求解。由于 $\omega=10^5\,\mathrm{rad/s}$，故感抗和容抗分别为

$$X_L = \omega L = 10^5 \times 1 \times 10^{-3}\,\Omega = 100\Omega$$

$$X_C = \frac{1}{\omega C} = \frac{1}{10^5 \times 0.1 \times 10^{-6}}\Omega = 100\Omega$$

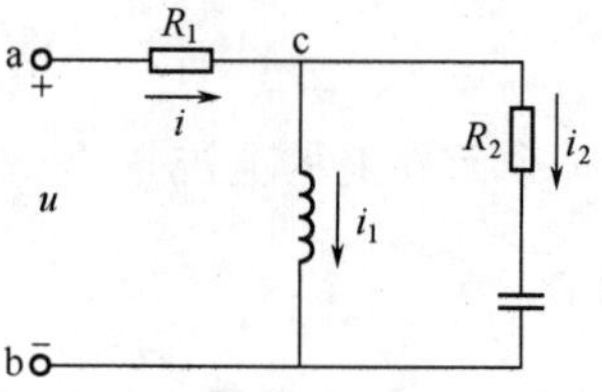

图 3-46 应用示例图

可得到电流相量为

$$\dot{I}_2 = 2\angle 60^\circ \text{A}$$

故有

$$\begin{aligned}\dot{U}_{cb} &= \dot{I}_2 \ (R_2 - jX_C) \\ &= 2\angle 60^\circ(100 - j100)\text{V} = 283\angle 15^\circ \text{V}\end{aligned}$$

又可得

$$\dot{I}_1 = \frac{\dot{U}_{cb}}{jX_L} = \frac{283\angle 15^\circ}{j100}\text{A} = 2.83\angle -75^\circ \text{A}$$

根据 KCL 的相量形式可以得到

$$\begin{aligned}\dot{I} &= \dot{I}_1 + \dot{I}_2 = (2.83\angle -75^\circ + 2\angle 60^\circ)\text{A} \\ &= (0.73 - j2.73 + 1 + j1.73)\text{A} = (1.73 - j1)\text{A} = 2\angle -30^\circ \text{A}\end{aligned}$$

该电路的等效阻抗为

$$\begin{aligned}Z_{ab} &= R_1 + \frac{(R_2 - jX_C)jX_L}{R_2 - jX_C + jX_L} \\ &= \left[30 + \frac{(100 - j100) \times j100}{100 - j100 + j100}\right]\Omega = [30 + j(100 - j100)]\Omega \\ &= (130 + j100)\Omega = 164\angle 38^\circ \Omega\end{aligned}$$

根据欧姆定律的相量形式

$$\dot{U} = \dot{I} Z_{ab} = (2\angle -30^\circ \times 164\angle 38^\circ)\text{V} = 328\angle 8^\circ \text{V}$$

得到端口电压瞬时值为

$$u(t) = 328\sqrt{2}\sin(10^5 t + 8^\circ)$$

【思考与讨论】

1. 将白炽灯和线圈相串联，分别接到电压值相同的直流电源和交流电源上，问灯是否一样亮？为什么？

2. 试解释为什么同一个无源单口网络的阻抗 X 和导纳 B 的符号总是相反的？

3. 若某串联电路是感性的，与其等效的并联电路也一定是感性的，对吗？

第七节　正弦电路的功率及功率因数

知识素养　3.26　正弦电路的功率

微课　3.27　正弦电路的功率

课件　3.28　正弦电路的功率

在前面介绍 R、L、C 元件伏安关系的相量形式时，已经讨论了它们的瞬时功率及平均功率。已经知道，在正弦电流电路中，只有电阻是耗能元件，电感及电容是储能元件，它们只与外电路进行能量的交换，本身并不消耗电能。在一般的正弦电流电路中，既有能量的消耗，也有能量的交换，因此正弦电流电路中的功率问题要比纯电阻电路复杂得多。

一、二端口网络的功率及功率因数

如图 3-47 所示为正弦电流电路中任一线性无源二端口网络，现假设该网络的端口电压 $u(t)$ 和端口电流 $i(t)$ 分别为

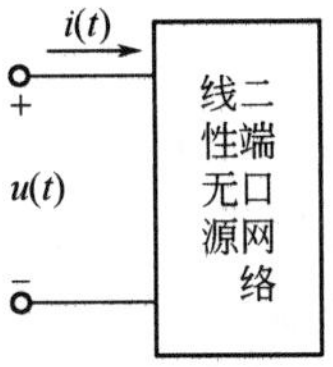

图 3-47　线性无源二端口网络

$$u(t)=\sqrt{2}U\sin(\omega t+\phi_u)$$

$$i(t)=\sqrt{2}I\sin(\omega t+\phi_i)$$

则该网络吸收的瞬时功率为

$$\begin{aligned}p(t)&=u(t)i(t)\\&=\sqrt{2}U\sin(\omega t+\phi_u)\sqrt{2}I\sin(\omega t+\phi_i)\\&=2UI\sin(\omega t+\phi_u)\sin(\omega t+\phi_i)\\&=UI\left[\cos(\phi_u-\phi_i)-\cos(2\omega t+\phi_u+\phi_i)\right]\\&=UI\cos\phi-UI\cos(2\omega t+\phi_u+\phi_i)\end{aligned}\tag{3-85}$$

式中，ϕ 为该网络的电压 $u(t)$ 与 $i(t)$ 的相位差。绘出 u、i、p 的波形曲线如图 3-48 所示。从图 3-48 中可以看出，$u>0$、$i>0$ 或 $u<0$、$i<0$ 时 $p>0$，此时该二端网络吸收功率，所吸收的功率一部分消耗在电阻上，一部分被动态元件所储存；当 $u>0$、$i<0$ 或 $u<0$、$i>0$ 时 $p<0$，此时该二端口网络提供功率。

从图 3-48 中还可以看出，瞬时功率 p 的正负面积不相等，故它的平均功率不为零，即

$$P=\frac{1}{t}\int_0^t p\,\mathrm{d}t=UI\cos\phi \tag{3-86}$$

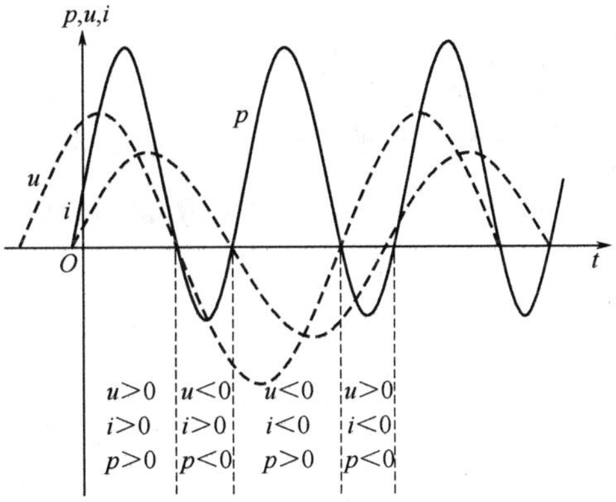

图 3-48　二端口网络瞬时功率波形

式(3-86) 表明，该二端口网络的平均功率不仅与电流电压的有效值有关，而且与电压、电流的相位差（也是阻抗角）的余弦值有关。称 $\cos\phi$ 为无源二端口网络的功率因数。

当无源二端口网络为纯电阻时，$\phi=0$，$\cos\phi=1$，则 $p=UI$；当无源二端口网络为纯电感时，$\phi=90°$，$\cos\phi=0$，则 $p=0$；当无源二端口网络为纯电容时，$\phi=-90°$，$\cos\phi=0$，则 $p=0$；当无源二端口网络为感性或容性负载时，$0<|\phi|<90°$，$0<\cos\phi<1$，则 $0<p<UI$。

由于 $\phi=\phi_u-\phi_i$，ϕ 也是该网络的阻抗角，在正弦稳态情况下，无源二端口网络可以等效成阻抗 Z 或导纳 Y，此时

$$U=|Z|I\quad 或\ I=|Y|U$$

故由式(3-86) 可得

$$P=I^2|Z|\cos\phi=I^2\mathrm{Re}[Z]=I^2R \tag{3-87}$$

或者

$$P=U^2|Y|\cos\phi=U^2|Y|\cos(-\phi)$$

$$=U^2|Y|\cos\phi=U^2\mathrm{Re}[Y]=U^2G \tag{3-88}$$

由于平均功率表示电路实际消耗的功率，所以也将它称为有功功率。

在电工技术中，把二端口网络的电压有效值 U 与电流有效值 I 的乘积称为视在功率，用 S 表示，即

$$S=UI \tag{3-89}$$

为了与平均功率区别起见，视在功率的单位不用 W（瓦特）而用 V·A（伏安）。视在功率不等于负载实际获得的功率，但它却可以用来描述电器设备的容量。任何电器设备在使用时，其电压、电流均不能超过它们的额定值，因而视在功率也有一个额定值。对于电阻性的电器设备，功率因数等于 1，视在功率和平均功率两者数量相等，所以功率的额定值以平均功率的形式给出，例如 60W 的灯泡、20W 的电烙铁等。对于发电机、变压器这类电器设备，它们输出的功率与负载的性质有关，故只能给出额定的视在功率，而不能给出额定的平均功率。例如某发电机额定视在功率为 3000V·A。若功率因数 $\cos\phi=1$ 时（即为电阻性负载），发电机能输出的功率为 3000W；若 $\cos\phi=0.7$ 时（即为电感性负载），发电机只能输出 2100W 的功率。因此，为了充分利用发电机、变压器这类电气设备，应当尽量提高负载的功率因数。

二、二端口网络的无功功率和复功率

1. 二端口网络的无功功率

由于电感和电容式储能元件，在正弦电流电路中，它们本身不消耗功率，只是与电源之间进行着能量的交换。为了反映无源二端口网络中储能元件的这一特性，引入了无功功率的概念，无功功率的定义为

$$Q=UI\sin\phi \tag{3-90}$$

无功功率的单位为无功伏安，简称 Var（乏）。

可以这样去理解无功功率，画出 3-47 相量模型的相量图如图 3-49 所示。在图 3-49 中，电压相量 $\dot{U}$ 可以分解成两个分量 $\dot{U}_x$ 和 $\dot{U}_y$，其中 $\dot{U}_x$ 和 $\dot{I}$ 同相，$\dot{U}_y$ 超前于 $\dot{I}$ 的相位 90°。即

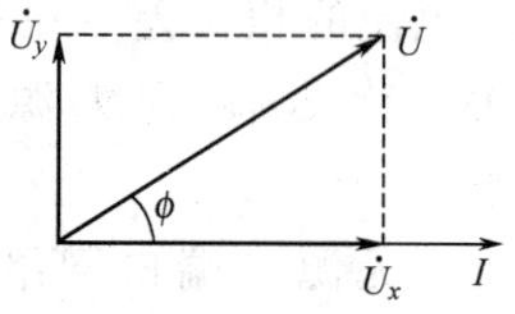

图 3-49 电压相量的分解

$$\dot{U}_x=U\cos\phi\angle 0^\circ$$

$$\dot{U}_y=U\sin\phi\angle 90^\circ$$

在图 3-49 中，设 $Z=R+\mathrm{j}X$，电阻 R 及电抗 X 上的电压便是 $\dot{U}_x$ 和 $\dot{U}_y$，有功功率 P 便可看作是由 $\dot{U}_x$ 与 $\dot{I}$ 所产生的，即在电阻上产生的功率，有

$$P=U_xI=UI\cos\phi=I^2R$$

而无功功率 Q 可以看作是 $\dot{U}_y$ 和 $\dot{I}$ 所产生的，即在电抗上产生的功率，有

$$Q=U_yI=UI\sin\phi=I^2X$$

视在功率为

$$S=UI=I^2|Z|$$

显然，视在功率 S、有功功率 P 及无功功率 Q 便有下列关系。

$$S^2=P^2+Q^2 \tag{3-91}$$

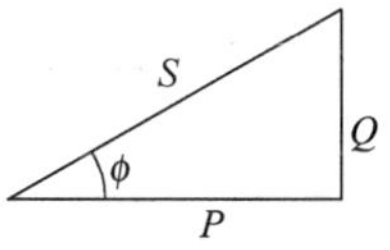

图 3-50 功率三角形

$$\tan\phi=\frac{Q}{P} \tag{3-92}$$

可见，P、Q 及 S 可构成图 3-50 所示的一个直角三角形，称为功率三角形（与阻抗三角形相似）。

在式(3-90）中，若 $\phi=0$，表示无源二端口网络等效为纯电阻，$Q=0$，此时电源与网络间无能量交换。若 $\phi=\pm\pi/2$，表示无源二端口网络，等效成纯电感或纯电容，此时 $Q=\pm UI$，表明电源与网络间存在着最大的能量交换。若 $0<\phi<\pi/2$，无源二端口网络等效为感性负载，$0<Q<UI$；若 $\pi/2<\phi<0$，无源二端口网络等效成感性负载，$-UI<Q<0$。表明电源与网络间存在着部分能量交换，即网络吸收的能量，一部分消耗在内部的电阻上，另一部分则储存在内部的电感和电容上。

2. 复功率

为利用电压相量和电流相量来计算正弦电流电路的功率，引入复功率这个概念。把有功功率看作是某一复数的实部，无功功率看作是该复数的虚部，则该复数可记作

$$\widetilde{S}=P+\mathrm{j}Q \tag{3-93}$$

式中，$\widetilde{S}$ 称为复功率，它的模为$\sqrt{P^2+Q^2}$，就是视在功率，而幅角 $\phi=\arctan\dfrac{Q}{P}$，是电压与电流的相位差，故复功率也可记作

$$\widetilde{S}=S\angle\phi \tag{3-94}$$

由于 $\dot{U}=U\angle\phi_u$、$\dot{I}=I\angle\phi_i$，若令电流向量的共轭相量为

$$\dot{I}^*=I\angle-\phi_i$$

故有

$$\begin{aligned}\dot{U}\dot{I}^*&=UI\angle(\phi_u-\phi_i)=UI\angle\phi\\&=UI\cos\phi+\mathrm{j}UI\sin\phi=P+\mathrm{j}Q\end{aligned}$$

所以

$$\widetilde{S}=\dot{U}\dot{I}^* \tag{3-95}$$

即无源二端口网络的复功率等于电压相量与电流相量的共轭相量之乘积。

若无源二端口网络有 n 条支路，那么网络的有功功率为

$$P=\sum_{k=1}^{n}P_k \tag{3-96}$$

网络的无功功率为

$$Q=\sum_{k=1}^{n}Q_k \tag{3-97}$$

则网络的复功率为

$$\widetilde{S}=P+\mathrm{j}Q=\sum_{k=1}^{n}P_k+\mathrm{j}\sum_{k=1}^{n}Q_k=\sum_{k=1}^{n}\widetilde{S}_k \tag{3-98}$$

即有功功率和无功功率可以各个支路分别计算后再求和，而视在功率不可，需根据最后有功功率和无功功率计算得到。另外要注意：电感元件的无功功率为正，电容元件的无功功率为负。

【例 3-11】 在如图 3-51 所示的电路中，已知 $R=3\Omega$，$L=1\text{mH}$，$u_S=10\sqrt{2}\sin4000t\,\text{V}$，

试求该电路的功率因数，电源提供的平均功率与无功功率。

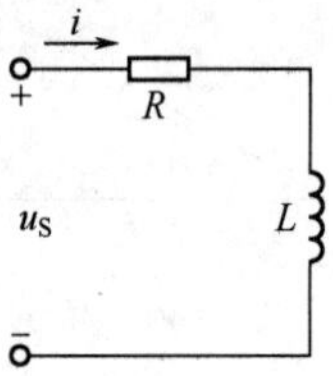

图 3-51 例 3-11 图

解 如图 3-51 所示电路，按向量法计算，有

$$\dot{U}_S=10\angle 0\text{V}$$

$$R=3\Omega, X_L=\text{j}\omega L=\text{j}4000\times 1\times 10^{-3}\Omega=\text{j}4\Omega$$

故该电路从电源两端看过去的等效阻抗为

$$Z=R+\text{j}X_L=(3+\text{j}4)\Omega=5\angle +53.1^\circ\Omega$$

电路的功率因数

$$\cos\phi=\cos 53.1^\circ=0.6$$

$$\dot{I}=\frac{\dot{U}}{Z}=\frac{10\angle 0^\circ}{5\angle +53.1^\circ}\text{A}$$

$$=2\angle -53.1\text{A}$$

故电源提供的平均功率

$$P=UI\cos\phi=10\times 2\times 0.6\text{W}=12\text{W} \text{ 或 } P=I^2R=2^2\times 3\text{W}=12\text{W}$$

电源提供的无功功率

$$Q=UI\sin\phi=10\times 2\times 0.8\text{Var}=16\text{Var} \text{ 或 } Q=I^2X=2^2\times 4\text{Var}=18\text{Var}$$

三、功率因数的提高

在本节一中曾经指出，为了充分利用电气设备的容量，使之尽可能多地发出有功功率，减少无功功率，必须尽可能的提高负载的功率因数。另一方面，当发出一定的有功功率时，若功率因数越小，则线路上的电流越大，从而增加输电线路上的损耗，从这一角度上讲，也必须提高负载的功率因数。

知识素养 3.29 功率因数提高　　微课 3.30 功率因数提高　　课件 3.31 功率因数提高

在电力系统中多数负载均为感性，例如生产中最常用的电动机、电焊机及日光灯等，对于这些电感性的负载，提高功率因数的方法就是采用电容器和负载相并联。现假设有一个感性负载，由电阻和电感的串联作为模型，如图 3-52(a) 所示，绘出其相量如图 3-52(b) 所示。由图 3-52 可以看出，并联电容 C 前后，负载中的电流 i_L 及它的有功功率并未发生变化，但 u 与线路电路 i 的相位差 φ 却减小了，从而使电网的功率因数得到了提高。其次，并联电容 C 以后，线路的电流 I 也减小了，从而减小了线路的功率损耗。

在感性负载两端并联电容器以提高系统功率因数，其实质是利用电容中的无功功率去补偿感性负载中的无功功率，从而减小系统总的无功功率，使电源的容量得到充分利用或在同样有功功率下减小电流，但有功功率却不变化。

四、应用示例

有一感性负载，其端电压为 220V，有功功率为 10kW，功率因数为 0.6，电源频率为 52Hz。现要求把功率因数提高到 0.9，试求所需的并联电容元件和并联电容前后的线路电流。

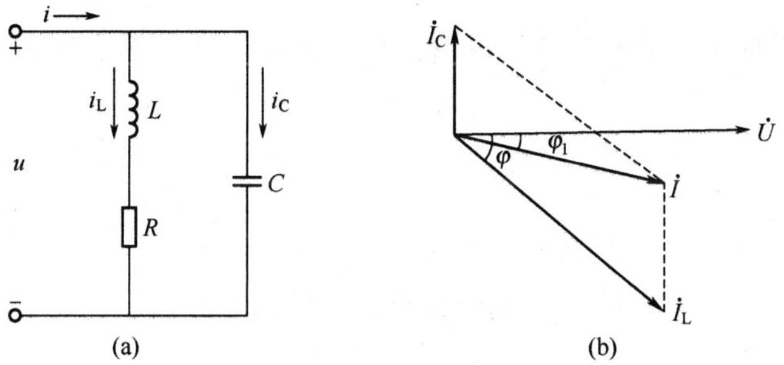

图 3-52　并联电容以提高感性负载的功率因数

解　电路及相量如图 3-52 所示。

未并联电容时，功率因数为 $\cos\varphi$，则线路中的电流为

$$I_L=\frac{P}{U\cos\varphi}=\frac{10\times10^3}{220\times0.6}\text{A}=75.76\text{A}$$

并联电容后，功率因数变为 $\cos\varphi_1$，则线路中的电流为

$$I=\frac{P}{U\cos\varphi_1}=\frac{10\times10^3}{220\times0.9}\text{A}=50.51\text{A}$$

由图 3-52 可知

$$I_L\sin\varphi=I_C+I\sin\varphi_1$$

故可得

$$\begin{aligned}I_C&=I_L\sin\varphi-I\sin\varphi_1\\&=\left(\frac{P}{U\cos\phi}\right)\sin\varphi-\left(\frac{P}{U\cos\phi_1}\right)\sin\varphi_1\\&=\frac{P}{U}(\tan\varphi-\tan\varphi_1)\end{aligned}$$

又由于

$$I_C=\frac{U}{X_C}=U\omega C$$

即

$$U\omega C=\frac{P}{U}(\tan\varphi-\tan\varphi_1)$$

故有

$$C=\frac{P}{\omega U^2}(\tan\varphi-\tan\varphi_1)$$

当 $\cos\varphi_1=0.9$ 时，$\varphi_1=25.84°$；而当 $\cos\varphi=0.6$ 时，$\varphi=53.13°$。故为了使功率因数从 0.6 提高到 0.9，所需并联电容元件的电容为

$$C=\frac{10\times10^3}{2\pi50\times220^2}\times(\tan53.13°-\tan25.84°)\mu\text{F}=558.4\mu\text{F}$$

可见，当在负载两端并接一个 558.4μF 的电容后，功率因数可由 0.6 提高到 0.9，线路

电流却由 75.76A 减小到 50.51A。如果此时在进一步将功率因数提高到 1，所需的电容容量很大，而线路电流却减少不了多少，这样做是不经济的。故而功率因数提高是不必强求将它们提高到 1。

【思考与讨论】

1. 在感性负载的两端并联电容可以提高功率因数，是否并联的电容量越大，$\cos\phi$ 提得越高？
2. 感性负载为什么不用串联电容器来提高功率因数？
3. 提高功率因数，是否意味着负载消耗的功率降低了？

第八节　三 相 电 源

知识素养　3.32　三相电源

微课　3.33　三相电源

课件　3.34　三相电源

一、三相交流电动势的产生

三相交流电动势是由三相交流发电机产生的，发电机是利用电磁感应原理将机械能转变为电能的装置，图 3-53 是三相交流发电机原理示意图。它主要是由电枢和磁极组成。

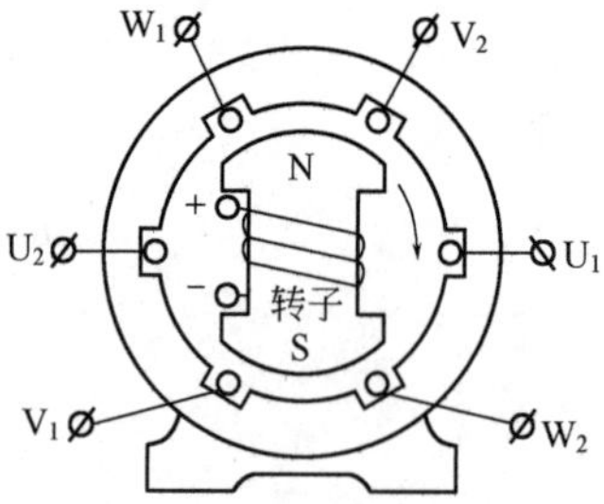

图 3-53　三相交流发电机原理示意图

电枢是固定的，又称定子。定子铁芯的内圆周表面有槽，用以放置三组电枢绕组 U_1U_2、V_1V_2、W_1W_2。三组绕组完全相同而彼此相隔 120°，U_1、V_1、W_1 称为始端，U_2、V_2、W_2 称为末端。

磁极是旋转的，又称转子。转子铁芯上绕有励磁绕组，用直流电流励磁。当转子以角速度 ω 匀速旋转时，在三个定子绕组中，均会感应出随时间按正弦规律变化的电动势。这三个正弦交流电动势频率相等，幅值相等，彼此间相位差也相等。这种电动势称为三相对称电动势。它们分别是

$$\left.\begin{aligned} e_U &= E_m \sin\omega t \\ e_V &= E_m \sin(\omega t - 120°) \\ e_W &= E_m \sin(\omega t + 120°) \end{aligned}\right\} \tag{3-99}$$

因为三相对称电动势是正弦量，所以也可用相量表示

$$\left.\begin{aligned} \dot{E}_U &= E\angle 0 = E \\ \dot{E}_V &= E\angle -120° = E\left(-\frac{1}{2} - j\frac{\sqrt{3}}{2}\right) \\ \dot{E}_W &= E\angle +120° = E\left(-\frac{1}{2} + j\frac{\sqrt{3}}{2}\right) \end{aligned}\right\} \tag{3-100}$$

三相对称电动势的波形图和相量图如图 3-54 所示。

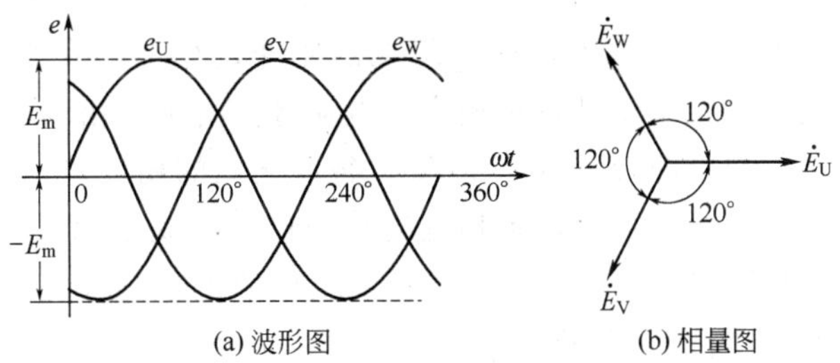

图 3-54　三相对称电动势波形图和相量图

显然，它们的瞬时值或相量之和为零，即

$$\left.\begin{aligned} e_U+e_V+e_W=0 \\ \dot{E}_U+\dot{E}_V+\dot{E}_W=0 \end{aligned}\right\} \tag{3-101}$$

三个电动势在相位上的先后顺序称成为相序，U→V→W 为顺相序；U→W→V 为逆相序。

二、三相电源地连接方法

1. 三相电源的三角形连接

将三相交流发电机绕组的始末端依次相连，即 U_2 与 V_1、V_2 与 W_1、W_2 与 U_1 分别相连，连成一个闭合的三角形，这种连接方法称为三角形连接，如图 3-55 所示。

由于三角形连接仅在三相变压器中采用，三相交流发电机通常不采用，故下面仅介绍三相电源的星形连接。

2. 三相电源的星形连接

将三相交流发电机绕组的三个末端 U_2、V_2、W_2 连在一起，以始端 U_1、V_1、W_1 引出做输出端，这种连接方法称为三相电源的星形连接，如图 3-56 所示。

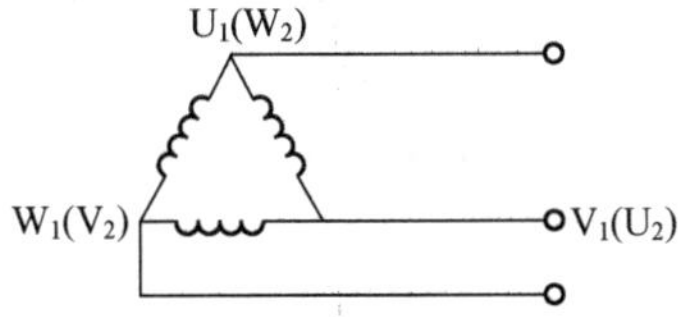

图 3-55　三相发电机绕组的三角形连接

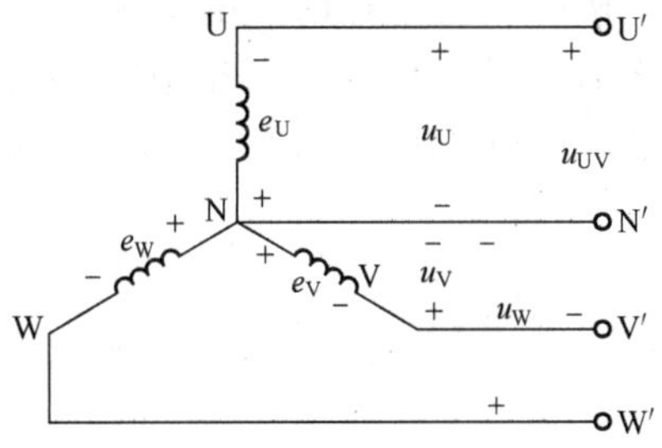

图 3-56　三相发电机绕组的星形连接

在星形连接中，三相绕组末端的连接点称三相电源的中点或零点，用字母 N 表示。从中点接出的输电线称为中线，用字母 NN′表示。中线通常和大地相接。从三相绕组的始端 U_1、V_1、W_1 引出的导线称为端线或相线，俗称火线，用字母 UU′、VV′、WW′表示。这种供电方式叫做三相四线制，工厂里的低压配电线路大都属于三相四线制。

3. 三相电压

电源每相绕组两端的电压，或者是相线与中线间的电压，称为电源的相电压，用 U_U、U_V、U_W（或一般用 U_P）表示。任意两相绕阻始端之间的电压或任意两相相线之间的电压，称为线电压，用U_{UV}、U_{VW}、U_{WU}（或一般用U_1）表示。如图 3-56 所示。

由于发电机绕组的阻抗很小，因而在绕组上的压降也很小，故不论电源绕组中有无电流，常认为电源各相电压的大小就是各相相应的电动势。由于三相电动势是对称的，故电源的相电压也可认为是对称的，即$U_U=U_V=U_W$，彼此之间的相位差为 120°。

当三相发电机绕组做星形连接时，各相电动势的正方向规定为从绕组的末端指向始端；相电压的正方向规定为从绕组的始端指向末端；线电压的正方向习惯上按 U、V、W 的顺序决定，例如，U_{UV}是自 U 端指向 V 端。

当三相发电机绕组连接成星形时，可以提供两种电压：一种是相电压；另一种是线电压。显然，相电压和线电压是不相等的。在电路中，任意两点之间的电压等于这两点的电位差。因而可以写出

$$\left.\begin{aligned} u_{UV}&=u_U-u_V \\ u_{VW}&=u_V-u_W \\ u_{WU}&=u_W-u_U \end{aligned}\right\} \tag{3-102}$$

式(3-102) 说明，线电压的瞬时值等于两相电压瞬时值之差。由于上述各量都是同频率的正弦量，因此各式中的电压关系可以用相量表示。

$$\left.\begin{aligned} \dot{U}_{UV}&=\dot{U}_U-\dot{U}_V \\ \dot{U}_{VW}&=\dot{U}_V-\dot{U}_W \\ \dot{U}_{WU}&=\dot{U}_W-\dot{U}_U \end{aligned}\right\} \tag{3-103}$$

即线电压相量等于相应两相电压相量之差。根据式(3-103) 可画出星形连接时的相量图，如图 3-57 所示。

由于相电压是对称的，由图 3-57 可见，线电压也是对称的，但在相位上比相应的相电压超前 30°。至于线电压和相电压在数值上的关系，可以从相量图中△NQP 求得。

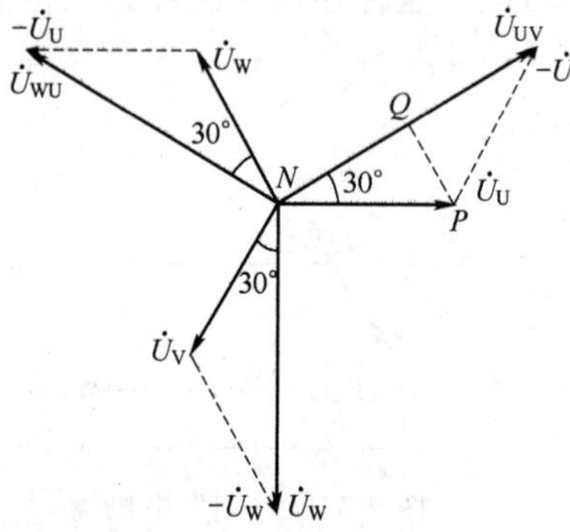

图 3-57　三相发电机绕组星形连接时线电压与相电压相量图

$$\frac{U_{UV}}{2}=U_U\cos30°=\frac{\sqrt{3}}{2}U_U$$

$$U_{UV}=\sqrt{3}U_U$$

由此可得到线电压和相电压的关系。

$$U_L=\sqrt{3}U_P \tag{3-104}$$

即电源接成星形时，线电压是相电压的$\sqrt{3}$倍。因此，三相发电机绕组做星形连接时，对负载可提供两种电压，假如相电压为 220V，侧线电压为 380V。

三、应用示例

三相电力传送电路：在电力系统中，三相交流电路应用非常广泛。如图 3-58 所示，这种电路由三相电源和三相负载构成。三相电源由发电机产生，经变压器升高电压后传送到各地，然后按不同用户的需要，由各地变电所（站）用变压器把高压降到适当数量，例如 380V 或 220V 等。目前，国内外工农业生产的各部门都广泛地应用着这种三相供电系统。

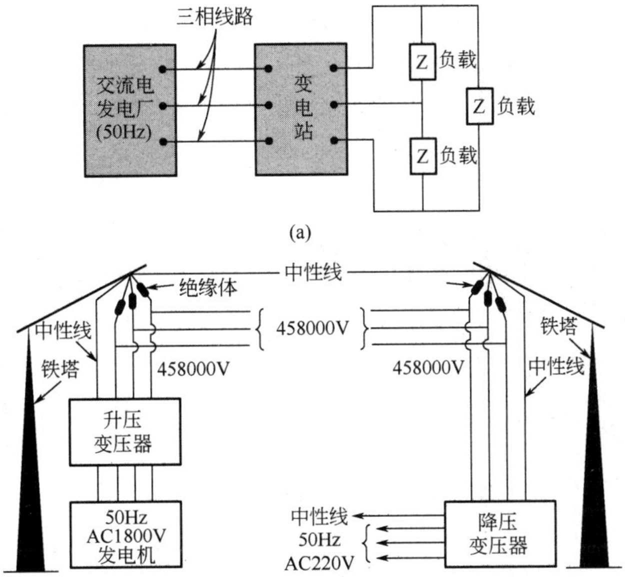

(a)

(b) 典型的电力输送配电系统

图 3-58　三相电力传送电路

【思考与讨论】

1. 有人说，任何三相电路中，线电压相量之和恒为零，即 $\dot{U}_U+\dot{U}_V+\dot{U}_W=0$，你认为对吗？试说明理由。

2. 为什么三相电源为三角形连接时，有一相接反，电源回路的电压是某一相电压的两倍？试用相量图分析。

3. 对称三相电源星形联结时，线电压与相电压之间有什么关系？

第九节　三相电路的分析与计算

三相负载是由三个单相负载组合起来的。接在三相交流电路中的负载有动力负载（如三相异步电动机）、电热负载（如三相电炉）或照明负载（如白炽灯）等。根据构成三相负载的负载性质与大小不同，可将负载分成三相对称负载和三相不对称负载。如果每相负载的阻抗相等，$|z_U|=|z_V|=|z_W|$ 幅角也相等，$\varphi_U=\varphi_V=\varphi_W$，那么这种负载称为三相对称负载，如三相异步电动机。若每相负载的阻抗或幅角不相等，则称为三相不对称负载，如照明负载。

三相负载的连接和三相发电机绕组一样，也有星形和三角形连接两种，三相负载究竟采用哪种接法，一要根据电源电压、负载的额定电压和负载的特点而定。

知识素养

3.35　三相负载的连接

微课

3.36　三相负载的连接

课件

3.37　三相负载的连接

一、三相负载的星形连接

1. 星形连接

如果将每相负载的末端连成一点用 N′表示，而将始端分别接在三根相线上。这种接法，像一个“Y”字，所以称为 Y 连接。若把电源中点与负载中点用导线连接起来，那么这种连接方法称为三相四线制电路。如图 3-59 表示。

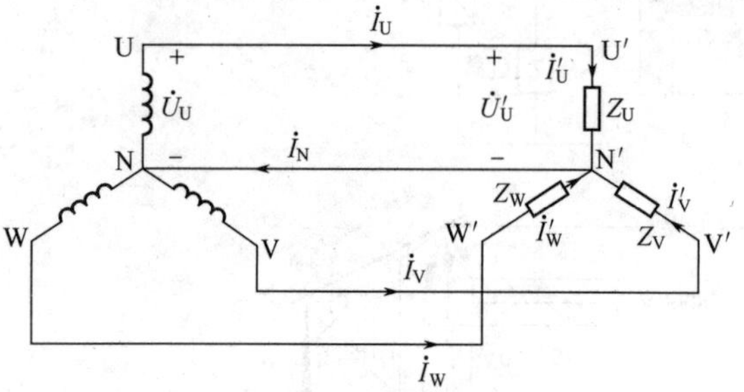

图 3-59 三相四线制电路

2. 星形连接的三相电路

① 相电压与线电压的关系。由图 3-59 可见，忽略输电线上的阻抗，三相负载的线电压就是电源的线电压；三相负载的相电压就是电源的相电压。于是星形负载的线电压和相电压之间也是$\sqrt{3}$倍的关系，即

$$U_L=\sqrt{3}U_P$$

② 相电流和线电流的关系。相电流是指通过每相负载的电流；而线电流是指每根相线上通过的电流。由于在星形连接中每根相线都和相应的每相负载串联，所以线电流等于相电流，即

$$I_L=I_P$$

这个关系对于对称三相星形负载或不对称三相星形负载都是成立的。

③ 相电压和相电流的关系。知道各相负载两端的电压后，就可以个根据欧姆定律计算各相电流，它们的有效值为

$$\left.\begin{aligned}I_U&=\frac{U_U}{|z_U|}\\I_V&=\frac{U_V}{|z_V|}\\I_W&=\frac{U_W}{|z_W|}\end{aligned}\right\}\tag{3-105}$$

各相负载的相电压和相电流的相位差，可按下列各式计算，即

$$\left.\begin{aligned}\varphi_U&=\arctan\frac{X_U}{R_U}\\\varphi_V&=\arctan\frac{X_V}{R_V}\\\varphi_W&=\arctan\frac{X_W}{R_W}\end{aligned}\right\}\tag{3-106}$$

如果三相负载对称，则各相电流的有效值相等，各相负载的阻抗角也相等，因此三个相电流也是对称的，即

$$\left.\begin{aligned}I_U=I_V=I_W=I_P\\\varphi_U=\varphi_V=\varphi_W=\varphi\end{aligned}\right\}\tag{3-107}$$

如果是三相对称感性负载（三相电动机），则各相电流的相量可写为

$$\left.\begin{aligned}\dot I_{\mathrm U}&=I_{\mathrm P}\angle 0^\circ-\varphi\\ \dot I_{\mathrm V}&=I_{\mathrm P}\angle -120^\circ-\varphi\\ \dot I_{\mathrm W}&=I_{\mathrm P}\angle +120^\circ-\varphi\end{aligned}\right\}\qquad(3\text{-}108)$$

其中，设 U 相的相电压为参考正弦量。三相对称感性负载的相电压与相电流的相量，如图 3-60 所示。

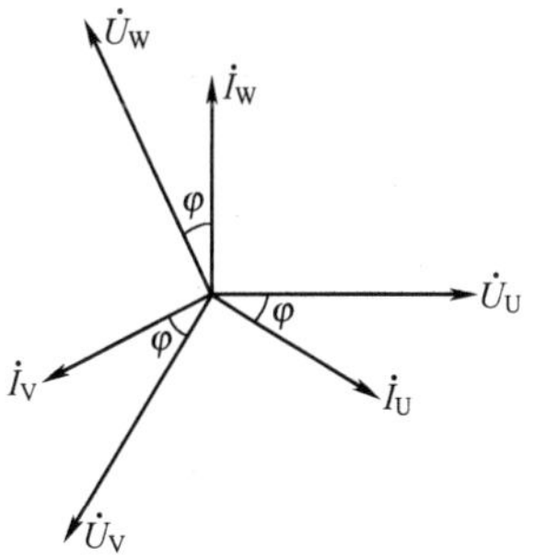

图 3-60 三相对称感性负载相电压与相电流的相量图

④ 中线电流。求出三个相电流后，根据基尔霍夫电流定律，中线电流是三相相电流之和，即

$$\left.\begin{aligned}i_{\mathrm N}&=i_{\mathrm U}+i_{\mathrm V}+i_{\mathrm W}\\ \dot I_{\mathrm N}&=\dot I_{\mathrm U}+\dot I_{\mathrm V}+\dot I_{\mathrm W}\end{aligned}\right\}\qquad(3\text{-}109)$$

当三相电源对称，而三相星形连接的三相负载不对称时，流过各相负载的相电流大小是不相等的。利用电流相量图求出三个相电流相量之和，如图 3-61(a) 所示，可以得知，它不等于零，表示这时通过中线的电流 $I_{\mathrm N}$ 不等于零。

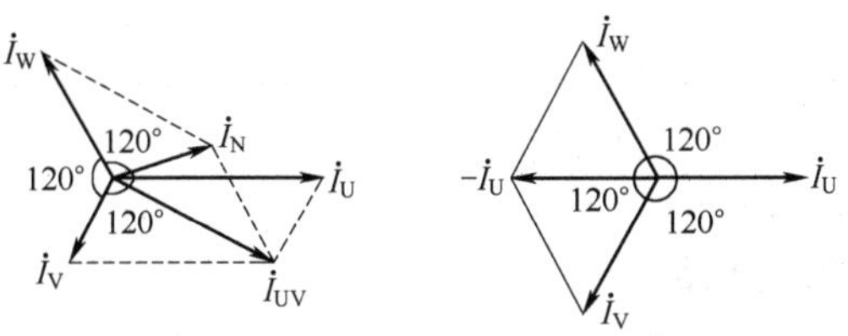

(a) $\dot I_{\mathrm N}\neq 0$　　(b) $\dot I_{\mathrm N}=0$

图 3-61 三相负载作星形连接电流的相量图

当三相负载不对称时，由于中线存在，则各相负载的相电压仍保持不变，且三相电压相等。能使星形连接得不对称负载的相电压保持对称，从而使负载正常工作。一旦中线断开，则各相负载的相电压就不再相等。其中阻抗较小的，相电压减小；而阻抗较大的，相电压增大，可能会使电压增大的这相负载烧毁。所以低压照明设备都要采取三相四线制，且不能把熔断器和其他开关设备安装在中线内。连接三相电路时应力求使三相负载对称。如三相照明电路中，应使照明负载平均的接在三根相线上，不要全部接在同一相上。

如果是三相对称负载，由于三个相电流是对称的，因此它们的向量之和等于零，即

$$\dot I_{\mathrm N}=\dot I_{\mathrm U}+\dot I_{\mathrm V}+\dot I_{\mathrm W}\qquad(3\text{-}110)$$

这个关系可从图 3-61(b) 的相量图中看出。在三相电路中对称负载做星形连接时，中线电流为零，即中线上没有电流通过，说明中线不起作用，即使取消中线，也不会影响电路的正常工作。所以，对于对称负载也可采用三相三线制的星形连接方式。如图 3-62 所示。

在实际电网中使用的三相电器的阻抗一般都是对称的，特别是大容量的电气设备总是使设计的三相负载对称，如三相异步电动机、三相电炉等。尽管在电网中也要接入单向负载如单相电动机、单相照明负载等，由于这些单相负载的容量较小，同时在供电网络布设时也尽量考虑到分配各相的负载平衡。因此，大电网的三相负载可以认为基本上是对称的。在实际应用中高压输电线都采用三相三线制。

【例 3-12】 有一个星形连接的三相对称负载，如图 3-63 所示。已知每相电阻 $R=6\Omega$，电感 $L=25.5\mathrm{mH}$，现把它接入线电压 $U_1=380\mathrm V$，$f=50\mathrm{Hz}$ 的三相线路中，求通过每相负载的电流和线路上的电流。

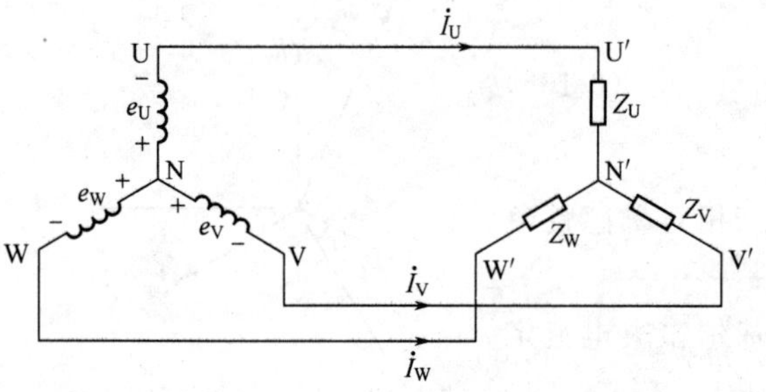

图 3-62 三相对称负载星形连接时的三相三线制星形连接

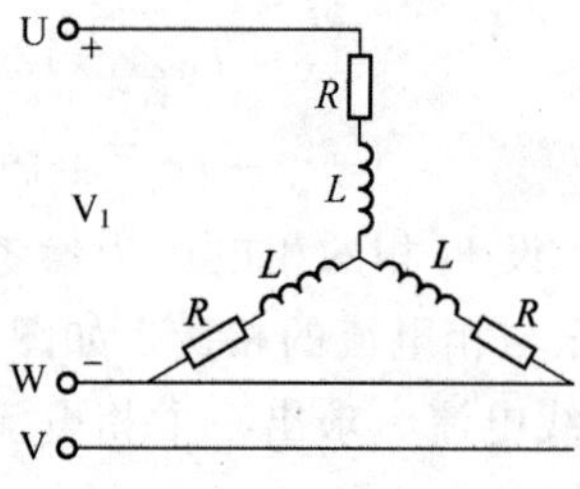

图 3-63 例 3-12 图

解

$$U_P=\frac{U_L}{\sqrt{3}}=\frac{380}{\sqrt{3}}V=220V$$

$$I_P=\frac{U_P}{Z_P}=\frac{220}{\sqrt{6^2+(2\times3.14\times50\times25.5\times10^{-3})^2}}A=22A$$

$$I_L=I_P=22A$$

二、三相负载的三角形连接

1. 三角形连接

三角形连接的方法是：依次把一相负载的末端和次一相负载的始端相连，即将 U_2' 与 V_1'相连、V_2'与 W_1'相连、W_2'与 U_1'相连，构成一个封闭的三角形；再分别将由 U_1'、V_1'、W_1' 引出的三根端线接在三相电源 U、V、W 三根相线上。如图 3-64 所示。

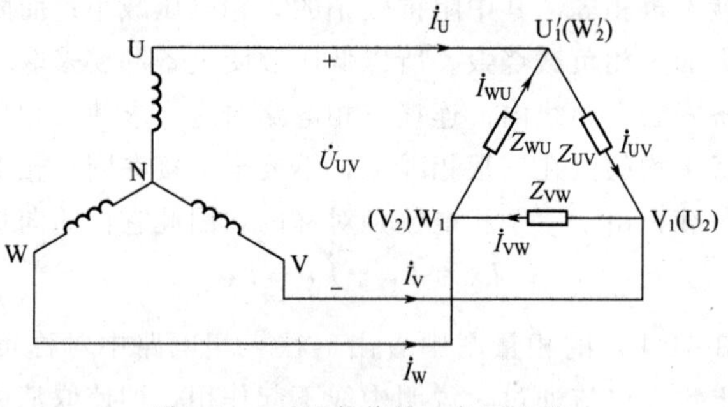

图 3-64 三相负载的三角形连接

2. 三角形连接的三相电路

① 相电压与线电压关系。由图 3-64 可以看出，当三相负载接成三角形时，每相负载的两端跨接在两根电源的相线之间，所以各相负载两端的相电压与电源的线电压相等，即

$$U_P=U_L \tag{3-111}$$

这个关系不论三角形负载对称与否都成立。

② 相电压与相电流的关系。在图 3-64 所示电路中，由欧姆定律可计算出各相负载的电流有效值为

$$\left.\begin{aligned}I_{UV}&=\frac{U_{UV}}{|Z_{UV}|}\\I_{VW}&=\frac{U_{VW}}{|Z_{VW}|}\\I_{WU}&=\frac{U_{WU}}{|Z_{WU}|}\end{aligned}\right\}\tag{3-112}$$

而各相负载的相电压和相电流之间的相位差，可由各相负载的阻抗三角形求得，即

$$\left.\begin{aligned}\varphi_{UV}&=\arctan\frac{X_{UV}}{R_{UV}}\\\varphi_{VW}&=\arctan\frac{X_{VW}}{R_{VW}}\\\varphi_{WU}&=\arctan\frac{X_{WU}}{R_{WU}}\end{aligned}\right\}\tag{3-113}$$

如果三相负载对称，则

$$\left.\begin{aligned}R_{UV}&=R_{VW}=R_{WU}=R\\X_{UV}&=X_{VW}=X_{WU}=X\end{aligned}\right\}\tag{3-114}$$

又因电源线电压是对称的，即

$$U_{UV}=U_{VW}=U_{WU}=U_1=U_P\text{ 时}\tag{3-115}$$

由式(3-114) 和式(3-115) 可得

$$\left.\begin{aligned}I_{UV}&=I_{VW}=I_{WU}=I_P=\frac{U_P}{|z|}\\\varphi_{UV}&=\varphi_{VW}=\varphi_{WU}=\varphi=\arctan\frac{X}{R}\end{aligned}\right\}\tag{3-116}$$

式(3-116) 说明，在三角形连接的三相对称负载电路中，三个相电流也是对称的，即各相电流的大小相等，各相的相电压和相电流之间的相位差也相等。

③ 相电流与线电流的关系。按如图 3-64 所示的电路，根据基尔霍夫电流定律，可得到相电流和线电流的关系，即

$$\left.\begin{aligned}&\text{对节点 }U_1' && i_U=i_{UV}-i_{WU}\\&\text{对节点 }V_1' && i_V=i_{VW}-i_{UV}\\&\text{对节点 }W_1' && i_W=i_{WU}-i_{VW}\end{aligned}\right\}\tag{3-117}$$

电流的有效值相量关系为

$$\left.\begin{aligned}\dot I_U&=\dot I_{UV}-\dot I_{WU}\\\dot I_V&=\dot I_{VW}-\dot I_{UV}\\\dot I_W&=\dot I_{WU}-\dot I_{VW}\end{aligned}\right\}\tag{3-118}$$

式(3-118) 表明，线电流有效值相量等于相应两个相电流有效值相量之差。

三相负载做三角形连接时，不论三相负载对称与否，由式(3-118) 表明的关系都是成立的。但在三相负载对称情况下，相电流与线电流之间还有其特定的大小和相位关系。根据式(3-118) 可画出其相量图，如图 3-65 所示。

因为三个相电流是对称的，所以三个线电流也是对称的。线电流在相位上比相应的相电流滞后 30°；其大小可由相量图中求得。

$$\frac{I_U}{2}=I_{UV}\cos30°=\frac{\sqrt{3}}{2}I_{UV}$$

$$I_U=\sqrt{3}\,I_{UV}$$

由此可得到

$$I_L=\sqrt{3}\,I_P \tag{3-119}$$

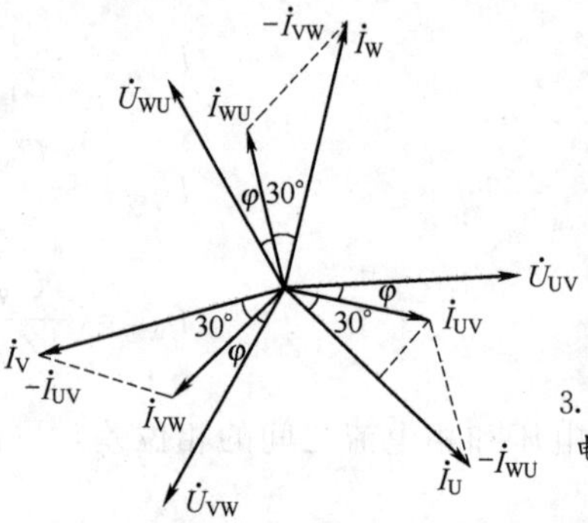

图 3-65 三相对称感性负载三角形连接时电压与电流的相量图

3.38 仿真：三相交流电路电压电流的测量

式(3-119) 表明，当三相对称负载作三角形连接时，线电流等于相电流的$\sqrt{3}$倍。

三、三相功率的计算

1. 三相功率的一般关系

在三相交流电路中，无论负载的连接方式是星形还是三角形，负载是对称还是不对称，三相电路总的有功功率等于各项负载的有功功率之和，即

$$P=P_U+P_V+P_W=U_UI_U\cos\varphi_U+U_VI_V\cos\varphi_V+U_WI_W\cos\varphi_W \tag{3-120}$$

式中 U_U，U_V，U_W——各相相电压；

I_U，I_V，I_W——各相相电流；

$\cos\varphi_U$，$\cos\varphi_V$，$\cos\varphi_W$——各相电路的功率因数。

三相电路中总的无功功率等于各相负载的无功功率之和，即

$$Q=Q_U+Q_V+Q_W$$
$$=U_UI_U\sin\varphi_U+U_VI_V\sin\varphi_V+U_WI_W\sin\varphi_W \tag{3-121}$$

三相电路中总的视在功率不等于各相电路视在功率之和，即

$$S\neq S_U+S_V+S_W$$

在一般情况下，从交流电路的功率三角形可知电路的视在功率为

$$S=\sqrt{P^2+Q^2} \tag{3-122}$$

2. 三相对称电路的功率

在三相交流电路中，如三相负载是对称的（三相异步电动机等），则三相电路的总有功功率等于每相负载上所消耗有功功率的 3 倍，即

$$P=3P_P=3U_PI_P\cos\varphi \tag{3-123}$$

式中，φ 是相电压 U_P 与相电流 I_P 之间的相位差。

在实际应用中，负载有星形和三角形两种连接方法，同时三相电路中的线电压和线电流的数值比较容易测量，所以希望用线电压和线电流来表示三相的功率。

当三相对称负载是星形连接时

$$U_L=\sqrt{3}U_P,I_L=I_P$$

当三相对称负载是三角形连接时

$$U_L=U_P,I_L=\sqrt{3}\,I_P$$

不论对称负载是星形连接还是三角形连接将上述关系代入式(3-123)，则得

$$P=\sqrt{3}U_{L}I_{L}\cos\varphi \tag{3-124}$$

值得注意的是，式(3-124) 中 φ 仍为相电压 U_{P} 和相电流 I_{P} 之间的相位差，即负载阻抗的阻抗角。

同理可得，三相电路的无功功率和视在功率为

$$Q=3U_{P}I_{P}\sin\varphi=\sqrt{3}U_{L}I_{L}\sin\varphi \tag{3-125}$$

$$S=3U_{P}I_{P}=\sqrt{3}U_{L}I_{L} \tag{3-126}$$

应该指出，接在同一个三相电源上的同一对称三相负载，当其连接方式不同时，其三相有功功率是不同的，接成三角形的有功功率是接成星形的有功功率的 3 倍，即

$$P_{\triangle}=3P_{Y} \tag{3-127}$$

【例 3-13】 有一个三相对称感性负载，其中每相的 $R=12\Omega$、$X_{L}=16\Omega$，接在 $U_{L}=380V$ 的三相电源上。若负载作星形连接时，计算 I_{P}、I_{L} 及 P。如负载改成三角形连接，再计算上述各量，并比较两种接法的计算结果。

解 ① 负载做 Y 连接时

$$|Z|=\sqrt{R^{2}+X_{L}^{2}}=\sqrt{12^{2}+16^{2}}\Omega=20\Omega$$

$$U_{P}=\frac{U_{L}}{\sqrt{3}}=\frac{380}{\sqrt{3}}V=220V$$

$$I_{P}=\frac{U_{P}}{|Z|}=\frac{220}{20}A=11A$$

$$I_{L}=I_{P}=11A$$

$$\cos\varphi=\frac{R}{|Z|}=\frac{12}{20}=0.6$$

所以

$$P_{Y}=\sqrt{3}U_{L}I_{L}\cos\varphi=\sqrt{3}\times380\times11\times0.6W=4344W$$

② 负载做三角形连接时

$$U_{P}=U_{L}=380V$$

$$I_{P}=\frac{U_{P}}{|Z|}=\frac{380}{20}A=19A$$

$$I_{L}=\sqrt{3}I_{P}=\sqrt{3}\times19A=33A$$

所以

$$P_{\triangle}=\sqrt{3}U_{L}I_{L}\cos\varphi=(\sqrt{3}\times380\times33\times0.6)W=13032W$$

③ 两种连接方法计算结果比较

$$\frac{U_{\triangle P}}{U_{YP}}=\frac{380}{220}=\sqrt{3},\quad 即\ U_{\triangle P}=\sqrt{3}U_{YP}$$

$$\frac{I_{\triangle P}}{I_{YP}}=\frac{19}{11}=\sqrt{3},\quad 即\ I_{\triangle P}=\sqrt{3}I_{YP}$$

$$\frac{I_{\triangle 1}}{I_{Y1}}=\frac{33}{11}=3,\quad 即\ I_{\triangle L}=3I_{YL}$$

$$\frac{P_{\triangle}}{P_{Y}}=\frac{13032}{4344}=3,\quad 即\ P_{\triangle}=3P_{Y}$$

四、应用示例

三相功率的测量

在工程上，除用三相功率表测量三相功率外，一般也可以用单相功率表来测量三相功率，其测量方法有三表法、一表法和两表法三种。

知识素养 3.39 三相功率的计算

微课 3.40 三相负载功率的分析与计算

课件 3.41 三相负载功率的分析与计算

动画 3.42 仿真：三相交流电路功率的测量

视频 3.43 综合实训：三相电路连接测量

1. 三表法

此法用于测量三相四线制不对称负载功率。测量时把三个功率表分别接在被测的每相电路中。这时，三相电路的总功率为三个功率表的读数之和，即

$$P=P_U+P_V+P_W \quad (3\text{-}128)$$

由于这种测量方法需用三个功率表，所以称三表法，如图 3-66 所示。

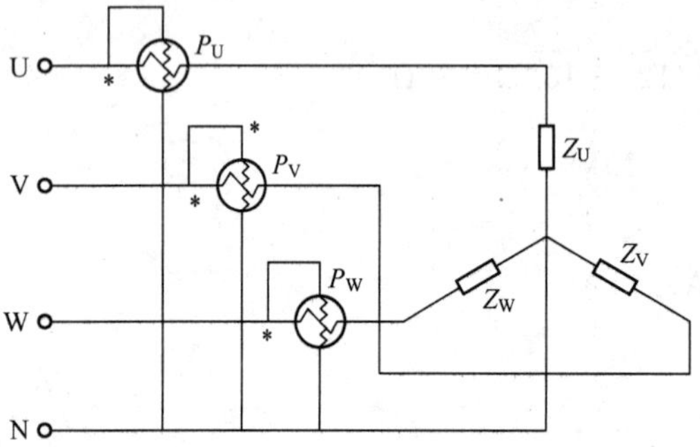

图 3-66 三表法测量三相功率

2. 一表法

在三相对称负载电路中，若三相负载是对称的，则每相负载的功率都相等。这时可以用一个功率表测量其中任一相负载的功率，将测量结果乘以 3，就是三相负载的总功率。

由于这种测量方法只用一个功率表，所以称为一表法。如图 3-67 所示，(a) 是测量三相星形连接的对称负载的功率，(b) 是测量三相三角形连接的对称负载的功率。

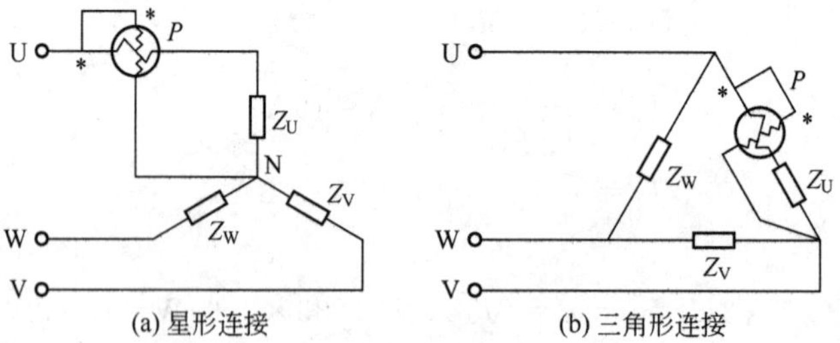

(a) 星形连接　(b) 三角形连接

图 3-67 一表法测量三相功率

3. 两表法

两表法常用来测量三相三线制对称或不对称负载的功率，尤其是对中点不外露的星形连接或是端点不易拆开的三角形连接的负载最为方便。正确的接法是把两功率表的电流线圈串接在任意两根相线中，且标有“＊”的接线端应接在靠电源的那一方，而两电压线圈的未标“＊”的接线端则必须接在未串联电流线圈的一根相线上。如图 3-68 所示。

由图 3-68 可见，两个功率表的电流线圈分别流过 U 相和 V 相的瞬时电流 i_U 和 i_V，两个电压线圈分别是线电压 u_{UW} 和 u_{VW}。这样两个功率表反映的瞬时功率分别为

$$P_1=u_{UW}i_U, P_2=u_{VW}i_V$$

两个功率表的功率之和为

$$\begin{aligned} P &= P_1 + P_2 = u_{UW} i_U + u_{VW} i_V \\ &= (u_V - u_W) i_U + (u_V - u_W) i_V \\ &= u_U i_U + u_V i_V - u_W (i_U + i_V) \end{aligned}$$

在三相三线制电路中，$i_U + i_V + i_W = 0$，即 $i_W = -(i_U + i_V)$，因此

$$\begin{aligned} P_1 + P_2 &= u_U i_U + u_V i_V + u_W i_W \\ &= P_U + P_V + P_W \end{aligned} \tag{3-129}$$

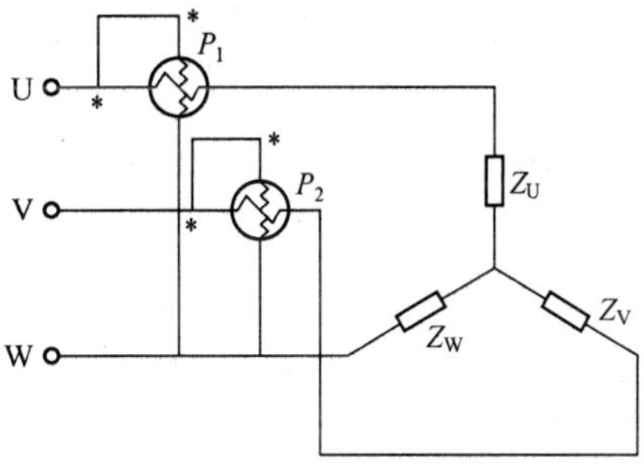

图 3-68　两表法测量三相功率

由式(3-129) 可知，两表法中，虽然每个功率表的读数没有什么意义，但两个功率表所测的瞬时功率之和却等于三相总瞬时功率，所以只要将两个功率表的读数相加，即可求得三相总功率。

如果在两表法测量时，接线虽然正确但却有一个功率表指针反偏或读数为零，这时应将这个功率表的电流线圈端子反接，使指针正偏，取得读数后要加上一个负号，再与另一个表的读数相加。所以两表法测出的三相电路总功率，应为两个功率表读数的代数和。

【思考与讨论】

1. 当负载星形连接时，线电流一定等于相电流吗？
2. 当负载星形连接时，必须接中线吗？
3. 当负载三角形连接时，线电流是否一定等于相电流的$\sqrt{3}$倍？

知识梳理与学习导航

一、知识梳理

1. 在选定了电流的参考方向后，正弦电流的数学表达式为

$$i(t) = I_m \sin(\omega t + \phi)$$

其中振幅 I_m、角频率 ω 和初相角 ϕ 称为正弦量的三要素。除 ω 反映周期变化的快慢外，还有频率 f、周期 T 也可以反映周期变化的快慢，它们的关系为

$$\omega = 2\pi f = 2\pi \frac{1}{T}$$

2. 周期信号的有效值等于其瞬间值的均方根值。对正弦电流来说

$$I = \frac{1}{T}\int_0^T i^2 \mathrm{d}t = \frac{I_m}{\sqrt{2}}$$

3. 两个同频率的正弦量 i_1 和 i_2 的计时起点改变时，它们的初相位也跟着改变，但它们之间的相位差保持不变。若两个同频率的正弦量的初相角分别为 ϕ_1 和 ϕ_2，则其相位差为 $\phi = \phi_1 - \phi_2$。当 $\phi > 0$ 时，可以说 i_1 超前于 i_2 一个角度 ϕ；当 $\phi = 0$ 时，i_1 与 i_2 同相；当 $\phi < 0$ 时，i_1 滞后于 i_2 一个角度 ϕ。

4. 线性电容、电感元件的定义式和伏安关系的微分式如表 3-1 所示。

5. 线性电容、电感元件的串、并联等效关系如表 3-2 所示。

6. 正弦量可以用相量来描述，相量的模表示正弦量的振幅或有效值，幅角表示正弦量的初相角。正弦量与其相量之间的关系是

表 3-1 线性电容、电感元件的定义式和伏安关系的微分式

元 件	定 义 式	伏安关系的微分式	储 能
电容	$q=Cu_C$	$i_C=C\frac{du_C}{dt}$	$w_C=\frac{1}{2}Cu_C^2(t)$
电感	$\varphi=Li_L$	$u_L=L\frac{di_L}{dt}$	$w_L=\frac{1}{2}Li_L^2(t)$

表 3-2 线性电容、电感元件的串、并联等效关系

元 件	串 联	并 联
电容	$\frac{1}{c}=\sum_{i=1}^{n}\frac{1}{c_i}$	$c=\sum_{i=1}^{n}c_i$
电感	$L=\sum_{i=1}^{n}L_i$	$\frac{1}{L}=\sum_{i=1}^{n}\frac{1}{L_i}$

$$i(t)=I_m\sin(\omega t+\phi)$$

即
$$\dot{I}_m=I_m e^{j(\omega t+\phi)}$$

7. 电阻、电感、电容元件伏安关系的相量形式如表 3-3 所示。

表 3-3 电阻、电感、电容元件伏安关系的相量形式

元 件	相 量 关 系	有效值关系	相 位 关 系
电阻	$\dot{U}=R\dot{I}$	$U=RI$	$\phi_u=\phi_i$
电感	$\dot{U}=jX_L\dot{I}$	$U=X_LI=\omega LI$	$\phi_u=\phi_i+90°$
电容	$\dot{U}=-jX_C\dot{I}$	$U=X_CI=\frac{1}{\omega C}I$	$\phi_u=\phi_i-90°$

8. 线性无源二端口网络可以等效为一个阻抗或导纳，在关联参考方向下，分别定义为

$$Z=\frac{\dot{U}}{\dot{I}}=|Z|\angle\phi=R+jX, |Z|=\frac{U}{I}, \phi=\phi_u-\phi_i$$

$$Y=\frac{\dot{I}}{\dot{U}}=|Y|\angle\varphi=G+jB, |Y|=\frac{I}{U}, \varphi=\phi_i-\phi_u$$

同一无源二端口网络的等效阻抗和等效导纳有这样的关系

$$Z=\frac{1}{Y}$$

n 个阻抗相串联的等效阻抗等于各阻抗之和，即

$$Z=Z_1+Z_2+\cdots+Z_n$$

n 个导纳相并联的等效导纳等于各导纳之和，即

$$Y=Y_1+Y_2+\cdots+Y_n$$

9. 基尔霍夫定律和欧姆定律的相量形式

$$\sum_{k=1}^{n}\dot{I}_k=0, \sum_{k=1}^{n}\dot{U}_k, \dot{U}=Z\dot{I}$$

基尔霍夫定律和欧姆定律是分析电路的外部和内部约束条件，它们的相量形式是利用相量法分析正弦电流电路的依据。所谓相量法就是将电压和电流用相量表示，R、L、C 元件用阻抗表示，据此画出电路的相量模型，利用基尔霍夫定律和欧姆定律的相量形式计算电压和电流相量的方法。在直流电路中熟知的分析方法（如网孔法、节点法、叠加定理、戴维南等效定理等）同样适用于利用相量法分析正弦电流电路。

10. 在电压与电流为关联参考方向的条件下，电路吸收的瞬时功率为 $p=ui$；有功功率为 $p=UI\cos\phi$；无功功率为 $Q=UI\sin\phi$；视在功率为 $S=UI$。其中 $\phi=\phi_u-\phi_i$。$\cos\phi$ 称为该电路的功率因数，对于感性负载，可采用在负载两端并联电容器的方法来提高功率因数。

11. 对称三相电源是由三个频率相同、幅值相等、相位彼此相差 120°的正弦电源组成的，它们有三角形和星形两种连接形式。三相负载是三个独立负载，也有三角形和星形两种连接形式，若三相负载的阻抗相等，且阻抗角相等，则称为对称三相负载。对称三相电源和对称三相负载构成的三相电路称为对称三相电路。

12. 按三相电源和三相负载的连接方式，三相电路有四种连接方法：△-△接法；△-Y 接法；Y-Y（包括 Y_0-Y_0）；Y-△接法。

13. 对称三相电源星形连接时，每相电源的电压，即端线与中性线之间的电压称为相电压，三相电源各端线之间的电压称为线电压。线电压对称，且为相电压的$\sqrt{3}$倍，即

$$U_{LY}=\sqrt{3}U_{PY}$$

对称三相电源三角形连接时，线电压等于相电压，即

$$U_{L\triangle}=U_{P\triangle}$$

14. 在负载为三角形连接的对称电路中，线电流和相电流对称，线电流是相电流的$\sqrt{3}$倍，即

$$I_{L\triangle}=\sqrt{3}I_{P\triangle}$$

在负载星形连接的对称三相电路中，线电流等于相电流，即

$$I_{L\triangle}=I_{P\triangle}$$

15. 对称三相电路的分析计算，可采用只分析其中的一相电路，根据分析结果，再来推知其他两相的方法，具体计算仍是相量法。且不需要知道电源的连接方式，只需知道电压即可。对于不对称三相电路的分析，需逐相进行，不计线路阻抗的不对称三相四线制电路和负载△接法的三相三线制电路，也可分别逐相独立分析。

16. 对称三相电路的有功功率等于线电压、线电流和功率因数三者乘积的$\sqrt{3}$倍，即

$$P=\sqrt{3}U_L I_L\cos\phi$$

式中，ϕ 是负载的相电压超前与相电流的角度，即阻抗角。

17. 三相功率的测量，三相四线制用三瓦特表法，三相三线制用二瓦特表法。

二、学习导航

1. 知识点

☆正弦量三要素的意义

☆复数的基本概念及正弦量的相量表示法

☆电阻、电感、电容元件上电压与电流的相量关系

☆多阻抗的串联与并联

☆三相电源与三相负载、平衡负载功率的计算

2. 难点与重点

☆电阻、电感、电容元件上电压与电流的相量关系

☆多阻抗串联与并联的分析与计算

☆三相电源与三相负载的分析与计算

☆相量法及其应用

3. 学习方法

☆理解正弦量的基本概念

☆相量法是对正弦稳态电路进行分析的一种简单而有效的方法

☆学会相量法的解题思路很重要，这样可以加深对相量法的正确理解

☆相量图应用于正弦稳态电路的分析，常能收到意想不到的效果，参考相量的选取很重要，通过多做习题，应学会参考相量选取的一般原则

习 题 三

3-1 写出下列正弦电压和电流的解析式。

① $U_m=311V$，$\omega=314rad/s$，$\varphi=-30°$；

② $I_m=10A$，$\omega=10rad/s$，$\varphi=60°$。

3-2 画出下列正弦 i、u 波形，并指出其振幅、频率和初相各为多少？

① $u=20\sin(314t-30°)$ V；

② $i=100\sin(100t+70°)$ A。

3-3 一正弦电流初相为$\frac{\pi}{6}$，在 $t=\frac{T}{6}$时，其值为 10A，写出该电流解析式。

3-4 已知 $u_A=100\sin(628t+45°)V$，$u_B=141\sin(628t-30°)V$，求出这两者的相位差是多少？

3-5 已知 $u=311\sin\omega t V$，$i=1.41\sin(\omega t+30°)A$，求电压与电流的有效值。

3-6 某正弦电压角频率为 100rad/s，初相 $\phi=60°$，当 $t=0.02s$ 时，其瞬时值为 57.9V，写出其解析式。

3-7 将下列复数写成代数形式：

① $10\angle 60°$；② $5\angle -90°$；③ $10\angle 126.9°$；④ $20\angle -30°$

3-8 将下列复数写成极坐标形式：

① 3+j4；② 2+j；③ 12−j16；④ 5−j8.66；⑤ j2

3-9 已知 $A_1=8\angle -30°$，$A_2=10\angle 60°$，求 A_1+A_2、A_1-A_2、$A_1\cdot A_2$、$\frac{A_1}{A_2}$。

3-10 用相量法求下列各组正弦量之和及之差，并画相量图。

① $u_1=311\sin(\omega t+30°)V$，$u_2=141\sin(\omega t-60°)V$；

② $i_1=14.1\sin(\omega t+45°)A$，$i_2=\sin(\omega t-45°)A$。

3-11 把下列各正弦量化为相对应相量，并画相量图。

① $u=100\sqrt{2}\sin(\omega t+30°)V$；

② $i=3\sqrt{2}\sin(\omega t-45°)A$。

3-12 把 100Ω 的电阻接到 $u=141\sin(314t+60°)V$ 的电源上，写出电流的解析式，并作相量图。

3-13 额定电压为 220V，60W 灯泡，接到 220V 的正弦电压上，求灯泡上电流为多少？

3-14 一电阻通过电流 $i=14.1\sin(314t+60°)A$，消耗功率 100W，求电阻的大小并写出 u_R 的解析式。

3-15 将一 $L=25mH$ 的电感接在 $u=100\sin(314t+30°)V$ 的电源上，求电感上电流，并作相量图。

3-16 某电感接在正弦电源上，已知 $L=100mH$，$I_L=1A$，$U_L=50V$，求电源频率为多少？

3-17 某一线圈的电感 $L=2.55mH$，其电阻很小，可以忽略不计，已知线圈两端的电压为 $u=311\sin$

(314t+60°)V，试计算该线圈的感抗 X_L，写出通过线圈的电流瞬时值表达式，并计算无功功率 Q。

3-18　容量 $C=31.85\mu F$ 的电容接与频率 $f=50Hz$ 的交流电路中，已知流过电容的电流 $i=2.2\sqrt{2}\sin(\omega t+90°)A$，试计算该电容器的容抗 X_C，并写出电容两端电压的瞬时值表达式，计算无功功率 Q。

3-19　在图 3-69 所示的交流电路中，除 A_0 和 U_0 外，其余电流表和电压表的读数在图上均已标出。试求电流表 A_0 或电压表 U_0 的读数。

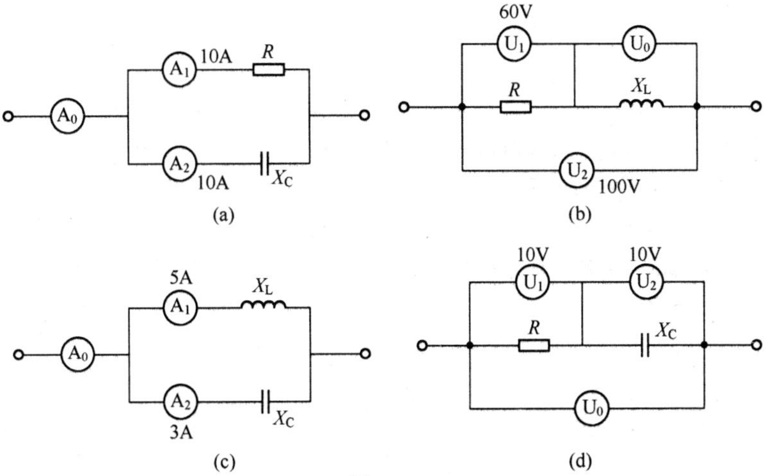

图 3-69

3-20　把一线圈接在 24V 的直流电源上，电流为 4A，若将它接到 50Hz、60V 的交流电源上，电流为 6A，求该线圈的电阻 R 和电感 L。

3-21　在图 3-70 所示交流电路中，电流表 A_1 和 A_2 的读数分别为 $I_1=3A$，$I_2=4A$。

① 设 $Z_1=R$，$Z_2=-jX_C$，求 A 表的读数；

② 设 $Z_1=R$，问 Z_2 为何种参数时，A 表的读数最大，并求此读数；

③ 设 $Z_1=-jX_C$，问 Z_2 为何种参数时，A 表的读数最小，并求此读数。

3-22　将一个 50μF 的电容器先后接在频率 $f=50Hz$ 与 $f=5000Hz$ 的交流电源上，电源电压均为 110V，试分别计算在上述两种情况下的容抗，通过电容的电流及无功功率 Q。

3-23　将一线圈接到 20V 的直流电压上，消耗的功率为 40W，改接到 220V，$f=50Hz$ 的交流电压上，该线圈消耗的功率为 1000W，求该线圈的电感 L。

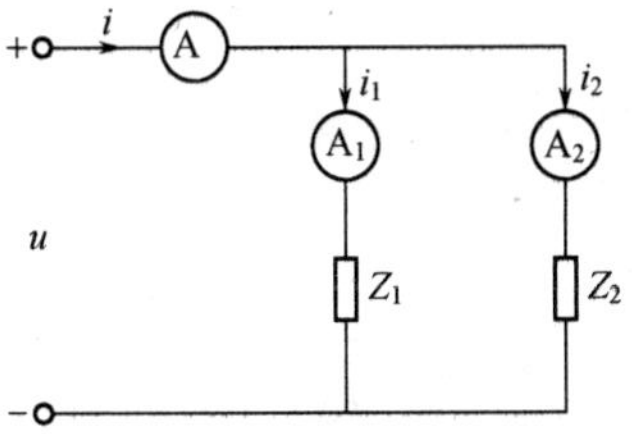

图 3-70

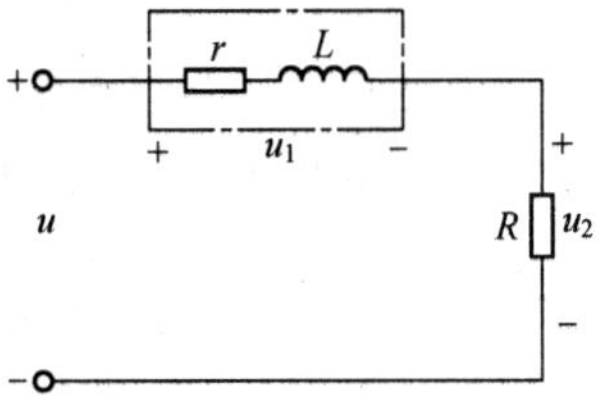

图 3-71

3-24　日光灯电路如图 3-71 所示，已知灯管的电阻 $R=520\Omega$，镇流器电感 $L=1.8H$，镇流器电阻 $R=80\Omega$，电源电压 U 为 220V，求电路电流，镇流器两端电压 U_1，灯管两端电压 U_2 和电路的功率因数（$f=50Hz$）。

3-25　图 3-72 所示的 RC 串联电路，试分析输入信号电压 $\dot{U}_i$ 与输出信号电压 $\dot{U}_o$ 之间的相位关系。已知 $R=16k\Omega$，$C=0.11\mu F$，试求输入信号电压 $\dot{U}_i$ 的频率为何值时，$\dot{U}_o$ 比 $\dot{U}_i$ 的相位超前 45°？

3-26　图 3-73 电路，已知 $R_1=30\Omega$，$X_{L1}=40\Omega$，$R_2=80\Omega$，$X_{C2}=60\Omega$ 电源电压 $u=100\sqrt{2}\sin\omega t$ V，试求 i_1、i_2 和 i，并作电压与电流的相量图。

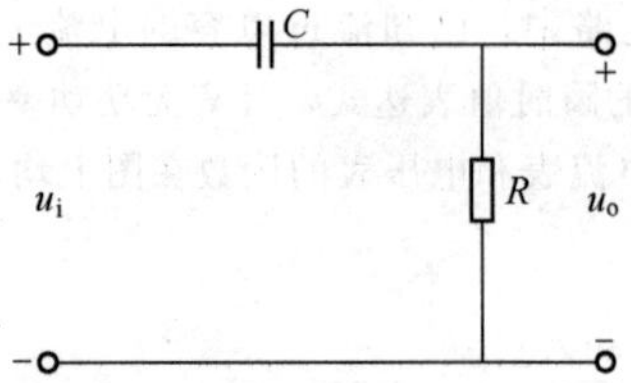

图 3-72

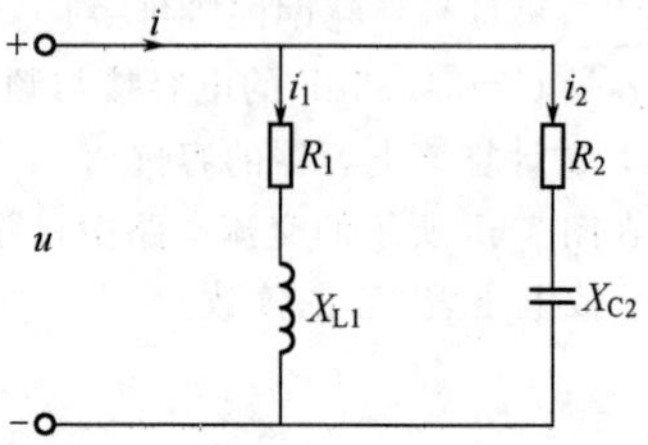

图 3-73

3-27 两个抗阻串联于电源电压 $u=220\sqrt{2}\sin\omega t$ V 的电源上，如图 3-74 所示。已知 $Z_1=(3.5+j10)\Omega$，$Z_2=(2.5-j4)\Omega$，试求：①电流 i 的瞬时值的表达式；②求各电压的有效值 U_1、U_2；③说明电路性质；④计算电路的有功功率 P 和无功功率 Q。

3-28 图 3-75 所示电路为 R、L、C 并联电路，已知 $X_L=11\Omega$，$X_C=22\Omega$，$R=22\Omega$，电源电压 $u=220\sqrt{2}\sin(\omega t+20°)$ V，试求：①各支路电流 I_R，I_L，I_C 及总电流 I，并写出它们的瞬时值表达式；②电路的功率因数及有功功率 P 和无功功率 Q；③画出电压与各电流的相量图。

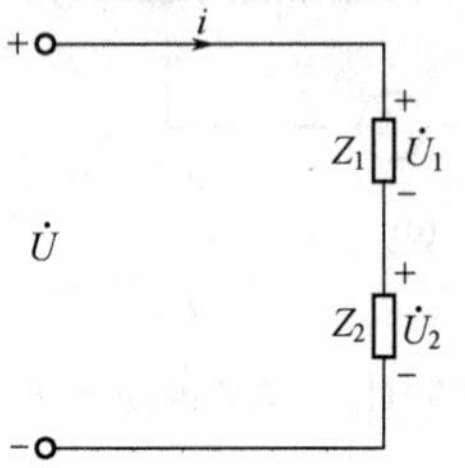

图 3-74

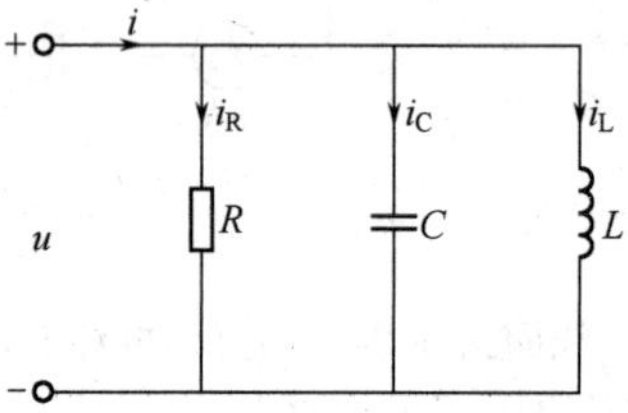

图 3-75

3-29 图 3-76 所示电路中，已知电源电压 $u=100\sqrt{2}\sin 314t$ V，$i_1=10\sin(314t-45°)$ A，$i_2=5\sqrt{2}\sin(314t+90°)$ A，试求各电表的读数及电路的参数 R、L、C。

3-30 已知一电感为 15mH，接到频率为 50Hz、电压为 220V 电源上，求①线圈上电流、无功功率以及储存的最大磁场能量；②若频率升高为 1000Hz，则此时的电流、无功功率又为什么？

3-31 将 100μF 电容接到电压为 $u=311\sin 314t$ V 的电源上，求电容上电流并画相量图。

3-32 4.7μF 的电容接到正弦电源上，已知 $i_C=1.41\sin(314t+45°)$A，求电容两端电压及无功功率。

3-33 RLC 串联电路接在 $u=220\sqrt{2}\sin(314t-30°)$V 电源上，已知 $R=10\Omega$，$L=0.01$H，$C=100\mu$F 求各元件电压解析式。

3-34 已知日光灯的等效电路如图 3-77 所示，灯管电阻为 100Ω，镇流器电阻为 20Ω，电感为 1H，电源电压为 220∠0V，求电路电流 $\dot{I}$ 以及电压 $\dot{U}_1$、$\dot{U}_2$。

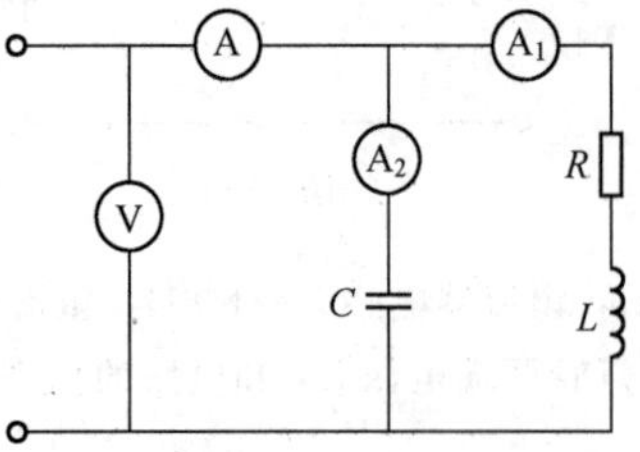

图 3-76

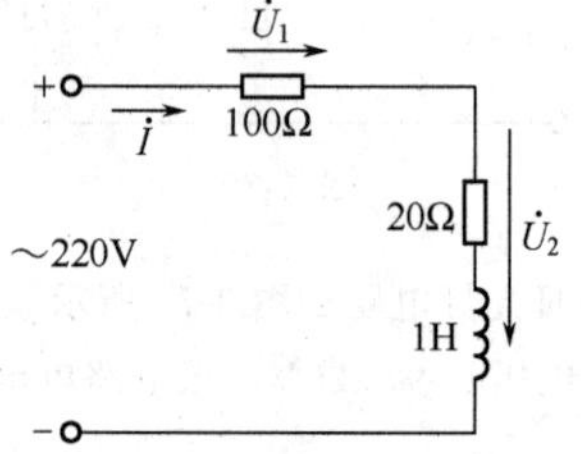

图 3-77

3-35 RL 串联电路中，已知 $R=100\Omega$，$L=10$mH，$u_R=10\sqrt{2}\sin 1000t$ V，求电源电压，并画相量图。

3-36 在 RLC 串联电路中，已知 R 为 8Ω，L 为 6.37mH，C 为 398μF，电源电压 $u_R=311\sin\omega t$ V。当 f 分别为 50Hz 和 200Hz 时，求电路中的电流以及电路的性质。

3-37　图 3-78 电路中，已知 $u_i=\sqrt{2}\sin(1000t+30°)$V，$R=10$kΩ，$C=0.1\mu$F，求输出电压 u_o 以及 u_o 与 u_i 的相位差。

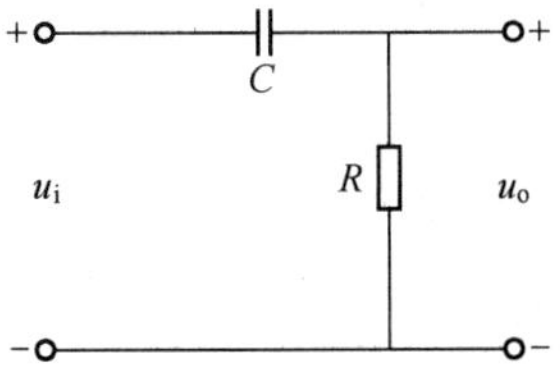

图 3-78

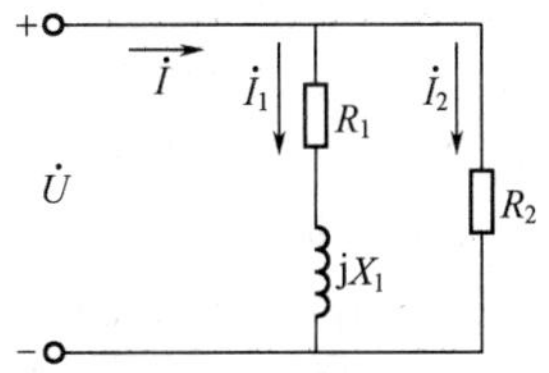

图 3-79

3-38　在 RLC 串联电路中，已知 $R=10\Omega$，$L=0.7$H，$C=1000\mu$F，$\dot{U}=100\angle 0°$V，$\omega=100$rad/s，求电路中电流以及有功功率，无功功率、视在功率。

3-39　已知 $Z_1=(3+j4)\Omega$，$Z_2=(8-j6)\Omega$ 串联接在电源电压$\dot{U}=220\angle -30°$上，求电路电流 $\dot{I}$ 以及各阻抗上电压$\dot{U}_1$、$\dot{U}_2$。

3-40　图 3-79 所示电路中，已知$\dot{U}=220$V，$R_1=100\Omega$，$X_1=50\Omega$，$R_2=40\Omega$，求各支路电流大小。

3-41　在如图 3-80 所示电路中，已知 $R=10\Omega$，$X_L=10\Omega$，$X_C=10\Omega$，$\dot{U}=10\angle 0$V，求各支路电流、总电流与总有功率。

3-42　在如图 3-81 所示电路中，已知 $R=6\Omega$，$X_L=10\Omega$，$R_1=8\Omega$，$X_C=5\Omega$，端电压$\dot{U}=10\angle 0$V，求电路等效复导纳 Y 和总电流以及各支路电流。

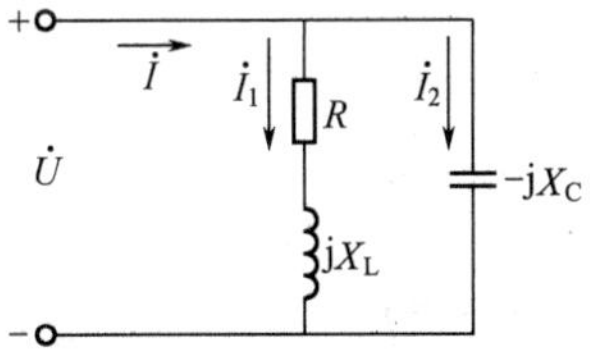

图 3-80

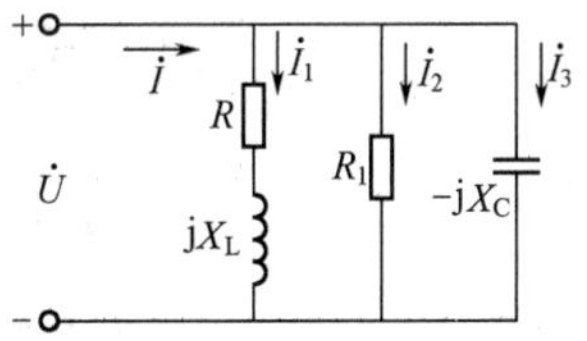

图 3-81

3-43　某三相对称电源，已知$\dot{U}_U=220\angle 90°$V。求$\dot{U}_V$、$\dot{U}_W$ 并画相量图。

3-44　①星形连接的发电机线电压为 380V，相电压为多少？②若发电机绕组连接成三角形，则线电压又为多少？

3-45　三相四线制电路中，已知线电压为 380V，三相负载复阻抗均为 $38\angle 30°\Omega$，求各相电流。

3-46　在如图 3-82 所示电路中，已知线电压 380V，$R_U=10\Omega$，$R_V=X_V=10\Omega$，$R_W=10\Omega$，$X_W=20\Omega$，求每相负载电流及中线电流。

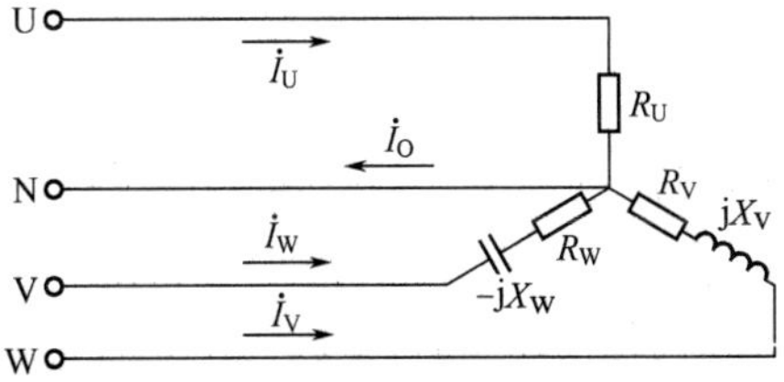

图 3-82

3-47　在三角形连接负载中，已知 $Z_U=Z_V=Z_W=10\angle 30°\Omega$ 接在 $U_L=380$V 的三相电源上，求三相相电流和线电流。

3-48　在三角形连接负载中，已知 $R_U=11\Omega$，$R_V=R_W=22\Omega$，$U_L=380$V，求负载的三相相电流以及线电流。

3-49　在三相四线制电路中线电压为 380V，已知 U 相接 100 盏灯，V 相接 150 盏灯，W 相接 300 盏灯，灯泡额定值均为 220V、40W，求三相有功功率。

3-50　做星形连接的三相负载，各相负载电阻均为 6Ω，电感 $L=25.5$mH，把它接到 f 为 50Hz，线电压为 380V 的三相电源上，求各相负载电流及三相有功功率、无功功率、视在功率。

3-51　有一个三相对称负载，每相的电阻 $R=8\Omega$、$X_L=6\Omega$ 如果负载连成星形，接到 $U_1=380V$ 的三相电源上，求负载的相电流、线电流及有功功率。

3-52　有一个三相异步电动机，其绕组连成三角形接于线电压 $U_1=380V$ 的电源上，从电源所取用的功率 $P=11.3kW$，功率因数 $\cos\varphi=0.87$，试求电动机的相电流和线电流。

3-53　在图 3-83 所示线电压为 380V 的三相供电线路上，接一对称电阻性负载，若 $R=220\Omega$，试计算①流过每个电阻的电流；②供电线路中的电流；③三相有功功率。

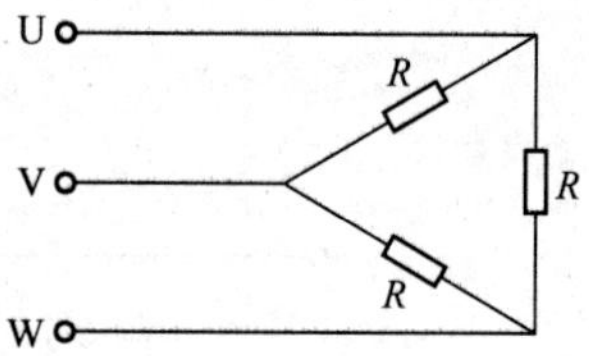

图 3-83

3-54　有一星形连接的三相发电机，每相电流是 250A，相线与相线间的电压是 6600V，功率因数是 0.85，是计算①相电压；②总有功功率。

3-55　指出下列结论中，哪个是正确的？哪个是错误的？

① 同一台发电机作星形连接时的线电压等于作三角形连接时的线电压；

② 当负载作星形连接时，必须有中线；

③ 凡负载作三角形连接时，线电流必为相电流的$\sqrt{3}$倍；

④ 当三相负载愈接近对称时，中线电流就愈小；

⑤ 负载作星形连接时，线电流必等于相电流；

⑥ 三相对称负载作星形或三角形连接时，其总有功功率为 $P=\sqrt{3}U_1I_1\cos\varphi$。

3-56　图 3-84 所示为四个三相电源。今有两个三相负载：其一为对称的额定相电压为 220V；另一个为不对称的额定相电压也为 220V。试决定这两个负载应如何接入上述电源线路？作出其线路图。

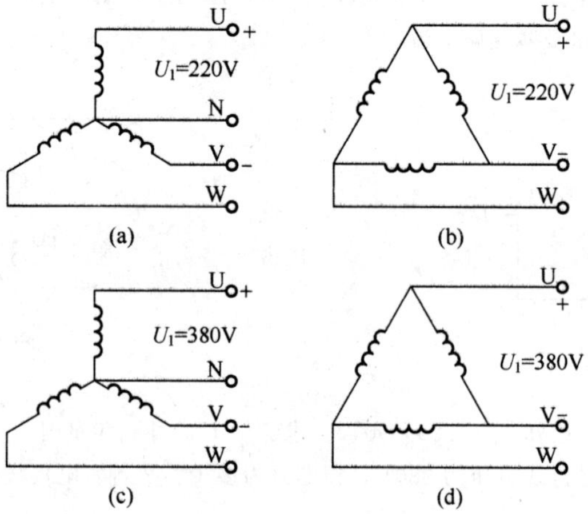

图 3-84

哲思语录：多见者博，多闻者知；
距谏者塞，专己者孤。

科学家简介

贝尔（Alexander Graham Bell，亚历山大·格拉汉姆·贝尔 1847 年 3 月 3 日～1922 年 8 月 2 日），美国发明家和企业家，他获得了世界上第一台可用的电话机的专利权（发明者为意大利人安东尼奥·梅乌奇），创建了贝尔电话公司（AT&T 公司的前身），被世界誉为“电话之父”。除了电话，贝尔还发明了载人的巨型风筝，为加拿大海军发明了用于在二战时与德国 U 型潜艇抗衡的水翼船。

贝尔出生于英国苏格兰的爱丁堡。贝尔的主要成就是发明了电话；此外，他还制造了助听器；改进了爱迪生发明的留声机；他对聋哑语的发明贡献甚大；他写的文章和小册子超过 100 篇。1881 年，他为了发现美国总统詹姆士·加菲尔德体内的子弹设计了一个检验金属的装置，成为 X 光机的前身。他还创立了英国聋哑教育促进协会。贝尔实验室是晶体管、激光器、太阳能电池、发光二极管、数字交换机、通信卫星、电子数字计算机、蜂窝移动通信设备、长途电视传送、仿真语言、有声电影、立体声录音，以及通信网的许多重大发明的诞生地。例：1947 年，贝尔实验室发明晶体管。参与这项研究的约翰·巴丁（John Bardeen）、威廉·萧克利（William Shockley）、华特·豪舍·布拉顿（Walter Houser Brattain）于 1956 年获诺贝尔物理学奖。

赫兹（Heinrich Rudolf Hertz，海因里希·鲁道夫·赫兹 1857 年 2 月 22 日～1894 年 1 月 1 日），德国物理学家，于 1887 年首先用实验证实了电磁波的存在。他对电磁学有很大的贡献，故频率的国际单位制单位赫兹以他的名字命名。在月球东边的坑洞，用赫兹的名字来命名。俄罗斯的诺夫哥罗德的无线电产品，也用他的名字命名。在德国汉堡的无线电发射塔被命名为海因里希赫兹塔“海因里希-赫兹”无线电电信通讯，也是以这城市最著名的人物来命名。另外世界不少国家都曾以他的肖像制作邮票。

赫兹出生在德国汉堡的一个改信基督教的犹太家庭。他是古斯塔夫·基尔霍夫和赫尔曼·范·亥姆霍兹的学生。1886 至 1888 年间，海因里希·鲁道夫·赫兹首先通过试验验证了麦克斯韦的理论，同时证明了无线电辐射具有波的特性，并发现电磁场方程可以用偏微分方程，即波动方程。随后，赫兹还通过实验证实电磁波是横波，具有与光类似的特性。在全面验证了麦克斯韦电磁理论的正确性的同时，他进一步完善了麦克斯韦方程组。除此之外，赫兹还通过实验，证明电信号如同麦克斯韦预言的那样可以穿越空气，这一理论是发明无线电的基础。他还注意到带电物体当被紫外光照射时会很快失去它的电荷，发现了光电效应（后来由阿尔伯特·爱因斯坦给予解释）。赫兹被誉为“电磁波之父”，为此后电磁学的发展做出了很大的贡献，同时赫兹在接触力学领域所作出的贡献不应该因他在电磁学领域杰出的成就而忽视。遗憾的是这位伟大物理学家的生命是短暂的，海因里希·鲁道夫·赫兹于 1894 年死于血液中毒，年仅 36 岁。

第四章 谐振电路

☼知识导图

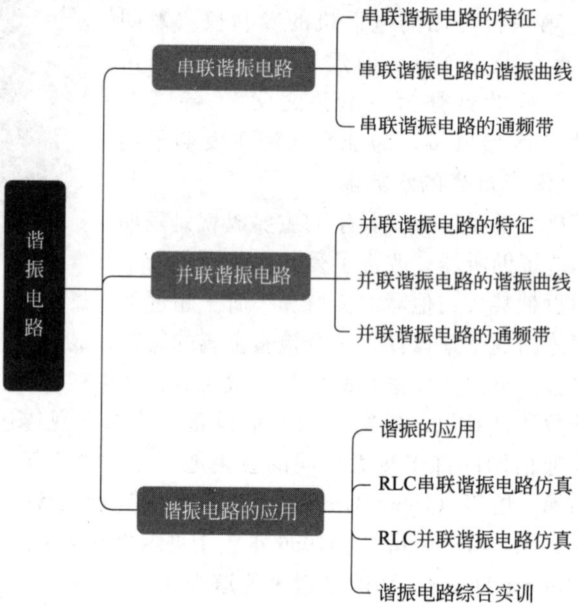

☼学习目标

☆知识目标：①理解串联谐振、并联谐振的条件；
②理解谐振角频率的概念；
③理解串联谐振、并联谐振的特性；
④理解特性阻抗ρ和品质因数Q的物理意义；
⑤理解频率特性的含义；
⑥理解幅频特性曲线的用途及Q值对幅频特性曲线影响；
⑦理解通频带的概念及通频带与Q值的关系；
⑧理解常用复杂并联谐振电路的条件及频率。

☆技能目标：①掌握串联谐振、并联谐振的条件；
②熟练掌握谐振角频率的计算；
③掌握串联谐振、并联谐振的特性；
④熟练掌握特性阻抗ρ和品质因数Q；
⑤掌握频率特性的含义；
⑥掌握幅频特性曲线及Q值与它的关系；
⑦熟练掌握通频带及通频带与Q值的关系；
⑧掌握常用复杂并联谐振电路的条件及频率。

☆培养目标：①培养学生具备对谐振电路一般出现的故障现象、仔细观察、善于分析的习惯；
②培养学生技术应用能力和技术创新能力；

③培养学生质量、成本、安全和文明意识。

谐振电路在电子技术中应用十分广泛。所谓谐振是指：含有电容器和电感线圈的线性无源二端网络对某一频率的正弦激励（达到稳态时）所呈现的端口电压和端口电流同相的现象，谐振电路如图 4-1 所示。由 L 和 C 可以组成串联谐振电路和并联谐振电路，其谐振相应的称为串联谐振和并联谐振。本章介绍基本概念：谐振、谐振频率、谐振阻抗、品质因数、通频带；分析方法：正弦电流电路的串联谐振和并联谐振现象。

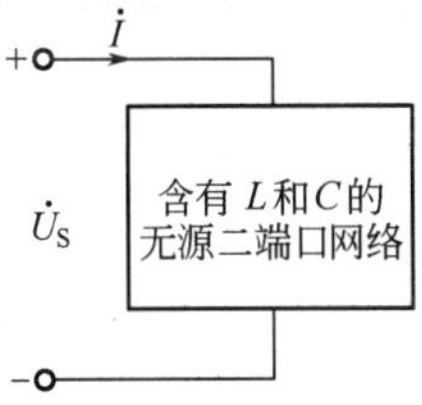

图 4-1　谐振电路

本章重点分析串联和并联谐振电路的谐振条件，谐振时的特征，电路中电压、电流随频率的变化规律，在此基础上介绍谐振电路的应用。

第一节　串联谐振

知识素养 4.1　串联谐振特征

微课 4.2　串联谐振特征

课件 4.3　串联谐振特征

动画 4.4　仿真：PLC 串联谐振电路

由电感线圈和电容器串联可组成串联谐振电路，其电路如图 4-2 所示。在角频率为 ω 的正弦电压的作用下，该电路复阻抗为

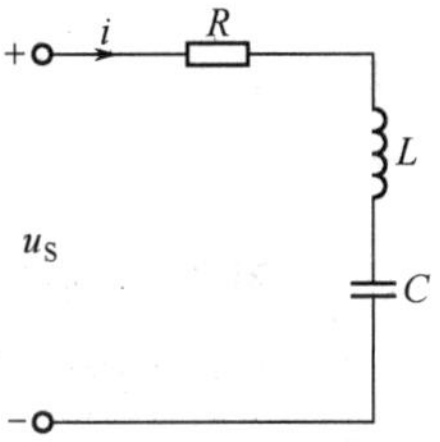
图 4-2　串联谐振电路

$$\begin{aligned} Z &= R + \mathrm{j}\left(\omega L - \frac{1}{\omega C}\right) \\ &= R + \mathrm{j}(X_L - X_C) \\ &= R + \mathrm{j}X = |z|\angle\varphi \\ &= \sqrt{R^2 + X^2}\arctan\frac{X}{R} \end{aligned} \tag{4-1}$$

一、串联谐振的条件

如前所述，谐振时 $\dot{U}_S$ 和 $\dot{I}$ 同相，所以 $\varphi=0$，即谐振时应满足

$$\begin{aligned} X &= 0 \\ X_L &= X_C \\ \omega L &= \frac{1}{\omega C} \end{aligned} \tag{4-2}$$

① 当电源角频率 $\omega=\omega_0$（或 $f=f_0$）时电路谐振，由式(4-2) 可得

$$\omega_0 L = \frac{1}{\omega_0 C}$$

$$\omega_0 = \frac{1}{\sqrt{LC}} \tag{4-3}$$

$$f_0=\frac{1}{2\pi\sqrt{LC}}$$

式(4-3) 说明，谐振时 ω_0（或 f_0）仅取决于电路本身的参数 L 和 C，与电流、电压无关，所以称 ω_0（或 f_0）为电路的固有角频率（或频率），当电源角频率等于电路的固有角频率时，电路谐振。

② 当电源角频率 ω 一定时，通过改变 L 或 C 的参数可改变 ω_0，使 $\omega=\omega_0$ 时电路谐振。调节 L 或 C 使电路谐振的过程称为调谐。

由谐振条件可知，调节电感和电容使电路谐振的关系式为

$$L=L_0=\frac{1}{\omega^2 C}$$
$$C=C_0=\frac{1}{\omega^2 L} \tag{4-4}$$

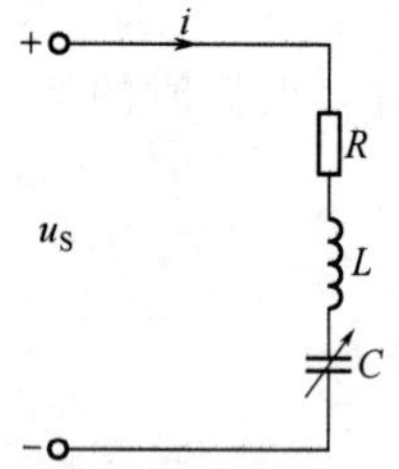

图 4-3 收音机接收信号部分的等效电路

【例 4-1】 收音机接收信号部分的等效电路如图 4-3 所示，已知 $R=20\Omega$，$L=300\mu H$，调节电容 C 收听中波 630kHz 电台的节目，问此时电容值为多少？

解 根据式(4-3) 可得

$$f_0=\frac{1}{2\pi\sqrt{LC}}$$

$$C=\frac{1}{4\pi^2 L f_0^2}$$

$$=\frac{1}{4\pi^2\times 300\times 10^{-6}\times(630\times 10^{-3})^2}\text{F}$$

$$=\frac{1}{4.696\times 10^9}\text{F}=212.9\text{pF}$$

二、串联谐振的特征

1. 谐振时的阻抗　电路的特性阻抗

谐振时电路的电抗 $X=0$，所以此时复阻抗为

$$Z=Z_0=R+\text{j}X=R \tag{4-5}$$

因此谐振时，阻抗最小且为纯电阻。

谐振时，感抗和容抗分别为

$$X_{L0}=\omega_0 L=\frac{1}{\sqrt{LC}}L=\sqrt{\frac{L}{C}}=\rho$$

$$X_{C0}=\frac{1}{\omega_0 C}=\sqrt{LC}\frac{1}{C}=\sqrt{\frac{L}{C}}=\rho \tag{4-6}$$

$$\omega_0 L=\frac{1}{\omega_0 C}=\sqrt{\frac{L}{C}}=\rho$$

式中，ρ 称为电路的特性阻抗，单位为 Ω；ρ 的大小仅由 L 和 C 决定，式(4-6) 说明谐振时感抗和容抗相等，并且等于电路的特性阻抗 ρ。

2. 谐振时的电流

$$\dot{I}_0=\frac{\dot{U}_S}{Z_0}=\frac{\dot{U}_S}{R} \tag{4-7}$$

谐振时，由于阻抗为纯电阻且最小，所以电路中的电流与端口电压同相，并且 I_0 为最大值。

3. 谐振时的电压

（1）谐振时，电感元件和电容元件上的电压，L 和 C 上电压的大小分别记作 U_{L0} 和 U_{C0}。

$$U_{L0}=I_0X_L=\frac{U_S}{R}\omega_0L=\frac{\omega_0L}{R}U_S=\frac{\rho}{R}U_S=QU_S$$

$$U_{C0}=I_0X_C=\frac{U_S}{R}\frac{1}{\omega_0C}=\frac{\frac{1}{\omega_0C}}{R}U_S=\frac{\rho}{R}U_S=QU_S$$

其中

$$Q=\frac{\omega_0L}{R}=\frac{1}{\omega_0CR}=\frac{\rho}{R} \tag{4-8}$$

Q 称为电路的品质因数。在实际电路中，Q 的取值范围从几十到几百，有上述推导可知，谐振时，电感两端的电压大小相等，相位相反，其大小为电源电压的 Q 倍，即

$$U_{L0}=U_{C0}=QU_S \tag{4-9}$$

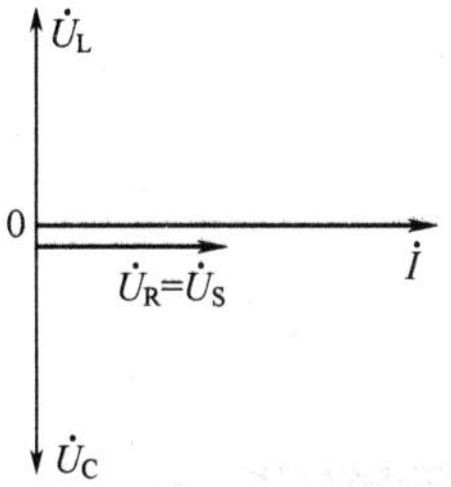

图 4-4　串联谐振时的相量图

由于 Q 值一般较大，所以串联谐振时，电感和电容上的电压往往高出电源电压很多倍，因此，串联谐振常称为电压谐振。实际电路中，应该特别注意电感、电容元件的耐压问题。

（2）谐振时，电阻上的电压

$$U_R=I_0R=R\frac{U_S}{R}=U_S \tag{4-10}$$

即电阻上电压的大小等于电源电压。

（3）谐振时，端口电压和电流的相量图如图 4-4 所示。

4. 谐振时的功率

串联电路谐振时，因为 $\varphi=0$，所以电路的无功功率为 0，即

$$Q=Q_L-Q_C=U_SI\sin\varphi=0$$

上式说明，谐振时电感和电容之间进行着能量的相互交换，而与电源之间无能量交换，电源只向电阻提供有功功率 P。

【例 4-2】 已知 RLC 串联电路中 $R=1\text{k}\Omega$，$L=1\text{mH}$，$C=0.4\text{pF}$，求谐振时的频率 f_0、回路的特性阻抗 ρ 和品质因数 Q 各为多少？

解　根据式(4-3)

$$f_0=\frac{1}{2\pi\sqrt{LC}}=\frac{1}{2\times3.14\times\sqrt{1\times10^{-3}\times0.4\times10^{-12}}}\text{Hz}=7.96\times10^6\text{Hz}=7.96\text{MHz}$$

根据式(4-8)

$$Q=\frac{\omega_0L}{R}=\frac{2\pi f_0L}{R}=\frac{2\times3.14\times7.96\times10^6\times1\times10^{-3}}{1\times10^3}\approx50$$

根据式(4-6)

$$\rho=\sqrt{\frac{L}{C}}=\sqrt{\frac{1\times10^{-3}}{0.4\times10^{-12}}}\Omega=5\times10^4\Omega=50\text{k}\Omega$$

【例 4-3】 RLC 串联谐振电路，已知输入电压 $U_S=100\text{mV}$，角频率 $\omega=10^5\text{rad/s}$，调节 C 使电路谐振，谐振时回路电流 $I_0=10\text{mA}$，$U_{C0}=10\text{V}$，求电路元件参数 R、L、C 的值，回路的品质因数 Q 各为多少？

解 根据式(4-9)

$$U_{C0}=QU_S$$

$$Q=\frac{U_{C0}}{U_S}=\frac{10}{100\times10^{-3}}=100$$

根据式(4-10)

$$U_R=U_S=I_0R$$

$$R=\frac{U_S}{I_0}=\frac{100\times10^{-3}}{10\times10^{-3}}\Omega=10\Omega$$

因为

$$Q=\frac{\omega_0L}{R}$$

所以

$$L=\frac{QR}{\omega_0}=\frac{100\times10}{10^5}\text{H}=10^{-2}\text{H}=10\text{mH}$$

又因

$$\omega_0=\frac{1}{\sqrt{LC}}$$

故

$$C=\frac{1}{\omega_0^2L}=\frac{1}{(10^5)^2\times10^{-2}}\text{F}=10^{-8}\text{F}=0.01\mu\text{F}$$

三、串联谐振电路的谐振曲线

知识素养 4.5 串联谐振电路的谐振曲线与通频带

微课 4.6 串联谐振电路的谐振曲线与通频带

课件 4.7 串联谐振电路的谐振曲线与通频带

RLC 串联电路，当外加电源电压的频率变化时，电路的电流、电压、阻抗、导纳等都将随频率的变化而变化，这种随频率的变化关系称为频率特性，其中电流、电压与频率的关系曲线称为谐振曲线。

1. 阻抗和导纳的频率特性

当电源频率变化时，串联谐振电路的复阻抗 Z 随频率变化，其中，复阻抗的模值随频率的变化称为幅频特性，阻抗角随频率的变化称为相频特性，由前面的分析可以画出其幅频特性曲线和相频特性曲线，如图 4-5 所示。

根据 $|Y|=\frac{1}{|Z|}$，类似地，可以画出复导纳的模值随频率的变化曲线，如图 4-6 所示。

2. 电流的谐振曲线

在串联谐振电路中，回路电流为

$$\dot{I}=\frac{\dot{U}_S}{Z}=\dot{U}_SY$$

上式中，回路电流的有效值为

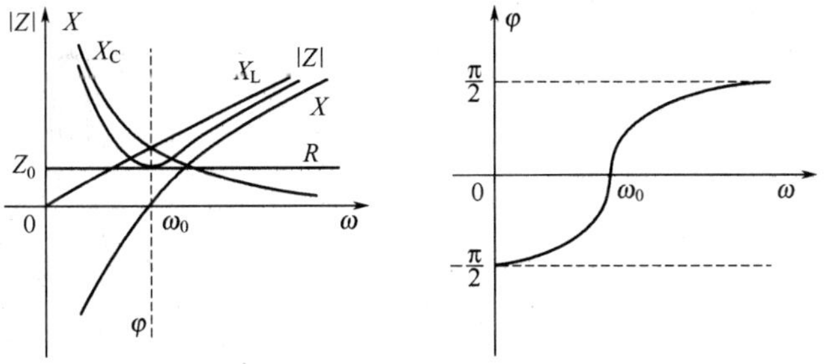

(a) 幅频特性　　(b) 相频特性

图 4-5　串联谐振电路复阻抗的频率特性曲线

$$I=\frac{U_S}{\sqrt{R^2+\left(\omega L-\frac{1}{\omega C}\right)^2}}=\frac{U_S}{|Z|}=U_S|Y| \tag{4-11}$$

由式(4-11) 可知，由于 $|Y|$ 随 ω 变化，所以 I 也随 ω 变化，电流的谐振曲线如图 4-7 所示。分析曲线可知，在 $\omega=\omega_0$ 时，回路中的电流

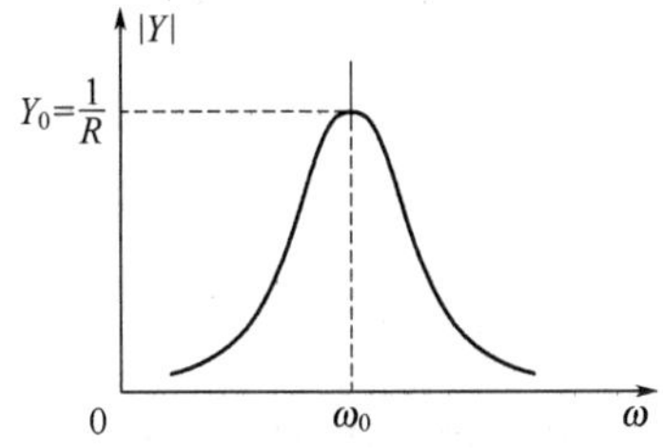

图 4-6　串联谐振电路复导纳的幅频特点

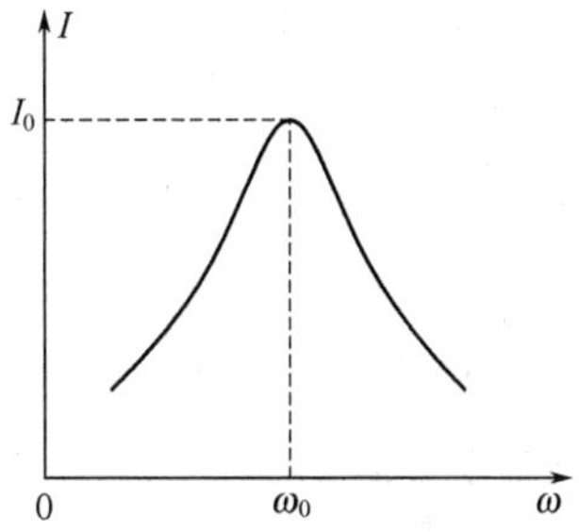

图 4-7　电流的谐振曲线

最大，若 ω 偏离 ω_0，电流将减小，偏离越多，减小越多，即远离 ω_0 的频率，回路产生的电流很小。这说明串联谐振电路具有选择所需频率信号的能力，即选出 ω_0 点附近的信号，同时对远离 ω_0 点的信号进行抑制。所以在实际电路中可以利用串联谐振电路作为选频电路。

下面讨论当外加电源 U_S、回路参数 L 和 C 均不变，电阻 R 不同（即 Q 值不同）时的回路电流的谐振曲线。串联谐振电路的电流谐振曲线如图 4-8 所示，由曲线可看出：Q 值越大，谐振曲线越尖锐，回路的选择性越好；相反地，若 Q 值越小，则曲线越平坦，回路的选择性越差。

下面分析回路电流的谐振电流的大小关系。

$$I=\frac{U_S}{\sqrt{R^2+\left(\omega L-\frac{1}{\omega C}\right)^2}}=\frac{U_S}{R\sqrt{1+\left[\frac{\omega_0 L}{R}\left(\frac{\omega}{\omega_0}-\frac{\omega_0}{\omega}\right)\right]^2}}=I_0\frac{1}{\sqrt{1+Q^2\left(\frac{\omega}{\omega_0}-\frac{\omega_0}{\omega}\right)^2}}$$

$$\frac{I}{I_0}=\frac{1}{\sqrt{1+Q^2\left(\frac{\omega}{\omega_0}-\frac{\omega_0}{\omega}\right)^2}} \tag{4-12}$$

在实际的应用中，回路的 Q 值一般满足 $Q\geqslant 1$，因此电流的谐振曲线较尖锐，当信号频

率 ω 远离 ω_0 时，回路的电流已经很小，即远离 ω_0 的信号对电路的影响可以忽略，这时只考虑 ω 接近 ω_0 时的情况，认为 $\omega+\omega_0\approx 2\omega$。

则式(4-12) 可化简为

$$\frac{I}{I_0}=\frac{1}{\sqrt{1+Q^2\left(\frac{\omega}{\omega_0}-\frac{\omega_0}{\omega}\right)^2}}\approx\frac{1}{\sqrt{1+\left(Q\frac{2\Delta f}{f_0}\right)^2}} \tag{4-13}$$

式中，$\Delta f=f-f_0$ 是频率离开谐振点的绝对值，称为绝对失调，$\frac{\Delta f}{f_0}$称为相对失调。

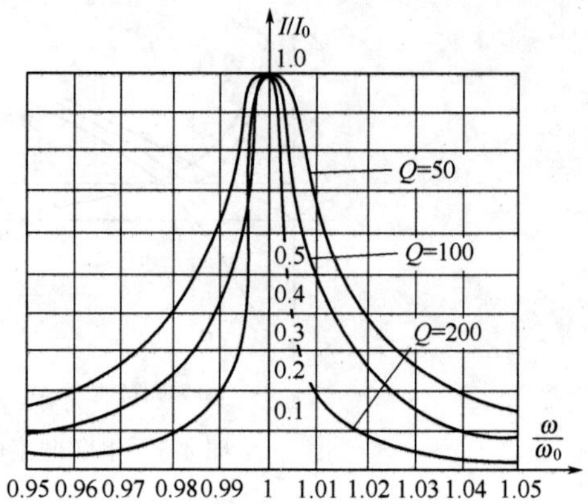

图 4-8 串联谐振电路的电流谐振曲线

【例 4-4】 某 RLC 串联电路，$R=10\Omega$，$L=0.06\text{H}$，$C=0.667\mu\text{F}$，外加电源电压 $U_S=10\text{V}$，频率可调，求 $f=1.2f_0$ 时的电流是多少？

解 $\omega_0=\frac{1}{\sqrt{LC}}=\frac{1}{\sqrt{0.06\times0.667\times10^{-6}}}\text{rad/s}=\frac{1}{0.2\times10^{-3}}\text{rad/s}=5\times10^3\text{rad/s}$

$$Q=\frac{\omega_0 L}{R}=\frac{5\times10^3\times0.06}{10}=30$$

谐振时 $I_0=\frac{U_S}{R}=\frac{10}{10}\text{A}=1\text{A}$

当 $f=1.2f_0$ 时，$\Delta f=f-f_0=1.2f_0-f_0=0.2f_0$，根据式(4-13)

$$\frac{I}{I_0}=\frac{1}{\sqrt{1+Q^2\left(\frac{\omega}{\omega_0}-\frac{\omega_0}{\omega}\right)^2}}\approx\frac{1}{\sqrt{1+\left(Q\frac{2\Delta f}{f_0}\right)^2}}$$

可得

$$I=\frac{1}{\sqrt{1+Q^2\left(\frac{\omega}{\omega_0}-\frac{\omega_0}{\omega}\right)^2}}I_0\approx\frac{1}{\sqrt{1+\left(Q\frac{2\Delta f}{f_0}\right)^2}}I_0=\frac{1}{\sqrt{1+\left(30\times\frac{2\times0.2f_0}{f_0}\right)^2}}\times1=0.083\text{A}$$

四、串联谐振电路的通频带

1. 通频带的概念

由前述分析可知，串联谐振电路对于频率有一定的选择性，Q 值越高，电流谐振曲线

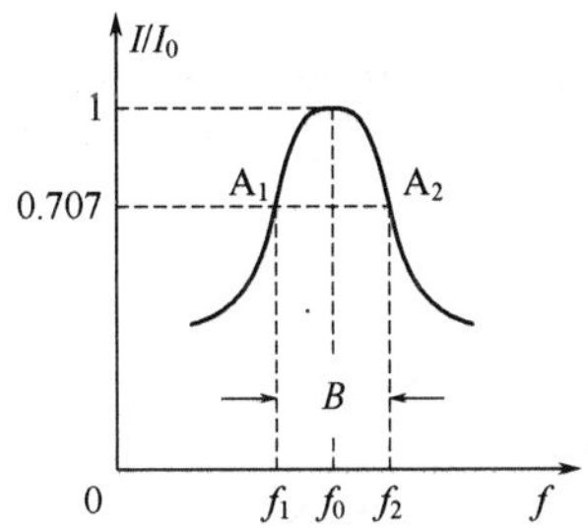

图 4-9　串联谐振电路的谐振曲线及通频带

越尖锐，选择性越好，即选用较高 Q 值的谐振回路有利于从众多信号中选择所需频率信号，抑制其他信号的干扰。对于实际信号都具有一定频率范围，例如，无线电调幅广播电台信号的频带宽度为 9kHz，调频广播电台信号的频带宽度为 200kHz。这样，当具有一定频率范围的信号通过串联谐振电路时，要求各频率成分的电压在回路中产生的电流尽量保持原来的比例，以减少失真，因此，在实际应用中把电流谐振曲线上 $I \geqslant \frac{1}{\sqrt{2}} I_0$ 所对应的频率范围称为该回路的通频带，用 B 表示，如图 4-9 所示。图 4-9 中 f_2 和 f_1 分别为通频带的上下边界频率，只要选择回路的通频带大于或等于信号的频带，使信号频带落在通频带的范围之内，信号通过回路后产生的失真是允许的。

$$B = f_2 - f_1 = (f_2 - f_0) + (f_0 - f_1) \approx \Delta f + \Delta f = 2\Delta f \tag{4-14}$$

2. 通频带与品质因数 Q 的关系

由通频带的定义可知，在通频带的边界频率上有

$$\frac{I}{I_0} = \frac{1}{\sqrt{2}}$$

当 $Q \geqslant 1$ 时，有

$$\frac{I}{I_0} = \frac{1}{\sqrt{1 + \left(Q \frac{2\Delta f}{f_0}\right)^2}} = \frac{1}{\sqrt{2}}$$

则

$$Q \frac{2\Delta f}{f_0} = 1$$

所以可得

$$B = 2\Delta f = \frac{f_0}{Q} \tag{4-15}$$

由式(4-15) 可看出，通频带 B 与品质因数 Q 值成反比，Q 值越大，谐振曲线越尖锐，通频带越窄，回路的选择性越好；相反，Q 值越小，曲线越平坦，通频带越宽，选择性越差。因此，在实际使用中，应根据需要兼顾 B 和 Q 的取值。

3. 电源内阻及负载对通频带的影响

在 RLC 串联电路中，考虑电源内阻 R_S 和负载 R_L 后，其电路如图 4-10 所示。

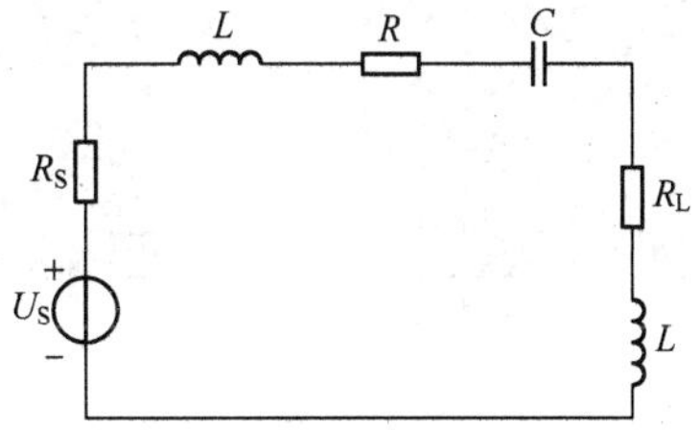

图 4-10　考虑 R_S 和 R_L 后的串联谐振电路

接入 R_S 和 R_L 后，此时的 Q 值记作 Q_L（有载 Q 值），则 Q_L 为

$$Q_L = \frac{\omega_0 L}{R + R_S + R_L}$$

未接入 R_S 和 R_L 时，Q 值记作 Q_0（无载 Q 值或空载 Q 值）

$$Q_0 = \frac{\omega_0 L}{R}$$

经比较，考虑 R_S 和 R_L 后，Q 值下降，通频带变宽，选择性降低。所以，串联谐振回路适用于低内阻电源，R_S 越小，它对串联谐振回路通频带的影响就越小，回路的选择性就越好。

五、应用示例

RLC 串联电路，已知 $R=10\Omega$，$L=0.2\text{mH}$，$C=800\text{pF}$，求通频带 B 为多少？若 R 变为 50Ω，记作 $R_1=50\Omega$，其余条件均不变，通频带 B_1 为多少？

解

$$f_0=\frac{1}{2\pi\sqrt{LC}}=\frac{1}{2\times3.14\times\sqrt{2\times10^{-4}\times8\times10^{-10}}}\text{Hz}$$

$$=\frac{1}{2\times3.14\times4\times10^{-7}}\text{Hz}\approx400\times10^{3}\text{Hz}=400\text{kHz}$$

$$Q=\frac{\omega_0 L}{R}=\frac{2\pi f_0 L}{R}=\frac{2\times3.14\times0.4\times10^{6}\times2\times10^{-4}}{10}\approx50$$

$$B=\frac{f_0}{Q}=\frac{0.4\times10^{6}}{50}\text{Hz}=8\times10^{3}\text{Hz}=8\text{kHz}$$

若 $R_1=50\Omega$，其余条件不变时

$$Q_1=\frac{\omega_0 L}{R_1}=\frac{2\pi f_0 L}{R}=\frac{2\times3.14\times0.4\times10^{6}\times2\times10^{-4}}{50}=10$$

根据
$$B_1=\frac{f_0}{Q_1}=\frac{0.4\times10^{6}}{10}=40\times10^{3}\text{Hz}=40\text{kHz}$$

可见，在其他条件不变的情况下，增大电阻 R，品质因数 Q 值减小，通频带变宽。

【思考与讨论】

1. 什么是谐振现象？串联谐振电路的谐振条件是什么？其谐振频率等于什么？
2. 串联谐振电路的基本特征是什么？为什么串联谐振电路又称电压谐振？
3. 若要提高串联谐振的品质因数 Q 值，应如何改变电路参数 R、L 和 C 的值？

第二节 并联谐振

知识素养 4.8 并联谐振

微课 4.9 并联谐振

课件 4.10 并联谐振

动画 4.11 仿真：RLC 并联谐振电路

并联谐振电路是由电感线圈和电容器并联组成，电路如图 4-11 所示，R 和 L 分别是电感线圈的电阻和电感，电容器损耗较小，故电容支路认为只有纯电容。

为便于与串联谐振电路比较，对并联谐振电路中的特性阻抗、品质因数的定义与串联谐振电路相同。

$$Q=\frac{\omega_0 L}{R}=\frac{1}{\omega_0 CR}=\frac{\rho}{R}\qquad\rho=\sqrt{\frac{L}{C}}$$

下面对并联谐振电路的谐振条件、谐振时的特征、谐振曲线和通频带进行分析。

一、并联谐振的条件

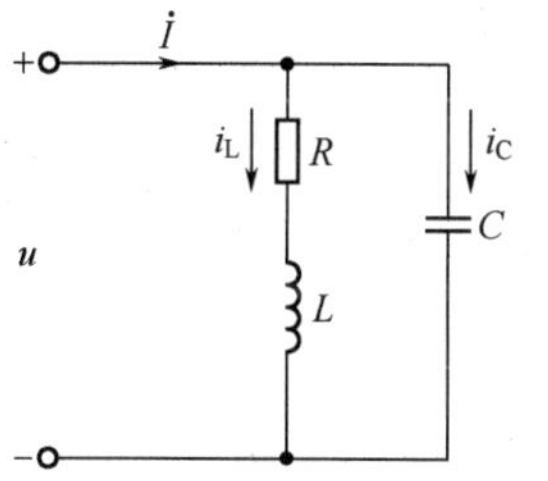

图 4-11　并联谐振电路

由如图 4-11 所示电路可得电路的复导纳为

$$Y=\frac{1}{R+j\omega L}+j\omega C=\frac{R}{R^2+(\omega L)^2}+j\left[\omega C-\frac{\omega L}{R^2+(\omega L)^2}\right]=G+jB \tag{4-16}$$

并联谐振时，电压和电流应同相，此时电路为纯阻性，电路中的电纳为零，即复纳的虚部为零，则谐振的条件为

$$\omega C-\frac{\omega L}{R^2+\omega^2L^2}=0$$

即

$$\omega C=\frac{\omega L}{R^2+\omega^2L^2} \tag{4-17}$$

在实际电路中，由于均满足 $Q\gg1$ 的条件，则 $\omega_0L\gg R$，式(4-17) 可以简化为

$$\omega_0L\approx\frac{1}{\omega_0C}$$

所以，当 $Q\gg1$ 时，并联谐振电路发生谐振时的角频率和频率分别为

$$\omega_0\approx\frac{1}{\sqrt{LC}}$$
$$f_0\approx\frac{1}{2\pi\sqrt{LC}} \tag{4-18}$$

调节 L、C 的参数值，或者改变电源频率，均可使并联电路发生谐振。

二、并联谐振的特征

1. 谐振时的阻抗

谐振时，回路阻抗为纯电阻，回路端电压与总电流同相，在 $Q\gg1$ 时，回路阻抗为最大值，回路导纳为最小值。谐振阻抗的模值记作 $|Z_0|$

$$|Z_0|=\frac{1}{|Y|}=\frac{1}{G}=\frac{R^2+(\omega_0L)^2}{R}\approx\frac{(\omega_0L)^2}{R}\approx Q\omega_0L=Q\rho=\frac{L}{CR}=Q^2R \tag{4-19}$$

在电子技术中，因为 $Q\gg1$，所以并联谐振电路的谐振阻抗都很大，一般在几十千欧至几百千欧之间。

2. 谐振时电路的端电压

若并联谐振电路外接电流源，由于谐振时阻抗的模值最大，所以电路的端电压最大。

3. 谐振时电路的电流

如图 4-11 所示电路，设谐振时回路的端电压为 $\dot{U}_0$，则

$$\dot{U}_0=\dot{I}_0Z_0=\dot{I}_0Q\omega_0L\approx\dot{I}_0Q\frac{1}{\omega_0C}$$

所以，电感支路和电容支路的电流分别为

$$\dot{I}_{C0}=\frac{\dot{U}_0}{\dfrac{1}{j\omega_0C}}=j\omega_0C\dot{U}_0=jQ\dot{I}_0$$

$$\dot{I}_{L0}=\frac{\dot{U}_0}{R+j\omega_0L}\approx\frac{\dot{U}_0}{j\omega_0L}=\dot{I}_0Q\omega_0L\left(-j\frac{1}{\omega_0L}\right)=-jI_0Q \tag{4-20}$$

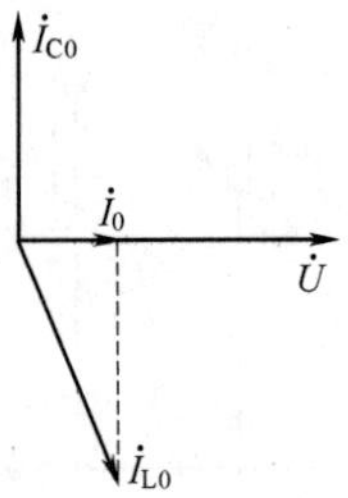

图 4-12 并联谐振的相量图

式(4-20)表明，并联谐振时，在 $Q \gg 1$ 的条件下，电容支路电流和电感支路电流的大小近似相等，是总电流 I_0 的 Q 倍，所以并联谐振又称为电流谐振，两条支路的电流的相位近似相反，其电压和电流的相量图如图 4-12 所示。

$$I_{C0} \approx I_{L0} = QI_0$$

【例 4-5】 如图 4-11 所示电路，已知 $R=10\Omega$，$L=0.1\text{mH}$，$C=100\text{pF}$，求谐振频率 f_0 和谐振阻抗 $|Z_0|$。

解 $Q=\dfrac{\rho}{R}=\dfrac{1}{R}\sqrt{\dfrac{L}{C}}=\dfrac{1}{10}\times\sqrt{\dfrac{0.1\times10^{-3}}{100\times10^{-12}}}=100(Q\gg1)$

$$f_0=\frac{1}{2\pi\sqrt{LC}}=\frac{1}{2\times3.14\times\sqrt{0.1\times10^{-3}\times100\times10^{-12}}}\text{Hz}$$

$$=1.59\times10^6\text{Hz}=1.59\text{MHz}$$

$$|Z_0|=\frac{L}{CR}=\frac{0.1\times10^{-3}}{100\times10^{-12}\times10}\Omega=10^5\Omega=100\text{k}\Omega$$

三、并联谐振电路的谐振曲线和通频带

1. 电压的幅频特性曲线和相频特性曲线

假设内阻 R_S 无穷大，信号源用电流源表示，电路如图 4-13 所示。

在 $Q \gg 1$ 的条件下，可以计算回路的端电压 $\dot{U}$ 和谐振时的端电压 $\dot{U}_0$ 分别是

$$\dot{U}=\dot{I}_S Z=\dot{I}_S\frac{\dfrac{L}{CR}}{1+\text{j}Q\left(\dfrac{\omega}{\omega_0}-\dfrac{\omega_0}{\omega}\right)}$$

$$\dot{U}_0=\dot{I}_S Z_0=\dot{I}_S\frac{L}{CR}$$

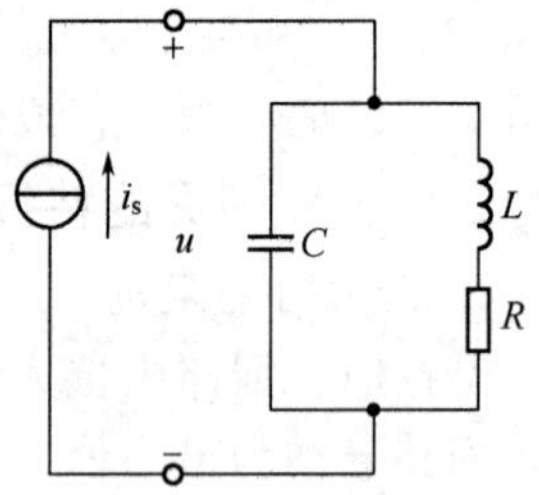

图 4-13 在电流源作用下的并联谐振回路

它们的有效值之比为

$$\frac{U}{U_0}=\frac{1}{\sqrt{1+Q^2\left(\dfrac{\omega}{\omega_0}-\dfrac{\omega_0}{\omega}\right)^2}} \tag{4-21}$$

$$\varphi=-\arctan Q\left(\frac{\omega}{\omega_0}-\frac{\omega_0}{\omega}\right) \tag{4-22}$$

式(4-21)和式(4-22)分别为并联谐振回路的电压幅频特性曲线方程式和相频特性曲线方程式，它们的波形图分别如图 4-14(a)、(b)所示。

并联谐振电路的电压幅频特性曲线与串联谐振电路的电流幅频特性曲线具有相同的形状，说明 Q 值越大，曲线越尖锐，选择性越好。

相频特性曲线用来说明信号通过谐振回路产生的相位失真。实验表明，相频特性曲线在 ω_0 点附近越接近直线，产生的相位失真越小，由图 4-14 可知，Q 值越大，相位失真越小。

式(4-21)在 $Q \gg 1$ 的条件下，且 ω 接近 ω_0 时，可进一步化简为

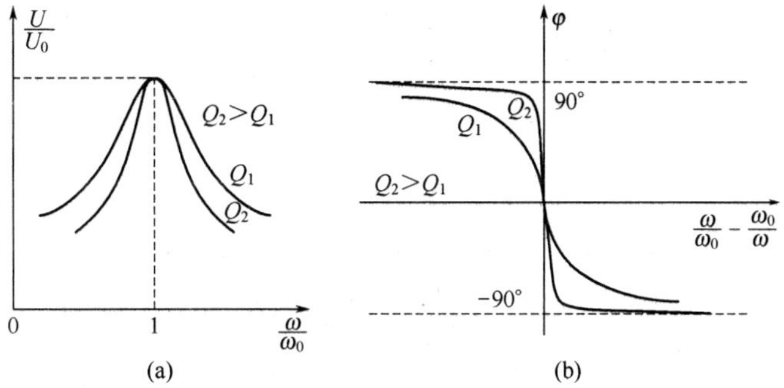

图 4-14 并联谐振回路的电压幅频特性曲线和相频特性曲线

$$\frac{U}{U_0}\approx\frac{1}{\sqrt{1+\left(Q\,\frac{2\Delta f}{f_0}\right)^2}} \tag{4-23}$$

2. 并联谐振回路的通频带

并联谐振回路的通频带的定义与串联谐振回路一样，规定：在电压谐振曲线上$U\geqslant\frac{1}{\sqrt{2}}U_0$的频率范围称为该回路的通频带，用 B 表示。在式(4-23) 中，令$\frac{U}{U_0}=\frac{1}{\sqrt{2}}$，可得并联谐振回路的通频带为

$$B=f_2-f_1=2\Delta f=\frac{f_0}{Q} \tag{4-24}$$

并联谐振回路同样存在通频带与选择性的矛盾，实际电路中应根据需要选取参数。例如电视接收机在接收某频道全电视射频信号时，电视机接收信号部分既要有较宽的通频带(8MHz)，又要选择好（抑制相邻频道信号）。

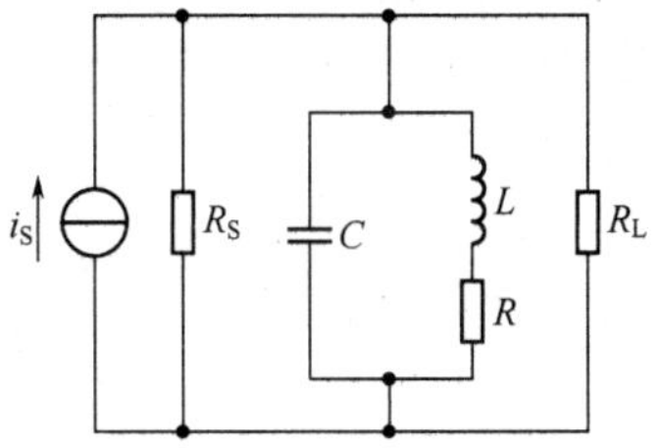

图 4-15 考虑 R_S 和 R_L 后的并联谐振回路

3. 电源内阻及负载对通频带的影响

在 RLC 并联电路中，考虑电源内阻 R_S 和负载 R_L 后，其电路如图 4-15 所示。

在实际电路中，电源内阻及负载电阻对并联谐振电路具有分流作用，而且，当 R_S 和 R_L 很小时，分流较大，则流到并联谐振回路的电流很小，使得并联谐振回路的端电压随回路阻抗的变化很小，因而导致电压谐振曲线变得较平坦，Q 值降低，并且 R_S 和 R_L 越小，曲线越平坦，通频带越宽，选择性越差。理想情况下，R_S 和 R_L 很大，对并联谐振电路的影响可以忽略不计。

四、应用示例

如图 4-13 所示并联谐振电路，已知 $R=10\Omega$，$L=0.25\text{mH}$，$C=100\text{pF}$ 电源电压 $U_S=100\text{V}$，求谐振时的角频率 ω_0、品质因数 Q、谐振阻抗 $|Z_0|$、谐振时的电流 I_0、支路电流 I_{L0} 和 I_{C0}、通频带 B 各为多少？

解 $\omega_0=\dfrac{1}{\sqrt{LC}}=\dfrac{1}{\sqrt{0.25\times10^{-3}\times100\times10^{-12}}}\text{rad/s}=6.32\times10^6\text{rad/s}$

$$Q=\frac{\omega_0 L}{R}=\frac{6.32\times10^6\times0.25\times10^{-3}}{10}=158$$

$$|Z_0|=\frac{L}{RC}=\frac{0.25\times10^{-3}}{10\times100\times10^{-12}}\Omega=250\text{k}\Omega$$

$$I_0=\frac{U_S}{Z_0}=\frac{100}{250\times10^3}\text{A}=0.4\text{mA}$$

$$I_{L0}=I_{C0}=QI_0=158\times0.4\times10^{-3}\text{A}=63.2\text{mA}$$

$$B=\frac{f_0}{Q}=\frac{\frac{\omega_0}{2\pi}}{Q}=\frac{6.32\times10^6}{2\times3.14\times158}\text{Hz}=6.37\times10^3\text{Hz}=6.37\text{kHz}$$

【思考与讨论】

1. 实际中常见的并联谐振电路模型如何？当回路的 $Q\gg1$（或 $R\ll\omega_0 L$）时，其谐振频率和谐振角频率等于多少？

2. 并联谐振电路的基本特征是什么？为什么并联谐振电路又称电流谐振？

3. 若要提高并联谐振的品质因数 Q 值，应如何改变电路参数 R、L 和 C 的值？

第三节　谐振的应用

谐振电路在电子技术中应用十分广泛，例如，利用其选频作用，在收音机、电视机的输入回路中可以用来选择所需的电台信号，另外，利用前述简单的并联谐振电路可以实现 LC 的自由振荡，在理想情况下可以获得正弦信号。复杂的并联谐振电路可以用来产生正弦波信号，下面对复杂的并联谐振电路进行简单的分析，并介绍其应用。

一、常用的复杂并联谐振电路

在电子技术中常采用双电感或双电容的复杂并联谐振电路，如图 4-16(a)、(b) 所示，图 4-16(c) 为其一般形式。

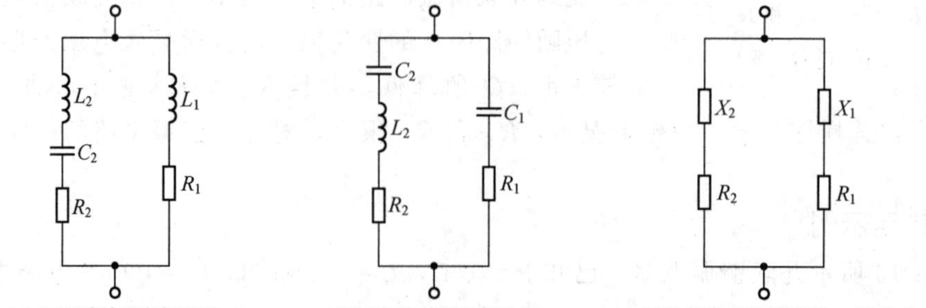

(a) 双电感并联谐振电路　(b) 双电容并联谐振电路　(c) 复杂并联谐振电路的一般形式

图 4-16　复杂的并联谐振电路

由图 4-16 可得电路的复导纳为

$$Y=Y_1+Y_2=\frac{1}{R_1+\mathrm{j}X_1}+\frac{1}{R_2+\mathrm{j}X_2}$$
$$=\left(\frac{R_1}{R_1^2+X_1^2}+\frac{R_2}{R_2^2+X_2^2}\right)+\mathrm{j}\left(\frac{-X_1}{R_1^2+X_1^2}+\frac{-X_2}{R_2^2+X_2^2}\right)$$
$$=G+\mathrm{j}B \tag{4-25}$$

知识素养 4.12 谐振的应用　　微课 4.13 谐振的应用　　课件 4.14 谐振的应用　　视频 4.15 综合实训：谐振电路测量

二、并联谐振电路的谐振条件

由前面分析可知，电路谐振时电路中的端电压与总电流同相，电路为纯阻性，复导纳的虚部为零，即

$$\frac{-X_1}{R_1^2+X_1^2}+\frac{-X_2}{R_2^2+X_2^2}=0 \tag{4-26}$$

由于 Q 值较大，所以 $X_1 \gg R_1$，$X_2 \gg R_2$，式(4-26) 可以化简为

$$X_1+X_2=0 \tag{4-27}$$

三、并联谐振电路的谐振频率

根据并联谐振电路的谐振条件，计算图 4-16(a) 的谐振频率，不考虑 L_1 和 L_2 之间的互感，则 $X_1=\omega L_1$，$X_2=\omega L_2-\frac{1}{\omega C_2}$。当电路发生谐振时，则有

$$\omega_0 L_1+\left[\omega_0 L_2-\frac{1}{\omega_0 C_2}\right]=0$$

整理后得

$$\omega_0=\frac{1}{\sqrt{(L_1+L_2)C_2}}=\frac{1}{\sqrt{LC}}$$
$$f_0=\frac{1}{2\pi\sqrt{(L_1+L_2)C_2}}=\frac{1}{2\pi\sqrt{LC}} \tag{4-28}$$

式中，$L=L_1+L_2$ 是回路总电感量，$C=C_2$ 是回路总电容量。

用同样的方法计算得图 4-16(b) 的谐振频率为

$$\omega_0=\frac{1}{\sqrt{L_2\dfrac{C_1C_2}{C_1+C_2}}}=\frac{1}{\sqrt{LC}}$$
$$f_0=\frac{1}{2\pi\sqrt{L_2\dfrac{C_1C_2}{C_1+C_2}}}=\frac{1}{2\pi\sqrt{LC}} \tag{4-29}$$

式中，$C=\dfrac{C_1C_2}{C_1+C_2}$为电路的总电容，$L=L_2$ 是回路总电感。

四、应用示例

电感三点式和电容三点式正弦波振荡电路是并联谐振电路的典型应用，图 4-17(a)、(b) 所示为电感三点式和电容三点式振荡电路的等效电路。

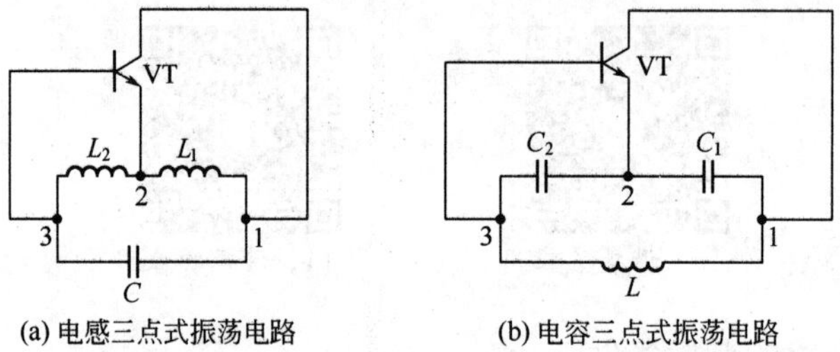

图 4-17 三点式振荡电路的等效电路

其中，电感三点式振荡电路的振荡频率为

$$f_0=\frac{1}{2\pi\sqrt{LC}}=\frac{1}{2\pi\sqrt{(L_1+L_2)C}} \tag{4-30}$$

式中，$L=L_1+L_2$。

电容三点式振荡电路的振荡频率为

$$f_0=\frac{1}{2\pi\sqrt{LC}}=\frac{1}{2\pi\sqrt{L\dfrac{C_1C_2}{C_1+C_2}}} \tag{4-31}$$

式中，$C=\dfrac{C_1C_2}{C_1+C_2}$。

【思考与讨论】

1. 什么是谐振曲线？谐振曲线的形状与 Q 值大小有何关系？
2. 谐振电路的选择性与通频带的关系如何？
3. 为了通过同样宽的频带，对长波段与短波段，哪一种波段需要较高的 Q 值，为什么？

知识梳理与学习导航

一、知识梳理

1. 本章重点讲述了串联谐振电路和并联谐振电路的许多重要特性，作为两种不同联结形式的谐振电路，它们既有相同点，也有不同之处，现列表 4-1 加以说明。

2. 通过学习简单的谐振电路，掌握了谐振的特性，对了解复杂的并联谐振电路及谐振电路的应用很有帮助。在复杂的并联谐振电路中，要会根据电路的一般形式分析谐振的条件，计算谐振频率，注意电感和电容在谐振过程中的等效。三点式振荡电路是并联谐振电路的典型应用。

表 4-1　谐振电路比较

类　别	串联谐振电路	并联谐振电路
电路形式	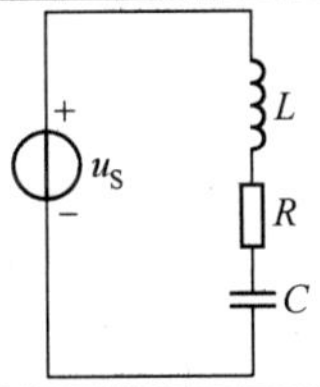	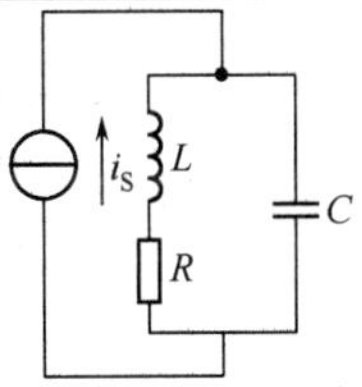
阻抗或导纳	$Z=R+\mathrm{j}\left(\omega L-\dfrac{1}{\omega C}\right)=R+\mathrm{j}X$	$Y=\dfrac{R}{R^2+\omega^2L^2}+\mathrm{j}\left(\omega C-\dfrac{\omega L}{R^2+\omega^2L^2}\right)=G+\mathrm{j}B$
谐振条件	$X=0$ 即 $X_L=X_C$ $\omega L=\dfrac{1}{\omega C}$	$B=0$ 即 $\omega C=\dfrac{\omega L}{R^2+\omega^2L^2}$ 当 $(\omega L)^2\gg R^2$ 时，$\omega L=\dfrac{1}{\omega C}$
谐振角频率	$\omega_0=\dfrac{1}{\sqrt{LC}}$ $f_0=\dfrac{1}{2\pi\sqrt{LC}}$	$\omega_0=\dfrac{1}{\sqrt{LC}}$ $f_0=\dfrac{1}{2\pi\sqrt{LC}}$
特性阻抗	$\rho=\sqrt{\dfrac{L}{C}}=\omega_0L=\dfrac{1}{\omega_0C}$	$\rho=\sqrt{\dfrac{L}{C}}=\omega_0L=\dfrac{1}{\omega_0C}$
品质因数	$Q=\dfrac{\omega_0L}{R}=\dfrac{1}{\omega_0CR}=\dfrac{\rho}{R}$	$Q=\dfrac{\omega_0L}{R}=\dfrac{1}{\omega_0CR}=\dfrac{\rho}{R}$
谐振阻抗	$Z_0=R$	$\|Z_0\|\approx\dfrac{(\omega_0L)^2}{R}=Q\omega_0L=Q\rho=\dfrac{L}{CR}=Q^2R$
谐振时 L、C 上电压或电流表达式	$\dot{U}_{L0}=\mathrm{j}Q\dot{U}_S$ $\dot{U}_{C0}=-\mathrm{j}Q\dot{U}_S$ 串联谐振也叫做电压谐振	$\dot{I}_{L0}=-\mathrm{j}Q\dot{I}_S$ $\dot{I}_{C0}=\mathrm{j}Q\dot{I}_S$ 并联谐振也叫做电流谐振
幅频特性曲线及表达式	$\dfrac{I}{I_0}=\dfrac{1}{\sqrt{1+Q^2\left(\dfrac{\omega}{\omega_0}-\dfrac{\omega_0}{\omega}\right)^2}}$ 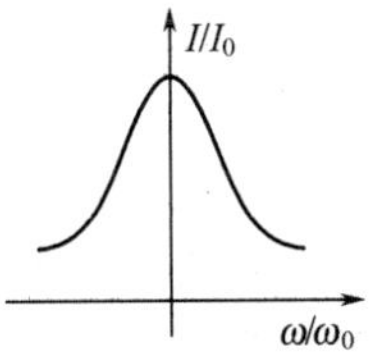	$\dfrac{U}{U_0}=\dfrac{1}{\sqrt{1+Q^2\left(\dfrac{\omega}{\omega_0}-\dfrac{\omega_0}{\omega}\right)^2}}$ 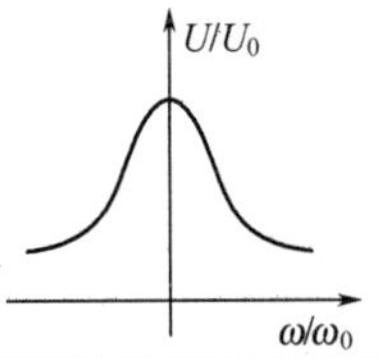
通频带	$B=\dfrac{f_0}{Q}$	$B=\dfrac{f_0}{Q}$
R_S 和 R_L 对回路的影响	降低 Q 值，使通频带加宽	降低 Q 值，使通频带加宽
外加激励及对激励的要求	外加激励为电压源，适用于低内阻信号源	外加激励为电流源，适用于高内阻信号源

二、学习导航

1. 知识点

☆谐振的条件

☆谐振角频率

☆谐振的特征

☆幅频特性和相频特性

☆通频带

☆常用复杂并联谐振电路

2. 难点与重点

☆谐振的条件及谐振角频率

☆谐振的特性及通频带

☆频率特性

3. 学习方法

☆理解谐振、谐振频率、谐振阻抗、品质因数、通频带概念

☆掌握谐振电路的特性

☆掌握特性阻抗 ρ、品质因数 Q 和通频带 B 的计算

☆多做习题和训练，掌握谐振电路的安装

习 题 四

4-1 已知 RLC 串联谐振电路，$L=1\text{H}$，$C=1\mu\text{F}$，$R=10\Omega$，求谐振频率 f_0，品质因数 Q 各是多少？

4-2 已知 RLC 串联谐振电路，$L=400\text{mH}$，$C=0.1\mu\text{F}$，$R=20\Omega$，电源电压 $U_S=0.1\text{V}$，求谐振频率 f_0、特性阻抗 ρ、品质因数 Q、谐振时的 U_{L0}，U_{C0} 各是多少？

4-3 已知 RLC 串联谐振电路，特性阻抗 $\rho=1000\Omega$，谐振时的角频率 $\omega_0=10^6\text{rad/s}$，求元件 L 和 C 的参数值？

4-4 某收音机的输入回路是一个 RLC 串联电路，已知电路的 $Q=50$，$L=500\mu\text{H}$ 电路调谐于 700kHz，信号在线圈中的感应电压为 1mV，同时有一频率为 630kHz 的电台信号在线圈中的感应电压也是 1mV，试求两者在回路中产生的电流各是多少？

4-5 已知 RLC 串联电路，$L=4\mu\text{H}$，$C=0.01\mu\text{F}$，$R=0.2\Omega$，求通频带 B 为多少？若 R 变为 1Ω，其他条件不变，则通频带 B 变为多少？

4-6 已知 R、L 和 C 组成的并联谐振电路，$\omega_0=10^6\text{rad/s}$，$Q=100$，$|Z_0|=4\text{k}\Omega$，求元件 R、L、C 的参数值。

4-7 如图 4-18 所示电路，已知谐振时，表 A_1 的读为 10A，表 A 的读数为 6A，求表 A_2 的读数为多少？

4-8 已知 R、L 和 C 组成的并联谐振电路，$L=0.25\text{mH}$，$C=85\text{pF}$，$R=13.7\Omega$，电源电压 U_S 为 10V，求电路的谐振频率 f_0、谐振阻抗 $|Z_0|$、谐振时的总电流 I_0、支路电流 I_{L0}、和 I_{C0} 各为多少？

4-9 如图 4-19 所示电路，当 R_1、R_2 均很小时，谐振的条件是什么？谐振的频率 f_0 是多少？

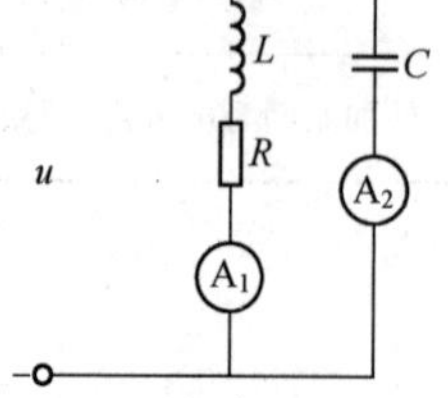

图 4-18 习题 4-7 图

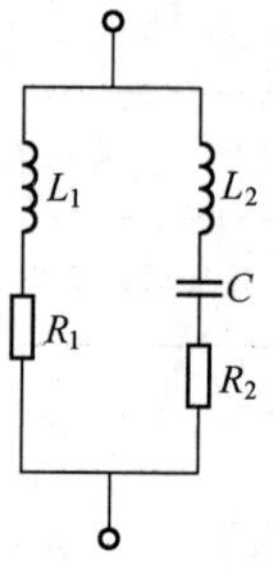

图 4-19 习题 4-9 图

哲思语录：修学不以诚，则学杂；
为事不以诚，则事败。

科学家简介

楞次（Heinrich Lenz，海因里希·楞次 1804 年 2 月 24 日～1865 年 2 月 10 日），俄国物理学家、地球物理学家，波罗的海德国人。楞次总结了安培的电动力学与法拉第的电磁感应现象后，提出了感生电动势阻止产生电磁感应的磁铁或线圈的运动（楞次定律），随后德国物理学家亥姆霍兹证明楞次定律实际上是电磁现象的能量守恒定律。

楞次出生于被俄国占领的爱沙尼亚德尔帕特市，1831 年，楞次基于感应电流的瞬时和类冲击效应，利用冲击法对电磁现象进行了定量研究，确定了线圈中的感应电动势等于每匝线圈中电动势之和，而与所用导线的粗细和种类无关。1838 年，楞次还研究了电动机与发电机的转换性，用楞次定律解释了其转换原理。1844 年，楞次在研究任意个电动势和电阻的并联时，得出了分路电流的定律，比基尔霍夫发表更普遍的电路定律早了 4 年。楞次的一生在电磁学方面作出了卓越的贡献，楞次定律还包含了电动机和发电机的可逆性原理；电流生热的规律，即焦耳—楞次定律，楞次从理论上对发电机进行了研究，他确定了“电枢反应”现象的存在，并且为了减小这一影响，他提出了改进机器电刷的建议，在分析发电机的过程时，他运用了自己所发明的仪器来研究交变电流的曲线形式，这些成果奠定了电机电枢反应基本理论的基础。楞次在金属电阻与温度的关系的确定、验证欧姆定律、为了测磁电流与雅可比合作所创立的冲击法以及在电化学方面与萨维尔耶夫合作对电极电势的研究等方面的贡献，使我们有理由认为他是电学和电工学理论基础的奠基人之一。

法拉第（Michael Faraday，迈克尔·法拉第 1791 年 9 月 22 日～1867 年 8 月 25 日），世界著名的自学成才的科学家，英国物理学家、化学家，发明家即发电机和电动机的发明者。后世的人们，在享受他带来的文明的时候，没有忘记这位伟人，人们选择了“法拉”作为电容的国际单位。以纪念这位物理学大师，现实中的普罗米修斯。

法拉第生于萨里郡纽因顿一个贫苦铁匠家庭，接近现在的伦敦大象堡。他幼年家境贫寒，未受过系统的正规教育，但却在众多领域中作出惊人成就，堪称刻苦勤奋、探索真理、不计个人名利的典范。他向世人建立起“磁场的改变产生电场”的观念。此关系由法拉第电磁感应定律建立起数学模型，并成为四条麦克斯韦方程组之一，这个方程组之后则归纳入场论之中。法拉第并依照此定理，发明了早期的发电机，此为现代发电机的始祖。是法拉第把磁力线和电力线的重要概念引入物理学，通过强调不是磁铁本身而是它们之间的“场”。法拉第还发现如果有偏振光通过磁场，其偏振作用就会发生变化。这一发现具有特殊意义，首次表明了光与磁之间存在某种关系。法拉第也发现了电解定律，以及推广许多专业用语，如阳极、阴极、电极及离子等。法拉第的贡献惠及每个人，把人类文明提高到空前高度，把文明进程提前几十、几百年，法拉第给人类带来光明动力。

第五章　互感耦合电路

☼知识导图

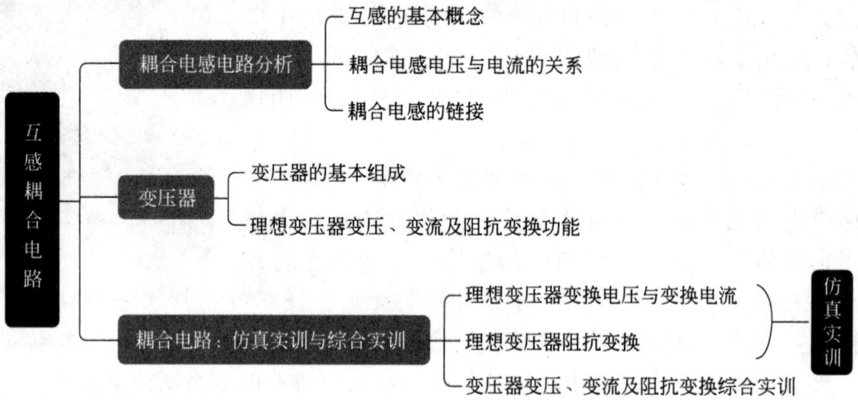

☼学习目标

☆知识目标：①了解互感耦合现象；
②理解互感系数 M、耦合系数 k；
③理解互感电压；
④理解互感线圈同名端的概念；
⑤理解互感线圈的连接；
⑥理解理想变压器的变流、变压及阻抗变换原理；
⑦理解空心变压器的电路方程。

☆技能目标：①能熟练根据同名端表示互感电压的极性；
②能熟练写出有互感现象的线圈的电压；
③能熟练计算出互感线圈连接时的等效电感；
④会选择理想变压器，并能区别一次侧或二次侧；
⑤能熟练计算理想变压器三种变换；
⑥会计算空心变压器的反射阻抗；
⑦会画出空心变压器的等效电路。

☆培养目标：①培养学生全局思维和创新思维的能力；
②培养学生良好的职业道德和精益求精的工作作风；
③培养学生逐渐具备八零意识（亏损为零、不良为零、浪费为零、故障为零、切换产品时间为零、事故为零、投诉为零、缺勤为零）。

耦合电感和理想变压器是构成实际变压器电路模型必不可少的双口元件。在电子工程、通信工程和测量仪器等方面得到广泛应用，如实际电子电路中所用中周、振荡线圈以及整流电路中的变压器等，本章介绍基本概念：互感线圈，互感系数，耦合系数，互感电压，同名端，空心变压器及理想变压器；分析方法：具有互感的正弦电流电路的分析，互感线圈串联，并联去耦等效及 T 型去耦等效方法。空心变压器电路在正弦稳态下的分析方法。

第一节　互感与同名端

一、互感与互感系数

知识素养　　微课　　课件

5.1　互感与互感系数　　5.2　互感与互感系数　　5.3　互感与互感系数

线圈中通以电流，线圈中产生磁通 ϕ，使其具有磁链 Ψ。稳恒直流产生的磁通为不变磁通，变化电流产生变化磁通 ϕ、变化磁链 Ψ。由变化磁通在线圈自身两端引起了自感电压 u_L，这种现象称为自感现象。

如图 5-1 所示的两个靠得很近的线圈 1 和线圈 2，线圈 1 匝数为 N_1，线圈 2 匝数为 N_2，绕制方法如图 5-1 所示。为讨论方便，规定每个线圈的电压、电流取关联参考方向，且每个线圈的电流和该电流所产生的磁通也取关联参考方向（即电流参考方向和磁通参考方向符合右手螺旋法则）。

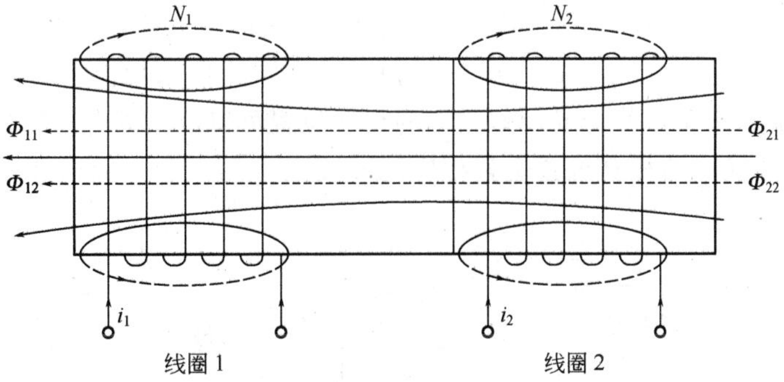

图 5-1　有互感的二线圈

当在线圈 1 中通入变化电流 i_1，则在线圈 1 中便产生磁通 ϕ_{11} 和变化磁链 $\Psi_{11}=N_1\phi_{11}$。变化磁通在线圈 1 的两端产生自感电压 u_{L1}；由于线圈 1、2 距离很近，使 ϕ_{11} 的一部分 ϕ_{21} 同时穿过第二个线圈，这部分磁通 ϕ_{21} 称为互感磁通，ϕ_{11} 称为自感磁通。互感磁通穿过第二个线圈，形成互感磁链 $\Psi_{21}=N_2\phi_{21}$，互感磁通在线圈 2 两端产生电压 u_{M2}，称为互感电压。同理，若在线圈 2 中通入变化电流 i_2，则在线圈中产生变化磁通 ϕ_{22} 和变化磁链 $\Psi_{22}=N_2\phi_{22}$。变化磁通 ϕ_{22} 在线圈两端产生自感电压 u_{L2}，ϕ_{22} 的一部分磁通 ϕ_{12}、磁链 $\Psi_{12}=N_1\phi_{12}$ 同时穿过线圈 1，在线圈 1 两端产生互感电压 u_{M1}。

这种由一个线圈中电流变化在另一个线圈中产生互感电压的现象，成为互感现象。两线圈的磁通相互交链的关系称为磁耦合。类似于自感的定义，互感现象产生的互感系数为

$$M_{12}=\frac{\Psi_{12}}{i_2}\qquad M_{21}=\frac{\Psi_{21}}{i_1}\tag{5-1}$$

式(5-1) 表明线圈 1 对线圈 2 的互感系数 M_{21}，等于穿过线圈 2 的互感磁链与激发该磁

链的线圈 1 中的电流之比；线圈 2 对线圈 1 的互感系数 M_{12}，等于穿过线圈 1 的互感磁链与激发该磁链的线圈 2 中的电流之比。M_{12}、M_{21} 的单位与自感相同，为 H（亨利）。对理想线性元件（本书只讨论理想情况下的耦合电感）可以证明

$$M_{12}=M_{21}=M$$

因此，以后除特别声明外，一律用 M 表示两线圈间的互感系数，并简称其为互感。

线圈间的互感 M 的大小取决于两个线圈的匝数、几何尺寸、相对位置和线圈中的介质。若两个线圈平行则 M 大，若两线圈相同互垂直摆放，则 M 接近于零。因此，M 大小表征了两个线圈之间磁交链的程度。

二、耦合系数

工程上常用耦合系数 k 表示两个线圈磁耦合的紧密程度，耦合系数定义为

$$k=\frac{M}{\sqrt{L_1L_2}} \tag{5-2}$$

由于互感磁通是自感磁通的一部分，所以 $k\leqslant 1$。当 k 接近零时，为松耦合；k 近似为 1 时，为紧耦合；$k=1$ 时，称两个线圈为全耦合，此时自感磁通全部为互感磁通。

两个线圈之间的耦合程度或耦合系数的大小与线圈的结构、两个线圈的相互位置以及周围磁介质的性质有关。如果两个线圈靠得很紧或紧密地绕在一起，如图 5-2(a) 所示，则 k 值可能接近于 1。反之如果它们相隔很远，或者它们的轴线相互垂直，如图 5-2(b) 所示，线圈 N_1 所产生的磁通不穿过线圈 N_2，而线圈 N_2 产生的磁通穿过线圈 N_1 时，线圈 N_1 右上半部和右下半部磁通 ϕ_{21}、ϕ_{12} 的方向正好相反，其互感作用相消，则 k 值就很小，甚至可能接近于零。由此可见，改变或调整它们的相互位置可以改变耦合系数的大小，即当 L_1、L_2 一定时，改变两线圈的相互位置也就相应地改变互感的大小。应用这种原理可制作可变电感器。

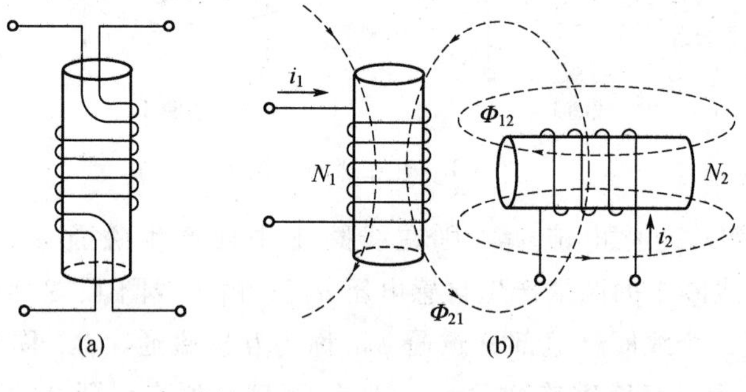

图 5-2 互感线圈的耦合

在电力、电子技术中，为了利用互感原理有效地传输能量或信号，总是采用极紧密的耦合，使 k 值尽可能接近于 1，通过合理地绕制线圈和采用铁磁材料作为磁介质可以实现这一目的。

若要尽量减少互感的影响，以避免线圈之间的相互干扰，除合理地布置这些线圈的相互位置外，还可以采用磁屏蔽措施。

三、耦合元件上的电压、电流关系

1. 互感电压

在图 5-3(a) 中，当线圈 N_1 中电流 i_1 变动时，在线圈 N_2 中产生了变化的互感磁链

Ψ_{21}，即 $\Psi_{21}=Mi_1$，而 Ψ_{21} 的变化将在线圈 2 中产生互感电压 u_{M2}。如果选择电流 i_1 与 Ψ_{21} 的参考方向以及 u_{M2} 与 Ψ_{21} 的参考方向都符合右手螺旋定则时，根据电磁感应定律，有以下关系式

$$u_{M2}=\frac{d\Psi_{21}}{dt}=M\frac{di_1}{dt} \tag{5-3}$$

同理，在图 5-3(b) 中，当线圈 N_2 中的电流 i_2 变动时，在线圈 N_1 中也会产生互感电压 u_{M1}，当 i_2 与 Ψ_{12} 以及 Ψ_{12} 与 u_{M1} 的参考方向均符合右手螺旋定则时，有以下关系

$$u_{M1}=\frac{d\Psi_{12}}{dt}=M\frac{di_2}{dt} \tag{5-4}$$

可见，互感电压与产生它的电流的变化率成正比。

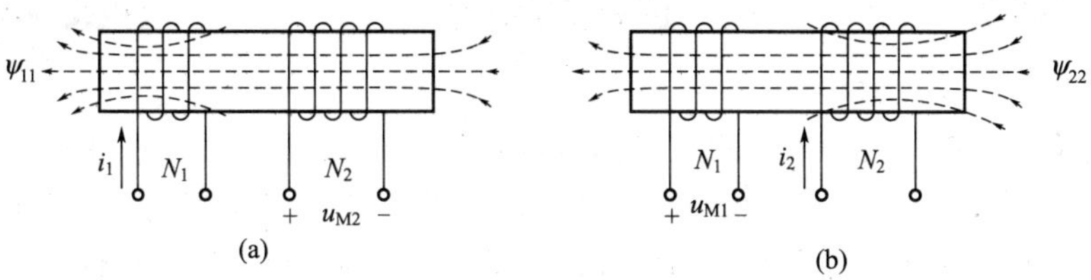

图 5-3　互感电压

两线圈中通过正弦交流电时，由式(5-3)、式(5-4) 可知互感电压与电流的关系如下

$$u_{M2}=\omega MI_1 \tag{5-5}$$

$$u_{M1}=\omega MI_2 \tag{5-6}$$

在相位上 $\dot{U}_{M2}$ 超前 I_1 为 90°；$\dot{U}_{M1}$ 超前 I_2 为 90°。

用相量表示，可写成

$$\dot{U}_{M2}=j\omega M\dot{I}_1=jX_M I_1 \tag{5-7}$$

$$\dot{U}_{M1}=j\omega M\dot{I}_2=jX_M I_2 \tag{5-8}$$

式中，$X_M=\omega M$ 具有电抗的性质，称为互感抗，单位与自感抗相同，也是 Ω（欧）。

2. 耦合元件上的电压、电流关系

由前面的分析可知，在具有互感的两个线圈上都有电流时，每个线圈上的电压除自感电压外还要叠加一个互感电压。如图 5-3 中，若每个线圈的电压、电流为关联参考方向，且自感磁通又与互感磁通方向一致，则每个线圈上的电压、电流关系可表示为

$$\left.\begin{aligned} u_1&=u_{L1}+u_{M1}=L_1\frac{di_1}{dt}+M\frac{di_2}{dt}\\ u_2&=u_{L2}+u_{M2}=L_2\frac{di_2}{dt}+M\frac{di_1}{dt}\end{aligned}\right\} \tag{5-9}$$

写成相量关系形式为

$$\left.\begin{aligned} \dot{U}_1&=j\omega L_1\dot{I}_1+j\omega M\dot{I}_2=jX_{L1}\dot{I}_1+j\omega M\dot{I}_2\\ \dot{U}_2&=j\omega L_2\dot{I}_2+j\omega M\dot{I}_1=jX_{L2}\dot{I}_2+j\omega M\dot{I}_1\end{aligned}\right\} \tag{5-10}$$

式(5-10)中，$u_{L1}=L_1\dfrac{di_1}{dt}$、$u_{L2}=L_2\dfrac{di_2}{dt}$分别为线圈 1、2 的自感电压，$u_{M2}=M\dfrac{di_1}{dt}$、$u_{M1}=M\dfrac{di_2}{dt}$分别为线圈 1、2 的互感电压。自感电压取正号还是取负号，取决于本电感电压、电流参考方向是否关联，若关联取正号，非关联取负号。互感电压符号是这样确定，线圈中磁通相助（自感磁通与互感磁通同方向）互感电压与自感电压同号，线圈中磁通相消（自感磁通与互感磁通反方向）互感电压与自感电压异号。

四、互感线圈的同名端

知识素养 5.4 同名端　　微课 5.5 同名端　　课件 5.6 同名端

在电子电路中，对于两个以上的有磁耦合的线圈，常常要知道互感电压的极性。例如，LC 正弦波振荡器中，必须使互感线圈的极性正确连接，才能产生振荡。然而互感电压的极性与电流（或磁通）的参考方向及线圈的绕向有关。在实际情况下，线圈往往是密封的，看不到绕向，并且在电路图中绘出线圈的绕向也很不方便。因此采用同名端标记来解决这一问题。

同名端的定义：当两线圈通入电流，所产生的磁通方向相同，相互加强，则两线圈的电流流入端称为同名端。用符合“•”、“*”和“△”标记。同名端的具体标法是：先对一个线圈的任意端子标上一个标记，并假想有电流 i_1 自该点流入；然后再用第二个标记来标第二个线圈的一个端子，设电流 i_2 由此端子流入，根据右手螺旋定则，判断 i_1 与 i_2 所产生的磁通是否相互加强，若相互加强，则两端为同名端。否则，就标记在另一个端子上。

按上述标定方法，图 5-4 给出互感线圈中的同名端。

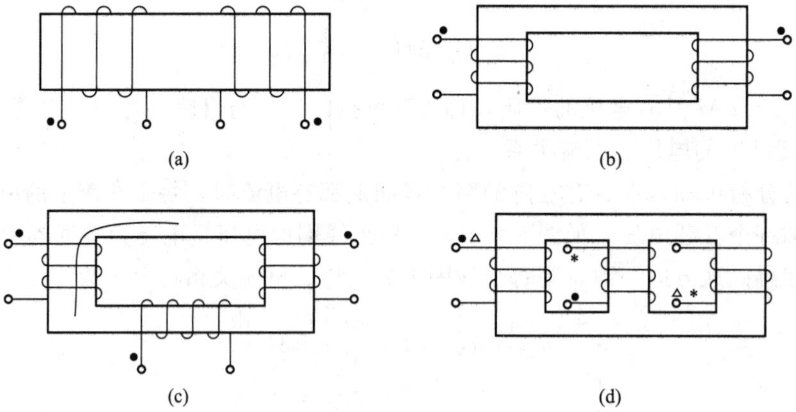

图 5-4　同名端

图 5-4(d) 中有三个线圈，但不是同一磁通同时穿过三个线圈，所以没有三个线圈的共同的同名端，只能每两个线圈之间具有同名端，要以不同的标记符号，如图 5-4(d) 所示。

有了同名端，便可以依据它标出电路中互感元件上的互感电压的正方向。

采用同名端标记，可以将如图 5-5(a) 所示的两个互感线圈，用图 5-5(b) 所示的电路模型表示。由图 5-5 可见，互感电压与产生它的电流对同名端的参考方向一致。

另外，根据同名端还可以很方便的确定式(5-9) 中互感电压的符号，显然，当电流同时从同名端流入（或流出）时，线圈中磁通被加强，互感电压取正号；反之取负号。

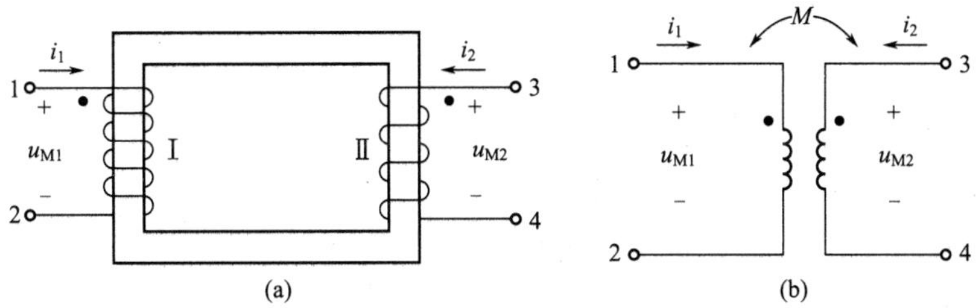

图 5-5　互感电压与同名端

当耦合线圈的相对位置绕法不能识别时，如何判断出它们的同名端呢？可用如图 5-6 所示的实验电路来判别同名端。图 5-6 中 U_S 为直流电源，V 为高内阻直流电压表，当 S 断开瞬间，线圈 1 中电流 i_1 减小，即 $di_1/dt<0$，线圈 N_1 中自感电压 u_{L1} 实际极性为 1 负 2 正，此时线圈 N_2 的开路电压 U_2 即互感电压 U_{M2} 的参考极性为 3 正 4 负，而 V 表反偏则说明 U_2 实际极性为 3 负 4 正。即同一变化电流 i_1 作用下，线圈 N_1 的 1 端和线圈 N_2 的 3 端分别为自感电压和互感电压的实际低电位，故线圈 N_1 和线圈 N_2 的 1 端和 3 端（或 b 端和 d 端）是一对同名端。注意，因 S 断开或闭合时可能产生极高的感应电压，故应选择较大的电压量程，以免损坏电压表。

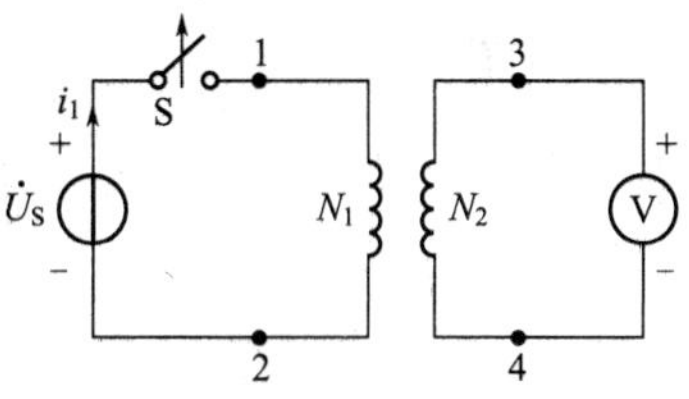

图 5-6　同名端的测定

【例 5-1】 如图 5-7 所示电路，试确定开关 S 打开瞬间，3 端、4 端间电压的真实极性。

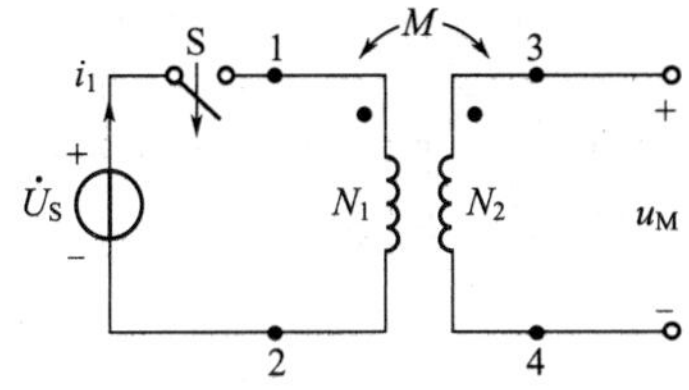

图 5-7　例 5-1 图

解　假设电流 i_1 及互感电压 u_M 的参考方向如图 5-7 所示，则根据同名端的含义可得

$$u_M = M\frac{di_1}{dt}$$

当开关 S 打开瞬间，正极电流减小，即 $\frac{di_1}{dt}<0$，所以 $u_M<0$ 其极性与假设相反，4 为高电位，3 端为低电位。

五、应用示例

如图 5-8 所示电路，求电压和电流的瞬时关系和相量关系（设图中电流的角频率为 ω）。

解　设 R_1 电压 u_{R1}、自感电压 u_{L1}、互感电压 u_{M1} 的参考方向均与 u_1 一致，则

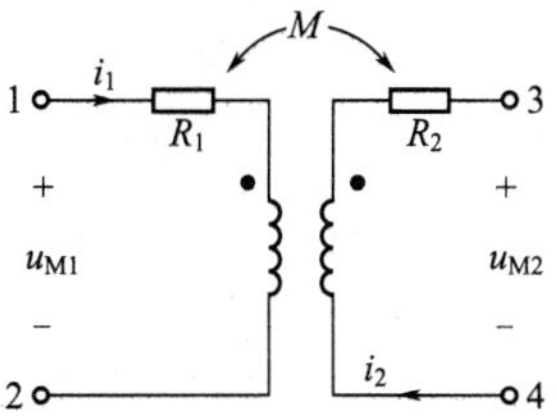

图 5-8　应用示例图

$$u_{R1}=R_1 i_1 \qquad u_{L1}=L_1\frac{di_1}{dt} \qquad u_{M1}=-M\frac{di_2}{dt}$$

故

$$u_1=u_{R1}+u_{L1}+u_{M1}=R_1 i_1+L_1\frac{di_1}{dt}-M\frac{di_2}{dt}$$

同理得
$$u_2=u_{R2}+u_{L2}+u_{M2}=-R_2 i_2-L_2\frac{di_2}{dt}+M\frac{di_1}{dt}$$

由此得图 5-8 电压、电流瞬时关系式为

$$\begin{cases}u_1=R_1 i_1+L_1\dfrac{di_1}{dt}-M\dfrac{di_2}{dt}\\ u_2=-R_1 i_2-L_2\dfrac{di_2}{dt}+M\dfrac{di_1}{dt}\end{cases}$$

图 5-8 电压、电流向量关系式为

$$\begin{cases}\dot{U}_1=R_1\dot{I}_1+j\omega L_1\dot{I}_1-j\omega M\dot{I}_2=(R_1+jX_{L1})\dot{I}_1-j\omega M\dot{I}_2\\ \dot{U}_2=-R_2\dot{I}_2-j\omega L_2\dot{I}_2+j\omega M\dot{I}_1=-(R_2+jX_{L2})\dot{I}_2+j\omega M\dot{I}_1\end{cases}$$

【思考与讨论】

1. 互感系数 M 的大小与哪些因素有关？

2. 为了使收音机中的电源变压器与输出变压器彼此不发生互感现象，即 $k=0$，应采取什么措施？

3. 耦合电感线圈的同名端与哪些因素有关？为什么？

第二节　互感线圈的连接

知识素养　5.7　互感线圈的连接

微课　5.8　互感线圈的连接

课件　5.9　互感线圈的连接

两互感线圈的连接，有串联、并联和 T 形连接（又称为一端并）等几种基本情况。本节将学习用无互感的等效电路（即去耦等效电路）来代替这几种连接的互感电路。

一、两个互感线圈的串联

两个互感线圈的串联分顺串和反串。异名端相联的串接称为顺向串联（简称顺串），同名端相联的串联称为反向串联（简称反串），如图 5-9 所示，两个互感线圈的串联，图 5-9(a) 表示两个互感线圈的顺向串联，图 5-9(b) 表示两个互感线圈的反向串联。

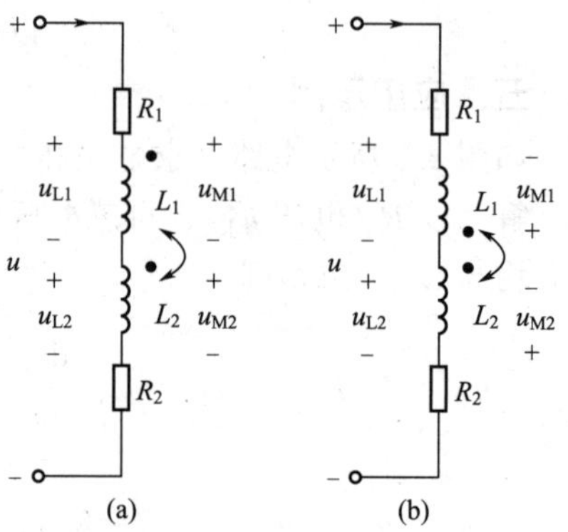

图 5-9　耦合线圈串联

根据基尔霍夫电压定律，当电流与电压的参考方向如图 5-9 所示，为计算方便，令 $R_1=R_2=0$，则线圈 1、2 两端的电压为

$$u_1=u_{L1}+u_{M1}=L_1\frac{di}{dt}+M\frac{di}{dt}$$

$$u_2=u_{L2}+u_{M2}=L_2\frac{di}{dt}+M\frac{di}{dt}$$

式中，u_{L1}、u_{L2} 是电流 i 在线圈 1、2 中所产生的自感电压；u_{M1} 是电流 i 通过线圈 2 时在线圈 1 中所产生的互感电压；u_{M2} 是电流 i 通过线圈 1 时在线圈 2 中所产生的互感电压。

图 5-9(a) 顺串电路中的总电压为

$$u=u_1+u_2=L_1\frac{di}{dt}+M\frac{di}{dt}+L_2\frac{di}{dt}+M\frac{di}{dt}$$

$$=(L_1+L_2+2M)\frac{di}{dt}$$

所以顺串电路中等效总电感为

$$L=(L_1+L_2+2M) \tag{5-11}$$

图 5-9(b) 反串电路中的总电压为

$$u=u_1+u_2=L_1\frac{di}{dt}-M\frac{di}{dt}+L_2\frac{di}{dt}-M\frac{di}{dt}$$

$$=(L_1+L_2-2M)\frac{di}{dt}$$

所以反串电路中等效总电感为

$$L=(L_1+L_2-2M) \tag{5-12}$$

由上述分析可见，当互感线圈顺向串联时，等效电感增加；反向串联时，等效电感减少，有削弱电感的作用。由于互感磁通是自感的一部分，所以 $(L_1+L_2)>2M$，即 $L>0$，因此整个电路仍为感性。两个互感线圈相串联，其等效电感 L 有时会变小（反接时），甚至可能比其中任何一个电感还小。例如，若 $L_1=L_2$，$L_1+L_2=2M$，则总等效电感在反接情况下，$L=0$。因此同名端接错甚至会造成不良后果。

二、两个互感线圈的并联

两个互感线圈的并联分为同侧并联和异侧并联两种情况。同侧并联是两线圈同名端在同侧的并联；异侧并联是两线圈异名端在同侧的并联。如图 5-10 所示为两个互感线圈的并联，(a) 表示同侧并联，(b) 表示异侧并联。

根据基尔霍夫定律，对图 5-10 列出如下方程（表达式的“±”或“∓”符号中，上符号为同侧并联情况，下符号为异侧并联情况。）

$$\begin{cases}\dot U=\dot U_{L1}\pm\dot U_{M1}\\ \dot U=\dot U_{L2}\pm\dot U_{M2}\\ \dot I=\dot I_1+\dot I_2\end{cases}\quad 即\quad \begin{cases}\dot U=j\omega L_1\dot I_1\pm j\omega M\dot I_2\\ \dot U=j\omega L_2\dot I_2\pm j\omega M\dot I_1\\ \dot I=\dot I_1+\dot I_2\end{cases} \tag{5-13}$$

解联立方程组得

$$\dot I_1=\frac{j\omega L_2\mp j\omega M}{(j\omega L_1)(j\omega L_2)-(j\omega M)^2}\dot U=\frac{L_2\mp M}{j\omega(L_1L_2-M^2)}\dot U$$

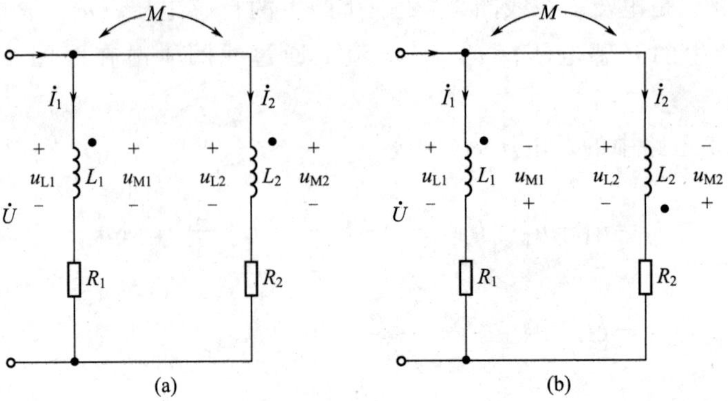

图 5-10 互感线圈并联

$$\dot{I}_2=\frac{j\omega L_1 \mp j\omega M}{(j\omega L_1)(j\omega L_2)-(j\omega M)^2}\dot{U}=\frac{L_1 \mp M}{j\omega(L_1L_2-M^2)}\dot{U}$$

$$\dot{I}=\dot{I}_1+\dot{I}_2=\frac{L_1+L_2\mp 2M}{j\omega(L_1L_2-M^2)}\dot{U}=\frac{1}{z}\dot{U}$$

式中
$$z=\frac{j\omega(L_1L_2-M^2)}{L_1+L_2\mp 2M} \tag{5-14}$$

故得等效并联电感

$$L=\frac{L_1L_2-M^2}{L_1+L_2\mp 2M} \tag{5-15}$$

式中，分母 $2M$ 前的符号是同侧并联取“−”，是异侧并联取“+”。

由于等效电感为非负值，故

$$L_1L_2-M^2\geqslant 0$$

即
$$M\leqslant\sqrt{L_1L_2} \tag{5-16}$$

说明两线圈间的互感 M 不大于两线圈自感量的几何平均值。

互感 M 的最大值

$$M_{max}=\sqrt{L_1L_2}$$

回顾耦合系数 k 的定义，可以看出，耦合系数是互感实际值与最大值之比。

三、两个互感线圈的 T 形连接

T 形连接可分为同侧连接和异侧连接。同名端相接称为同侧连接，异名端相接称为异侧连接。图 5-11 所示耦合线圈的连接形式称为 T 形连接。其中图 5-11(a) 为同侧连接，图 5-11(b) 为异侧连接。这种连接形式的电路分析过程，与耦合电感并联电路相似。为简便起见，不考虑线圈相串联的电阻。

根据图 5-11 中电压、电流的参考方向可列出同侧与异侧连接电路的方程（表达式的“±”“∓”符号中，上符号为同侧连接情况，下符号为异侧连接情况。）

$$\begin{cases} i=i_1+i_2 \\ u_{13}=L_1\dfrac{di_1}{dt}\pm M\dfrac{di_2}{dt} \\ u_{23}=L_2\dfrac{di_2}{dt}\pm M\dfrac{di_1}{dt} \end{cases} \tag{5-17}$$

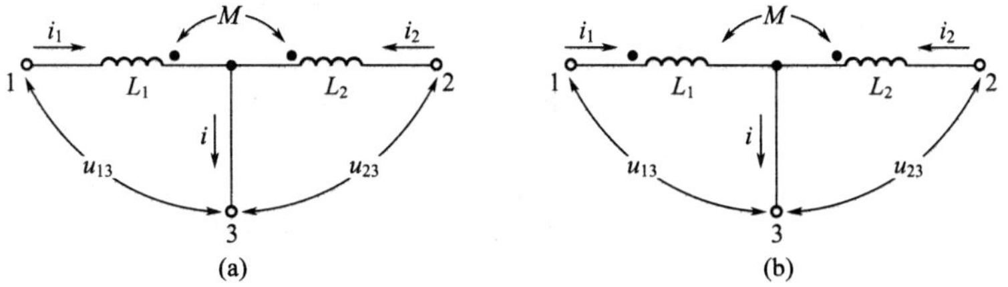

图 5-11　互感线圈的 T 形连接

上式联立解得

$$\begin{cases} \dot{U}_{13}=\mathrm{j}\omega L_1\dot{I}_1\pm\mathrm{j}\omega M\dot{I}_2=\mathrm{j}\omega L_1\dot{I}_1\pm\mathrm{j}\omega M(\dot{I}-\dot{I}_1)=\mathrm{j}\omega(L_1\mp M)\dot{I}_1\pm\mathrm{j}\omega M\dot{I} \\ \dot{U}_{23}=\mathrm{j}\omega L_2\dot{I}_2\pm\mathrm{j}\omega M\dot{I}_1=\mathrm{j}\omega L_2\dot{I}_2\pm\mathrm{j}\omega M(\dot{I}-\dot{I}_2)=\mathrm{j}\omega(L_2\mp M)\dot{I}_2\pm\mathrm{j}\omega M\dot{I} \end{cases}$$

式中，含 M 项前面的符号，同侧连接对应上面的符号，异侧连接对应下面的符号。

有上述结果得出如下结论：参数为 L_1，L_2 和 M 的有感线圈 T 形连接时，可等效为 L_a、L_b 和 L_c 的三个无耦线圈构成的三端星形网络。三个无耦线圈大小为

$$\begin{cases} L_a=L_1\mp M \\ L_b=L_2\mp M \\ L_c=\pm M \end{cases} \tag{5-18}$$

根据式(5-18)，可画出 T 形去耦等效电路如图 5-12 所示。图 5-12(a) 为互感 T 形耦合连接，图 5-12(b)、(c) T 形去耦等效电路。注：图 5-12 中同侧连接运算符取上面的符号，异侧连接运算符取下面的符号。

【例 5-2】 如图 5-13 所示电路处于正弦稳态中，已知 $u_S(t)=\sqrt{2}\times220\cos314t\,\mathrm{V}$，$L=1\mathrm{H}$，$L_2=2\mathrm{H}$，$M=1.4\mathrm{H}$，$R_1=R_2=1\Omega$，求 $i(t)$。

解　向量模型如图 5-13（b）所示，图中

$$\dot{U}_S=220\angle 0\mathrm{V}$$

$$L=L_1+L_2-2M=(1+2-2\times1.4)\ \mathrm{H}=0.2\mathrm{H}$$

$$\mathrm{j}\omega L=\mathrm{j}314\times0.2\Omega=\mathrm{j}62.8\Omega$$

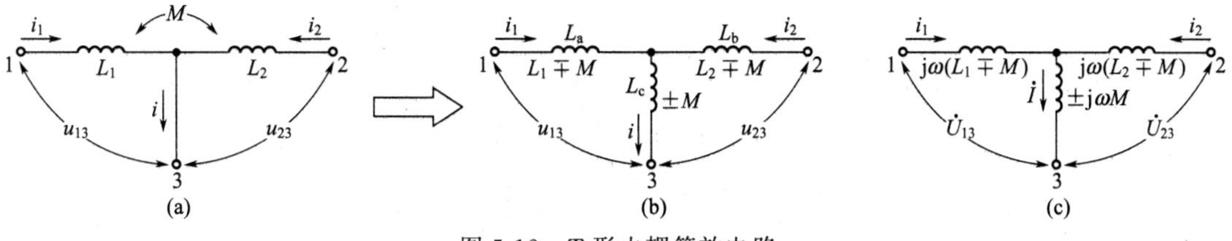

图 5-12　T 形去耦等效电路

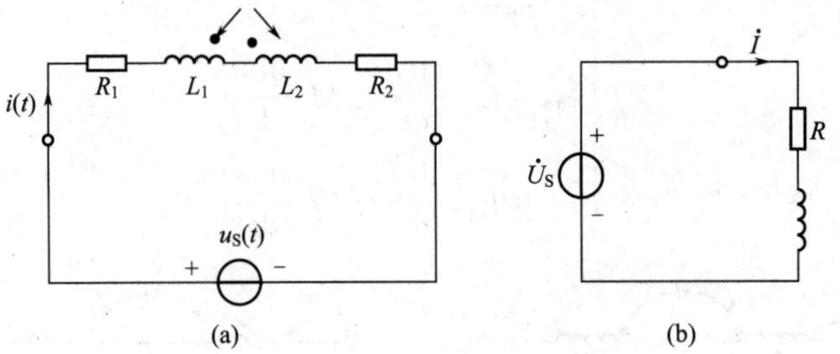

图 5-13　例 5-2 图

所以　　$\dot{I}=\dfrac{\dot{U}_S}{R_1+R_2+j\omega L}=\dfrac{220\angle 0}{2+j62.8}A=3.5\angle -88.18°A$

$i_S(t)=\sqrt{2}\times 3.5\cos(314t-88.18°)$

【例 5-3】 如图 5-14（a）所示电路，已知 X_{L1}，X_{L2}，X_M，R，试求该电路的阻抗 Z_{12}。

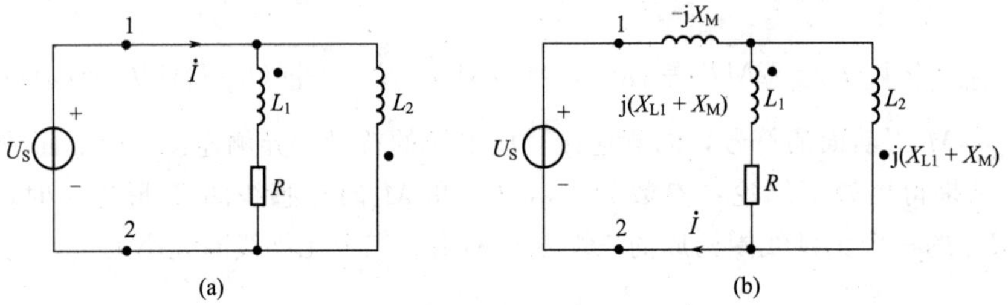

图 5-14　例 5-3 图

解　将图 5-14（a）电路去耦等效为图 5-14（b）电路。由图 5-14（b）

可知　　$Z_{12}=-jX_M+\dfrac{[R+j(X_{L1}+X_M)]\times j(X_{L2}+X_M)}{R+j(X_{L1}+X_{L2}+2X_M)}$

四、应用示例

如图 5-15（a）所示电路已知 $L_1=0.2H$，$L_2=0.4H$，$M=0.2H$，$R=1k\Omega$，试求该电路谐振时的角频率。

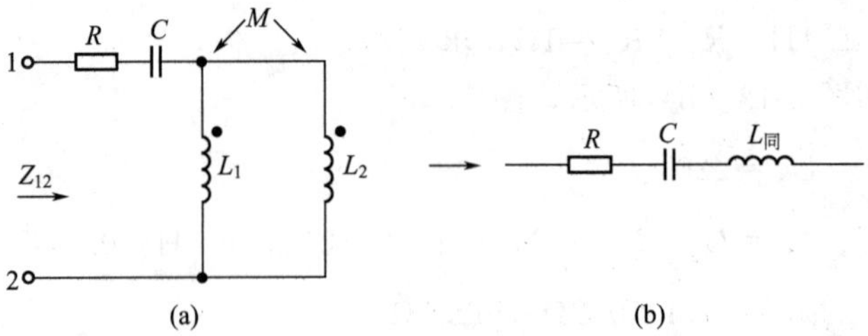

图 5-15　互感线圈并联

解　根据图 5-15（a）可画出其对应的去耦等效电路如图 5-15（b），图中参数为

$$L_{同}=\frac{L_1L_2-M^2}{L_1+L_2-2M}=\frac{0.2\times 0.4-0.2^2}{0.2+0.4-0.4}=0.2H$$

故角频率为

$$\omega_0=\frac{1}{\sqrt{L_{\text{同}}C}}=\frac{1}{\sqrt{0.2\times1.25\times10^{-6}}}=2\times10^3\ \text{rad/s}$$

【思考与讨论】

1. 什么是顺向串联？什么是反向串联？它们的等效电感如何计算？
2. 什么是同侧并联？什么是异侧并联？它们的等效电感如何计算？
3. 什么叫两个互感线圈的 T 型联接？T 型联接有几种类型？什么叫去耦等效？

第三节　变　压　器

变压器是利用互感耦合来实现从一个电路向另一个电路传递能量或信号的一种器件。工程上最常用的变压器有两种：铁芯变压器和空芯变压器。铁芯变压器以铁芯为磁介质，具有变压、变流、变阻抗等作用，广泛应用于电力、电气、电子等技术领域。不带铁芯的变压器称为空芯压器，用非铁磁材料制作芯子的变压器也称为空芯变压器，耦合程度可调，也称耦合电感，广泛应用于无线电、电视、测量仪器和通信电路的调谐回路。

一、空芯变压器

空芯变压器是由两个绕在非铁磁材料制成的骨架上并具有磁耦合的线圈组成的。属于一种线性变压器，所以，可以用图 5-16（a）所示电路的虚线框所围部分作为它的电路模型。其中与电源相连的一边称为原边，其线圈为原线圈（或原绕组）；与负载相连的一边称为副边，其线圈称为副线圈（或副绕组）。R_L，X_L 为负载的电阻和电感。

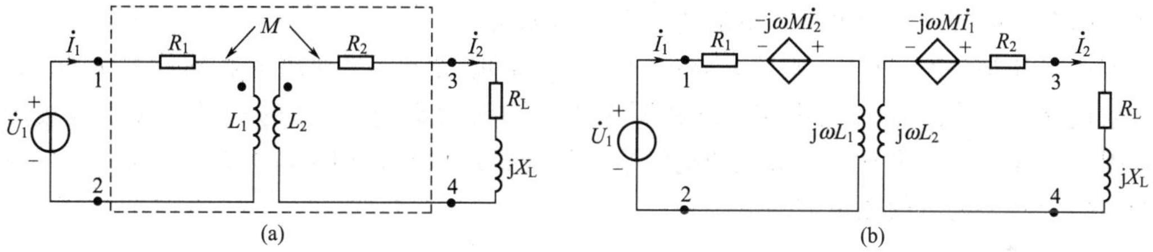

图 5-16　空芯变压器的简化电路

知识素养　5.10　变压器

微课　5.11　变压器

课件　5.12　变压器

动画　5.13　变压器变换电压电流作用

动画　5.14　仿真：变压器变换阻抗作用

视频　5.15　综合实训：变压器测量

根据图 5-16（a）可画出对应的相量图如图 5-16（b）所示，由此，可写出其电路相量方程式为

$$\begin{cases}(R_1+j\omega L_1)\dot{I}_1-j\omega M\dot{I}_2=\dot{U}_1\\-j\omega M\dot{I}_1+(R_2+R_L+j\omega L_2+jX_L)\dot{I}_2=0\end{cases}\tag{5-19}$$

如果令 $Z_{11}=R_1+j\omega L_1$ 为原边回路的阻抗，叫初级阻抗，$Z_{22}=R_2+R_L+j\omega L_2+jX_L$ 为副边回路的阻抗叫次级阻抗。$Z_M=j\omega M$ 为互感阻抗，上述方程式可化简为

$$\begin{cases}Z_{11}\dot{I}_1-Z_M\dot{I}_2=\dot{U}_1\\-Z_M\dot{I}_1+Z_{22}\dot{I}_2=0\end{cases}\tag{5-20}$$

可解得

$$\begin{cases}\dot{I}_1=\dfrac{\dot{U}_1}{Z_{11}+\dfrac{Z_M^2}{Z_{22}}}=\dfrac{\dot{U}_1}{Z_{11}+\dfrac{(\omega M)^2}{Z_{22}}}\\\dot{I}_2=\dfrac{-Z_M\dot{U}_1}{Z_{11}Z_{22}+Z_M^2}=\dfrac{-\dfrac{Z_M}{Z_{11}}\dot{U}_1}{Z_{22}+\dfrac{(\omega M)^2}{Z_{11}}}\end{cases}\tag{5-21}$$

由 I_1 的表达式可得初级回路输入端的等效阻抗。

$$Z_i=\frac{\dot{U}_1}{\dot{I}_1}=Z_{11}+\frac{(\omega M)^2}{Z_{22}}=Z_{11}+Z_{1f}\tag{5-22}$$

Z_{1f} 叫次级在初级的反映阻抗，是一个决定于互感及次级回路参数的阻抗，它反映了次级回路通过磁耦合对初级回路所产生的影响，故称为次级对初级的反映阻抗。Z_{1f} 将不会受变压器同名端的影响，和电压、电流的参考方向无关。

若负载开路，$Z_{22}\to\infty$，则输入阻抗 $Z_i=Z_{11}$ 此时初级不受次级的影响；若 $I_2\neq0$，则输入阻抗 $Z_i=Z_{11}+Z_{1f}$，其中 Z_{1f} 反映了次级对初级的影响，Z_{1f} 的实部反映了次级的能耗，因为次级本身没有真正意义上的电源，此能耗最终应来自初级电源；Z_{1f} 的虚部反映了次级储能元件和初级的能量交换。

二、铁芯变压器

1. 铁芯变压器的结构

变压器的基本结构与电路符号如图 5-17 所示，它由铁芯、绕组（线圈）两部分组成。有铁芯构成磁路，其耦合系数 k 接近于 1；绕组是变压器的电路部分，一般用具有良好绝缘的漆包线、纱包线或丝包线绕成。工作时，与电源相接的绕组，称为原绕组，也称初级绕组；与负载相接的绕组，称为副绕组，也称次级绕组。

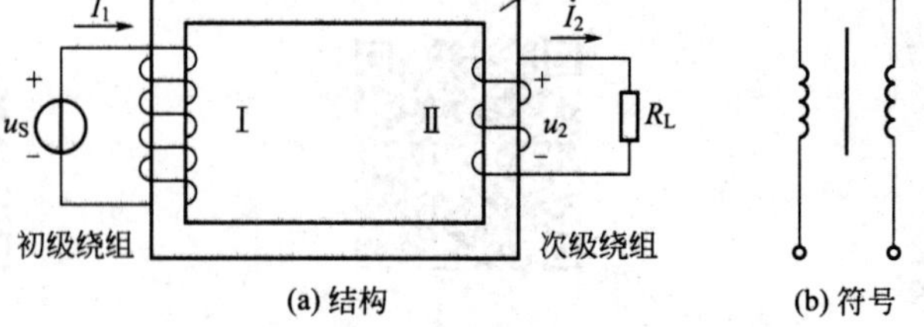

图 5-17　变压器的结构和电路符号

2. 铁芯变压器的工作原理

在图 5-17 中，原绕组接交流电压$\dot{U}_1$，流过电流$\dot{I}_1$，产生交变磁通，磁通由铁芯构成回路，与副绕组交链，并在副绕组中产生感应电压$\dot{U}_2$。当副绕组开路时，副边电流$\dot{I}_2=0$，此时变压器空载运行。当副绕组接有负载时，电路闭合流过电流$\dot{I}_2$，此时变压器负载运行。变压器负载运行时，原绕组从交流电源处吸收电能，传递给副绕组，供给负载。

下面假定铁芯变压器在理想状态下（即假定铁芯变压器是一种特殊的无损耗全耦合变压器，称理想变压器），推导分析变压器的电压、电流、阻抗变化关系。

（1）电压变换关系

$$\frac{U_1}{U_2}=\frac{N_1}{N_2}=n \tag{5-23}$$

式中，$N_1/N_2=n$ 是原、副绕组匝数之比，又称变比。根据这一关系，通过选择不同的匝数比可制成升压变压器或降压变压器。

（2）电流变换关系

$$\frac{I_1}{I_2}=\frac{N_2}{N_1}=\frac{1}{n} \tag{5-24}$$

即原、副绕组的电流之比等于原、副绕组匝数比的倒数。

（3）阻抗变换关系

如图 5-18 所示，若设$\frac{\dot{U}_1}{\dot{I}_1}=Z$，$\frac{\dot{U}_2}{\dot{I}_2}=Z_L$，则

$$Z'\approx\left(\frac{N_1}{N_2}\right)^2 Z_L=n^2 Z_L \tag{5-25}$$

式中，Z'为负载阻抗通过变压器等效变换到原绕组的等效阻抗。

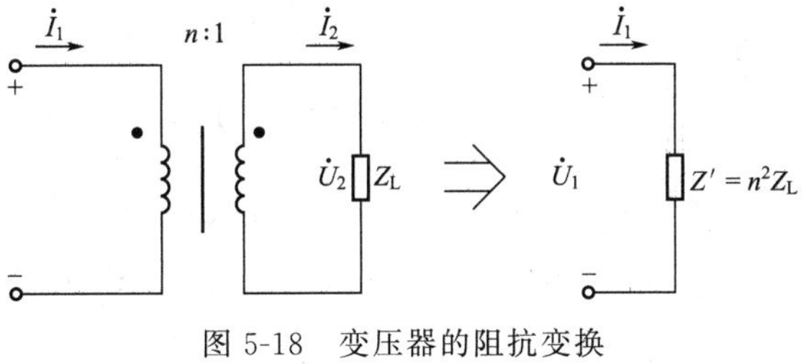

图 5-18　变压器的阻抗变换

由这三个式子看出理想变压器变压、交流、变阻抗时，只取决于变比 n，而与两线圈的电感 L_1，L_2 及互感 M 无关。它不储能也不耗能，只传递电能。

【例 5-4】 电路如图 5-19（a）所示，已知 $L_1=3\text{H}$，$L_2=0.06\text{H}$，$M=0.5\text{H}$，$R_1=20\Omega$，$R_2=1\Omega$，$R_L=40\Omega$，$u_S(t)=\sqrt{2}\times110\cos314t$ 试求该电路初级电流和次级电流。

解　图 5-19（a）初级和次级的自阻抗为

$$Z_{11}=R_1+\text{j}\omega L_1=(20+\text{j}314\times3)\Omega=(20+\text{j}942)\Omega$$

$$Z_{22}=R_2+R_L+\text{j}\omega L_2=(1+40+\text{j}314\times0.06)\Omega=(41+\text{j}18.84)\Omega$$

反射阻抗

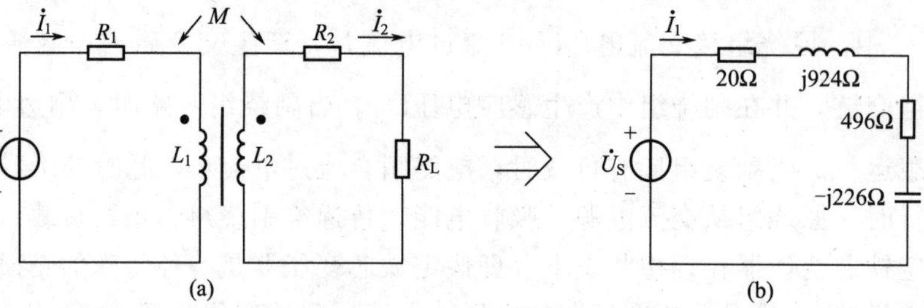

图 5-19　例 5-4 图

$$Z_{1f}=\frac{(\omega M)^2}{Z_{22}}=\frac{314^2\times0.5^2}{41+j18.84}\Omega=(496-j226)\Omega$$

由反射阻抗可画出初级等效电路如图 5-19（b）（注意反射阻抗呈容性）。由图可求出初级电流$\dot I_1$为

$$\dot I_1=\frac{\dot U_S}{Z_i}=\frac{\sqrt2\times110\angle0°}{Z_{11}+Z_{1f}}=\frac{\sqrt2\times110\angle0°}{20+j942+496-j226}\text{ A}$$

$$=\frac{\sqrt2\times110\angle0°}{516+j716}\text{A}=125\angle-54.2°\text{mA}$$

再由初、次级电流关系，可求得次级电流$\dot I_2$为

$$\dot I_2=\frac{j\omega M\dot I_1}{Z_{22}}=\frac{314\times0.465\angle90°\times0.176\angle-54.2°}{41+j18.84}\text{ A}$$

$$=\frac{25.7\angle36°}{45\angle24.6°}\text{A}=570\angle11.4°\text{mA}$$

【例 5-5】 如图 5-20 所示理想变压器电路，已知$R=100\Omega$、$R_L=1\Omega$、$n=5$、$\dot U_S=100\angle0°$V。求$\dot I_1$、$\dot I_2$及R_L吸收的功率。

解 由初级回路得

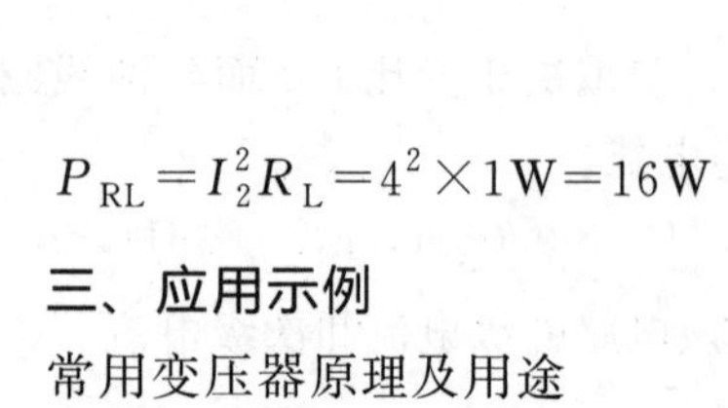

图 5-20　例 5-5 图

$$\dot U_S=R\dot I_1+\dot U_1=R\dot I_1+n\dot U_2=R\dot I_1+nR_L\dot I_2$$

$$=R\dot I_1+n^2R_L\dot I_1$$

故

$$\dot I_1=\frac{\dot U_S}{R+n^2R_L}=\frac{100\angle0°}{100+25\times1}\text{A}=0.8\angle0°\text{A}$$

$$\dot I_2=-n\dot I_1=-5\times0.8\angle0°\text{A}=-4\angle0°\text{A}$$

$$P_{RL}=I_2^2R_L=4^2\times1\text{W}=16\text{W}$$

三、应用示例

常用变压器原理及用途

1. 调压变压器

如图 5-21 所示，是实验室常用的自耦调压器原理图。原绕组 A-X 接到固定电压的电源，K 是一个滑动触点，沿着线圈滑动可改变副绕组线圈匝

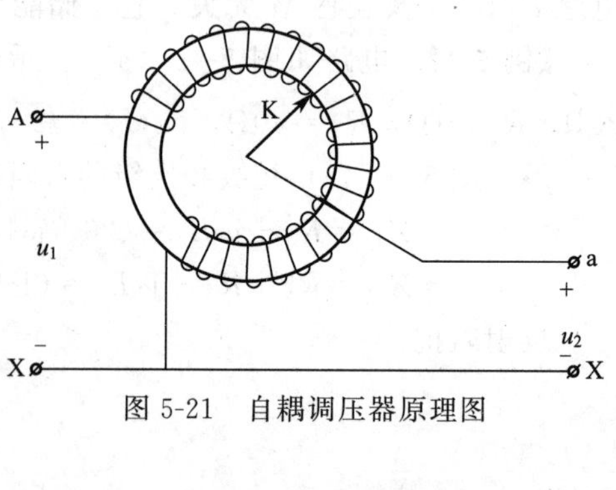

图 5-21　自耦调压器原理图

数，从而平滑地调节输出电压 u_2，u_2 调节范围从 $0 \sim U_1$。

2. 互感器

互感器分电流互感器和电压互感器两种，它们的作用原理和变压器相同。

使用互感器有两个目的：一是为了工作人员的安全，使测量回路与高压电网隔离；二是可以使用小量程的电流表测量大电流，用低量程电压表测量高电压。

① 电流互感器。如图 5-22 所示电流互感器的原理与短路时的变压器相类似。它的初级线圈串联在电源线上，次级线圈接测量用的电流表。初级线圈匝数很少，次级线圈匝数很多，匝数比 $n = N_1/N_2 < 1$。根据变压器公式，初级的大电流变为次级的小电流，就可以测量了。由于次级线圈所接电流表的阻抗很小，电流互感器基本上属于短路运行。

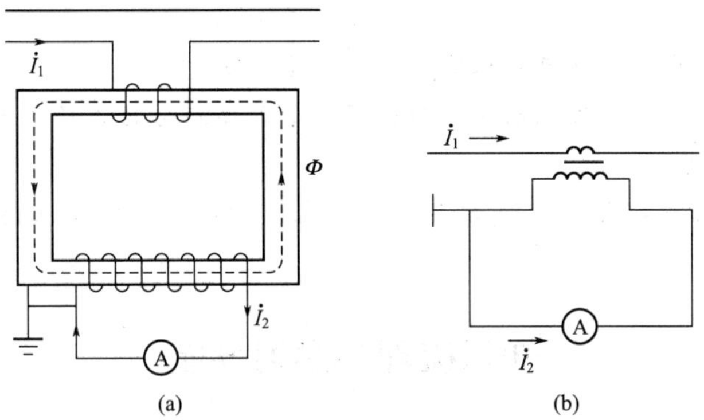

图 5-22　电流互感器

使用电流互感器应注意：电流互感器的次级线圈和铁芯必须可靠地接地；电流互感器的次级线圈绝对不容许开路。

② 电压互感器。图 5-23 所示是电压互感器的接线图，其初级线圈接到被测线路，次级线圈接到电压表。由于电压表的阻抗很大，所以电压互感器相当于一台空载运行的降压变压器。

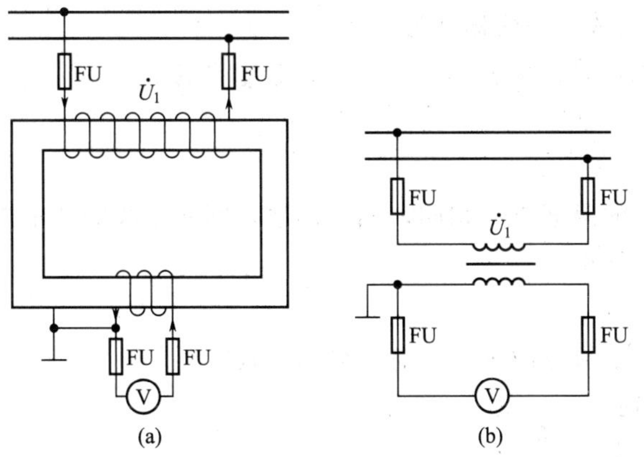

图 5-23　电压互感器

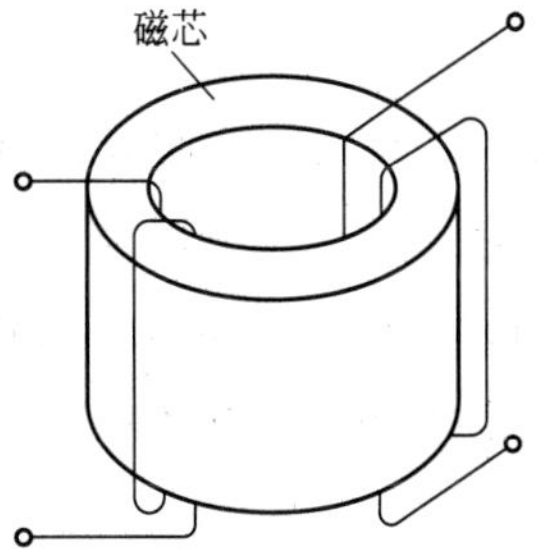

图 5-24　脉冲变压器

使用电压互感器时应注意：电压互感器的次级线圈绝对不容许短路；同时，为了安全，电压互感器的次级线圈与铁芯必须可靠地接地；并且，初、次级都要接熔断器，在电路短路时起超保护作用。

3. 脉冲变压器

脉冲变压器用在脉冲数字电路中进行电路之间的耦合、放大及阻抗变换等。对脉冲变压器的主要要求是，希望经过它传输后的脉冲波形没有畸变。因此，脉冲变压器对铁磁材料、结构工艺的要求都比普通变压器高。脉冲变压器常用的磁芯材料有高磁导率的铁金属等。如图 5-24 所示，是典型的铁金属磁芯结构，它的尺寸较小，线圈的匝数也较少，可以满足脉冲波传输需要。

脉冲变压器输入矩形脉冲波的脉冲宽度通常从零点几微秒到 20μs，而脉冲周期则较长。因此容量很小的脉冲变压器却可以负担较大的脉冲负载。

【思考与讨论】

1. 变压器能变换电压、电流和阻抗，能不能变换功率？

2. 变压器能否用来变换直流电压？如果将变压器接到与它的额定电压相同的直流电源上，会产生什么后果？

3. 为什么在运行时，电压互感器二次侧不允许短路？而电流互感器的二次绕组不能开路？

知识梳理与学习导航

一、知识梳理

1. 互感、互感系数、耦合系数、同名端

由一个线圈中电流变化在另一个线圈中产生互感电压的现象，称为互感现象。类似于自感的定义，互感现象产生的互感系数为

$$M_{12}=\frac{\Psi_{12}}{i_2}\qquad M_{21}=\frac{\Psi_{21}}{i_1}$$

因

$$M_{12}=M_{21}=M$$

因此，一律用 M 表示两线圈间的互感系数，并简称其为互感。

工程上常用耦合系数 k 表示两个线圈磁耦合的紧密程度，耦合系数定义为

$$k=\frac{M}{\sqrt{L_1L_2}}$$

同名端：当两个线圈通过电流，所产生的磁通方向相同，相互加强，则两个线圈的电流流入端称为同名端。用符号“·”或“*”标记。

2. 耦合元件上的电压、电流关系

(1) 互感电压　将互感电压与其产生的电流方向选取的对同名端一致时

$$u_{M2}=\frac{\mathrm{d}\Psi_{21}}{\mathrm{d}t}=M\frac{\mathrm{d}i_1}{\mathrm{d}t}$$

$$u_{M1}=\frac{\mathrm{d}\Psi_{12}}{\mathrm{d}t}=M\frac{\mathrm{d}i_2}{\mathrm{d}t}$$

正弦稳态下

$$\dot{U}_{M2}=\mathrm{j}\omega M\dot{I}_1$$

$$\dot{U}_{M1}=j\omega M\dot{I}_2$$

(2) 耦合元件上的电压、电流关系 若每个线圈的电压、电流为关联参考方向，且自感磁通又与互感磁通方向一致，则每个线圈上的电压、电流关系可表示为

$$\begin{cases}u_1=u_{L1}+u_{M1}=L_1\dfrac{di_1}{dt}+M\dfrac{di_2}{dt}\\ u_2=u_{L2}+u_{M2}=L_2\dfrac{di_2}{dt}+M\dfrac{di_1}{dt}\end{cases}$$

写成向量关系形式为

$$\begin{cases}\dot{U}_1=j\omega L_1\dot{I}_1+j\omega M\dot{I}_2=jX_{L1}\dot{I}_1+j\omega M\dot{I}_2\\ \dot{U}_2=j\omega L_2\dot{I}_2+j\omega M\dot{I}_1=jX_{L2}\dot{I}_2+j\omega M\dot{I}_1\end{cases}$$

3. 互感线圈的连接

(1) 串联 两个互感线圈的串联分为顺串和反串两种。

顺串电路中等效总电感为

$$L=(L_1+L_2+2M)$$

反串电路中等效总电感为

$$L=(L_1+L_2-2M)$$

(2) 两个互感线圈的并联 两个互感线圈的并联分为同侧并联和异侧并联两种情况。等效并联电感

$$L=\frac{L_1L_2-M^2}{L_1+L_2\mp 2M}$$

式中，分母 $2M$ 前的符号：同侧并联取“－”，异侧并联取“＋”。

(3) 两个互感线圈的 T 形连接 T 形连接可分为同侧连接和异侧连接。可等效为三个电感构成的星形连接。

$$\begin{cases}L_a=L_1\mp M\\ L_b=L_2\mp M\\ L_c=\pm M\end{cases}$$

注：同侧连接运算符取上面的符号，异侧连接运算符取下面的符号。

4. 变压器

(1) 空芯变压器 空芯变压器是由两个绕在非铁磁材料制成的骨架上并具有磁耦合的线圈组成的。图 5-18 电路向量方程式为

$$\begin{cases}(R_1+j\omega L_1)\dot{I}_1-j\omega M\dot{I}_2=\dot{U}_1\\ -j\omega M\dot{I}_1+(R_2+R_L+j\omega L_2+jX_L)\dot{I}_2=0\end{cases}$$

初级回路输入端的等效阻抗

$$Z_i=\frac{\dot{U}_1}{\dot{I}_1}=Z_{11}+\frac{(\omega M)^2}{Z_{22}}=Z_{11}+Z_{1f}$$

Z_{1f} 叫次级在初级的反映阻抗，它反映了次级回路通过磁耦合对初级回路所产生的影响，故称为次级对初级的反映阻抗。

(2) 铁芯变压器 铁芯变压器在理想状态下变压器的电压、电流、阻抗变化关系。

$$\frac{U_1}{U_2}=\frac{N_1}{N_2}=n$$

$$\frac{I_1}{I_2}=\frac{N_2}{N_1}=\frac{1}{n}$$

$$Z'\approx\left(\frac{N_1}{N_2}\right)^2 Z_L=n^2 Z_L$$

(3) 常用变压器 调压变压器、互感器、电流互感器、电压互感器。

二、学习导航

1. 知识点

☆互感与互感系数

☆耦合系数 k

☆耦合元件上的电压、电流关系

☆互感线圈的同名端

☆互感线圈的联接：串联、并联和 T 型联接

☆空心变压器

☆铁芯变压器

2. 难点与重点

☆互感元件的 VCR 及同名端

☆去耦等效电路法变压器

☆含理想变压器电路分析

3. 学习方法

☆理解互感及同名端的基本概念

☆借助同名端的引入掌握互感电压的正确表示，目的是使学生明确当两个线圈之间存在磁耦合时，每个耦合线圈中的电压由自感电压和互感电压两部分组成，正、负号的选取与参考方向、同名端决定

☆通过习题训练，掌握互感电路的分析计算

☆通过实践训练深入理解相关知识，掌握基本操作技能

习 题 五

5-1 已知两线圈的自感为 $L_1=16\text{mH}$，$L_2=4\text{mH}$，①若 $K=0.5$ 求互感 $M=$？②若 $M=6\text{MH}$，求耦合系数 k 为多少？③若两线圈为全耦合，求互感 $M=$？

5-2 一对磁耦合线圈串联，已知 $L_1=10\text{H}$，$L_2=4\text{H}$，$M=3\text{H}$，试计算顺向串联和反向串联时的等效电感分别为多少？

5-3 电路如图 5-25 所示，标出自感电压和互感电压的参考方向，并写出端口电压 $\dot{U}_1$ 和 $\dot{U}_2$ 的相量表达式。

5-4 电路如图 5-26 所示，已知 $U_1=100\text{V}$，$\omega L_1=\omega L_2=8\Omega$，$\omega M=4\Omega$，求 AB 端开路电压 U_{AB} 为多少？

5-5 电路如图 5-27 所示，已知 $L_1=L_2=0.02\text{H}$，$M=0.01\text{H}$，$u_{AB}=2\sqrt{2}\sin 100t\,\text{V}$，求电流 $\dot{I}_1$ 为多少？

5-6 电路如图 5-28 所示，已知 $R=100\Omega$，$L_1=0.1\text{H}$，$L_2=0.4\text{H}$，$M=0.2\text{H}$，谐振时 $\omega_0=10^6\,\text{rad/s}$，

问谐振时的电容 C 为多少？

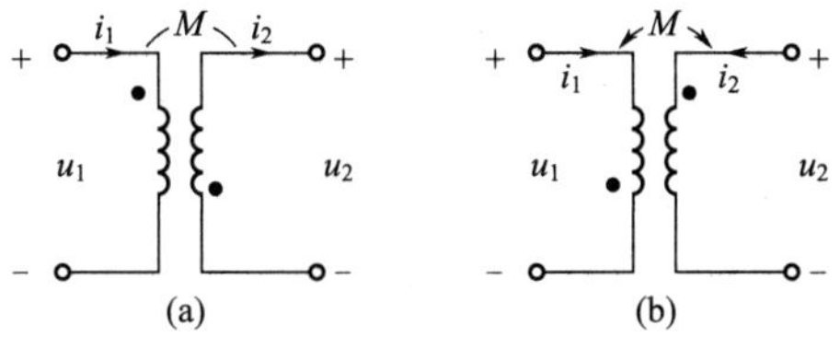

图 5-25　习题 5-3 图

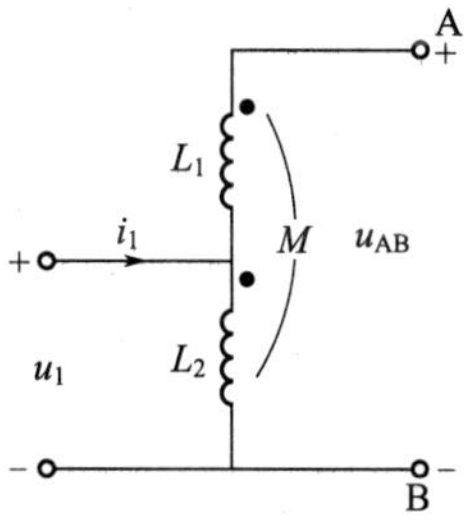

图 5-26　习题 5-4 图

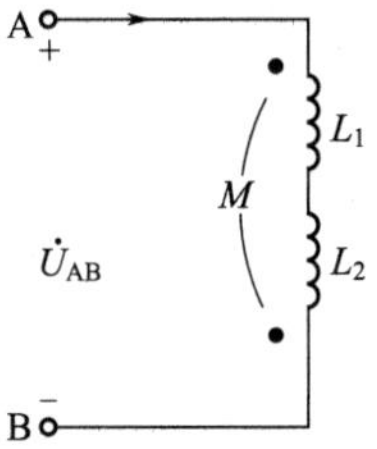

图 5-27　习题 5-5 图

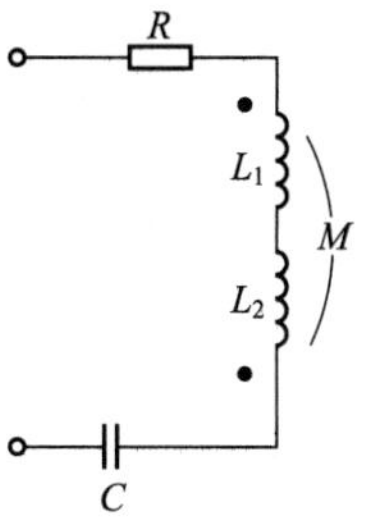

图 5-28　习题 5-6 图

5-7　如图 5-29 所示，已知 $R_1=R_2=100\Omega$，$L_1=4\text{H}$，$L_2=10\text{H}$，$M=5\text{H}$，$C=10\mu\text{F}$，电源电压 $\dot{U}=220\angle 0°\text{V}$，$\omega=100\text{rad/s}$，求电流 $\dot{I}$ 为多少？

5-8　电路如图 5-30 所示，已知 $L_1=0.04\text{H}$，$L_2=0.01\text{H}$，$M=0.01\text{H}$，$\omega=100\text{rad/s}$，$R_1=10\Omega$，求图 5-30（a）、（b）所示电路的等效阻抗为多少？

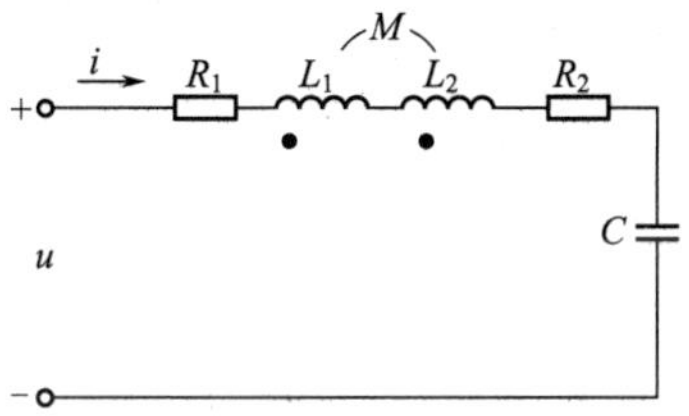

图 5-29　习题 5-7 图

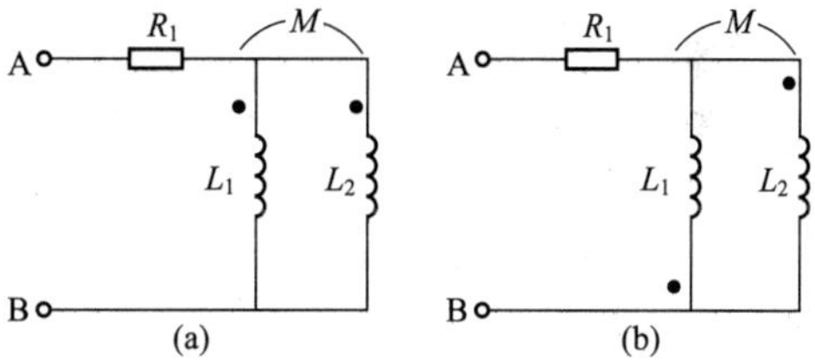

图 5-30　习题 5-8 图

5-9　电路如图 5-31 所示，已知电路参数 $L_1=0.1\text{H}$，$L_2=0.4\text{H}$，$M=0.01\text{H}$，$\omega=1000\text{rad/s}$，$R=10\Omega$，问 C 为何值时电路发生谐振？

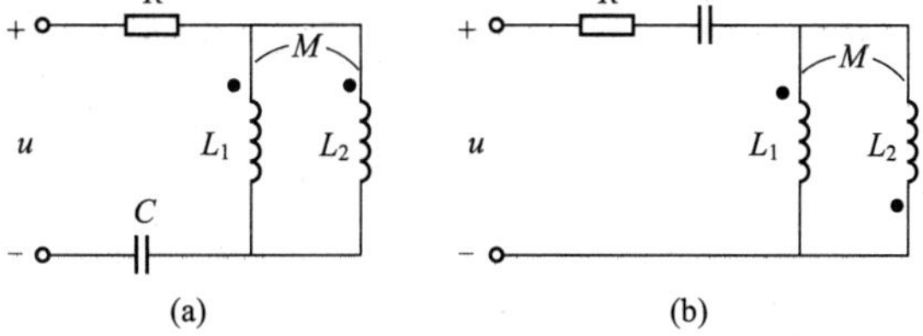

图 5-31　习题 5-9 图

5-10　某晶体管收音机，二次接 4Ω 的扬声器，今改接 8Ω 扬声器，且要求一次侧的等效阻抗保持不变，已知输出变压器第一次绕组匝数为 $N_1=250$ 匝。二次绕组匝数 $N_2=50$ 匝，若一次绕组匝数不变，问二次绕组的匝数应如何变动，才能实现阻抗匹配。

拓展篇

哲思语录：不登高山，不知天之大；
不临深谷，不知地之厚也。

科学家简介

伏特（Count Alessandro Giuseppe Antonio Anastasio Volta，亚历山德罗・朱塞佩・安东尼奥・安纳塔西欧・伏特伯爵 1745 年 2 月 18 日～1827 年 3 月 5 日），意大利物理学家，因在 1800 年发明伏达电堆而著名，后来他受封为伯爵。为了纪念他，人们将电动势单位取名伏特。

伏特出生于意大利科莫一个富有的天主教家庭里。十九岁时他写作了一首关于化学发现的六韵步的拉丁文小诗。伏特对静电的了解至少可以和当时最好的电学家媲美，他应用他的理论制造各种有独创性的仪器，用现代的话来讲，要点在于他对电量、电量或张力（如他自己所命名的）、电容以及关系式 $Q=CV$ 都有了明确的了解。电堆能产生连续的电流，它的强度的数量级比从静电起电机能得到的电流大，因此开始了一场真正的科学革命。阿拉果在 1831 年写的一篇文章中谈到了对它的一些赞美：“……这种由不同金属中间用一些液体隔开而构成的电堆，就它所产的奇异效果而言，乃是人类发明的最神奇的仪器。”我们必须记住，在 1831 年，电流还没有什么重要的实际应用。伏特的兴趣并不只限于电学，他通过观察马焦雷湖附近沼泽地冒出的气泡，发现了沼气。他把对化学和电学的兴趣结合起来，制成了一种称为气体燃化的仪器，可以用电火花点燃一个封闭容器内的气体。

安培（André-Marie Ampère，安德烈・玛丽・安培 1775 年 1 月 20 日～1836 年 6 月 10 日），法国物理学家建立了电动力学（现在叫做电磁学）。他发现了一系列的重要定律、定理，推动了电磁学的迅速发展。1827 年他首先推导出了电动力学的基本公式，建立了电动力学的基本理论，成为电动力学的创始人。电流的国际单位安培即以他的姓氏命名。

安培生于法国里昂一个富商家庭。他对数学最着迷，13 岁就发表第一篇数学论文，论述了螺旋线。他曾研究过概率论和积分偏微分方程，显示出他在数学方面奇特的才能。他还做过化学研究，几乎与 H. 戴维同时认识到元素氯和碘；比 A. 阿伏伽德罗晚 3 年导出阿伏伽德罗定律，论证过恒温下体积和压强之间的关系，还试图寻找各种元素的分类和排列顺序关系。他是法国科学院、英国伦敦皇家学会、柏林、斯德哥尔摩等科学院的院士。安培将他的研究综合在《电动力学现象的数学理论》一书中，成为电磁学史上一部重要的经典论著。安培还是发展测电技术的第一人，他用自动转动的磁针制成测量电流的仪器，以后经过改进称电流计。安培以独特的、透彻的分析，论述带电导线的磁效应，因此我们称他是电动力学的先创者，是当之无愧的。麦克斯韦称赞安培的工作是“科学上最光辉的成就之一”，还把安培誉为“电学中的牛顿”。安培奖：法国电气公司于 1975 年为纪念物理家安培（1775—1836）诞生 200 周年而设立，每年授奖一次，奖励一位或几位在纯粹数学、应用数学或物理学领域中研究成果突出的法国科学家。

第六章　二端口网络

☼知识导图

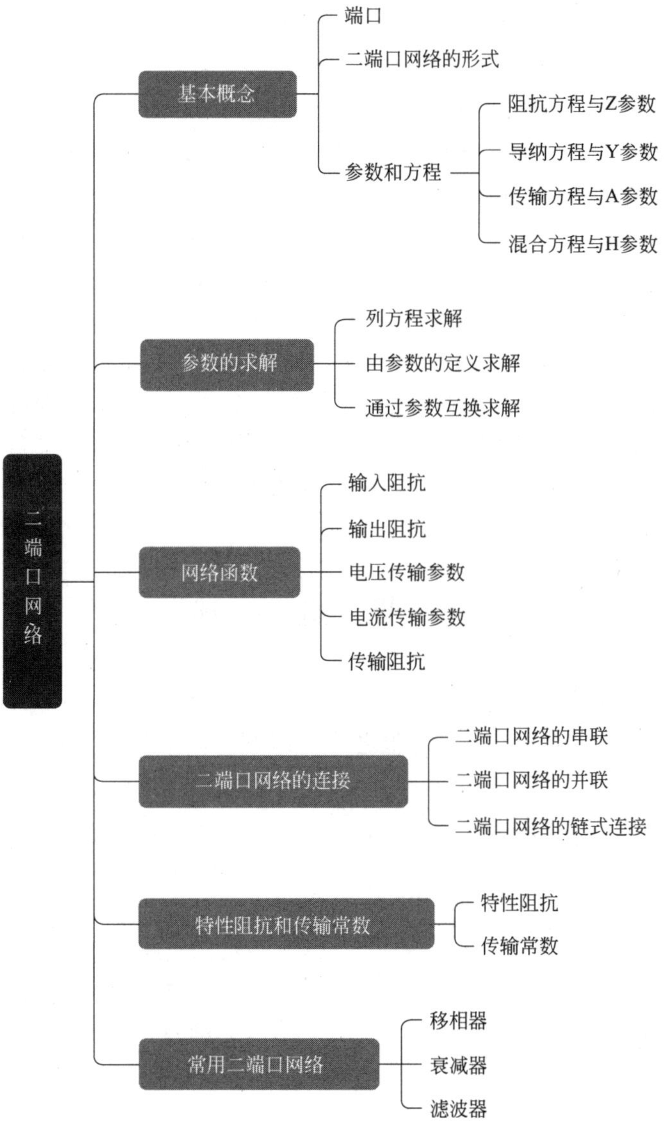

☼学习目标

☆知识目标：①理解端口的定义及二端口网络的概念；

②理解二端口网络的四套参数：Z、Y、A、H 参数的含义；

③理解由参数定义求二端口网络的方法；

④理解二端口网络等效电路的概念；

⑤理解网络联接的概念及连接类型；

⑥理解双端口网络的特性阻抗与传输常数；
⑦理解 $\gamma=\beta+j\alpha$ 的意义；
⑧理解传输常数与 A 参数及实验参数有什么关系。

☆技能目标：①掌握端口的定义及二端口网络的概念；
②掌握二端口网络的四套参数；
③熟练掌握 Z、Y、A、H 参数的计算方法；
④熟练掌握网络联接的概念及连接类型；
⑤熟练掌握双端口网络的特性阻抗与传输常数。

☆培养目标：①培养学生明确电工电子工艺人员的工作职责；
②培养学生系统思维和整体思维的能力；
③培养学生文明生产和科学管理的工作习惯，其宗旨体现在“物有其位、物在其位”。

在电路分析中，有时并不需要对电路进行全面的计算。若一个复杂的电路只有两个端钮与外电路连接，且仅需要研究外电路的工作状态，则该电路可看作一个一端口网络，并用戴维南或诺顿等效电路替代，然后再计算外电路中有关的电压和电流。那么，当只需要研究电路的输出与输入之间的关系时，可以将电路看作是一个具有一个输入端口与一个输出端口的双口网络或二端口网络。这类网络在通信、电气、控制系统、电源系统和电子学中是非常有用的。本章介绍：二端口网络的概念；二端口网络的参数：导纳参数、阻抗参数、传输参数、混合参数；二端口网络的级联。

第一节 概 述

一、二端口网络概念

何谓二端口网络呢？在回答这个问题之前先回顾前面学过的知识，了解端子和端口概念。如图 6-1 所示是单端口网络，该网络有两个外接端子，从一个端子流入的电流等于另一端子流出的电流，这样一对端子称为一个端口，前面学过的二端子都属于端口网络。

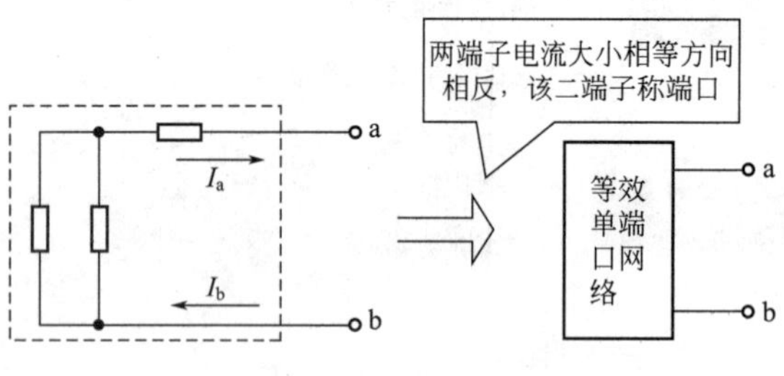

图 6-1 单端口网络

工程中常用到具有四个向外伸出的端子网络，如图 6-2 所示电路。图 6-2 中，1-1′及 2-2′称为端子，且 1-1′、2-2′组成两对，从端子 1 流向网络的电流等于从另一端子 1′流出的电流，从端子 2 流向网络的电流等于从另一端子 2′流出的电流，满足端口条件，故 1-1′及 2-2′组成两对端口。称 1-1′为输入端口，2-2′为输出端口。任何具有一个输入端口和一个输出端口的网络都称为二端口网络。如图 6-2 所示，I_1、U_1 的方向是输入端口的电流与电压参考方向，而 I_2、U_2 所示的方向是输出端口的电流与电压的参考方向。

例如，一个变压器的初级绕组向外伸出两个端子，外接电源，从一个端子流入初级绕组的电流等于从另一端子流出的电流，这两个端子就是一个端口，常称为输入端口，变压器次级绕组向外伸出的一对端，外接负载，也满足端口条件，常称为输出端口。

有些网络虽有四个端子，但电流不成对相等，即不满足端口条件，所以不是二端口网络，如图 6-3 所示四端口网络，由于端子 1、2 间还接有电阻，故 $I_1 \neq I'_1$、$I_2 \neq I'_2$，因而不是二端口网络。

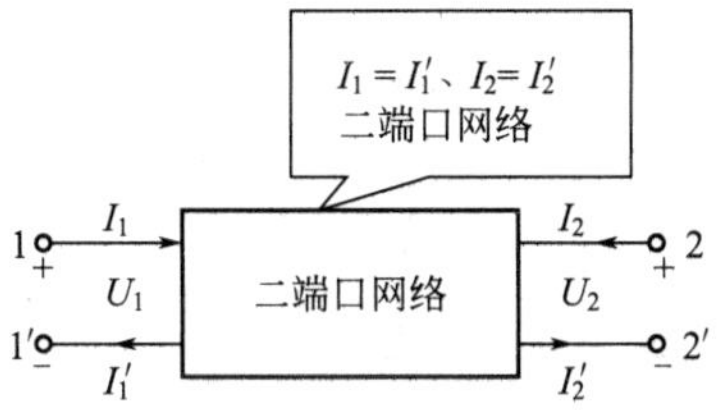

图 6-2　二端口网络

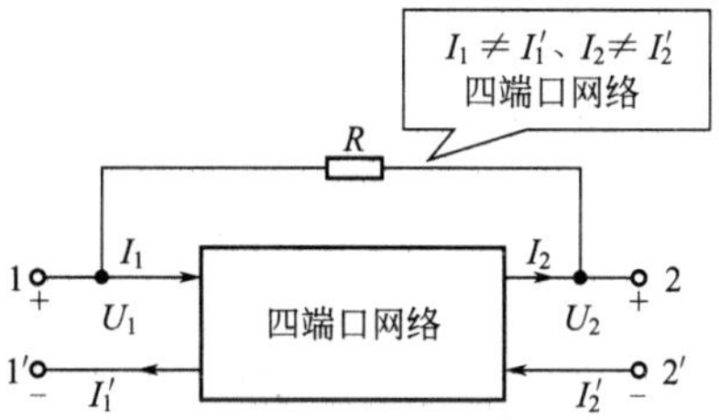

图 6-3　四端口网络

由上述可以推广，如果一个网络向外伸出 m 个端子，则称其为 m 端网络。若一个网络向外伸出端子数成 n 对出现且满足端口条件，则称为 n 端口网络。显然，二端口网络是 n 端口网络的一种。

二、二端口网络的形式

二端口网络的线性及含源问题

如果二端口网络的端口处，其电压与电流满足线性关系，则该双端口网络是线性双端口网络。通常组成线性双端口网络的所有元件都是线性元件，如 R、L、C 等元件，否则该双端口网络称为非线性的。

如果双端口网络内部不含任何电源（包括独立源和受控源）或内部虽然有电源但对外相互抵消不起作用，则该双端口网络是无源双端口网络，否则该双端口网络称为有源双端口网络。如图 6-4（a）、（b）所示为无源，而图 6-4（c）所示的是有源二端口网络。

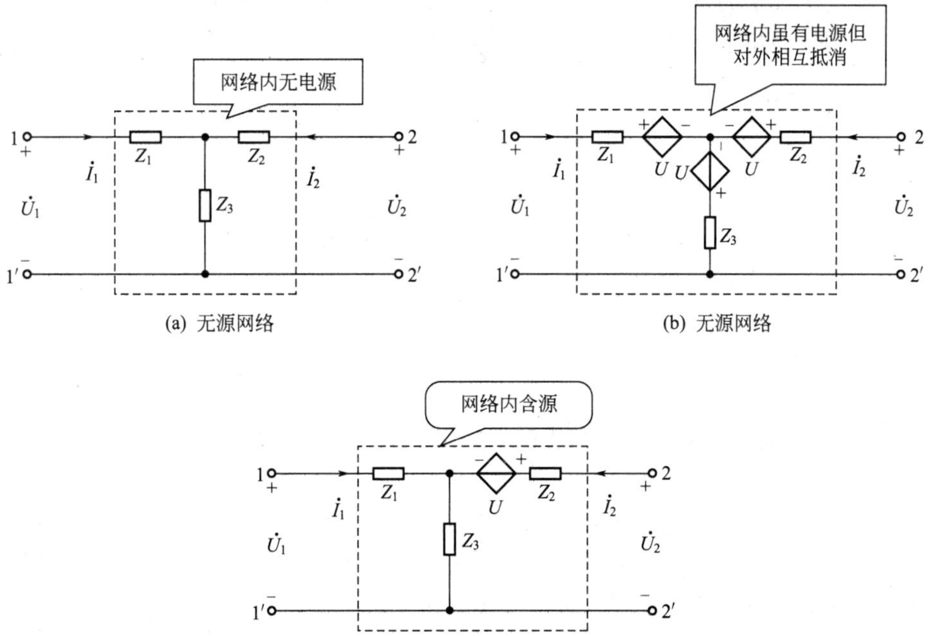

(a) 无源网络

(b) 无源网络

(c) 有源网络

图 6-4　无源及有源二端口网络

三、应用示例

常见几种双端口网络的基本结构

对于复杂结构的双口网络来说，可以不考虑内部复杂电路形式，通过等效变换将其变为一种简单的基本型。需要求出输入与输出端上的电压与电流之间的关系。

常见的基本型有 Γ 形、T 形、π 形三种，如图 6-5 所示。

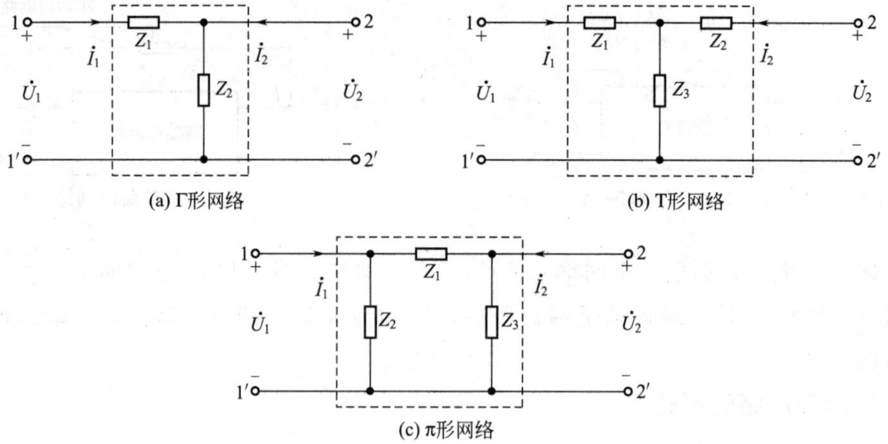

图 6-5　二端口网络的基本形式

在实际电路中，网络的内部结构相当复杂，对这样的网络着手分析与测试，只需求出输入输出端口上的电压和电流之间的关系。这种相互关系可以通过一些参数表示。一旦参数确定后，二端口网络一端电压、电流变化，则很容易找出另一端电压电流的变化规律。同时，也可以利用这些参数来比较不同二端口网络对电信号进行处理的性能。

由于现代电子技术的发展，各种不同功能、不同技术指标、不同引脚的集成电路应运而生，其内部电路结构相当复杂。通常应用这些电路时，可不考虑其内部的复杂电路结构，而从它们的引脚端子或端口着手分析，其性能可以依据其端子或端口所测得的电压和电流来表征。

【思考与讨论】

1. 端钮与端口有何不同？四端网络是否一定是二端口网络？

2. 为什么说二端口网络内部只需要有两个约束关系就可以确定 $\dot{U}_1$、$\dot{U}_2$、$\dot{I}_1$、$\dot{I}_2$ 4 个变量？

3. 二端口网络与四端网络的关系如何？

第二节　二端口网络的基本方程和参数

实际应用双口网络进行信息和能量的传递时，需要注意的不是网络本身的内部结构，而是输入端与输出端的电压与电流关系。例如，一个复杂的网络，其内部可能包含有各种放大电路、变换电路等，每一部分电路，可能有由很多元件组成，但就这个信号网络的整体性能来说，需要关心的是输入与输出之间的关系，而不是某一中间环节某一元件上的电压与电流，这些中间环节可看成是具有一个输入端和一个输出端的双口网络。因此双端口网络输入端与输出端的电压与电流的关系是分析双口网络特性的主要对象。

描述网络端口电流$\dot{I}_1$、$\dot{I}_2$、端口电压$\dot{U}_1$、$\dot{U}_2$之间关系的方程称为网络方程，方程中的系数称为双口网络的参数。双端口网络的输入和输出端口的电压、电流共有四个参数，即$\dot{I}_1$、$\dot{I}_2$和$\dot{U}_1$、$\dot{U}_2$，在实际应用中，已知其中两个参数，根据网络结构去确定网络系数再列出网络方程就可求出另外两个参数。

从端口四个变量中取其中两个作为自变量，共有 6 种取法，因此，可以有 6 组可能的方程，用以表明双端口网络端口变量之间的关系。工程上通常只用其中的四组方程，分别为阻抗方程、导纳方程、传输方程、混合方程。下面分别介绍这四组方程。

一、阻抗方程与 Z 参数

1. 阻抗方程的一般形式

如图 6-6 所示为无源线性二端口网络，若已知输入端与输出端的电流$\dot{I}_1$、$\dot{I}_2$，需要求解输入输出端电压$\dot{U}_1$、$\dot{U}_2$，找出输入输出端电压、电流关系，列出的一组规范化的标准方程就是阻抗方程即$\dot{Z}$ 参数方程。

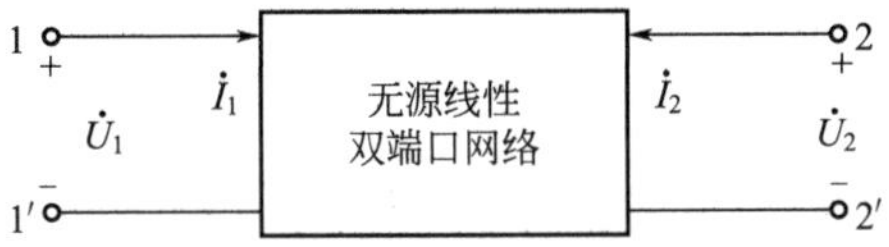

图 6-6　无源线性二端口网络

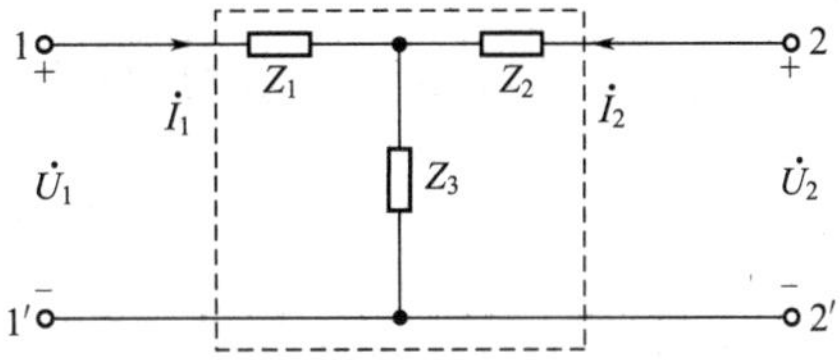

图 6-7　T 形二端口网络

下面以图 6-7 所示的 T 形二端口网络为例，来看一看该网络的$\dot{U}_1$、$\dot{U}_2$与$\dot{I}_1$、$\dot{I}_2$的关系式。

根据基尔霍夫电压定律可列出回路方程为

$$\begin{cases}\dot{U}_1=\dot{I}_1Z_1+(\dot{I}_1+\dot{I}_2)Z_3=\dot{I}_1(Z_1+Z_3)+\dot{I}_2Z_3\\ \dot{U}_2=\dot{I}_2Z_2+(\dot{I}_1+\dot{I}_2)Z_3=\dot{I}_1Z_3+\dot{I}_2(Z_2+Z_3)\end{cases}$$

令

$$Z_{11}=Z_1+Z_3\qquad Z_{12}=Z_3$$
$$Z_{21}=Z_3\qquad Z_{22}=Z_2+Z_3$$

代入上式，便可改写为

$$\left.\begin{aligned}\dot{U}_1=Z_{11}\ \dot{I}_1+Z_{12}\ \dot{I}_2\\ \dot{U}_2=Z_{21}\ \dot{I}_1+Z_{22}\ \dot{I}_2\end{aligned}\right\}\tag{6-1}$$

式中，系数 Z_{11}、Z_{12}、Z_{21}、Z_{22} 称为 Z 参数，具有阻抗的性质，故式(6-1) 被称为阻抗参数的基本方程（或 Z 方程）。

由上例可以看出，无源线性二端口网络的 Z 参数，仅与网络的内部结构、元件参数、信号源频率有关，而与信号源的幅度、负载情况等无关。因此，Z 参数描述了双端口网络本身的电特性。但要注意，不同的二端口网络，Z 参数的复数值不同。

2. Z 参数的物理意义

二端口网络的 Z 参数可以这样理解，由式(6-1) 推出以下结论。

① 当输出端口 2-2′开路时，即$\dot{I}_2=0$时

由方程$\dot{U}_1=Z_{11}\dot{I}_1+Z_{12}\dot{I}_2$得

$$Z_{11}=\left.\frac{\dot{U}_1}{\dot{I}_1}\right|_{\dot{I}_2=0}$$

Z_{11}是输出端口开路时的输入阻抗，单位是Ω。

由方程$\dot{U}_2=Z_{21}\dot{I}_1+Z_{22}\dot{I}_2$得

$$Z_{21}=\left.\frac{\dot{U}_2}{\dot{I}_1}\right|_{\dot{I}_2=0}$$

Z_{21}是输出端口开路时的转移阻抗，单位是Ω。所谓转移阻抗是指某端口的电压与另一端口的电流之比。

② 同理当输入端口 1-1′开路，即$\dot{I}_1=0$时有

$$Z_{22}=\left.\frac{\dot{U}_2}{\dot{I}_2}\right|_{\dot{I}_1=0}$$

Z_{22}是输入端口开路时的输出阻抗，单位是Ω。

而

$$Z_{12}=\left.\frac{\dot{U}_1}{\dot{I}_2}\right|_{\dot{I}_1=0}$$

Z_{12}是输入端口开路时的转移阻抗，单位是Ω。

3. 网络互易条件、网络对称条件

由上述例子可看出$Z_{12}=Z_{21}=Z_3$。通过证明，对于一般的无源线性网络都满足下列关系式，即有

$$Z_{12}=Z_{21}$$

满足上述条件的网络称为互易网络或可逆网络。

若二端口网络是对称的，那么输出端口和输入端口互换位置后，电压和电流关系不变。由此，不难推出网络对称必有

$$Z_{11}=Z_{22} \qquad Z_{12}=Z_{21}$$

可利用上述关系式来判断网络是否对称进行，满足上述关系的网络则称为对称网络。

【例 6-1】 求图 6-8 所示二端网络的 Z 参数。

解 由图 6-8（a）可画出向量图（b）和图（c）

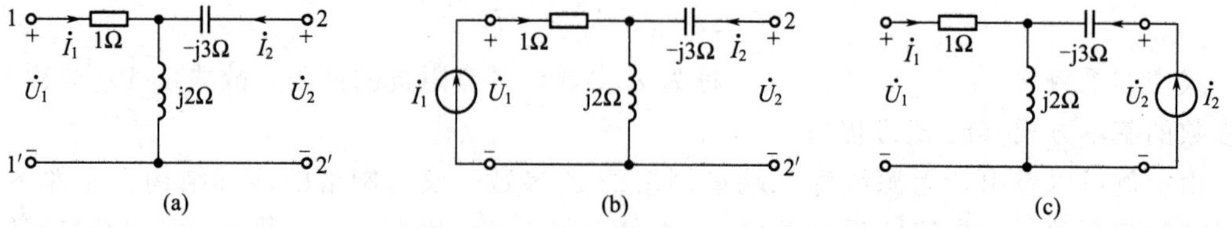

图 6-8 T 形二端口网络

由图 6-8（b）可得

$$Z_{11}=\frac{\dot{U}_1}{\dot{I}_1}\bigg|_{\dot{I}_2=0}=(1+2j)\Omega \qquad Z_{21}=\frac{\dot{U}_2}{\dot{I}_1}\bigg|_{\dot{I}_2=0}=\frac{2j}{1+2j}\Omega$$

由图 6-8(c)可得

$$Z_{22}=\frac{\dot{U}_2}{\dot{I}_2}\bigg|_{\dot{I}_1=0}=\frac{2j}{2j-3j}=-2\Omega \qquad Z_{12}=\frac{\dot{U}_1}{\dot{I}_2}\bigg|_{\dot{I}_1=0}=(2j-3j)\Omega=-2\Omega$$

二、导纳方程与 Y 参数

1. 导纳方程的一般形式

对于无源双端口网络，如果选取网络的$\dot{U}_1$、$\dot{U}_2$ 为自变量，$\dot{I}_1$、$\dot{I}_2$为因变量，将式(6-1) 变形可得二端口网络导纳方程。

$$\left.\begin{aligned}\dot{I}_1&=\frac{Z_{22}}{Z_{11}Z_{22}-Z_{21}Z_{12}}\dot{U}_1+\frac{-Z_{12}}{Z_{11}Z_{22}-Z_{21}Z_{12}}\dot{U}_2=Y_{11}\dot{U}_1+Y_{12}\dot{U}_2\\ \dot{I}_2&=\frac{-Z_{21}}{Z_{11}Z_{22}-Z_{21}Z_{12}}\dot{U}_1+\frac{Z_{11}}{Z_{11}Z_{22}-Z_{21}Z_{12}}\dot{U}_2=Y_{21}\dot{U}_1+Y_{22}\dot{U}_2\end{aligned}\right\} \tag{6-2}$$

2. 参数的物理意义

① 当输出端口短路时，有

$$Y_{11}=\frac{\dot{I}_1}{\dot{U}_1}\bigg|_{\dot{U}_2=0}$$

Y_{11} 为输出端口短路时的输入导纳，而

$$Y_{21}=\frac{\dot{I}_2}{\dot{U}_1}\bigg|_{\dot{U}_2=0}$$

Y_{21} 为输出端口短路时转移导纳。

② 当输入端口短路时，有

$$Y_{22}=\frac{\dot{I}_2}{\dot{U}_2}\bigg|_{\dot{U}_1=0}$$

Y_{22} 为输入端口短路时输出导纳，而

$$Y_{12}=\frac{\dot{I}_1}{\dot{U}_2}\bigg|_{\dot{U}_1=0}$$

Y_{12} 为输入端口短路时的转移导纳，导纳单位是 S。

3. 互易条件、对称条件

满足 $Y_{12}=Y_{21}$ 则为互易网络。可见，互易网络的四个参数中只有三个是独立的。

若 $Y_{12}=Y_{21}$，$Y_{11}=Y_{22}$，则称该网络为对称网络。所以，对称网络的四个参数中只有两个是独立的。

4. Y 参数与 Z 参数间的关系

由式(6-2) 不难看出

$$Y_{11}=\frac{Z_{22}}{Z_{11}Z_{22}-Z_{21}Z_{12}}=\frac{Z_{22}}{|Z|}$$

$$Y_{12}=\frac{-Z_{12}}{Z_{11}Z_{22}-Z_{21}Z_{12}}=\frac{-Z_{12}}{|Z|}$$

$$Y_{21}=\frac{-Z_{21}}{Z_{11}Z_{22}-Z_{21}Z_{12}}=\frac{-Z_{21}}{|Z|}$$

$$Y_{22}=\frac{Z_{11}}{Z_{11}Z_{22}-Z_{21}Z_{12}}=\frac{Z_{11}}{|Z|}$$

式中，$|Z|=Z_{11}Z_{22}-Z_{12}Z_{21}$。

【例 6-2】 求如图 6-9 所示网络的 T 参数。

解

$$Y_{11}=\frac{\dot I_1}{\dot U_1}\Big|_{\dot U_2=0}=\frac{1}{10}\mathrm{S}=0.1\mathrm{S}$$

$$Y_{21}=\frac{\dot I_2}{\dot U_1}\Big|_{\dot U_2=0}=-\frac{1}{10}\mathrm{S}=-0.1\mathrm{S}$$

$$Y_{22}=\frac{\dot I_2}{\dot U_2}\Big|_{\dot U_1=0}=\frac{10-100\mathrm{j}}{10\times 100\mathrm{j}}\mathrm{S}=\left(-\frac{1}{10}-\frac{\mathrm{j}}{100}\right)\mathrm{S}$$

$$Y_{12}=\frac{\dot I_1}{\dot U_2}\Big|_{\dot U_1=0}=-\frac{1}{10}\mathrm{S}=-0.1\mathrm{S}$$

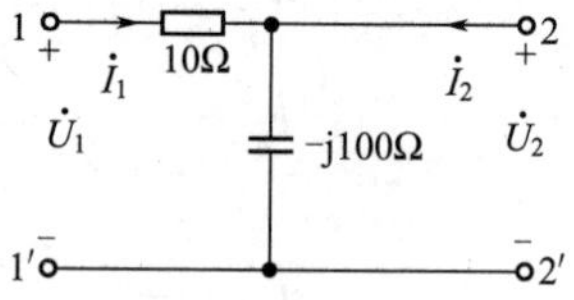

图 6-9 T 形二端口网络

三、传输方程与 A 参数

1. 传输方程的一般形式

工程上分析处理信号传输的各种问题时，通常是把输出端口的电压和电流作为自变量，而输入端口的电压和电流作为因变量。这样只需将式(6-1) 或式(6-2) 做适当变形，就可得到二端口网络的 A 参数方程

$$\left.\begin{aligned}\dot U_1&=\frac{Z_{11}}{Z_{21}}\dot U_2+\frac{Z_{11}Z_{22}-Z_{21}Z_{12}}{Z_{21}}(-\dot I_2)=A_{11}\dot U_2+A_{12}(-\dot I_2)\\ \dot I_1&=\frac{1}{Z_{21}}\dot U_2+\frac{Z_{22}}{Z_{21}}(-\dot I_2)=A_{21}\dot U_2+A_{22}(-\dot I_2)\end{aligned}\right\}\tag{6-3}$$

传输方程的矩阵形式为$\dot U_1$，方程的矩阵形式为

$$\begin{bmatrix}\dot U_1\\ \dot I_1\end{bmatrix}=\begin{bmatrix}A_{11}A_{12}\\ A_{21}A_{22}\end{bmatrix}\begin{bmatrix}\dot U_2\\ -\dot I_2\end{bmatrix}$$

式中，A_{11}、A_{12}、A_{21}、A_{22} 称 A 参数。

式(6-3) 也称为二端口网络的传输方程。

$\dot I_2$前面的负号是因为选定的参考方向为流入网络所致，在用传输方程分析时，$\dot I_2$的参考方向规定为流出比较方便，而此时$\dot I_2$前面应为正号。不管规定的电流参考方向如何，参数 A 不变。

对一般的无源线性网络，总满足 $Z_{12}=Z_{21}$，若网络是对称的，则 $Z_{11}=Z_{22}$，必然 $A_{11}=A_{22}$。

2. A 参数的物理意义

二端口网络的 A 参数可以这样理解。

① 当输出端开路时，有

$$A_{11}=\frac{\dot{U}_1}{\dot{U}_2}\bigg|_{\dot{I}_2=0}$$

A_{11} 为输出端开路时的电压传输系数的倒数，而

$$A_{21}=\frac{\dot{I}_1}{\dot{U}_2}\bigg|_{\dot{I}_2=0}$$

A_{21} 为输出端开路时的转移导纳，单位为 S。

② 当输出端短路时，有

$$A_{22}=\frac{\dot{I}_1}{-\dot{I}_2}\bigg|_{\dot{U}_2=0}$$

A_{22} 为输出端短路时的电流传输系数的倒数，而

$$A_{12}=\frac{\dot{U}_1}{-\dot{I}_2}\bigg|_{\dot{U}_2=0}$$

A_{12} 为输出端短路时的转移阻抗，单位为 Ω。

3. 互易条件、对称条件

对一般无源线性网络总有 $Z_{12}=Z_{21}$，则

$$|A|=A_{11}A_{22}-A_{12}A_{21}=\frac{Z_{11}Z_{22}}{Z_{21}^2}-\frac{Z_{11}Z_{22}-Z_{12}Z_{21}}{Z_{21}^2}=1$$

即 $|A|=1$ 对于互易网络，A 参数中也只有三个是独立的。

若网络是对称的，由 $Z_{12}=Z_{21}$ 可知必有 $|A|=1$，$A_{11}=A_{21}$。也就是说满足 $|A|=1$，$A_{11}=A_{21}$，则称该网络为对称网络。

4. A 参数与 Z、Y 参数间的关系

$$A_{11}=\frac{Z_{11}}{Z_{21}}=\frac{-Y_{22}}{Y_{21}}\quad A_{12}=\frac{|Z|}{Z_{21}}=\frac{-1}{Y_{21}}$$

$$A_{21}=\frac{1}{Z_{21}}=\frac{-|Y|}{Y_{21}}\quad A_{22}=\frac{Z_{22}}{Z_{21}}=\frac{-Y_{22}}{Y_{21}}$$

式中

$$|Z|=Z_{11}Z_{22}-Z_{12}Z_{21}$$

$$|Y|=Y_{11}Y_{22}-Y_{12}Y_{21}$$

【例 6-3】 试求如图 6-10 所示 T 形网络的 A 参数。

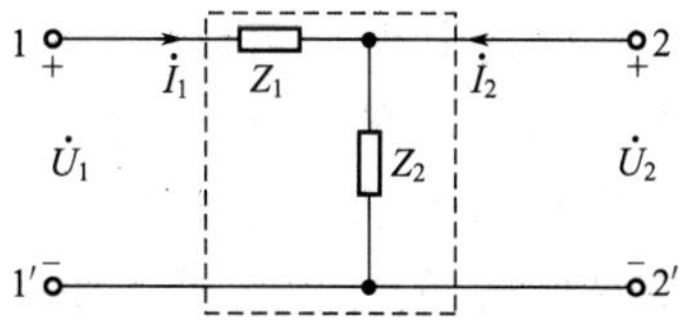

图 6-10　T 形网络

解　$$A_{11}=\frac{\dot{U}_1}{\dot{U}_2}\bigg|_{\dot{I}_2=0}=\frac{Z_1+Z_2}{Z_2}$$

$$A_{21}=\frac{\dot{I}_1}{\dot{U}_2}\bigg|_{\dot{I}_2=0}=\frac{\dot{I}_1}{I_1\dot{Z}_2}=\frac{1}{Z_2}$$

$$A_{22}=\frac{\dot{I}_1}{-\dot{I}_2}\bigg|_{\dot{U}_2=0}=\frac{\dot{I}_1}{\dot{I}_1}=1 \qquad A_{12}=\frac{\dot{U}_1}{-\dot{I}_2}\bigg|_{\dot{U}_2=0}=\frac{-\dot{I}_1Z_1}{-\dot{I}_2}=Z_1$$

四、混合方程与 H 参数

在对低频晶体管电路分析时，通常以$\dot{I}_1$、$\dot{U}_2$ 为自变量，$\dot{I}_2$、$\dot{U}_1$ 为因变量，用式(6-1)变换得

$$\left.\begin{aligned}\dot{U}_1&=\frac{Z_{11}Z_{22}-Z_{12}Z_{21}}{Z_{22}}\dot{I}_1+\frac{Z_{12}}{Z_{22}}\dot{U}_2=H_{11}\dot{I}_1+H_{12}\dot{U}_2\\ \dot{I}_2&=\frac{-Z_{21}}{Z_{22}}\dot{I}_1+\frac{1}{Z_{22}}\dot{U}_2=H_{21}\dot{I}_1+H_{22}\dot{U}_2\end{aligned}\right\} \tag{6-4}$$

式(6-4) 为混合参数方程。系数 H_{11}、H_{12}、H_{21}、H_{22} 为 H 参数。

H 参数物理意义可以这样理解

$$H_{11}=\frac{\dot{U}_1}{\dot{I}_1}\bigg|_{\dot{U}_2=0}$$

H_{11} 为输出端口短路时的输入阻抗，单位为 Ω。

$$H_{12}=\frac{\dot{U}_1}{\dot{U}_2}\bigg|_{\dot{I}_1=0}$$

H_{12} 为输入端口开路时，输入电压与输出电压之比，通常称为反馈系数。

$$H_{21}=\frac{\dot{I}_2}{\dot{I}_1}\bigg|_{\dot{U}_2=0}$$

H_{21} 为输出端口短路时，输出电流与输入电流之比，通常称为电流放大系数。

$$H_{22}=\frac{\dot{I}_2}{\dot{U}_2}\bigg|_{\dot{I}_1=0}$$

H_{22} 为输入端口开路时的输出导纳，单位为 S。

关于 H 参数方程在后继课程中还有详细介绍，这里就不再深入了。

五、各种参数之间的关系

以上介绍了双口网络的四种参数 Z、Y、A、H，那么给定了一个双口网络，应该选用哪种参数呢？

从理论上讲，无论哪一种参数都能表征一个双口网络，只要这种参数是存在的，但根据不同的情况，可以选用一种更合适的参数。Z、Y 参数是最基本的参数，常用于理论探索和基本定理的推导中；在涉及双口网络的传输问题时，采用传输参数最为方便；讨论晶体管放大电路时，用 H 参数比较方便；而后面介绍的实验参数的特点是便于测量。

Z、Y、A、H 参数之间有固定的关系，知道了某一种参数后，就可求出另一种参数及参数之间的关系，表 6-1 给出了 Z、Y、A 参数之间的关系。

表 6-1　各参数关系表

类别	方　程	互易网络参数间关系	对称网络参数关系	用 Z 表示	用 Y 表示	用 A 表示
Z	$\dot{U}_1=Z_{11}\dot{I}_1+Z_{12}\dot{I}_2$ $\dot{U}_2=Z_{21}\dot{I}_1+Z_{22}\dot{I}_2$	$Z_{12}=Z_{21}$	$Z_{12}=Z_{21}$ $Z_{11}=Z_{22}$	$Z_{11}\quad Z_{12}$ $Z_{21}\quad Z_{22}$	$\frac{Y_{22}}{\|Y\|}\quad \frac{-Y_{12}}{\|Y\|}$ $\frac{-Y_{21}}{\|Y\|}\quad \frac{Y_{11}}{\|Y\|}$	$\frac{A_{11}}{A_{21}}\quad \frac{\|A\|}{A_{21}}$ $\frac{1}{A_{21}}\quad \frac{A_{22}}{A_{21}}$
Y	$\dot{I}_1=Y_{11}\dot{U}_1+Y_{12}\dot{U}_2$ $\dot{I}_2=Y_{21}\dot{U}_1+Y_{22}\dot{U}_2$	$Y_{12}=Y_{21}$	$Y_{12}=Y_{21}$ $Y_{11}=Y_{22}$	$\frac{Z_{22}}{\|Z\|}\quad \frac{-Z_{12}}{\|Z\|}$ $\frac{-Z_{21}}{\|Z\|}\quad \frac{Z_{11}}{\|Z\|}$	$Y_{11}\quad Y_{12}$ $Y_{21}\quad Y_{22}$	$\frac{A_{11}}{A_{12}}\quad \frac{-\|A\|}{A_{12}}$ $\frac{-1}{A_{12}}\quad \frac{A_{11}}{A_{12}}$
A	$\dot{U}_1=A_{11}\dot{U}_2+A_{12}(-\dot{I}_2)$ $\dot{I}_1=A_{21}\dot{U}_2+A_{22}(-\dot{I}_2)$	$\|A\|=1$	$\|A\|=1$ $A_{11}=A_{22}$	$\frac{Z_{11}}{Z_{21}}\quad \frac{\|Z\|}{Z_{21}}$ $\frac{1}{Z_{21}}\quad \frac{Z_{22}}{Z_{21}}$	$\frac{-Y_{22}}{Y_{21}}\quad \frac{-1}{Y_{21}}$ $\frac{-\|Y\|}{Y_{21}}\quad \frac{-Y_{22}}{Y_{21}}$	$A_{11}\quad A_{12}$ $A_{21}\quad A_{22}$

六、实验参数

顾名思义，网络的实验参数是便于实验测量获得的参数。无源线性双端口网络实验参数包括网络的开路阻抗和短路阻抗。

表征实验参数的四个量

输出端开路时的输入阻抗$(Z_{in})_\infty=\left.\dfrac{\dot{U}_1}{\dot{I}_1}\right|_{\dot{I}_2=0}$

输出端短路时的输入阻抗$(Z_{in})_0=\left.\dfrac{\dot{U}_1}{\dot{I}_1}\right|_{\dot{U}_2=0}$

输入端开路时的输出阻抗$(Z_{ou})_\infty=\left.\dfrac{\dot{U}_2}{\dot{I}_2}\right|_{\dot{I}_1=0}$

输入端短路时的输出阻抗$(Z_{ou})_0=\left.\dfrac{\dot{U}_2}{\dot{I}_2}\right|_{\dot{U}_1=0}$

实验参数的单位为 Ω。

实验参数与 Z、Y、A 参数之间的关系

$$(Z_{in})_\infty=Z_{11}=\frac{A_{11}}{A_{21}}\qquad (Z_{ou})_\infty=Z_{22}=\frac{A_{22}}{A_{21}}$$

$$(Z_{in})_0=\frac{1}{Y_{11}}=\frac{A_{12}}{A_{22}}\qquad (Z_{ou})_0=\frac{1}{Y_{22}}=\frac{A_{12}}{A_{11}}$$

① 以上关系式可导出

$$\frac{(Z_{in})_0}{(Z_{in})_\infty}=\frac{(Z_{ou})_0}{(Z_{ou})_\infty}=\frac{A_{12}A_{21}}{A_{11}A_{22}}$$

这样以上四个参数中，知道其中三个必能求出第四个，故只有三个参数是独立的。

② 若网络对称，则有

$$(Z_{in})_0=(Z_{ou})_0\qquad (Z_{in})_\infty=(Z_{ou})_\infty$$

即满足互易对称条件的二端口网络，只有两个独立参数。

七、应用示例

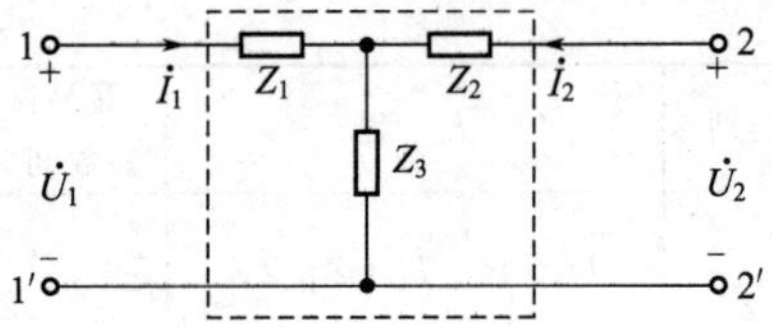

图 6-11　T 形二端口网络

试求图 6-11 所示 T 形二端口网络的实验参数。

解

$$(Z_{in})_\infty=\left.\frac{\dot{U}_1}{\dot{I}_1}\right|_{\dot{I}_2=0}=Z_1+Z_3$$

$$(Z_{in})_0=\left.\frac{\dot{U}_1}{\dot{I}_1}\right|_{\dot{U}_2=0}=Z_1+\frac{Z_2Z_3}{Z_2+Z_3}$$

$$(Z_{ou})_\infty=\left.\frac{\dot{U}_2}{\dot{I}_2}\right|_{\dot{I}_2=0}=Z_2+Z_3$$

$$(Z_{ou})_0=\left.\frac{\dot{U}_2}{\dot{I}_2}\right|_{\dot{U}_1=0}=Z_2+\frac{Z_1Z_3}{Z_1+Z_3}$$

由此可见，二端口网络的参数是由网络内部结构和元件参数决定的常量，与外加电压、电流无关。二端口网络一旦被制成后，为某一频率下，它的参数为一组常量，输入与输出之间电压与电流的关系也确定了。

【思考与讨论】

1. 无源线性二端口网络的 Z、Y、A、H 参数是否可以通过端口测量获得？
2. 为什么给出 Z 参数时，习惯用 T 型等效电路，给出 Y 参数时，习惯用 Π 型等效电路？
3. 两二端口网络 T_1 和 T_2 级联的前后顺序互换时，其等效参数是否改变？为什么？

第三节　网络函数

当在双端口网络输入端加入激励电压或电流时，则输出端口产生相应的响应电压或电流。也就是说对于一个给定的无源线性网络，它的响应完全由激励确定。这种输入和输出的因果对应关系，体现了网络的工作特性。这种因果关系常用网络函数表示，最重要的网络函数有输入、输出阻抗、传输函数。

一、输入、输出阻抗

1. 输入阻抗

当双端口网络输出端接负载 Z_L，输入端接激励电压时，如图 6-12 所示，输入端的电压$\dot{U}_1$ 电流$\dot{I}_1$之比称为输入阻抗，用 Z_{in} 表示。下面以 A 参数和实验参数来说明。网络的 A 参数方程为

$$\begin{cases}\dot{U}_1=A_{11}\dot{U}_2-A_{12}\dot{I}_2\\ \dot{I}_1=A_{21}\dot{U}_2-A_{22}\dot{I}_2\end{cases}$$

图 6-12　网络的输入阻抗

则

$$Z_{in}=\frac{\dot{U}_1}{\dot{I}_1}=\frac{A_{11}\dot{U}_2-A_{12}\dot{I}_2}{A_{21}\dot{U}_2-A_{22}\dot{I}_2}=\frac{A_{11}\dfrac{\dot{U}_2}{-\dot{I}_2}+A_{12}}{A_{21}\dfrac{\dot{U}_2}{-\dot{I}_2}+A_{22}}$$

$$=\frac{A_{11}Z_L+A_{12}}{A_{21}Z_L+A_{22}}=\frac{A_{11}}{A_{21}}\times\frac{Z_L+\dfrac{A_{12}}{A_{11}}}{Z_L+\dfrac{A_{22}}{A_{21}}}=(Z_{in})_{\infty}\frac{Z_L+(Z_{ou})_0}{Z_L+(Z_{ou})_{\infty}}$$

式中

$$Z_L=\frac{\dot{U}_2}{-\dot{I}_2}$$

2. 输出阻抗

双端口网络输入端接阻抗 Z_S，输出端接激励电压，如图 6-13 所示，输出端口的电压$\dot{U}_2$与电流$\dot{I}_2$之比称为输出阻抗，用 Z_O 表示。

下面用 A 参数和实验数来说明。

网络的 A 参数方程为

$$\begin{cases}\dot{U}_2=A_{22}\dot{U}_1-A_{12}\dot{I}_1\\ \dot{I}_2=A_{21}\dot{U}_1-A_{11}\dot{I}_1\end{cases}$$

图 6-13　网络的输出阻抗

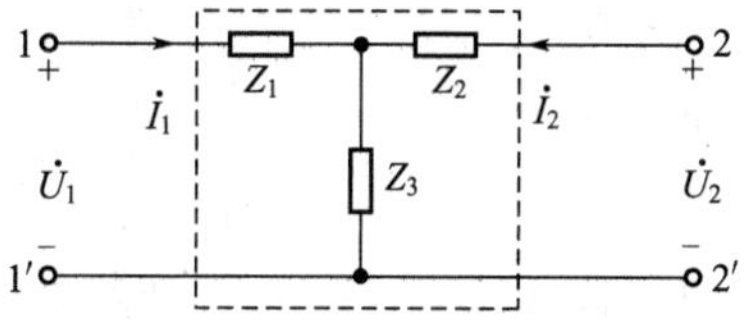

图 6-14　T 形二端口网络

则

$$Z_{ou}=\frac{\dot{U}_2}{\dot{I}_2}=\frac{A_{22}\dot{U}_1-A_{12}\dot{I}_1}{A_{21}\dot{U}_1-A_{11}\dot{I}_1}=\frac{A_{22}\dfrac{\dot{U}_1}{-\dot{I}_1}+A_{12}}{A_{21}\dfrac{\dot{U}_1}{-\dot{I}_1}A_{11}}$$

$$=\frac{A_{22}Z_g+A_{12}}{A_{21}Z_g+A_{11}}=(Z_O)_{\infty}\times\frac{Z_g+(Z_i)_0}{Z_g+(Z_i)\infty}$$

式中

$$Z_g=\frac{\dot{U}_1}{-\dot{I}_1}$$

在分析网络输入、输出端电路时，通常把负载和网络一起看成是电源的负载，它的值就等于输入阻抗 Z_{in}，而把电源和网络一起看成是等效电源，等效电源的电阻等于输出阻抗 Z_{ou}。

【例 6-4】 如图 6-14 所示 T 形二端口网络，$Z_1=10\Omega$、$Z_2=20\Omega$、$Z_3=30\Omega$、负载

$Z_L=2\Omega$，电源内阻 $Z_g=4\Omega$。求输入阻抗 Z_{in} 和输出阻抗 Z_{ou}。

解 根据输入输出阻抗公式，先求实验参数

$$(Z_{in})_0=Z_1+\frac{Z_2Z_3}{Z_2+Z_3}=10+\frac{20\times30}{20+30}\Omega=22\Omega$$

$$(Z_{in})_\infty=Z_1+Z_3=(10+30)\Omega=40\Omega$$

$$(Z_{ou})_\infty=Z_2+Z_3=(20+30)\Omega=50\Omega$$

$$(Z_{ou})_0=Z_2+\frac{Z_1Z_3}{Z_1+Z_3}=\left(20+\frac{10\times30}{10+30}\right)\Omega=27.5\Omega$$

$$Z_{in}=(Z_{in})_\infty\times\frac{Z_L+(Z_{ou})_0}{Z_L+(Z_{ou})_\infty}=\left(40\times\frac{2+27.5}{2+50}\right)\Omega=11.8\Omega$$

$$Z_{ou}=(Z_{ou})_\infty\times\frac{Z_g+(Z_{in})_0}{Z_g+(Z_{in})_\infty}=\left(50\times\frac{4+22}{4+40}\right)\Omega=29.5\Omega$$

二、传输函数

若在二端口网络的输入端加入激励信号，经过二端口网络的传输，输出端得到输出信号。这种输入输出遵循一定的函数关系，常用网络传输函数来表征。网络的传输函数定义为输出端口的响应量与输入端口的激励量之比。

由于激励量与响应量有电压和电流，因此传输函数有四种，分别为电流传输函数、电压传输函数、传输阻抗和传输导纳。

1. 电压传输函数

若网络激励量为电压信号$\dot{U}_1$，响应量也为电压信号$\dot{U}_2$，则它们之比称为电压传输函数（或电压传输系数），用 A_u 表示，即

$$A_u=\frac{\dot{U}_2}{\dot{U}_1}=\frac{\dot{U}_2}{A_{11}\dot{U}_2-A_{11}\ \dot{I}_2}=\frac{Z_L}{A_{11}Z_L+A_{12}}$$

若输出端口开路，即 $Z_L=\infty$，则开路电压传输函数为

$$A_u=\frac{1}{A_{11}}$$

2. 电流传输函数

若网络激励量为电流信号$\dot{I}_1$，响应量也为电流信号$\dot{I}_2$，则它们之比称为电流传输函数（或电流传输系数），用 A_i 表示，即

$$A_i=\frac{\dot{I}_2}{\dot{I}_1}=\frac{\dot{I}_2}{A_{21}U_2-\dot{A}_{22}\ \dot{I}_2}=\frac{-1}{A_{21}Z_L+A_{22}}$$

式中的负号是由于$\dot{I}_2$的正方向规定为流入网络。

在一般情况下，电压和电流的传输函数都是复数，且都是频率的函数，用 $A(j\omega)$ 来表示。其模量$|A(j\omega)|$表示了输出电压（或电流）与输入电压（或电流）幅度之比，模量随频率变化关系通常称为幅频特性；其幅角 $\varphi(\omega)$ 表示了输入输出量之间的相位关系通常称为相频特性。

3. 传输阻抗

若网络激励量为电流信号$\dot{I}_1$，响应量为电压信号$\dot{U}_2$，则$\dot{U}_2$ 与$\dot{I}_1$之比称为传输阻抗（或转移阻抗），用 Z_T 表示为

$$Z_T=\frac{\dot{U}_2}{\dot{I}_1}=\frac{\dot{U}_2}{A_{21}\dot{U}_2-A_{22}\dot{I}_2}=\frac{Z_L}{A_{21}Z_L+A_{22}}$$

4. 传输导纳

若网络激励量为电压信号$\dot{U}_1$，响应量为电流信号$\dot{I}_2$，则$\dot{I}_2$与$\dot{U}_1$之比称为传输导纳（或转移导纳），用Y_T表示为

$$Y_T=\frac{\dot{I}_2}{\dot{U}_1}=\frac{\dot{I}_2}{A_{11}\dot{U}_2-A_{12}\dot{I}_2}=\frac{-1}{A_{11}Z_L+A_{12}}$$

三、应用示例

试求图 6-15 所示网络的电压传输函数。

解　由电压传输系数定义可得

$$A_u=\frac{\dot{U}_2}{\dot{U}_1}=\frac{\dot{I}_1\frac{1}{j\omega C}}{\dot{I}_1\left(j\omega L+\frac{1}{j\omega C}\right)}=\frac{1}{1-\omega^2 LC}$$

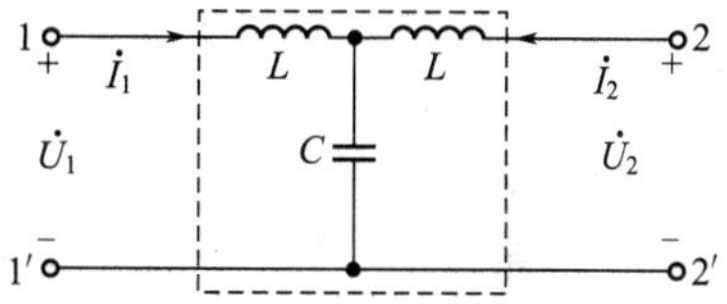

图 6-15　低通滤波器

从以上结果可知，当$\omega\to 0$时，电压传输系数趋于1，即对直流信号 1∶1 传输；而当$\omega\to\infty$电压传输系数趋于 0，即对于高频信号有衰减作用，频率越高衰减越强。故这种网络有低通特性，被称为低通滤波器。

【思考与讨论】

1. 什么是输入、输出阻抗？如何进行计算？
2. 什么是网络传输函数？它有几种类型？
3. 如何定义电流传输函数、电压传输函数、传输阻抗和传输导纳？

第四节　网络的连接

实际电路中常会遇到由若干个简单的二端口网络连接组成的较复杂的复合二端口网络，由简单网络构成复合二端口网络的基本连接方法有串联、并联、链式连接、并串联及串并联。这里只介绍前三种简单的连接法。

学习网络连接目的主要在于找到复合二端口网络系统的网络参数与一个简单网络参数之间的关系，找到了这种关系，就可将一个复合二端口网络变为一个简单网络进行分析与计算。

一、二端口网络的串联

由两个或两个以上二端口网络的输入端口相串联，输出端口也相串联组成的一个复合二端口网络称为串联复合二端口网络。相应的连接方法称为二端口网络的串联。如图 6-16 所示，就是两个简单二端口网络 A、B 串联构成的复杂二端口网络。下面采用 Z 参数方程对它进行分析。

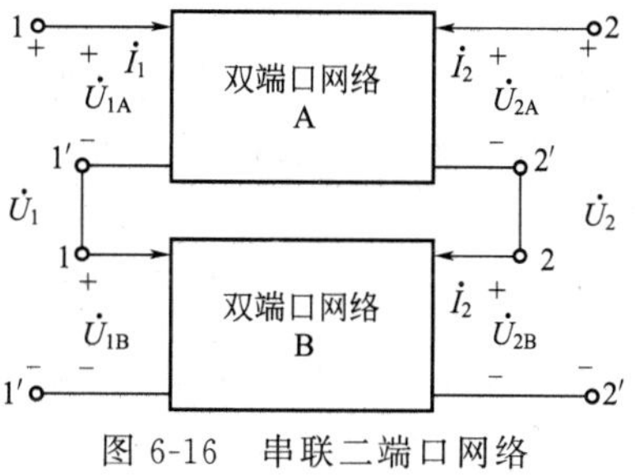

图 6-16　串联二端口网络

由于两个二端口网络串联构成复杂二端口网络，仍满足端口条件，即在图中同一端口上流入网络电流与流出网络的电流相等。由此可列出网络参数方程。

网络 A 的 Z 参数方程分别为

$$\begin{cases}U_{1A}=Z_{11A}\ \dot{I}_1+Z_{12A}\ \dot{I}_2\\ U_{2A}=Z_{21A}\ \dot{I}_1+\dot{Z}_{22A}\ \dot{I}_2\end{cases}\xrightarrow{\text{矩阵形式}}\begin{bmatrix}\dot{U}_{1A}\\ \dot{U}_{2A}\end{bmatrix}=\begin{bmatrix}Z_{11A} & Z_{12A}\\ Z_{21A} & Z_{22A}\end{bmatrix}\times\begin{bmatrix}\dot{I}_1\\ \dot{I}_2\end{bmatrix}$$

网络 B 的 Z 参数方程分别为

$$\begin{cases}\dot{U}_{1B}=Z_{11B}\ \dot{I}_1+Z_{12B}\ \dot{I}_2\\ \dot{U}_{2B}=Z_{21B}\ \dot{I}_1+\dot{Z}_{22B}\ \dot{I}_2\end{cases}\xrightarrow{\text{矩阵形式}}\begin{bmatrix}\dot{U}_{1B}\\ \dot{U}_{2B}\end{bmatrix}=\begin{bmatrix}Z_{11A} & Z_{12B}\\ Z_{21A} & Z_{22B}\end{bmatrix}\times\begin{bmatrix}\dot{I}_1\\ \dot{I}_2\end{bmatrix}$$

因为 $\dot{U}_1=\dot{U}_{1A}+\dot{U}_{1B}\qquad \dot{U}_2=\dot{U}_{2A}+\dot{U}_{2B}$

将 A、B 网络两个参数方程相加

$$\dot{U}_1=(Z_{11A}+Z_{11B})\dot{I}_1+(Z_{12A}+Z_{12B})\dot{I}_2$$

$$\dot{U}_2=(Z_{21A}+Z_{21B})\dot{I}_1+(Z_{22A}+Z_{22B})\dot{I}_2$$

则复合网络的 Z 参数为

$$Z_{11}=Z_{11A}+Z_{11B}\qquad Z_{12}=Z_{12A}+Z_{12B}$$

$$Z_{21}=Z_{21A}+Z_{21B}\qquad Z_{22}=Z_{22A}+Z_{22B}$$

写成矩阵形式

$$\begin{bmatrix}Z_{11} & Z_{12}\\ Z_{21} & Z_{22}\end{bmatrix}=\begin{bmatrix}Z_{11A}+Z_{11B} & Z_{12A}+Z_{12B}\\ Z_{21A}+Z_{21B} & Z_{22A}+Z_{22B}\end{bmatrix}=\begin{bmatrix}Z_{11A} & Z_{12A}\\ Z_{21A} & Z_{22A}\end{bmatrix}+\begin{bmatrix}Z_{11B} & Z_{12B}\\ Z_{21B} & Z_{22B}\end{bmatrix}$$

即 $[Z]=[Z_A]+[Z_B]$

由此得出结论，两个或两个以上的二端口网络串联组成一个一复合二端口网络，则这个复合二端口网络的 Z 参数等于各个二端口网络对应的 Z 参数之和。

【例 6-5】 试求如图 6-17（a）所示二端口网络 Z 参数矩阵。

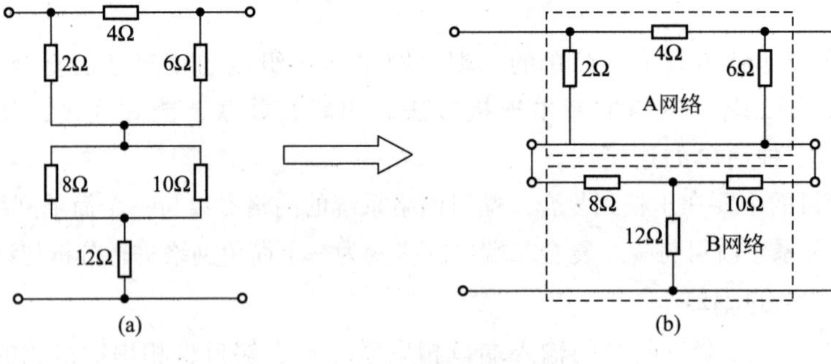

图 6-17 串联复合网络

解 图 6-17（a）可看成由两个简单二端口网络 A、B 串联组成，等效如图 6-17（b）所示，网络 A 的 Z 参数矩阵

$$[Z_A]=\begin{bmatrix}Z_{11A} & Z_{12A}\\ Z_{21A} & Z_{22A}\end{bmatrix}=\begin{bmatrix}\dfrac{2\times(6+4)}{2+4+6} & \dfrac{2\times3}{2+4}\\ \dfrac{2\times6}{2+4+6} & \dfrac{6\times(4+2)}{6+4+2}\end{bmatrix}=\begin{bmatrix}1.67 & 1\\ 1 & 3\end{bmatrix}$$

网络 B 的 Z 参数矩阵

$$[Z_B]=\begin{bmatrix}Z_{11B} & Z_{12B}\\ Z_{21B} & Z_{22B}\end{bmatrix}=\begin{bmatrix}8+12 & 12\\ 12 & 10+12\end{bmatrix}=\begin{bmatrix}20 & 12\\ 12 & 22\end{bmatrix}$$

因为 $$[Z]=[Z_A]+[Z_B]$$

所以 $$[Z]=\begin{bmatrix}21.67 & 13\\ 23 & 25\end{bmatrix}$$

二、二端口网络的并联

由两个或两个以上双端口网络的输入端口相并联，输出端口也相并联组成的一个复合二端口网络称为并联复合二端口网络。相应的连接方法称为二端口网络的并联。如图 6-18 所示，由两个简单二端口网络 A、B 并联构成的复杂二端口网络。下面采用 Y 参数方程对它进行分析。

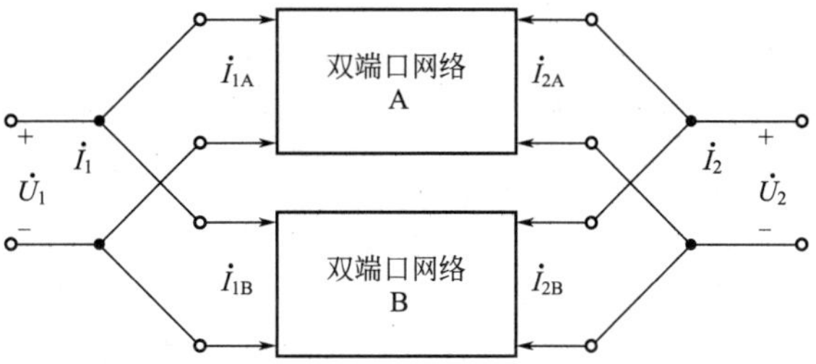

图 6-18　并联二端口网络

由于并联复合二端口网络仍能满足端口条件。由此可列出网络 Y 参数方程。网络 A 的 Y 参数方程为

$$\begin{cases}\dot{I}_{1A}=Y_{11A}\dot{U}_1+Y_{12A}\dot{U}_2\\ \dot{I}_{2A}=Y_{21A}\dot{U}_1+Y_{22A}\dot{U}_2\end{cases}\xrightarrow{\text{矩阵形式}}\begin{bmatrix}\dot{I}_{1A}\\ \dot{I}_{2A}\end{bmatrix}=\begin{bmatrix}Y_{11A} & Y_{12A}\\ Y_{21A} & Y_{22A}\end{bmatrix}\times\begin{bmatrix}\dot{U}_1\\ \dot{U}_2\end{bmatrix}$$

网络 B 的 Y 参数方程分别为

$$\begin{cases}\dot{I}_{1B}=Y_{11B}\dot{U}_1+Y_{12B}\dot{U}_2\\ \dot{I}_{2B}=Y_{21B}\dot{U}_1+Y_{22B}\dot{U}_2\end{cases}\xrightarrow{\text{矩阵形式}}\begin{bmatrix}\dot{I}_{1B}\\ \dot{I}_{2B}\end{bmatrix}=\begin{bmatrix}Y_{11A} & Y_{12B}\\ Y_{21A} & Y_{22B}\end{bmatrix}\times\begin{bmatrix}\dot{U}_1\\ \dot{U}_2\end{bmatrix}$$

因为 $$\dot{I}_1=\dot{I}_{1A}+\dot{I}_{1B}\qquad \dot{I}_2=\dot{I}_{2A}+\dot{I}_{2B}$$

将 A、B 网络两个参数方程相加

$$\dot{I}_1=(Y_{11A}+Y_{11B})\dot{U}_1+(Y_{12A}+Y_{12B})\dot{U}_2$$

$$\dot{I}_2=(Y_{21A}+Y_{21B})\dot{U}_1+(Y_{22A}+Y_{22B})\dot{U}_2$$

则复合网络的 r 参数为

$$Y_{11}=Y_{11A}+Y_{11B}\quad Y_{12}=Y_{12A}+Y_{12B}$$

$$Y_{21}=Y_{21A}+Y_{21B}\quad Y_{22}=Y_{22A}+Y_{22B}$$

写成矩阵形式为

$$\begin{bmatrix}Y_{11} & Y_{12}\\ Y_{21} & Y_{22}\end{bmatrix}=\begin{bmatrix}Y_{11A}+Y_{11B} & Y_{12A}+Y_{12B}\\ Y_{21A}+Y_{21B} & Y_{22A}+Y_{22B}\end{bmatrix}=\begin{bmatrix}Y_{11A} & Y_{12A}\\ Y_{21A} & Y_{22A}\end{bmatrix}+\begin{bmatrix}Y_{11B} & Y_{12B}\\ Y_{21B} & Y_{22B}\end{bmatrix}$$

即 $$[Y]=[Y_A]+[Y_B]$$

由此得出结论，两个或两个以上的二端口网络并联组成一个复合二端口网络，则这个复合双口网络的 Y 参数等于各个双口网络对应的 Y 参数之和。

【例 6-6】 求如图 6-19（a）所示的并联复合双端口网络 Y 参数矩阵。

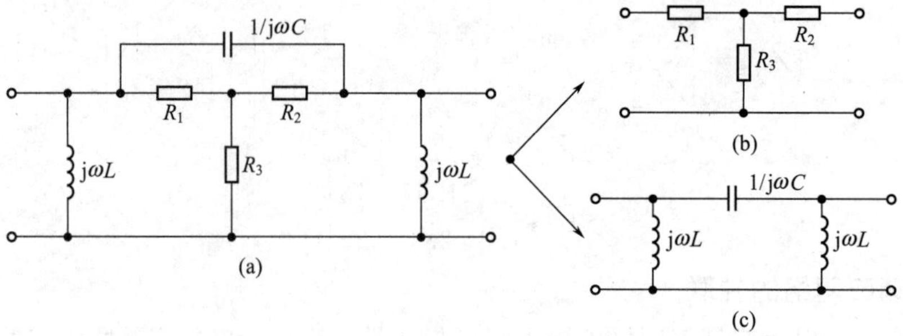

图 6-19 并联复合网络

解 图 6-19（a）可看成由两个简单二端口网络图 6-19（b）、（c）并联组成。

图 6-19（b）网络的 Y 参数矩阵

$$[Y_b]=\begin{bmatrix}Y_{11b} & Y_{12b}\\ Y_{21b} & Y_{22b}\end{bmatrix}=\begin{bmatrix}\dfrac{R_2+R_3}{R_1(R_2+R_3)+R_2R_3} & \dfrac{R_3}{R_2(R_1+R_3)+R_1R_3}\\ \dfrac{R_3}{R_1(R_2+R_3)+R_2R_3} & \dfrac{R_1+R_3}{R_2(R_1+R_3)+R_1R_3}\end{bmatrix}$$

图 6-19（c）网络的 Y 参数矩阵

$$[Y_c]=\begin{bmatrix}Y_{11c} & Y_{12c}\\ Y_{21c} & Y_{22c}\end{bmatrix}=\begin{bmatrix}j\omega C+\dfrac{1}{j\omega L} & -j\omega C\\ -j\omega C & j\omega C+\dfrac{1}{j\omega L}\end{bmatrix}$$

因为

$$[Y]=[Y_b]+[Y_c]$$

所以

$$[Y]=\begin{bmatrix}\dfrac{R_2+R_3}{R_1(R_2+R_3)+R_2R_3}+j\omega C+\dfrac{1}{j\omega C} & \dfrac{R_3}{R_2(R_1+R_3)+R_1R_3}-j\omega C\\ \dfrac{R_3}{R_1(R_2+R_3)+R_2R_3}-j\omega C & \dfrac{R_1+R_3}{R_2(R_1+R_3)+R_1R_3}+j\omega C+\dfrac{1}{j\omega L}\end{bmatrix}$$

三、二端口网络的链式连接

将两个或两个以上的二端口网络级联，即一个二端口网络的输出端与另一个二端口网络的输入端相连接，所得二端口网络称为链式复合二端口网络。相应的连接方式称为网络的链式连接。

如图 6-20 所示为两个二端口网络的链式连接。下面采用 A 参数的传输方程对它进行分析。

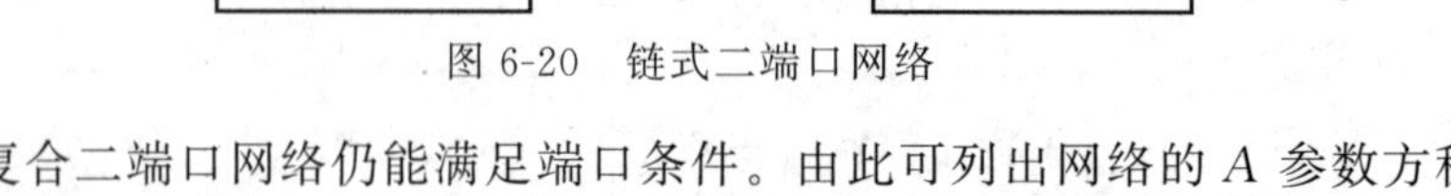

图 6-20 链式二端口网络

由于链式复合二端口网络仍能满足端口条件。由此可列出网络的 A 参数方程。

网络 A 的 Y 参数方程为

$$\begin{cases}\dot U_{1A}=A_{11A}\dot U_{2A}-A_{12A}\dot I_{2A}\\ \dot I_{1A}=A_{21A}\dot U_{2A}-A_{22A}\dot I_{2A}\end{cases}\xrightarrow{\text{矩阵形式}}\begin{bmatrix}\dot U_{1A}\\ \dot I_{1A}\end{bmatrix}=\begin{bmatrix}A_{11A} & A_{12A}\\ A_{21A} & A_{22A}\end{bmatrix}\times\begin{bmatrix}\dot U_{2A}\\ -\dot I_{2A}\end{bmatrix}$$

网络 B 的 Y 参数方程为

$$\begin{cases}\dot{U}_{1B}=A_{11B}\dot{U}_{2B}-A_{12B}\dot{I}_{2B} \\ \dot{I}_{1A}=A_{21B}\dot{U}_{2B}-A_{22B}\dot{I}_{2B}\end{cases} \xrightarrow{\text{矩阵形式}} \begin{bmatrix}\dot{U}_{1B} \\ \dot{I}_{1B}\end{bmatrix}=\begin{bmatrix}A_{11A} & A_{12B} \\ A_{21A} & A_{22B}\end{bmatrix}\times\begin{bmatrix}\dot{U}_{2B} \\ -\dot{I}_{2B}\end{bmatrix}$$

因为　$\dot{U}_1=\dot{U}_{1A}$、$\dot{I}_1=\dot{I}_{1A}$、$\dot{U}_{2A}=\dot{U}_{1B}$、$\dot{I}_{1B}=-\dot{I}_{2A}$、$\dot{U}_2=\dot{U}_{2B}$、$\dot{I}_2=\dot{I}_{2B}$

将 A、B 网络两个参数方程整理，得

$$\dot{U}_1=(A_{11A}A_{11B}+A_{12A}A_{12B})\dot{U}_2-(A_{11A}A_{12B}+A_{12A}A_{22B})\dot{I}_2$$

$$\dot{I}_1=(A_{21A}A_{21B}+A_{22A}A_{22B})\dot{U}_2-(A_{21A}A_{12B}+A_{22A}A_{22B})\dot{I}_2$$

则复合网络的 A 参数为

$$A_{11}=(A_{11A}A_{11B}+A_{12A}A_{12B})\quad A_{12}=(A_{11A}A_{12B}+A_{12A}A_{12B})$$

$$A_{21}=(A_{21A}A_{21B}+A_{22A}A_{22B})\quad A_{22}=(A_{21A}A_{12B}+A_{22A}A_{22B})$$

写成矩阵形式为

$$\begin{bmatrix}A_{11} & A_{12} \\ A_{21} & A_{22}\end{bmatrix}=\begin{bmatrix}A_{11A} & A_{12A} \\ A_{21A} & A_{22A}\end{bmatrix}\times\begin{bmatrix}A_{11B} & A_{12B} \\ A_{21B} & A_{22B}\end{bmatrix}$$

即

$$[A]=[A_A]\times[A_B]$$

由此得出结论，两个或两个以上的二端口网络链组成的一个复合二端口网络，则这个复合二端口网络的 A 矩阵等于各个二端口网络对应的 A 矩阵的乘积。

四、应用示例

如图 6-21 所示为链式复合传输网络，求总网络的 $[A]$。

解　该网络可看成 Γ 形电阻网络与变压器网络链联构成的复合网络。

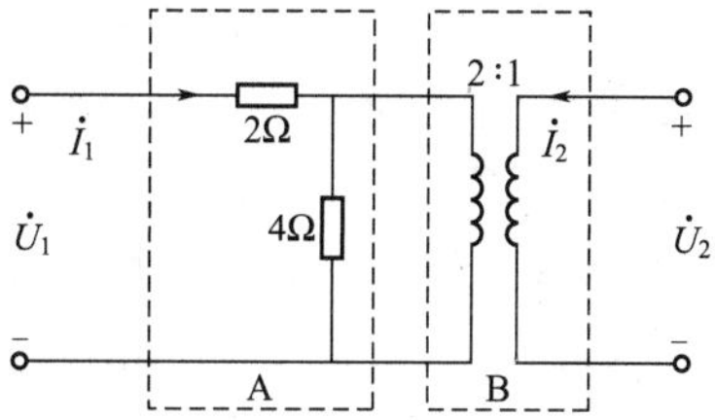

图 6-21　链式复合传输网络

① Γ 形电阻网络 $[A_A]=\begin{bmatrix}6 & 4 \\ 4 & 4\end{bmatrix}$

② 变压器网络 $[A_B]=\begin{bmatrix}2 & 0 \\ 0 & 1/2\end{bmatrix}$

复合网络矩阵 $[A]=\begin{bmatrix}12 & 2 \\ 8 & 2\end{bmatrix}$

【思考与讨论】

1. 什么是二端口网络的串联？如何计算复合二端口网络的 Z 参数？
2. 什么是二端口网络的并联？如何计算复合二端口网络的 Y 参数？
3. 什么是二端口网络的链式连接？如何计算复合二端口网络的 A 参数？

第五节　二端口网络的特性阻抗与传输常数

一、特性阻抗

当在一个无源线性二端口网络的输出端接上某一阻抗 Z_{C2} 时，则从网络输入端向终端看进去的输入阻抗为 Z_{C1}。若把这个阻抗 Z_{C1} 接在网络的输入端，由网络输出端向输入端看过去的输入阻抗就等于 Z_{C2}，这个关系称为网络两端互成镜像匹配关系。互成镜像关系的阻抗 Z_{C1}、Z_{C2} 称为二端口网络的特性阻抗（或称镜像阻抗）。

如图 6-22 所示为二端口网络的镜像匹配示意图。

图 6-22　二端口网络的镜像匹配

在镜像匹配条件下，即当 $Z_L=Z_{C2}$、$Z_g=Z_{C1}$ 时，将它们代入网络函数输入、输出阻抗表达式可得网络的输入、输出阻抗为

$$Z_{in}=Z_{C1}=\frac{A_{11}Z_{C2}+A_{12}}{A_{21}Z_{C2}+A_{22}} \qquad Z_{ou}=Z_{C2}=\frac{A_{22}Z_{C1}+A_{12}}{A_{21}Z_{C1}+A_{11}}$$

再将以上两式联立求解可得网络输入、输出端口特性阻抗与 A 参数关系为

$$Z_{C1}=\sqrt{\frac{A_{11}A_{12}}{A_{22}A_{21}}} \quad Z_{C2}=\sqrt{\frac{A_{12}A_{22}}{A_{21}A_{11}}}$$

若网络是对称的，即 $A_{11}=A_{22}$ 则

$$Z_{C1}=Z_{C2}=\sqrt{\frac{A_{12}}{A_{21}}}$$

由此可得出以下结论。

① 网络的特性阻抗只与网络的参数有关，即只与网络结构、元件等有关，而与负载电阻和信号源内阻无关。

② 当负载阻抗等于网络输出端口的特性阻抗时（$Z_L=Z_{C2}$），网络的输入阻抗才等于输入端口特性阻抗($Z_{in}=Z_{C1}$)，否则，$Z_{in}\neq Z_{C1}$。同样地，当电源内阻等于网络输入端口特性阻抗时($Z_g=Z_{C1}$)，网络输出阻抗才等于输出端口特性阻抗 $Z_{ou}=Z_{C2}$。否则，$Z_{ou}\neq Z_{C2}$。

电路应用中常使信号源和负载间处于匹配工作状态，这样才能确保负载获得尽可能大的有用信号功率。为使信号源和负载匹配工作，通常在信号源和负载间加入二端口网络作为匹配网络，但这样的网络要满足 $Z_L=Z_{C2}$、$Z_g=Z_{C1}$。

另外，在工程上，常用测量的方法来确定二端口网络的特性阻抗，这时，就必须找出特性阻抗与实验参数开路阻抗和短路阻抗的关系。由特性阻抗和实验参数与 A 参数关系可得

$$Z_{C1}=\sqrt{(Z_{in})_\infty (Z_{in})_0}$$

$$Z_{C2}=\sqrt{(Z_{ou})_\infty (Z_{ou})_0}$$

若网络是对称的，则有$(Z_{in})_\infty=(Z_{ou})_\infty$，$(Z_{in})_0=(Z_{ou})_0$，故有

$$Z_{C1}=Z_{C2}=\sqrt{Z_\infty Z_0}$$

式中，$(Z_{in})_\infty=(Z_{ou})_\infty=Z_\infty$，$(Z_{in})_0=(Z_{ou})_0=Z_0$。

二、传输常数

传输常数用来表征网络在匹配条件下的传输特性的，传输常数常用字母 γ 来表示。

1. 定义

二端口网络在负载端匹配条件下，输入端口$\dot{U}_1$ $\dot{I}_1$与输出端口$\dot{U}_2$ $\dot{I}_2$之比的自然对数的一半称为传输常数，即

$$\gamma=\frac{1}{2}\ln\frac{\dot{U}_1\dot{I}_1}{\dot{U}_2\dot{I}_2}$$

设$\dot{U}_1=U_1e^{j\phi_{u1}}$，$\dot{I}_1=I_1e^{j\phi_{i1}}$，$\dot{U}_2=U_2e^{j\phi_{u2}}$，$\dot{I}_2=I_2e^{j\phi_{i2}}$。

则定义式可改写为

$$\begin{aligned}\gamma&=\frac{1}{2}\ln\frac{\dot{U}_1\dot{I}_1}{\dot{U}_2\dot{I}_2}=\frac{1}{2}\ln\frac{U_1I_1}{U_2I_2}e^{j(\phi_{u1}-\phi_{u2})}e^{j(\phi_{i1}-\phi_{i2})}\\&=\frac{1}{2}\ln\frac{U_1I_1}{U_2I_2}e^{j(\phi_u+\phi_i)}\\&=\frac{1}{2}\ln\frac{U_1I_1}{U_2I_2}+j\frac{1}{2}(\phi_u+\phi_i)\\&=\beta+j\alpha\end{aligned}$$

关于上式的说明如下。

① 式中 $\phi_u=\phi_{u1}-\phi_{u2}$ 表示$\dot{U}_2$ 落后于$\dot{U}_1$ 的相角，$\phi_i=\phi_{i1}-\phi_{i2}$ 表示$\dot{I}_1$落后于$\dot{I}_2$的相角；

② $\beta=\frac{1}{2}\ln\frac{U_1I_1}{U_2I_2}$称衰减常数，它表示在匹配条件下，信号视在功率通过二端口网络时衰减程度的大小；

③ $\alpha=\frac{1}{2}(\phi_u+\phi_i)$称为相移常数，它表示电压、电流的相移。

工程上，通常使用对称匹配网络，即满足 $Z_{C1}=Z_{C2}$，$\dot{U}_1=\dot{I}_1Z_{C1}$，$\dot{U}_2=\dot{I}_2Z_{C2}$，相应的对称匹配网络的衰减常数和相移常数为

衰减常数　$$\beta=\frac{1}{2}\ln\frac{U_1}{U_2}=\frac{1}{2}\ln\frac{I_1}{I_2}$$

相移常数　$$\alpha=\phi_u=\phi_i$$

可见，在对称和匹配条件下，衰减常数 β 是输入输出端电压或电流之比的自然对数，也即网络两端电流或电压的幅度衰减。相移常数 α 是输入输出端电流或电压的相位变化。

相移常数的单位是弧度。衰减常数的单位是 NP（奈培）或 dB（分贝），即

$$\beta=\frac{1}{2}\ln\frac{U_1I_1}{U_2I_2}\text{或}\ \beta=\frac{1}{2}\lg\frac{U_1I_1}{U_2I_2}$$

奈培与分贝的换算为

$$1\ \text{NP}=8.686\ \text{dB}$$

$$1\ \text{dB}=0.115\ \text{NP}$$

注意：传输常数所描述的是在匹配条件下，二端口网络的衰减和相移特性，它并没有说明在不匹配的情况下网络的传输特性。

2. 传输常数与 A 参数及实验参数的关系

由 A 参数方程可导出传输常数与 A 参数关系为

$$\gamma=\ln(\sqrt{A_{11}A_{22}}+\sqrt{A_{12}A_{21}})$$

根据实验参数与 A 参数关系可知传输常数与 A 参数的关系为

$$\gamma=\frac{1}{2}\ln\frac{\sqrt{(Z_{in})_\infty}+\sqrt{(Z_{in})_0}}{\sqrt{(Z_{in})_\infty}-\sqrt{(Z_{in})_0}}$$

$$=\frac{1}{2}\ln\frac{\sqrt{(Z_{ou})_\infty}+\sqrt{(Z_{ou})_0}}{\sqrt{(Z_{ou})_\infty}-\sqrt{(Z_{ou})_0}}$$

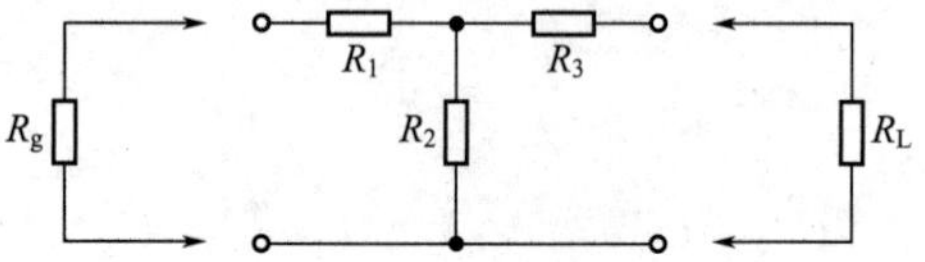

图 6-23 T 形二端口网络

【例 6-7】 如图 6-23 所示 T 形二端口网络，如$R_1=100\Omega$，$R_2=300\Omega$，$R_3=200\Omega$。

试求：

① 输入、输出端口特性阻抗。

② 如负载电阻 $R_L=371\Omega$，信号源内阻$R_g=297\Omega$，网络输入输出阻抗为多少？

③ 若 $R_L=100\Omega$，网络输入阻抗为多少？

解 ① 特性阻抗

$$(Z_{in})_\infty=R_1+R_2=(100+300)\Omega=400\Omega$$

$$(Z_{in})_0=R_1+\frac{R_2R_3}{R_2+R_3}=\left(100+\frac{300\times200}{300+200}\right)\Omega=220\Omega$$

$$(Z_{ou})_\infty=R_3+R_2=(200+300)\Omega=500\Omega$$

$$(Z_{ou})_0=R_3+\frac{R_2R_1}{R_2+R_1}=\left(200+\frac{300\times100}{300+100}\right)\Omega=275\Omega$$

所以

$$Z_{C1}=\sqrt{(Z_{in})_0(Z_{in})_\infty}=\sqrt{400\times220}\,\Omega=297\Omega$$

$$Z_{C2}=\sqrt{(Z_{ou})_0(Z_{ou})_\infty}=\sqrt{500\times275}\,\Omega=371\Omega$$

② $R_L=371\Omega$ 时，负载端匹配，$Z_{in}=Z_{C1}=297\Omega$

$R_g=297\Omega$ 时，电源端匹配，$Z_{ou}=Z_{C2}=371\Omega$

③ 当 $R_L=100\Omega$ 时，负载端不匹配，由网络函数输入阻抗公式可得

$$Z_{in}=(Z_{in})_\infty\times\frac{Z_L+(Z_{ou})_0}{Z_L+(Z_{ou})_\infty}=400\times\frac{100+275}{100+500}\Omega=250\Omega$$

三、应用示例

试求图 6-24 所示网络的特性阻抗和传输常数。

解

$$(Z_{in})_\infty=(20+80)\Omega=100\Omega$$

$$(Z_{in})_\infty=\left(20+\frac{80\times20}{80+20}\right)\Omega=36\Omega$$

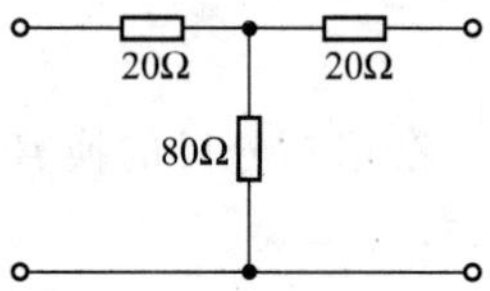

图 6-24 应用示例图

特性阻抗 $Z_C=\sqrt{(Z_{in})_\infty(Z_{in})_\infty}=\sqrt{36\times100}\,\Omega=60\Omega$

传输常数 $\gamma=\frac{1}{2}\ln\frac{\sqrt{100}+\sqrt{36}}{\sqrt{100}-\sqrt{36}}=\ln2+j0$

【思考与讨论】

1. 什么是特性阻抗？特性阻抗有什么特点？

2. 什么是传输常数？如何理解 $\gamma=\beta+j\alpha$ 的意义？

3. 传输常数与 A 参数及实验参数有什么关系？

第六节　常用无源二端口网络应用

一、电抗相移器

电抗相移器是一种在阻抗匹配条件下的相移网络。

1. 作用

电抗相移器是使输入输出电信号（电压或电流）间产生一定相移。

2. 要求

通常它必须满足只有相移而没有衰减的条件，即 $\beta=0$、$\gamma=\mathrm{j}\alpha$。

3. 构成

一般由电抗元件构成，常见电路形式有 T 形和 π 形，如图 6-25 所示。

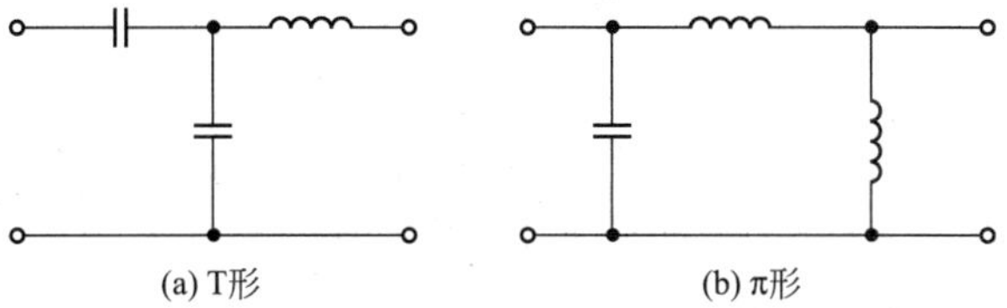

图 6-25　T 形与 π 形电抗相移器

4. 其他

① 一个确定的相移器只能对某一频率的信号产生某一预定的相移。

② 纯电抗元件构成的相移器在传输信号时不消耗能量。

二、衰减器

1. 作用

使电信号经过衰减网络后产生一定量的衰减，即输出信号能量将小于输入信号。

2. 要求

通常它必须满足只有衰减而没有相移的条件，即 $\alpha=0$、$\gamma=\beta$。

3. 构成

一般由电阻元件构成，常见电路形式有 T 形和 π 形，如图 6-26 所示。

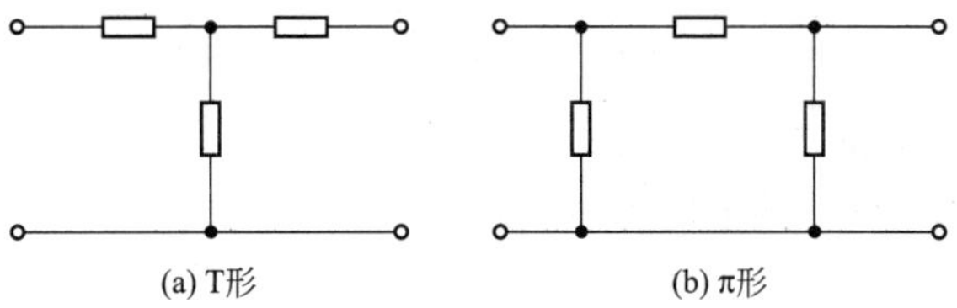

图 6-26　T 形与 π 形衰减器

4. 其他

纯电阻元件构成的衰减器没有相移只有衰减且可在很宽的频率范围内进行阻抗匹配。

三、滤波器

1. 作用

选频作用。它对某一给定的频率范围（称为频带）内的信号具有比较小的衰减，使这一频带内的信号比较容易通过，这一频带称为滤波器的通带（或通频带）。通带的边界频率称为截止频率以 f_c 表示。而不在通频带范围内的信号（即工作中不需要的信号）通过它时，将产生较大的衰减，即它对这些信号具较强的抑制作用，通带范围以外的频率范围称为滤波器的阻带（或叫止带）。

2. 分类

根据通带和阻带的范围，滤波器可分为低通滤波器，高通滤波器，带通滤波器和带阻滤波器。

3. 构成及特性

由电抗元件可构成 T 形和 ∏ 形低通滤波器，高通滤波器，带通滤波器和带阻滤波器。下面介绍几种常见的高、低通滤波器。

① 低通滤波器电路如图 6-27 所示。

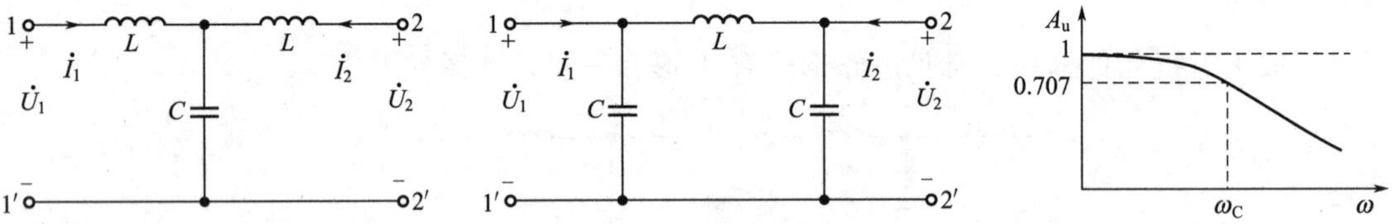

(a) T形低通滤波器 (b)∏形低通滤波器 (c) 电压传输特性

图 6-27 LC 低通滤波器及电压传输特性

经推导图 6-27（a)、(b）的电压传输函数为

$$A_u=\frac{1}{1-\omega^2 LC}$$

由传输函数可画出电压传输特性如图 6-27（c）所示。当 $\omega\rightarrow 0$ 时，两个网络的传输函数趋向于 1，当 ω 增大时，A_u 减小，当 A_u 减小到 0.707 时，对应的角频率称为截止频率，用 ω_C 表示。$\omega\rightarrow\infty$时，两个网络的传输函数均趋向于 0。这说明该种网络具有低通滤波作用，其频带范围为 $0\sim\omega_C$。

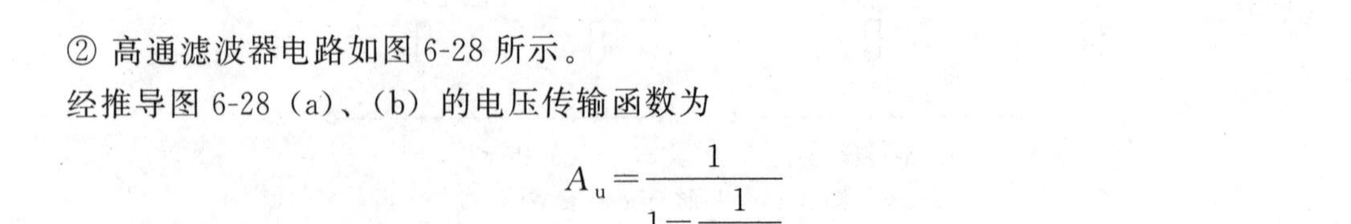

(a) T形高通滤波器 (b)∏形高通滤波器 (c) 电压传输特性

图 6-28 LC 高通滤波器及电压传输特性

② 高通滤波器电路如图 6-28 所示。

经推导图 6-28（a)、(b）的电压传输函数为

$$A_u=\frac{1}{1-\frac{1}{\omega^2 LC}}$$

由传输函数可画出电压传输特性如图 6-28（c）所示。当 $\omega^2\rightarrow 0$ 时，两个网络的传输函数趋向于 0，当 ω 减小时，A_u 减小，当 A_u 减小到 0.707 时，对应的角频率称为截止频率，用 ω_C 表示。$\omega\rightarrow\infty$时，两个网络的传输函数均趋向于 1。这说明该种网络具有高通滤波作用，其频带范围为 $\omega_C\sim\infty$。

③ 带通滤波器和带阻滤波器。带通滤波器对某频率范围 $\omega_{C1}\sim\omega_{C2}$ 的信号衰减很小，而对该频率范围外的信号衰减较大有阻碍作用。常用带通滤波器电路结构及传输特性如图 6-29 所示。

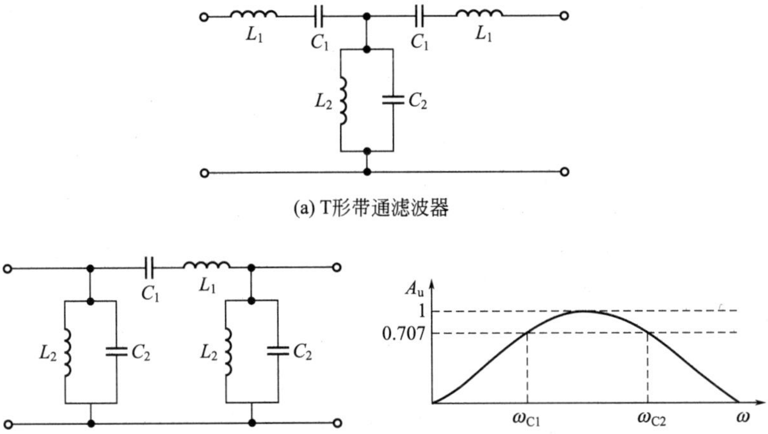

(a) T形带通滤波器

(b)П形带通滤波器　　(c) 电压传输特性

图 6-29　带通滤波器电路结构及传输特性

带阻滤波器对某频率范围 $\omega_{C1} \sim \omega_{C2}$ 的信号衰减较大，而对该频率范围外的信号衰减很小无阻碍作用。常用带阻滤波器电路结构及传输特性如图 6-30 所示。

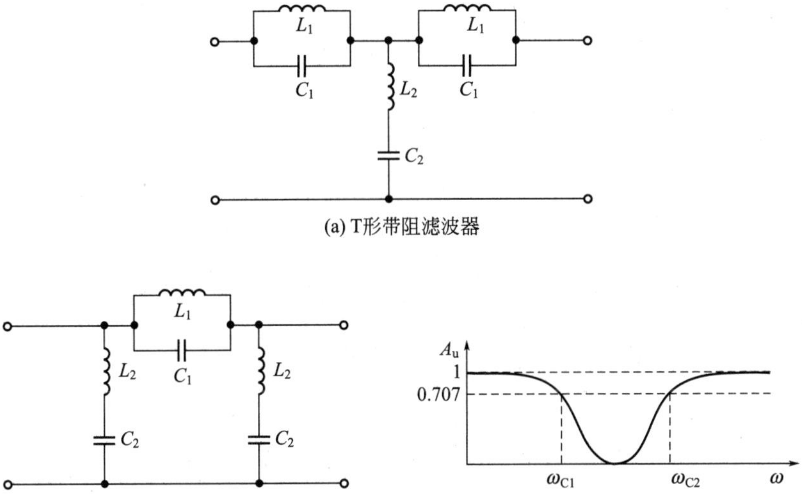

(a) T形带阻滤波器

(b)П形带阻滤波器　　(c) 电压传输特性

图 6-30　带阻滤波器电路结构及传输特性

以上几种滤波器同学们自行分析。

注意：滤波器在应用时，通常都要进行阻抗匹配，即滤波器的端需接上等于相应特性阻抗的电源内阻和负载阻抗。

知识梳理与学习导航

一、知识梳理

1. 端口网络的基本概念

① 具有四个向外伸出端子的网络称为四端网络，两个端子可以组成一对，如果流入一对的一个端子的电流与流出该对的另一端子的电流相等时，这一对端子称为一个端口。四个端子可以组成两对，如果满足上述电流限制，则具有两个端口，这样的四端网络称为二端口

网络，四端网络不一定就是二端口网络。

② 二端口网络的一个端口与电源连接称为输入端口，另一个端口与负载连接称为输出端口。输入端口与输出端口间电流、电压的四个量中，只有两个是独立的，任取其中两个为自变量，另两即为因变量。

2. 二端口网络的参数与方程

网络参数是描述网络电特性的重要参数，也是进行网络变换的重要依据，它仅与网络的内部结构、元件参数和信号频率有关，而与信号源的幅度及负载情况无关。常用参数有 Z、Y、A、H 参数，它们对应的四组方程为

① 阻抗方程。

$$\begin{cases}\dot{U}_1=Z_{11}\dot{I}_1+Z_{12}\dot{I}_2\\ \dot{U}_2=Z_{21}\dot{I}_1+Z_{22}\dot{I}_2\end{cases}$$

② 导纳方程。

$$\begin{cases}\dot{I}_1=Y_{11}\dot{U}_1+Y_{12}\dot{U}_2\\ \dot{I}_2=Y_{21}\dot{U}_1+Y_{22}\dot{U}_2\end{cases}$$

③ 传输方程。

$$\begin{cases}\dot{U}_1=A_{11}\dot{U}_2+A_{12}(-\dot{I}_2)\\ \dot{I}_1=A_{21}\dot{U}_2+A_{22}(-\dot{I}_2)\end{cases}$$

④ 混合方程。

$$\begin{cases}\dot{U}_1=h_{11}\dot{I}_1+h_{12}\dot{U}_2\\ \dot{I}_2=h_{21}\dot{I}_1+h_{22}\dot{U}_2\end{cases}$$

为便于测量在二端口网络中引入实验参数，它们与上述参数的关系是

$$(Z_{\text{in}})_\infty=Z_{11}=\frac{A_{11}}{A_{21}}\qquad (Z_{\text{ou}})_\infty=Z_{22}=\frac{A_{22}}{A_{21}}$$

$$(Z_{\text{in}})_0=\frac{1}{Y_{11}}=\frac{A_{12}}{A_{22}}\qquad (Z_{\text{ou}})_0=\frac{1}{Y_{22}}=\frac{A_{12}}{A_{11}}$$

3. 网络函数

网络函数用于描述计算双端口网络接电源和负载时的工作特性，最重要的网络函数有输入阻抗、输出阻抗和传输函数。

输入阻抗 $$Z_{\text{in}}=(Z_{\text{in}})_\infty\times\frac{Z_{\text{L}}+(Z_{\text{ou}})_0}{Z_{\text{L}}+(Z_{\text{ou}})_\infty}$$

输出阻抗 $$Z_{\text{ou}}=(Z_{\text{ou}})_\infty\times\frac{Z_{\text{g}}+(Z_{\text{in}})_0}{Z_{\text{g}}+(Z_{\text{in}})_\infty}$$

电压传输系数 $$A_{\text{u}}=\frac{1}{A_{11}}$$

电流传输系数 $$A_{\text{i}}=\frac{\dot{I}_2}{\dot{I}_1}=\frac{-1}{A_{21}Z_{\text{L}}+A_{22}}$$

传输阻抗 $$Z_{\text{T}}=\frac{\dot{U}_2}{\dot{I}_1}=\frac{Z_{\text{L}}}{A_{21}Z_{\text{L}}+A_{22}}$$

传输导纳　$Y_T=\frac{\dot{I}_2}{\dot{U}_1}=\frac{-1}{A_{11}Z_L+A_{12}}$

4. 二端口网络连接

常用的有串联、并联和链式连接。

二端口网络串联时使用 Z 参数分析较为方便，网络中 Z 矩阵为

$$[Z]=[Z_A]+[Z_B]$$

二端口网络并联时使用 Y 参数分析较为方便，网络中 Y 矩阵为

$$[Y]=[Y_A]+[Y_B]$$

二端口网络链式连接时使用 A 参数分析较为方便，网络中 A 矩阵为

$$[A]=[A_A]\times[A_B]$$

5. 特性阻抗和传输常数

在匹配条件下，研究二端口网络的传输特性用网络的特性阻抗与传输常数比较方便。二端口网络的特性阻抗

$$Z_{C1}=\sqrt{\frac{A_{11}A_{12}}{A_{22}A_{21}}}=\sqrt{(Z_{in})_{\infty}(Z_{in})_0}$$

$$Z_{C2}=\sqrt{\frac{A_{12}A_{22}}{A_{21}A_{11}}}=\sqrt{(Z_{ou})_{\infty}(Z_{ou})_0}$$

二端口网络的传输常数　$\gamma=\frac{1}{2}\ln\frac{\dot{U}_1\dot{I}_1}{\dot{U}_2\dot{I}_2}=\beta+j\alpha$

其中衰减常数　$\beta=\frac{1}{2}\ln\frac{U_1I_1}{U_2I}$　　相移常数　$\alpha=\frac{1}{2}(\phi_u+\phi_i)$

6. 常用二端口网络

移相器用于对电信号产生预定相移，在电路中引入要注意与接口电路匹配及对信号引起的衰减尽可能小。

衰减器用于对强电信号产生一定衰减，在电路中引入同样要注意与接口电路匹配及抑制不必的相移。

滤波器在通信电路及应用电子设备中广泛使用，按其通频带特性不同将其分低通、高通、带通、带阻滤波器。在电路中滤波器主要起到滤出不必要电信号和选择有用信号的作用。滤波器在使用时也要注意与接口电路匹配和对有用信号衰减尽可能小。

二、学习导航

1. 知识点

☆双端口网络概念及形式

☆双端口网络的 Z、Y、A、H 参数

☆双端口网络各种参数之间的关系

☆输入、输出阻抗

☆传输函数：电流传输函数、电压传输函数、传输阻抗和传输导纳

☆网络的联接：串联、并联及链式联接

☆特性阻抗及特性阻抗的特点

☆传输常数 $\gamma=\beta+\mathrm{j}\alpha$

2. 难点与重点

☆二端口网络的方程

☆二端口网络参数的确定

☆二端口等效电路的确定

☆含二端口电路的分析计算

☆工程上对称匹配网络的分析计算

3. 学习方法

☆理解相关基本概念

☆牢记二端口网络的定义及相应参数的计算

☆通过习题训练并能按要求确定等效电路

☆通过实践训练深入理解相关知识，能确定符合要求的较简单的电路

☆含有二端口的电路中，我们关心是二端口网络作为一个整体对外电路的作用，作为一个整体其端口的 VCR 即为二端口方程

习 题 六

6-1 什么叫二端口条件？四端网络一定是二端口网络吗？

6-2 什么叫互易二端口网络？什么是对称二端口网络？对称线性二端口网络是否一定是互易的？

6-3 同一个二端口网络，阻抗参数 Z_{11}、Z_{12}、Z_{21}、Z_{22} 与导纳参数 Y_{11}、Y_{12}、Y_{21}、Y_{22} 是否对应为倒数？

6-4 二端口网络的 Z 参数可由实验测定。若二端口网络由电阻组成，试拟定测定 Z 参数的实验方案和步骤，需要哪些仪表？

6-5 线性无受控源二端口网络 $Z_{12}=Z_{21}$，试利用表 6-1 证明：$Y_{12}=Y_{21}$，$AD-BC=1$，$H_{12}=-H_{21}$。

6-6 任意一个二端口网络都具有 Z、Y、T、H 参数吗？试举例说明。

6-7 互易二端口网络的 T 形和 π 形等效电路的阻抗间符合 Y-△变换公式吗？

6-8 试说明三个阻抗组成的二端口网络，其中两个串联或并联（图 6-31），从外部等效的观点看，这三个阻抗并不是唯一确定的，因而不能作为二端口网络的等效电路。

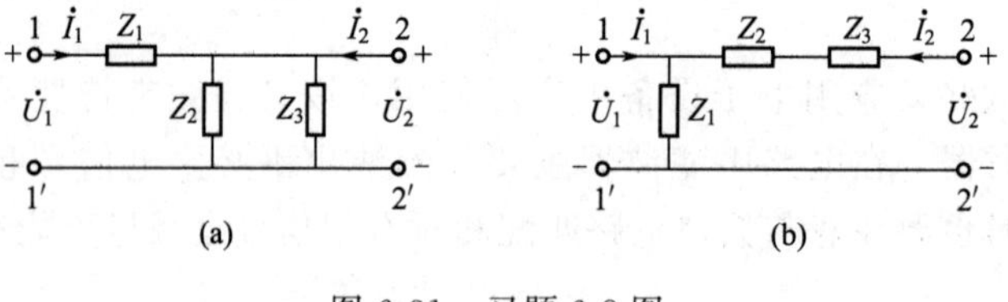

图 6-31 习题 6-8 图

6-9 求图 6-32 所示二端口网络的 Y 参数。

6-10 求图 6-33 所示二端口网络的 Z 参数。

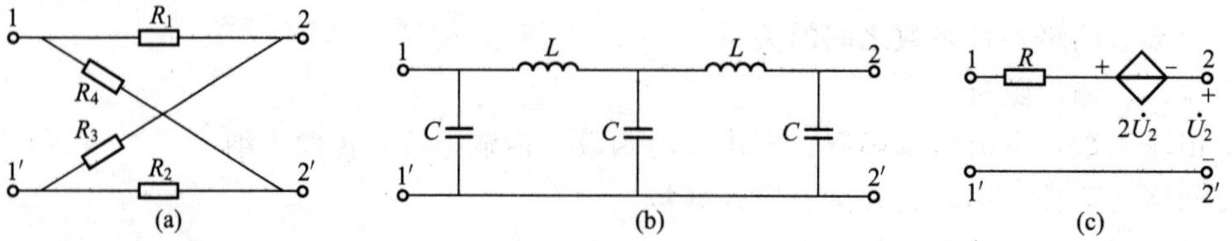

图 6-32 习题 6-9 图

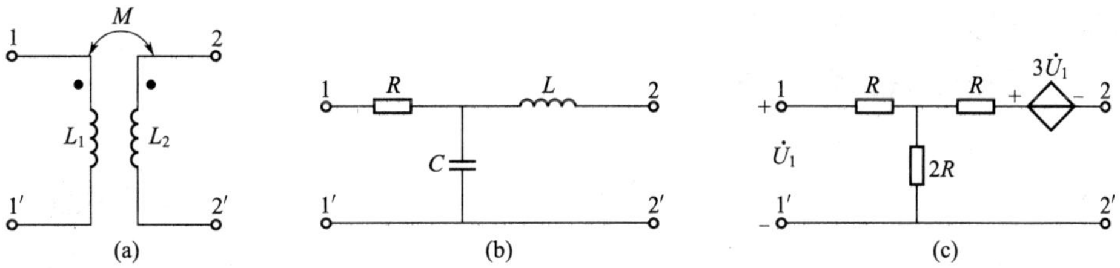

图 6-33　习题 6-10 图

6-11　求图 6-34 所示二端口网络的 T 参数。

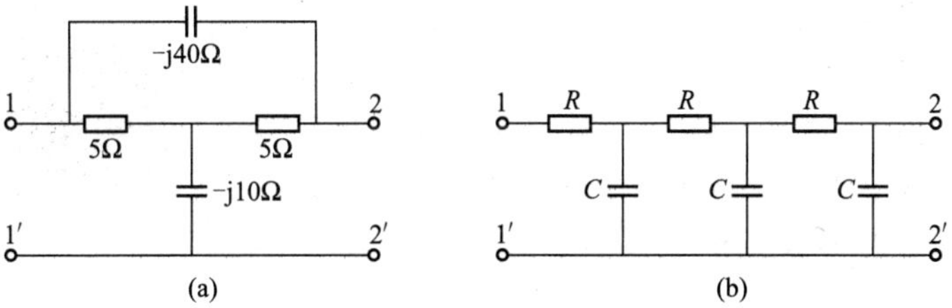

图 6-34　习题 6-11 图

6-12　求图 6-35 所示二端口网络的 H 参数。

6-13　求图 6-36 所示二端口网络的 Z 参数，并利用表 6-1 求出其 Y、T 参数。

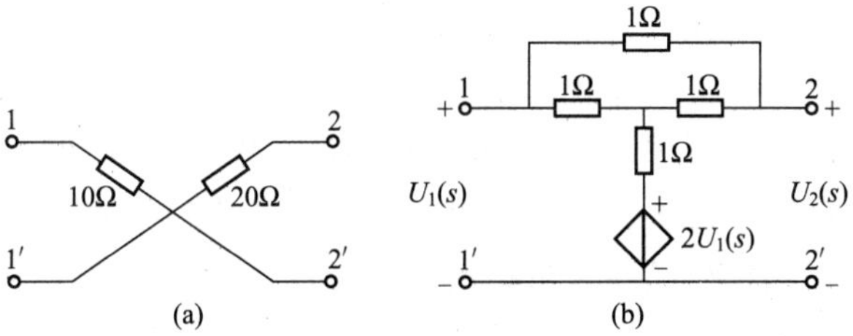

图 6-35　习题 6-12 图

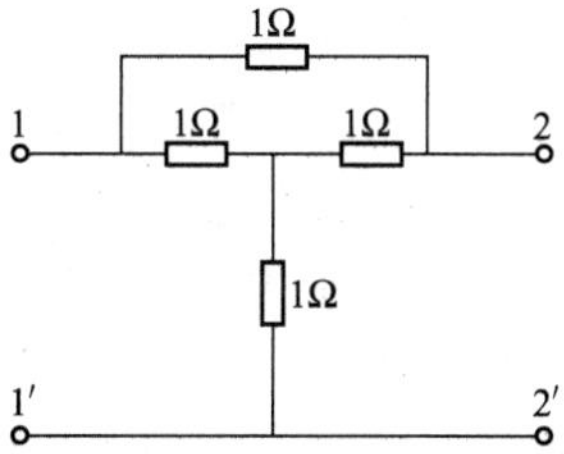

图 6-36　习题 6-13 图

6-14　试绘出对应下列开路阻抗矩阵的二端口网络的等效电路。

$$①\begin{bmatrix}3 & 1\\1 & 2\end{bmatrix}\qquad ②\begin{bmatrix}3 & 2\\-4 & 4\end{bmatrix}$$

6-15　试绘出对应下列短路导纳矩阵的二端口网络的等效电路。

$$①\begin{bmatrix}5 & -2\\-2 & 3\end{bmatrix}\qquad ②\begin{bmatrix}10 & 0\\-5 & 20\end{bmatrix}$$

6-16　图 6-37 所示二端口网络的开路阻抗矩阵

$$Z(S)=\begin{bmatrix}\dfrac{2}{S+1} & \dfrac{1}{S+1}\\[2mm] \dfrac{1}{S+1} & \dfrac{3}{S+1}\end{bmatrix}$$，负载 $R_L=2\Omega$，电源内阻 $R_S=1\Omega$。

(1) 试求对单位阶跃电压的零状态响应 $u_2(t)$。

(2) 若 $u_S(t)=10\sin(3t+60°)\text{V}$，试求正弦稳态输出电压 $u_2(t)$。

6-17　用级联公式求如图 6-38 所示二端口网络的 T 参数矩阵（角频率为 ω）。

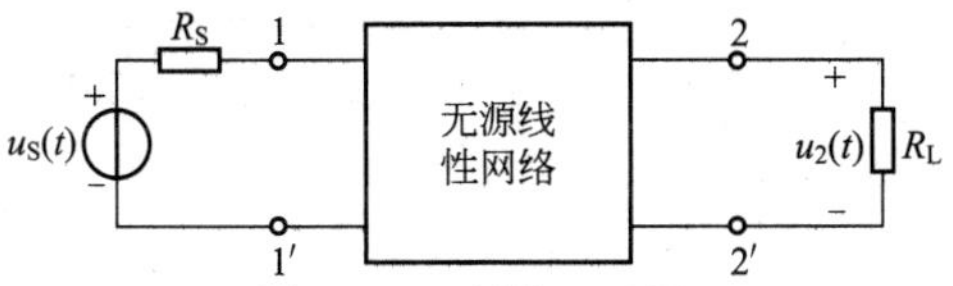

图 6-37　习题 6-16 图

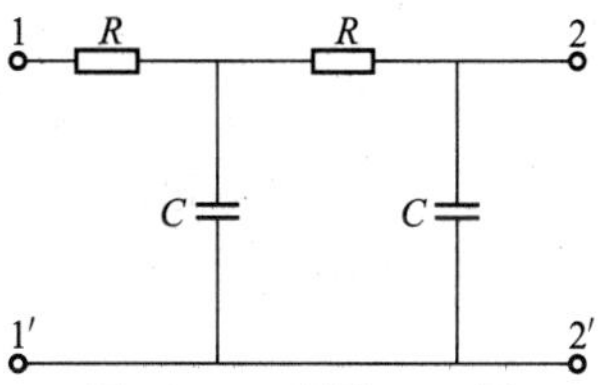

图 6-38　习题 6-17 图

哲思语录：业精于勤，荒于嬉；

行成于思，毁于随。

科学家简介

傅立叶（Jean Baptiste Joseph Fourier，1768—1830），法国著名数学家、物理学家，1817年当选为科学院院士，1822年任该院终身秘书，后又任法兰西学院终身秘书和理工科大学校务委员会主席，主要贡献是在研究热的传播时创立了一套数学理论。1807年向巴黎科学院呈交《热的传播》论文，推导出著名的热传导方程，并在求解该方程时发现解函数可以由三角函数构成的级数形式表示，从而提出任一函数都可以展成三角函数的无穷级数。傅立叶级数（即三角级数）、傅立叶分析等理论均由此创始。

傅立叶生于法国中部欧塞尔一个裁缝家庭，8岁时沦为孤儿，就读于地方军校，1795年任巴黎综合工科大学助教，1798年随拿破仑军队远征埃及，受到拿破仑器重，回国后被任命为格伦诺布尔省省长。1822年，傅立叶出版了专著《热的解析理论》，傅立叶应用三角级数求解热传导方程，为了处理热传导问题又导出了“傅立叶积分”，这一切都极大地推动了偏微分方程边值问题的研究。使人们对函数概念作修正、推广，特别是引起了对不连续函数的探讨；三角级数收敛性问题更刺激了集合论的诞生。《热的解析理论》影响了整个19世纪分析严格化的进程。恩格斯则把傅里叶的数学成就与他所推崇的哲学家黑格尔的辩证法相提并论，他写道：傅里叶是一首数学的诗，黑格尔是一首辩证法的诗。

高斯（Johann Carl Friedrich Gauss，约翰·卡尔·弗里德里希·高斯1777年4月30日～1855年2月23日），德国著名数学家、物理学家、天文学家、大地测量学家。高斯被认为是历史上最重要的数学家之一，并有“数学王子”的美誉。

高斯生于布伦瑞克，1792年进入Collegium Carolinum学习，在那里他独立发现了二项式定理的一般形式、数论上的“二次互反律”、素数定理及算术-几何平均数。1796年得到了一个数学史上极重要的结果，就是《正十七边形尺规作图之理论与方法》。高斯和韦伯一起从事磁的研究，他们的合作是很理想的：韦伯做实验，高斯研究理论，韦伯引起高斯对物理问题的兴趣，而高斯用数学工具处理物理问题，影响韦伯的思考工作方法。以伏特电池为电源，构造了世界第一个电报机，设立磁观测站，写了《地磁的一般理论》，和韦伯画出了世界第一张地球磁场图，而且定出了地球磁南极和磁北极的位置。除此以外，高斯在力学、测地学、水工学、电动学、磁学和光学等方面均有杰出的贡献。爱因斯坦评论说：“高斯对于近代物理学的发展，尤其是对于相对论的数学基础所作的贡献（指曲面论），其重要性是超越一切，无与伦比的。”高斯在历史上影响巨大，可以和阿基米德、牛顿、欧拉并列。

第七章 非正弦周期电流电路

☼**知识导图**

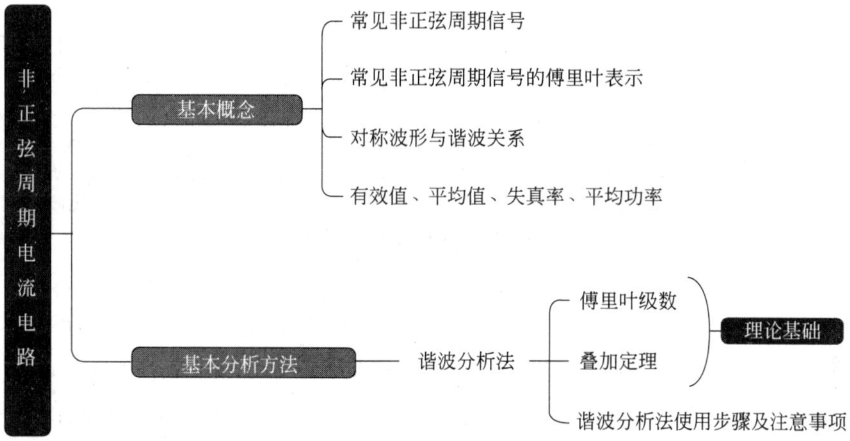

☼**学习目标**

☆知识目标：①理解非正弦周期信号的概念；

②理解非正弦周期函数的傅里叶级数；

③理解奇函数、偶函数、奇谐波函数的特征及谐波分量；

④理解非正弦周期电流、电压的有效值、平均值的概念；

⑤理解非正弦周期电路中平均功率的概念。

☆技能目标：①掌握非正弦周期信号的概念；

②会分析非正弦周期函数的傅里叶级数；

③掌握奇函数、偶函数、奇谐波函数的特征及谐波分量；

④掌握非正弦周期电流、电压的有效值、平均值的计算；

⑤熟练掌握非正弦周期电路中平均功率的计算；

⑥掌握分析非正弦周期电流电路的谐波分析法。

☆培养目标：①培养学生能制定出切实可行的工作计划，提出解决实际问题的方法以及对工作结果进行评估的能力；

②培养学生遵纪守法、爱岗敬业、爱护设备、责任心强、团结合作的职业操守；

③培养学生展示自己技能的能力。

前面讲的交流电路中的电压和电流都是正弦量，但实际工程中还经常遇到非正弦信号。例如：通信技术中，由语言、音乐、图像等转换过来的信号，自动控制以及电子计算机、数字通讯中大量使用的脉冲信号，都是非正弦信号。非正弦信号可分为周期和非周期两种。本章介绍基本概念：非正弦周期电流电路，非正弦周期电流的有效值、平均值、平均功率。分析方法：非正弦周期函数分解为傅里叶级数；非正弦周期电流电路的计算。

第一节　非正弦周期信号

非正弦周期信号是指不按正弦规律变化的周期性交流信号。

一、常见的非正弦周期信号

常见的非正弦周期信号的波形如图 7-1 所示。

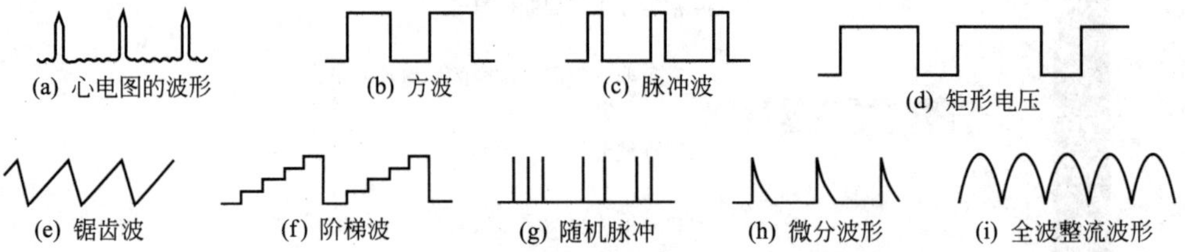

图 7-1　非正弦周期信号的波形

其中图 7-1（a）是脉搏变动为电信号的波形，用于医疗检查；图 7-1（b）和图 7-1（c）是脉冲的基本波形，这些信号可用于使电路接通或断开，或形成三角形与锯齿波，或作为同步信号，用于通信等场合；图 7-1（d）是电视机的场外振荡波形（锯齿形电压）；图 7-1（e）是电视机行振荡波形（矩形电压）；图 7-1（f）的波形用于电视图像的测试信号；图 7-1（g）是作为 PCM（脉码调制）信号的一部分；图 7-1（h）微分信号作为脉冲电路等的触发信号；图 7-1（i）是电源整流电路产生的全波整流信号。

非正弦周期信号的波形虽与正弦波有很大的不同，但它可以由一系列频率不同的正弦交流信号构成。非正弦波与正弦波相比，差别较小时，可近似当作正弦波处理，但差别较大时，可以利用傅里叶级数将非正弦波分解成一系列频率不同的正弦波的叠加。

二、非正弦周期信号的表示

由于在电路中遇到的非正弦周期信号均能满足傅里叶级数所要求的条件所以可用傅里叶级数展开式来表示。设周期信号 $f(t)$的周期为 T，则其傅里叶级数展开式可写成

$$
\begin{aligned}
f(t) &= A_0 + A_{1m}\sin(\omega t+\varphi_1) + A_{2m}\sin(2\omega t+\varphi_2) + \cdots + A_{km}\sin(k\omega t+\varphi_k) + \cdots \\
&= A_0 + \sum_{k=1}^{\infty} A_{km}\sin(k\omega t+\varphi_k)
\end{aligned}
\tag{7-1}
$$

式中，第一项 A_0 为直流分量（也叫恒定分量或零次谐波），其余各项依此称为一次谐波、二次谐波、三次谐波、……、k 次谐波等。一次谐波也称基波，其频率等于非正弦周期信号的频率，角频率 $\omega=2\pi/T$，二次及二次以上的谐波统称为高次谐波，高次谐波的频率均为基波频率的整数倍，当倍数为偶数时叫偶次谐波，当倍数为奇数时叫奇次谐波。

表 7-1 列出了几种常见非正弦周期信号的波形及其傅里叶级数展开式，供读者查阅。

表 7-1　常见非正弦周期信号的波形及其傅里叶级数展开式、有效值、平均值

名称	波形（周期 T）	特点	傅里叶级数$\left(\text{基波角频率 } \omega=\dfrac{2\pi}{T}\right)$	有效值 I 平均值 I_{av}
矩形波	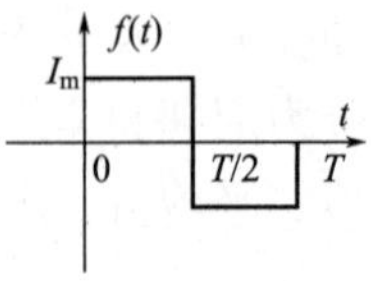	奇谐波奇函数	$f(t)=\dfrac{4I_m}{\pi}\left(\sin\omega t+\dfrac{1}{3}\sin3\omega t+\dfrac{1}{5}\sin5\omega t+\cdots+\dfrac{1}{k}\sin k\omega t+\cdots\right)$ （k 为奇数）	$I=I_m$ $I_{av}=I_m$

续表

名称	波形(周期 T)	特点	傅里叶级数$\left(\text{基波角频率 } \omega=\frac{2\pi}{T}\right)$	有效值 I 平均值 I_{av}
等腰三角波	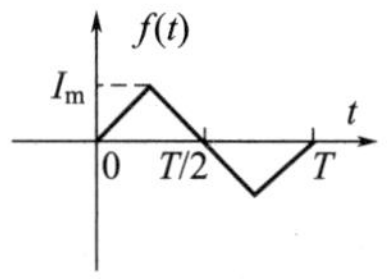	奇谐波奇函数	$f(t)=\frac{8I_m}{\pi^2}\left(\sin\omega t-\frac{1}{9}\sin3\omega t+\frac{1}{25}\sin5\omega t+\cdots+\frac{(-1)^{\frac{k-1}{2}}}{k^2}\sin k\omega t+\cdots\right)$ (k 为奇数)	$I=\frac{I_m}{\sqrt{3}}$ $I_{av}=\frac{I_m}{2}$
锯齿波	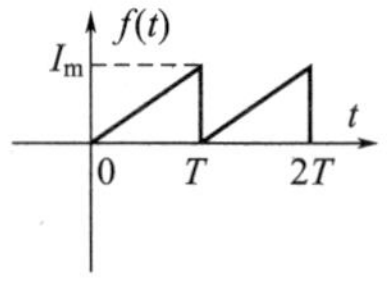	隐奇函数	$f(t)=\frac{I_m}{2}-\frac{I_m}{\pi}\left(\sin\omega t+\frac{1}{2}\sin2\omega t+\frac{1}{3}\sin3\omega t+\cdots+\frac{1}{k}\sin k\omega t+\cdots\right)$ (k 为自然数)	$I=\frac{I_m}{\sqrt{3}}$ $I_{av}=\frac{I_m}{2}$
全波整流波	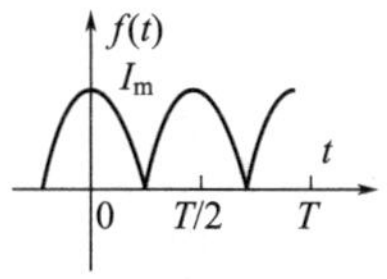	偶函数	$f(t)=\frac{4I_m}{\pi}\left(\frac{1}{2}-\frac{1}{3}\cos2\omega t+\frac{1}{15}\cos4\omega t+\cdots+\frac{\cos\frac{k\pi}{2}}{k^2-1}\cos k\omega t+\cdots\right)$ (k 为偶数)	$\frac{I_m}{\sqrt{2}}$ $I_{av}=\frac{2I_m}{\pi}$
半波整流波	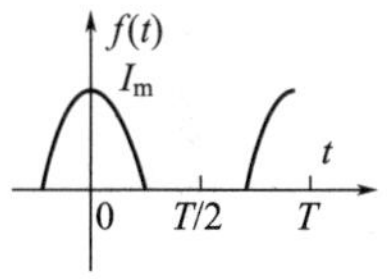	偶函数	$f(t)=\frac{2I_m}{\pi}\left(\frac{1}{2}+\frac{\pi}{4}\cos\omega t+\frac{1}{3}\cos2\omega t-\frac{1}{15}\cos4\omega t+\cdots+\frac{\cos\frac{k\pi}{2}}{k^2-1}\cos k\omega t+\cdots\right)$ (k 为偶数)	$I=\frac{I_m}{2}$ $I_{av}=\frac{I_m}{\pi}$
矩形脉冲	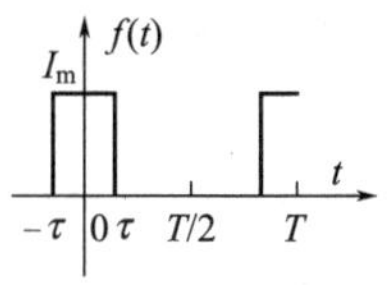	偶函数	$f(t)=\frac{\tau I_m}{T}+\frac{2I_m}{\pi}\left(\sin\frac{\tau\pi}{T}\cos\omega t+\frac{1}{2}\sin\frac{2\tau\pi}{T}\cos2\omega t+\frac{1}{3}\sin\frac{3\tau\pi}{T}\cos3\omega t+\cdots+\frac{1}{k}\sin\frac{k\tau\pi}{T}\cos k\omega t+\cdots\right)$ (k 为自然数)	$I=\sqrt{\frac{\tau}{T}}I_m$ $I_m=\frac{\tau}{T}I_m$

三、波形的对称性与所含谐波成分的关系

式(7-1)给出了周期信号傅里叶级数展开式的一般形式。如果周期信号的波形具有一种或几种对称性，则式(7-1)中的某些谐波成分可能为零，其傅里叶级数展开式将得到不同程度的简化。

下面介绍波形的对称性与谐波成分之间的关系。

① 奇函数——波形对称于原点。波形对称于原点的函数叫奇函数。表 7-1 中的矩形波和等腰三角波的波形均对称于原点，是奇函数，所以其傅里叶级数展开式中只含有正弦项，而无其他谐波成分。

② 偶函数——波形对称于纵轴。波形对称于纵轴的函数叫偶函数，表 7-1 中的全波和半波整流波形、矩形脉冲波形均对称于纵轴，为偶函数，其傅里叶级数展开式中不含正弦项，而含有余弦项。

③ 奇谐波函数——波形对称于横轴（镜像对称）。所谓横轴对称是指将前半个周期的波形向后移半个周期，则前、后半个周期的波形与横轴对称——即沿横轴对折（前后半个周期的波形重合），这种波形的函数是奇谐波函数，傅里叶级数展开式中只含奇次谐波成分。如表 7-1 中的矩形波和等腰三角波的波形既与横轴对称，又与原点对称，其傅里叶级数展开中含有奇次正弦。

④ 在一个周期内平均值为零的波形，其傅里叶级数展开式中不含直流分量。

如表 7-1 中的矩形和等腰三角波的傅里叶级数展开式中没有直流分量，而其他波形的傅氏展开式中有直流分量。

此外，波形的对称性会受到某些因素的影响，如：波形与原点、纵轴对称时，不仅与波形的形状有关，还与计时起点的选择有关；而与横轴对称时，只与波形本身的形状有关，与计时起点的选择无关。在分析非正弦周期信号的谐波成分时，应巧妙的选择计时起点，使波形具有多重对称性，减少谐波成分，简化展开式。

对于那些对称性并不明显的波形，如表 7-1 中的锯齿波，可以进行某种处理（移动横或纵轴），使其具有某种对称性，以便于简化谐波成分。

四、波形的光滑程度与所含谐波成分的关系

从表 7-1 中可以看出，矩形波和等腰三角波的波形接近正弦波，波形相对较光滑，高次谐波的振幅随频率增加衰减较快，而锯齿波等离正弦波的形状较远，高次谐波的振幅随频率增加衰减较慢，高次谐波的影响较大。

五、应用示例

在无线电和通信技术中，常根据某信号的傅里叶级数展开式，直观地绘出表示该信号所含的谐波成分及其振幅值或初相大小的图形称为频谱图。频谱图又分为振幅频谱和相位频谱，一般所说的频谱指的均是振幅频谱。

图 7-2 为振幅频谱，横坐标表示谐波的角频率（或频率），纵坐标代表谐波的振幅，图中的竖直线段称谱线，其中的每一条谱线都按一定比例代表相应谐波振幅值的大小。若谱线的高代表各次谐波的初相，则称为相位频谱。

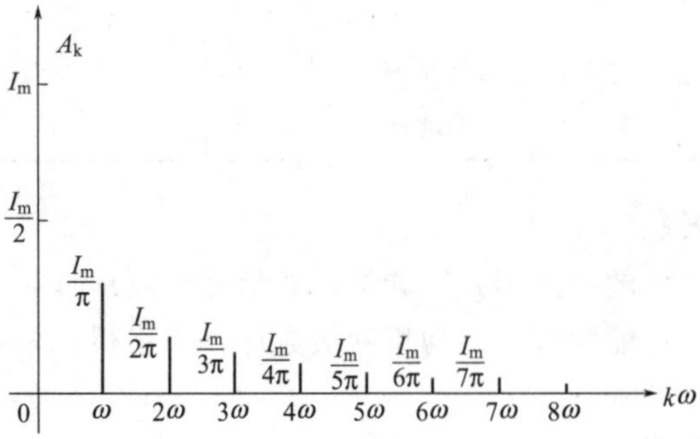

图 7-2　锯齿波的振幅频谱

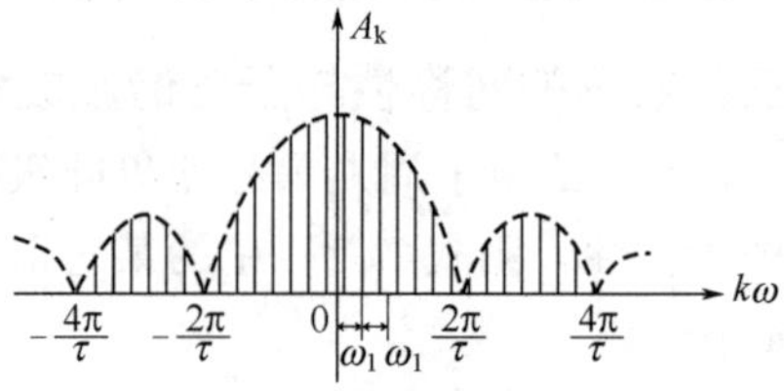

图 7-3　矩形波的频谱

将各条谱线的顶点连接起来的线（一般用虚线）称为振幅包络线，从包络线的形状可以看出各谐波成分振幅的变化情况。表 7-1 中矩形波的频谱如图 7-3 所示。

分析图 7-2 和图 7-3 的频谱可以发现，周期性非正弦信号的频谱具有以下特点。

① 离散性。由于这些频谱是由不连续的谱线构成，所以具有离散性。

② 收敛性。虽然各谐波振幅比较参差，但总的趋势是随着谐波次数的增高而逐渐减小，

表现为收敛性。

③ 相邻两条谱线之间的间隔（角频率）是相等的，其宽度等于基波角频率的整数倍。这是因为所有高次谐波的频率都是基波频率的整数倍。

【思考与讨论】

1. 什么是非正弦周期信号？周期性非正弦周期信号与非正弦周期信号有无区别？
2. 非正弦周期信号用傅里叶级数分解为一系列谐波信号时，基波频率如何确定？
3. 什么样的非正弦周期信号不含直流分量和偶次谐波分量？

第二节　非正弦周期量的有效值和平均值

一、非正弦周期量的有效值

在正弦交流电有效值一节中介绍的周期性交流电有效值的定义式为

$$I=\sqrt{\frac{1}{T}\int_0^T i^2\mathrm{d}t} \tag{7-2}$$

该式也适合于非正弦周期量。设 i 为非正弦周期电流，则 i 的傅里叶级数展开式为

$$i=I_0+\sum_{k=1}^{\infty}I_{k\mathrm{m}}\sin(k\omega t+\varphi_k)$$

将上式代入式(7-2) 得

$$I=\sqrt{\frac{1}{T}\int_0^T\left[I_0+\sum_{k=1}^{\infty}I_{k\mathrm{m}}\sin(k\omega t+\varphi_k)\right]^2\mathrm{d}t}$$

对上式进行数学计算，可得到非正弦周期电流的有效值公式为

$$I=\sqrt{I_0^2+I_1^2+I_2^2+\cdots+I_k^2+\cdots} \tag{7-3}$$

式中，I_0 为 i 的直流分量；I_1、I_2、I_3、…、I_k、…分别为各次谐波的有效值。

同理，非正弦周期电压的有效值为

$$U=\sqrt{U_0^2+U_1^2+U_2^2+\cdots+U_k^2+\cdots} \tag{7-4}$$

式(7-3) 和式(7-4) 表明：非正弦周期量的有效值等于其直流分量及各次谐波有效值的平方和的算术平方根值。

二、非正弦周期量的平均值

非正弦周期电流的平均值定义为

$$I_{\mathrm{av}}=\frac{1}{T}\int_0^T|i|\mathrm{d}t \tag{7-5}$$

式中，I_{av} 为工程上的平均值，数学上的平均值等于它的直流分量（即 $I_0=\frac{1}{T}\int_0^T|i|\mathrm{d}t$）。同一波形的直流分量与平均值不一定相等，常见的非正弦周期波的有效值和平均值见表 7-1。

三、非正弦波的失真

为了表示非正弦波偏离正弦波的程度，这里引入失真率的概念。正弦波可以看成是不含高次谐波的非正弦波的特例，失真率用来表示正弦波中含有的高次谐波相对于基波的比值，用 K 表示（Klirr factor 的简称）。

$$K=\text{高次谐波的有效值/基波的有效值}=\frac{U_K}{U_1}$$

例如，某方波的表达式为

$$u=20\sqrt{2}\sin(100t+30°)+10\sqrt{2}\sin(300t+45°)+4\sqrt{2}\sin(500t+15°)\text{V}$$

则高次谐波的有效值为

$$U_K=\sqrt{10^2+4^2}\text{V}=10.77\text{V}$$

而基波的有效值为 20V，失真率 $K=\frac{U_K}{U_1}=\frac{10.77}{20}=0.54$

失真率越小的非正弦波越接近正弦波，失真率可用失真率仪进行测量。若要大致了解非正弦波偏离正弦波的程度，应采用波形因数与波顶因数表示。

波形因素　　$K_f=\frac{I}{I_{av}}$　　K_f 表示波形的平滑程度。

波顶因数　　$K_p=\frac{I_m}{I_{av}}$　　K_p 表示波形的尖锐程度。

【例 7-1】 求下述电压的有效值。

$$u=[282\sin\omega t+141\sin3\omega t+71\sin(5\omega t+30°)]\text{V}$$

解

$$U_1=\frac{U_{m1}}{\sqrt{2}}=\frac{282}{\sqrt{2}}\text{V}=141\sqrt{2}\text{V}$$

$$U_3=\frac{U_{m3}}{\sqrt{2}}=\frac{141}{\sqrt{2}}\text{V}=70.5\sqrt{2}\text{V}$$

$$U_5=\frac{U_{m5}}{\sqrt{2}}=\frac{71}{\sqrt{2}}\text{V}=35.5\sqrt{2}\text{V}$$

$$\begin{aligned}U&=\sqrt{U_1^2+U_3^2+U_5^2}\\&=\sqrt{(141\sqrt{2})^2+(70.5\sqrt{2})^2+(35.5\sqrt{2})^2}\text{ V}\\&=228.5\text{V}\end{aligned}$$

所以电压 u 的有效值为 228.5V。

四、应用示例

锯齿波电流 I 的波形与表 7-1 中所列锯齿波相同，若其幅值 $I_m=20\text{A}$，试计算电流 I 的有效值。

解　查表 7-1 可知，该电流的傅里叶级数展开式为

$$i(t)=\frac{I_m}{2}-\frac{I_m}{\pi}\left(\sin\omega t+\frac{1}{2}\sin2\omega t+\frac{1}{3}\sin3\omega t+\cdots+\frac{1}{k}\sin k\omega t+\cdots\right)(k\text{ 为自然数})$$

$$I=\sqrt{\left(\frac{20}{2}\right)^2+\frac{1}{2}\left(\frac{20}{\pi}\right)^2\left[1+\frac{1}{2^2}+\frac{1}{3^2}+\frac{1}{4^2}+\frac{1}{5^2}+\cdots\right]}\text{ A}$$

当取至五次谐波时，

$$I\approx11.39\text{A}$$

当选取的高次谐波项数越多时，有效值的计算结果越准确，一般为了简化计算，常取傅里叶级数展开式中的前 3～5 项进行近似计算，其结果与用有效值定义式准确计算的结果相差无几。

【思考与讨论】

1. 给定一个非正弦周期信号的波形，如何直观判断是否含有直流分量？

2. 非正弦周期信号中，为什么各次谐波的有效值与最大值之间有 $I=\dfrac{I_m}{\sqrt{2}}$ 的关系，而非正弦周期量的有效值与最大值之间却没有这种关系？

3. 测量电流的有效值、平均值应各使用什么类型的仪表？

第三节　线性非正弦周期电流电路的计算

一、线性非正弦周期电流电路的计算

线性非正弦周期电流电路的计算是指在非正弦周期信号激励下，线性稳态交流电路中电流、电压和功率的计算。

由于非正弦周期量可以分解成直流分量和一系列谐波分量的合成，因此分析计算线性非正弦周期电路中的电流、电压，可以根据叠加定理，分别计算出各分量单独作用时，电路中的电流和电压，然后将各次计算的结果进行叠加，这一方法称为“谐波是分析法”，其具体步骤和注意事项如下。

1. 将非正弦周期信号（电流或电压）分解成傅里叶级数（查表 7-1），高次谐波取至哪一项，视要求的准确程度而定。

2. 分别求出直流分量和各次谐波单独作用时电路中的电流和电压。

当直流分量单独作用于电路时，电路为直流稳态电路，电路中电容元件视为开路，电感视为短路，按照直流电路的分析方法求解。电路中的电流、电压分别用 I_0、U_0 表示。

当某次谐波单独作用于电路时，电路视为正弦稳态电路，按照正弦稳态电路的相量法分析求解。但需要注意：电路对不同频率的谐波分量表现出的感抗、容抗及复阻抗是不同的，而电阻值近似与频率无关。

设基波的物理量分别用 X_{L1}、X_{C1}、Z_1、i_1、u_1、P_1 表示，则 k 次谐波的物理量分别用 X_{LK}、X_{CK}、Z_K、i_k、u_k、p_k 表示。

3. 上述步骤中计算出的电流和电压的瞬时值进行叠加。

由于不同频率的相量直接叠加毫无意义，所以必须将电流、电压相量转换成正弦量解析式后，再进行叠加，并注意各分电流、分电压与总电流、总电压的参考方向是否一致。

非正弦周期电路中的平均功率仍是按瞬时功率在一个周期内的平均值来定义的。

如图 7-4 所示，假设一个无源二端网络的端电压和端电流分别为

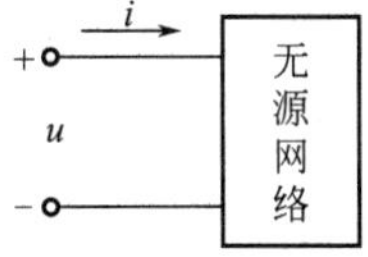

图 7-4　无源二端网络

$$i=I_0+\sum_{k=1}^{\infty} I_{km}\sin(k\omega t+\varphi_{ki})$$

$$u=U_0+\sum_{k=1}^{\infty} U_{km}\sin(k\omega t+\varphi_{ku})$$

则二端网络的瞬时功率为

$$p=ui$$

平均功率为
$$P=\frac{1}{T}\int_0^T ui\,dt$$

由于两个不同频率正弦函数的乘积在一个周期内的平均值为零，即不同频率的谐波电压和谐波电流之间的平均功率为零，所以非正弦周期交流电路的平均功率为

$$P=I_0U_0+\sum_{k=1}^{\infty}I_{km}U_{km}\cos\varphi_k=P_0+\sum_{k=1}^{\infty}P_k \tag{7-6}$$

式中，$P_0=I_0U_0$ 为直流分量单独作用于电路时的平均功率；$P_k=I_kU_k\cos\varphi_k$ 为 k 次谐波单独作用于电路时的平均功率，其中 $\varphi_k=\varphi_{ku}-\varphi_{ki}$。

式(7-6) 说明非正弦周期电流电路的平均功率等于直流分量及各次谐波分量产生的平均功率之和。应当注意，不要因此误以为叠加定理也适用于平均功率的计算，因为同频率的多个激励作用于线性电路的平均功率，并不等于各激励单独作用的平均功率之和。

【例 7-2】 如图 7-5 所示，在 R、L、C 串联电路，$R=6\Omega$、$\omega L=3\Omega$、$1/(\omega C)=9\Omega$，电源电压 $u=[20+10\sqrt{2}\sin(\omega t+30°)+5\sin(3\omega t)]$V，求：①电流 i 和 I；②电压 u 的有效值；③电路的平均功率。

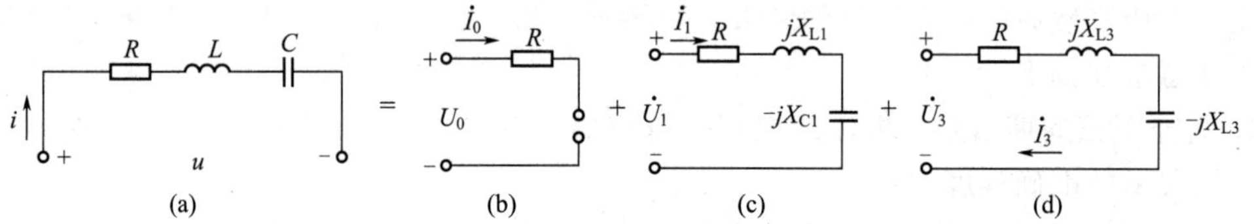

图 7-5　例 7-2 图

解　① 直流分量 $U_0=20$V 单独作用［如图 7-5（b）所示］

由于电感相当于短路，电容相当于断路，所以电路中无电流。即

$$I_0=0，P_0=I_0U_0=0。$$

② 基波 $u_1=10\sqrt{2}\sin(\omega t+30°)$V 单独作用［如图 7-5（c）所示］

电路的复阻抗为

$$Z_1=R+j[\omega L-1/(\omega C)]=[6+j(3-9)]\Omega=(6-j6)\Omega$$

$$\dot{I}_1=\frac{U_1}{Z_1}=\frac{10\angle 30°}{6\sqrt{2}\angle-45°}\text{A}=1.18\angle 75°\text{A}$$

$$\dot{i}_1=1.18\sqrt{2}\sin(\omega t+75°)\text{A}$$

$$P_1=I_1U_1\cos\varphi_1=[10\times1.18\cos(30°-75°)]\text{W}=[10\times1.18\cos(-45°)]\text{W}=8.34\text{W}$$

③ 三次谐波 $u_3=5\sin3\omega t$V 单独作用［如图 7-5（d）所示］。

$$X_{L3}=3X_{L1}=3\times3\Omega=9\Omega$$

$$X_{C3}=\frac{X_{C1}}{3}=\frac{9}{3}\Omega=3\Omega$$

$$Z=R+j(X_{L3}-X_{C3})=[6+j(9-3)]\Omega=(6+j6)\Omega$$

$$\dot{U}_3=\frac{5}{\sqrt{2}}\text{V}=3.54\text{V}$$

$$\dot{I}_3=\frac{\dot{U}_3}{Z_3}=\frac{3.54}{6\sqrt{2}\angle45°}\text{A}=0.42\angle-45°\text{A}$$

$$i_3=0.42\sqrt{2}\sin(3\omega t-45^\circ)\text{A}$$

$$P_3=I_3U_3\cos\varphi_3=3.54\times0.42\cos(45^\circ)\text{W}=1.05\text{W}$$

④ 叠加求 i

$$i=i_0+i_1+i_3=[0+1.18\sqrt{2}\sin(\omega t+75^\circ)+0.42\sqrt{2}\sin(3\omega t-45^\circ)]\text{A}$$

$$I=\sqrt{I_0^2+I_1^2+I_3^2}=\sqrt{0+1.18^2+0.42^2}\text{A}=1.25\text{A}$$

$$U=\sqrt{U_0^2+U_1^2+U_3^2}=\sqrt{20^2+10^2+3.54^2}\text{V}=22.64\text{V}$$

⑤ 平均功率

$$P=P_0+P_1+P_2+P_3=(0+8.34+1.05)\text{W}=9.39\text{W}\approx9.4\text{W}$$

另外，由于是串联电路，功率可以用式(7-7) 计算。

$$\begin{aligned}P_0&=I_0^2R\\P_1&=I_1^2R\\P_3&=I_3^2R\\P=P_0+P_1+P_3&=I_0^2R+I_1^2R+I_3^2R=(I_0^2+I_1^2+I_3^2)R=I^2R\end{aligned}\tag{7-7}$$

式中，I 为非正弦周期电流的有效值，则

$$P=1.25^2\times6\text{W}=9.38\text{W}\approx9.4\text{W}$$

两种方法计算出的结果一致。

二、应用示例

有一个 RC 并联电路，如图 7-6 所示。已知 $R=1\text{k}\Omega$，$C=50\mu\text{F}$，$i=1.5+1\sin6280t\,\text{mA}$，试求电路中的电流和端电压。

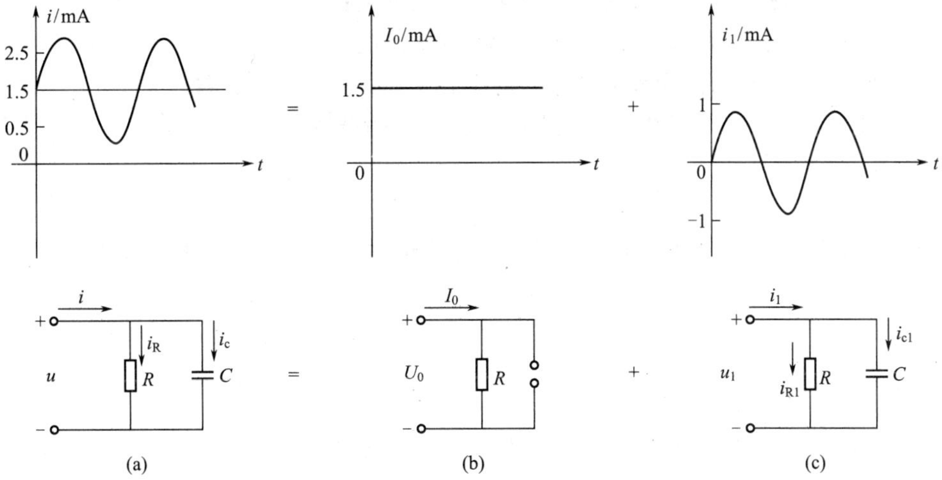

图 7-6　应用示例图

解　① $I_0=1.5\text{mA}$ 单独作用。由于电容元件在直流电路中相当于开路（即电容器的隔直作用），因此直流电流 I_0 只能通过 R 支路在 R 两端产生直流压降：$U_0=I_0R=1.5\times1\text{V}=1.5\text{V}$，电容器两端也充电到 1.5V。

② 基波分量。$i_1=1\sin6280t$ mA 单独作用。

$$X_{C1}=1/(\omega C)=1/(6280\times50\times10^{-6})\Omega=3.2\Omega$$

由于C和R并联，而$X_{C1} \ll R$，i_1几乎都从电容支路通过，R中基本上无交流分量（即$i_{1R}=0$，$I_{1C}=I_1$），在电容C两端产生的交流压降的幅值为

$$U_{C1m}=I_{1m}X_{C1}=1\times10^{-3}\times3.2\text{V}=3.2\text{mV}$$

因为$U_{C1m} \ll U_0$，所以U_{C1m}可以忽略不计，可认为$U_{C1}\approx0$。

因此，当R与C并联，并在参数选择上使$R \gg X_C$时，X_C对交流就起“旁路”作用，电容C称为“旁路电容”，加之交流压降又忽略不计，因而保证了R两端的电压基本上恒定不变（为直流分量$u=U_0+u_1\approx U_0$），这一电路在电子技术中被经常采用。

【思考与讨论】

1. 什么是非正弦周期电流电路的谐波分析法？
2. 电感元件和电容元件对不同谐波的阻抗相等吗？
3. 同一电路，对不同谐波，是否会出现对某次谐波呈感性，对另一次谐波呈容性的情况？

知识梳理与学习导航

一、知识梳理

1. 非正弦周期交流电的表示

非正弦周期信号中包含有一系列不同频率的谐波成分，一般用傅里叶级数展开式准确表示，用振幅频谱图直观表示。此外根据波形的对称性，还可以定性地分析非正弦周期信号中含有哪些谐波成分，如

① 对称于原点的波形，傅氏展开式中只含有正弦分量；

② 对称于纵轴的波形，傅氏展开式中含有余弦分量；

③ 对称于横轴的波形，傅氏展开式中含有奇次谐波；

④ 在一个周期内平均值为零的波形，傅氏展开式中含有直流分量。

当一个波形符合以上4条中的某几条时，其所含的谐波成分是它们的共同部分，展开式更为简单。

2. 有效值、平均值

非正弦周期量的有效值等于其直流分量和各次谐波有效值的平方之和再开方，其公式为

$$I=\sqrt{I_0^2+I_1^2+I_2^2+\cdots+I_k^2\cdots}$$

$$U=\sqrt{U_0^2+U_1^2+U_2^2+\cdots+U_k^2+\cdots}$$

电工技术中非正弦周期量的平均值指的是绝对平均值，即$I_{av}=\frac{1}{T}\int_0^T|i|\,dt$，$I$与$I_{av}$之间的关系用波形因数表示。

3. 谐波分析法

谐波分析法的依据是叠加定理，所用的工具是傅里叶级数、直流电路的分析计算方法和正弦交流电路的相量分析法，思路是将一个非正弦周期电流电路的计算，转换一个直流稳态电路和若干个不同频率的正弦稳态交流电路的计算，从而运用已有的知识和方法，分析求解新电路中的电流、电压。

请读者自己总结谐波分析法的步骤及注意事项。

4. 平均功率的计算

$$P=P_0+P_1+P_3\cdots$$
$$=I_0U_0+\sum_{k=1}^{\infty}I_kU_k\cos(\varphi_{ku}-\varphi_{ki})$$

二、学习导航

1. 知识点

☆常见的非正弦周期信号

☆非正弦周期信号的表示

☆波形的对称性与所含谐波成分的关系

☆非正弦周期量的有效值、平均值及平均功率

☆非正弦周期电流电路的谐波分析法

2. 难点与重点

☆谐波分析的概念及有效值的计算

☆平均功率的概念及计算

☆非正弦周期电流电路的分析计算

3. 学习方法

☆理解非正弦周期电流电路的概念

☆通过做练习题掌握有效值、平均值及平均功率的计算

☆采用相量法计算各谐波分量响应时，应注意感抗、容抗与频率的关系

☆注意将各相应分量叠加时，只能以瞬时值的形式叠加

习　题　七

7-1　判断下列说法的正误［对者在（　　）内打√，错者（　　）内打×］

① 基波的频率等于非正弦周期信号的频率。（　　）

② 若基波的角频率为 100rad/s，则五次谐波的角频率为 500rad/s。（　　）

③ 将两个不同频率的正弦波形进行叠加，其结果为非正弦波。（　　）

④ 如图 7-7 所示，u_i 为正弦波，则 u_0 也为正弦波。（　　）

⑤ 非正弦周期信号频谱的特点是收敛性、离散性以及相邻谱线之间等间隔。（　　）

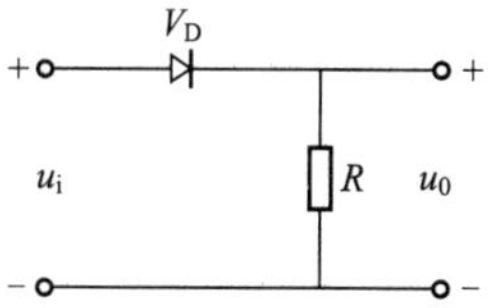

图 7-7　习题 7-1 图

⑥ 对称于原点的波形，其谐波成分中只含正弦项。（　　）

⑦ 若波形既与原点对称，又与横轴对称，则其谐波成分中含有偶次余弦。（　　）

⑧ 全波整流波形中可能含有各种谐波成分。（　　）

⑨ 振幅频谱中的每一条谱线，分别代表相应谐波的振幅值的大小。（　　）

⑩ 任何非正弦信号都可以用傅里叶级数表示。（　　）

7-2　已知非正弦电压 $u=(50+63.7\sin\omega t+21.2\sin3\omega t+12.7\sin5\omega t)$V，求电压的有效值。

7-3　求非正弦周期量 $i=[22\sqrt{2}\sin314t+60\sqrt{2}\sin(942t+10°)+14.14\sin(1570t-5°)]$ A 的有效值。

7-4　RL 串联电路，接在非正弦电压 u 上，已知：$R=20\Omega$，$L=20$mH，$u=[50+40\sqrt{2}\sin(1000t+30°)]$V，求①电路电流 i；②电流有效值；③电路的平均功率。

7-5　已知某非正弦周期交流电压作用于 RLC 串联电路，非正弦周期交流电压的周期为 0.02s，$R=12\Omega$，$L=1$mH，$C=314\mu$F，则电压的基波单独作用于电路时，$R_1=$____，$X_{L1}=$____，$X_{C1}=$____；五次谐波作用于电路时，$R_5=$____，$X_{L5}=$____，$X_{C5}=$____。

7-6 如图 7-8 所示 RLC 串联电路，$R=20\Omega$，$\omega L=2\Omega$，$1/(\omega C)=6\Omega$，电源电压 $u=20+8\sqrt{2}\sin(\omega t+30°)$V，求：①电流 i 及电流有效值；②电感两端电压 u_L；③电路的平均功率。

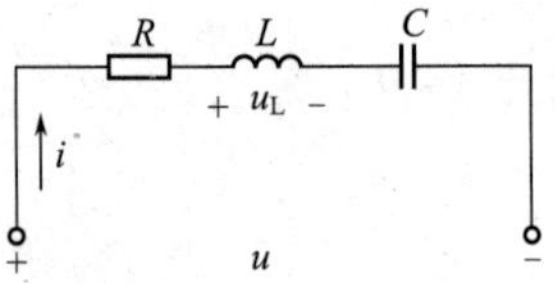

图 7-8 习题 7-6 图

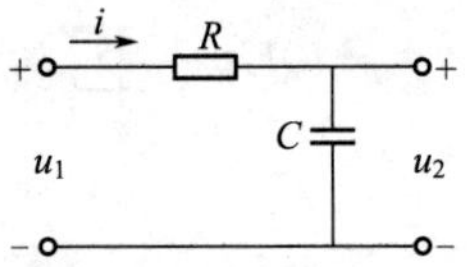

图 7-9 习题 7-7 图

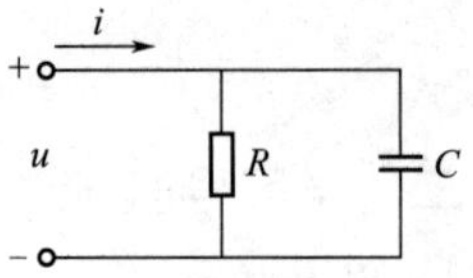

图 7-10 习题 7-9 图

7-7 电路如图 7-9 所示，已知 $R=20\Omega$，$C=100\mu F$，u_1 中直流分量为 250V，基波有效值为 100V，基波频率为 100Hz，求电压 U_2 和电流 I。

7-8 有一个负载线圈，其对基波的复阻抗 $Z_1=(30+j20)\Omega$，则其对三次谐波的复阻抗 $Z_3=$____，其对五次谐波的复阻抗 $Z_5=$____。

7-9 RC 并联电路如图 7-10 所示，已知电压 $u=(60+40\sqrt{2}\sin1000t)$V，$R=30\Omega$，$C=100\mu F$，求电路的总电流 i 及电路的平均功率。

7-10 流过 $R=10\Omega$ 电阻元件的电流为 $i=(5+14.14\cos\omega t+7.07\cos2\omega t)$A，求电阻两端的电压 u、U 及电阻上的功率。

7-11 流过 $C=1000\mu F$ 电容元件的电流为 $i=(14.14\sin100t+7.07\sin200t)$A，求电容两端的电压 u、U_0 电路的平均功率。

7-12 流过 $L=100mH$ 电感元件的电流为 $i=(5+14.14\sin100t+7.07\sin200t)$A，求电感两端的电压 u、U_0 及电路的平均功率。

哲思语录：勤学如春起之苗，不见其增，日有所长；
辍学如磨刀之石，不见其损，日有所亏。

科学家简介

亨利（Henry Joseph，约瑟夫·亨利 1797—1878 年 5 月 13 日），美国科学家。他是以电感单位“亨利”留名的大物理学家。在电学上有杰出的贡献。他发明了继电器（电报的雏形），比法拉第更早发现了电磁感应现象，还发现了电子自动打火的原理。

亨利出生在纽约州奥尔巴尼一个贫穷的工人家庭。自 1846 至 1878 年间，他是新成立的斯密森研究所的秘书和第一任所长，负责气象学研究。1867 年起，任美国科学院院长，直到在华盛顿逝世。亨利在物理学方面的主要成就是对电磁学的独创性研究。强电磁铁的制成，为改进发电机打下了基础；电磁感应现象的发现，比法拉第早一年；发现了自感现象。实现了无线电波的传播，亨利的实验虽然比赫兹的实验早了 40 多年，但是当时的人们包括亨利自己在内，还认识不到这个实验的重要性。亨利还发明了继电器、无感绕组等，他还改进了一种原始的变压器。亨利曾发明过一台像跷跷板似的原始电动机，从某种意义上来说这也许是他在电学领域中最重要的贡献。因为电动机能带动机器，在起动、停止、安装、拆卸等方面，都比蒸汽机来得方便。亨利的贡献很大，只是有的没有立即发表，因而失去了许多发明的专利权和发现的优先权。但人们没有忘记这些杰出的贡献，为了纪念亨利，用他的名字命名了自感系数和互感系数的单位，简称“亨”。

麦克斯韦（James Clerk Maxwell，詹姆斯·克拉克·麦克斯韦 1831 年 6 月 13 日～1879 年 11 月 5 日）英国物理学家、数学家。经典电动力学的创始人，统计物理学的奠基人之一。科学史上，称牛顿把天上和地上的运动规律统一起来，是实现第一次大综合，麦克斯韦把电、光统一起来，是实现第二次大综合，因此应与牛顿齐名。1873 年出版的《论电和磁》，也被尊为继牛顿《自然哲学的数学原理》之后的一部最重要的物理学经典。没有电磁学就没有现代电工学，也就不可能有现代文明。

麦克斯韦生于苏格兰古都爱丁堡。他依据库仑、高斯、欧姆、安培、毕奥、法拉第等前人的一系列发现和实验成果，建立了第一个完整的电磁理论体系，列出了表达电磁基本定律的四元方程组而闻名于世，这一理论自然科学的成果，奠定了现代的电力工业、电子工业和无线电工业的基础。麦克斯韦的主要贡献是建立了麦克斯韦方程组，创立了经典电动力学，并且预言了电磁波的存在，提出了光的电磁说。物理学历史上认为牛顿的经典力学打开了机械时代的大门，而麦克斯韦电磁学理论则为电器时代奠定了基石。1931 年，爱因斯坦在麦克斯韦百年诞辰的纪念会上，评价其建树“是牛顿以来，物理学最深刻和最富有成果的工作。”麦克斯韦生前没有享受到他应得的荣誉，因为他的科学思想和科学方法的重要意义直到 20 世纪科学革命来临时才充分体现出来。1879 年 11 月 5 日，麦克斯韦因病在剑桥逝世，年仅 48 岁。他光辉的生涯就这样过早地结束了。那一年正好爱因斯坦出生。

第八章 线性电路过渡过程的时域分析

☼知识导图

- 线性电路过渡过程的时域分析
  - 基本概念
    - 动态电路
      - 动态元件
      - 动态过程
      - 动态响应
    - 常用名词
      - 换路
      - 初始条件
      - 初始状态
      - 暂态与稳态
      - 一阶电路
      - 二阶电路
    - 换路定理
      - $u_C(0_-)=u_C(0_+)$
      - $i_L(0_-)=i_L(0_+)$
    - 动态响应的分类
      - 零输入响应与零状态响应
      - 稳态响应与暂态响应
      - 强制分量与自由分量
      - 全响应与阶跃响应
  - 一阶电路分析方法
    - 经典法
      - 建立微分方程、确定初始条件
      - 求齐次微分方程的通解$f_1(t)=Ae^{pt}$指数
      - 求齐次微分方程的特解$f_2(t)$
      - 全解$f(t)=f_1(t)+f_2(t)$
    - 三要素法
      - 初始值$f(0_+)$、稳态值$f(\infty)$、时间常数τ
      - $f(t)=f(\infty)+[f(0_+)-f(\infty)]e^{-\frac{t}{\tau}}$指数
  - 二阶RLC电路动态过渡过程零输入响应的解：过阻尼非震荡放电、临界阻尼非震荡放电、欠阻尼震荡放电。

☼**学习目标**

☆知识目标：①理解动态元件、动态过程、动态响应的概念；
②理解 C 元件和 L 元件的换路定律；
③理解动态电路方程的建立，了解经典法；
④理解一阶电路动态响应的三要素；
⑤理解零输入响应、零状态响应的概念；
⑥理解全响应、稳态响应、暂态响应、强制分量、自由分量的概念；
⑦理解阶跃函数的定义，阶跃响应的概念；
⑧了解二阶 RLC 动态电路过阻尼、欠阻尼、临界阻尼情况。

☆技能目标：①掌握动态元件、动态过程、动态响应的概念；
②熟练掌握换路定律及利用 0_+ 等效电路求取电压、电流初始值的方法；
③熟练掌握求解一阶电路动态响应的三要素法；
④掌握零输入响应、零状态响应的概念；
⑤掌握全响应、稳态响应、暂态响应、强制分量、自由分量的概念；
⑥掌握阶跃函数的定义，阶跃响应的概念。

☆培养目标：①培养学生具有综合所学知识编制常用工艺管理基础文件的能力；
②培养学生营造一种"人人积极参与，事事遵守标准"的工作氛围；
③培养学生逐步形成 5S（整理、整顿、清扫、清洁、修养）文明生产理念。

前面几章介绍了稳态电路，本章介绍动态电路，动态电路具有许多特殊规律和特征。动态电路在暂态过程中往往会出现过电压或过电流现象，可能会损坏电气设备，造成严重事故。分析动态电路的暂态过程目的在于掌握规律，除弊兴利。一方面采取防范措施，确保电气设备安全运行；另一方面是为了利用它，以实现某种技术目的。本章介绍基本概念：过渡过程、换路定律和初始值、阶跃函数、阶跃响应；基本方法：一阶电路的零输入响应和零状态响应、一阶电路的全响应和三要素分析法、二阶电路的零输入响应。

第一节　换路定律和初始值计算

一、过渡过程的基本概念

1. 稳态与暂态

在前面介绍的直流电路中，电压和电流都是恒定的，不随时间变化而变化。在正弦电流电路中，电压和电流也都是按照确定的正弦规律变化，也不随时间有其他形式的变化。具有这种特性的状态，称为电路的稳定状态。在这种状态下对电路进行分析，称为电路的稳态分析。但是，对于含有储能元件的电路，当电路状态发生变化，如电路元件参数的突然变化、电路结构的突然改变等，都会使电路从一个稳态开始变化，经过一定的时间后才又进入新的稳态。原稳态到新的稳态之间的过程，就是电路的过渡过程，也称为暂态过程或动态过程，在这种状态下对电路进行分析，称为电路的暂态分析或动态分析。

电路中各个物理量的建立过程本来就包括稳态过程和暂态过程，对暂态过程的分析研究可使我们对于电路的认识更全面、更深入。

2. 储能元件与有损耗电路

纯电阻电路无论是电路结构的突然改变，还是元件参数的突然变化，都不会有暂态过程，而是由一个稳态立即进入另一个稳态。只有含有储能元件的电路才可能有暂态过程，当电路不能提供无穷大能量时，无论是电感还是电容，所储存能量的改变都需要时间，都是时间的累积效应。故在没有无穷大能量的电路中，电路状态或参数的改变就会引起一个暂态过程，使电路由一个稳态经过暂态而进入另一个稳态。理想的电压源和电流源都可以提供无穷大的能量，但若电路中存在与电压源串联或电流源并联的电阻，无论是电源的内阻还是储能元件的损耗电阻，就使电源不能提供无穷大的能量，则储能元件能量的改变就需要时间，就会产生过渡过程。把与电压源串联或与电流源并联电阻的电路，称为有损耗电路。本章所研究的电路均为有损耗电路。

3. 过渡过程的基本分析方法

电路的过渡过程仍然要受两类约束条件制约，只是元件的伏安关系由稳态变为动态，如电感元件的伏安关系，由直流稳态电路中的短路、正弦稳态中的复感抗变以微分式。相应地，描述电路过渡过程的表达式也由代数式、相量式变为微分方程。一阶线性微分方程描述的电路称为一阶电路，二阶线性微分方程描述的电路称为二阶电路。通过求解线性微分方程研究电路过渡过程的方法，称为线性电路过渡过程的时域分析法。还有一种方法是建立在拉普拉斯变换的基础上，称为线性电路过渡过程的复频域分析法，将在下章讨论。

时域分析法是最基本的暂态分析方法。

二、换路和换路定律

把电路元件的参数突然变化或电路结构的突然改变称为换路，如电压源电压的突然增大或减小，电阻值的突然变化，电路的某一部分突然断开或接入等，都属于换路，且换路是在瞬时完成的，即换路不需要时间。通常将换路的时刻设为 $t=0$，则 $t=0_-$ 为换路前的最后时刻，而 $t=0_+$ 为换路后的最初时刻。实际上 0_-、0 和 0_+ 都是同一个时刻，这里只是为了说明的方便而引入三个表示而已。$u_C(0_+)$ 和 $i_L(0_+)$ 分别为换路后最初时刻的电容电压和电感电流。

当电路不能提供无穷大能量时，无论是电感还是电容，所存储能量的改变都需要时间，即能量的变化是渐变而不是跃变。对于电容元件，存储的电场能量为 $w_C=\dfrac{1}{2}Cu_C^2$，若 w_C 要跃变，必须有 u_C 的跃变，而 $i_C=C\dfrac{du_C}{dt}$,需要有无穷大的电流，这在有损耗电路中是不可能的，故电容电压和电荷 q 不能跃变。对于电感元件，储存的磁场能量为 $w_L=\dfrac{1}{2}Li_L^2$，若 w_L 要跃变，必须有 i_L 的跃变，而 $u_L=L\dfrac{di_L}{dt}$，需要有无穷大的电压，这在有损耗电路中也是不可能的，故电感电流 i_L，和磁链 ϕ 不能跃变。

根据以上分析可知，对于有损耗电路，换路前后的电容电压和电感电流不能跃变，这称为换路定律。设换路时刻为 $t=0$，则该定律可表示为

$$\left.\begin{aligned}u_C(0_+)=u_C(0_-)\\ i_L(0_+)=i_L(0_-)\end{aligned}\right\}\qquad(8\text{-}1)$$

而电路中其他的各物理量都可能发生跃变。

三、初始值计算

时域分析法是先建立电路的微分方程，然后求解该方程，得到满足初始条件的解，而求解微分方程必须有变量的初始值。可见，必须确定电路中某些物理量的初始值。求解的是换路后的电路过渡过程，建立的是换路后的微分方程，故初始条件应该是换路后瞬时的值，即 $t=0_+$ 的值。

据换路定律，电容电压和电感电流不跃变，故这两个量的初始值应该在换路前的最终时刻、即 $t=0_-$ 的时刻求取，所得到的值就是初始值。为方便求取，可做出 $t=0_-$ 时刻的等效电路，若换路前电路已经处于稳态，则电容元件的电压不变化、电流为零，相当于开路；电感元件的电流不变化、电压为零，相当于短路。

除电容电压和电感电流外，其他的物理量换路前后可以发生跃变，故必须在换路后的最初时刻，即 $t=0_+$ 时刻的求取，所得到的值就是初始值。为方便求取，可做出 $t=0$ 时刻的等效电路，在该电路中电容的电压和电感的电流等于 $t=0_-$ 时刻的值，故电容可用电压源模型等效，电感可用电流源模型等效。

四、应用示例

电路如图 8-1(a) 所示，且已处于稳态，开关 K 在 $t=0$ 时刻闭合。已知 $U_S=12V$，$R_1=2\Omega$，$R_2=2\Omega$，$R_3=3\Omega$，$L=0.1H$，$C=10\mu F$。试求开关 S 闭合后瞬间 i、i_L、i_C、u_L、u_C、u_R 的值。

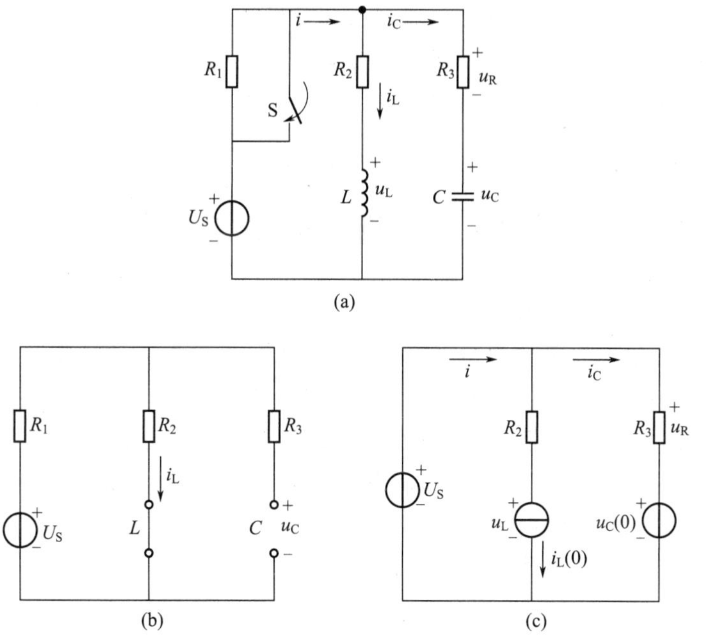

图 8-1　应用示例图

解　开关闭合前电路已处于稳态，故电感相当于短路电容相当于开路，做出换路前，即 $t=0_-$ 的等效电路如图 8-1(b) 所示。电感电流和电容电压的初始值在 $t=0_-$ 时刻求取，由图 8-1(b) 可求出电感电流初始值 $i_L(0_-)$ 和电容电压初始值 $u_C(0_-)$ 分别为

$$i_L(0_-)=\frac{U_S}{R_1+R_2}=\frac{12}{2+2}\text{A}=3\text{A}$$

$$u_C(0_-)=\frac{R_2}{R_1+R_2}\times U_S=\frac{2}{2+2}\times 12\text{V}=6\text{V}$$

据换路定理，有

$$u_C(0_+)=u_C(0_-)=6\text{V}$$

$$i_L(0_+)=i_L(0_-)=3\text{A}$$

做出换路后瞬间，即 $t=0_+$ 的等效电路如图 8-1(c) 所示，其中电容以 6V 电压源等效，电感以 3A 电流源等效。由图 8-1(c) 可求出除电感电流和电容电压以外各量的初始值，可得

$$i_C(0_+)=\frac{U_S-u_C(0_-)}{R_3}=\frac{12-6}{3}\text{A}=2\text{A}$$

$$u_L(0_+)=U_S-i_L(0_-)R_2=(12-3\times 2)\text{V}=6\text{V}$$

$$i(0_+)=i_C(0_+)+i_L(0_+)=(2+3)\text{A}=5\text{A}$$

$$u_R(0_+)=i_C(0_+)\times R_3=2\times 3\text{V}=6\text{V}$$

注意：换路定律只是指出电感电流和电容电压不能跃变，由该例可知，换路前电容的电流和电感的电压均为零，换路后分别为 2A 和 6V，发生了跃变。再次强调，换路定律仅是电容电压和电感电流不跃变，其他电压电流均可以发生跃变。

【思考与讨论】

1. 什么是电路的动态过程？动态过程产生的原因是什么？

2. 什么是换路定律？在一般情况下，为什么在换路瞬间电容电压和电感电流不能跃变？

3. 为什么说，被称为初始状态的电容电压和电感电流的初始值是电路中最重要的初始条件？

第二节　一阶电路的零输入响应

一、RC 电路的零输入响应

由一阶微分方程描述的电路称为一阶电路，仅有一个储能元件，或者虽有多个同类储能元件，但可等效为一个储能元件的电路均属于一阶电路。零输入响应指在没有外部输入的情况下，仅依靠电路的初始储能所产生的响应。RC 电路的初始储能为电场能量。

电路如图 8-2(a) 所示，开关 S 长时间置于位置 1，电容上已充有电荷，即有初始电压。在 $t=0$ 时刻开关 S 突然切换到位置 2，换路后的电路如图 8-2(b)。此时电路连通，电容开始放电，电容上的电压开始发生变化，换路后的 KVL 方程为

$$Ri-u_C=0 \tag{8-2}$$

电容元件的电压与电流为非关联参考方向，据伏安关系的微分式，可得出

$$i=-C\frac{\mathrm{d}u_C}{\mathrm{d}t} \tag{8-3}$$

将式(8-3) 代入式(8-2) 可得

$$RC\frac{\mathrm{d}u_C}{\mathrm{d}t}+u_C=0 \tag{8-4}$$

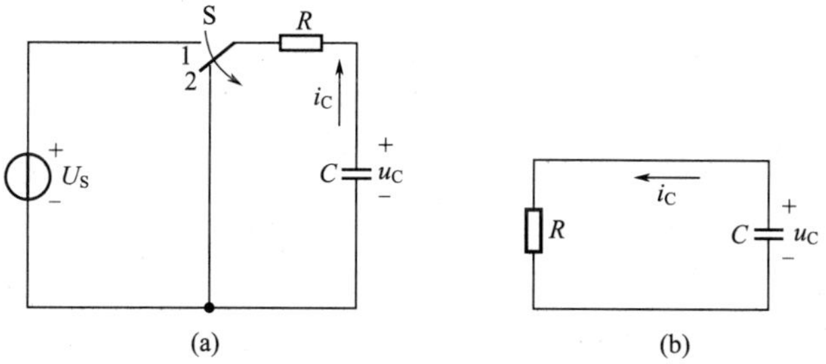

图 8-2　RC 电路的零输入响应

式(8-4) 为一阶线性常系数齐次微分方程，描述了 RC 电路零输入响应的暂态特性。求解该微分方程便可得到电容电压随时间的变化状况，即得到 $u_C(t)$。

根据线性常数齐次微分方程的特性，式(8-4) 的通解为

$$u_C = A\mathrm{e}^{pt} \tag{8-5}$$

式中，p 为特征根；A 为待定的积分常数。将式(8-5) 代入式(8-4)，得

$$RCpA\mathrm{e}^{pt} + A\mathrm{e}^{pt} = 0$$

对应的特征方程为

$$RCp + 1 = 0$$

其特征根为

$$p = -\frac{1}{RC}$$

故可得到

$$u_C = A\mathrm{e}^{-\frac{1}{RC}}$$

据换路定律，得初始条件为

$$u_C(0_+) = u_C(0_-) = U_0 \tag{8-6}$$

将式(8-6) 代入 $u_C = A\mathrm{e}^{-\frac{1}{RC}}$ 可得

$$A = U_0$$

故在初始条件如式(8-6) 条件下，方程式(8-4) 的解为

$$u_C = U_0\mathrm{e}^{-\frac{t}{RC}} \qquad (t \geqslant 0) \tag{8-7}$$

据式(8-3)，放电电流为

$$i_C = -C\frac{\mathrm{d}u_C}{\mathrm{d}t} = \frac{U_0}{R}\mathrm{e}^{-\frac{t}{RC}} \qquad (t \geqslant 0) \tag{8-8}$$

u_C、i_C 随时间变化的曲线如图 8-3 所示。

由曲线可以看出，电容电压从 U_0 开始逐渐下降，即电容中存储的电荷量逐渐减少，进入了放电过程，且放电电流逐渐减小，下降速率以指数规律衰减，电容电压和充电电流都向零逼近，进入新的稳态。

在式(8-7) 和式(8-8) 中，令 $\tau = RC$，称为时间常数，当电阻和电容的单位分别取欧姆和 F 时，时间常数的单位为 s。

当经历了等于时间常数时间后，即 $t = \tau$ 时，有

$$u_C = U_0\mathrm{e}^{-1} = 0.368U_0$$

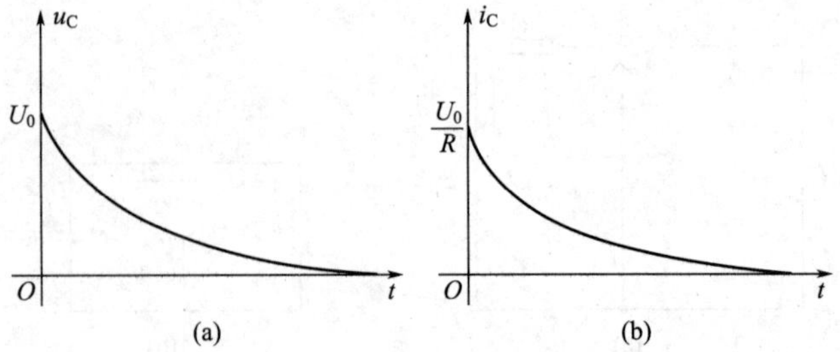

图 8-3 电容电压和电流随时间变化的曲线

所以，在 RC 电路和零输入响应中，时间常数的意义是：按照指数规律衰减的电容电压或放电电流衰减到初始值的 36.8%所需的时间。

假若能以过渡过程初始的速度等速衰减，经过 τ 时间，过渡过程便可达到稳态值。即过 $(0,U_0)$ 点作过渡过程曲线的切线，该切线必然过 $(\tau,0)$ 点，如图 8-4 所示。

理论上，过渡过程的结束需要无穷长的时间，但经过 5τ 时间，已下降到初始值的 0.07%，即 $0.007U_0$，在工程实际中可认为过渡过程结束。可见，时间常数的大小，决定着一阶电路零输入响应进行的快慢，时间常数越大，过渡过程进行的越慢，放电时间越长。如图 8-5 所示为不同时间常数的过渡过程曲线，且有 $\tau_3>\tau_2>\tau_1$。

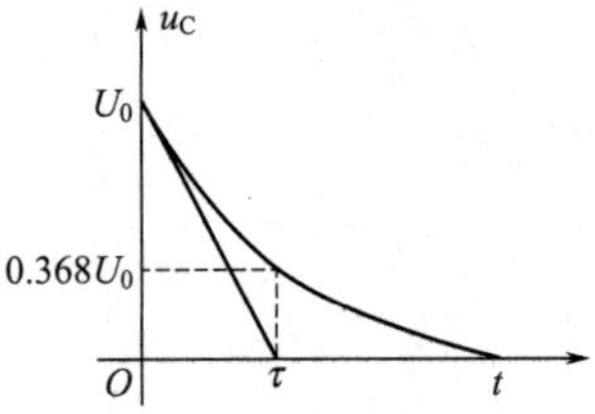

图 8-4 时间常数的物理意义

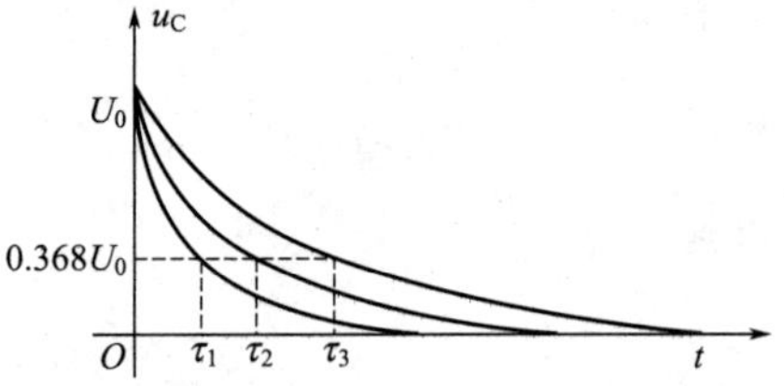

图 8-5 不同时间常数的过渡过程曲线

过渡过程结束后，电阻吸收的电能为

$$W_R=\int_0^{\infty} i_C^2 R\,\mathrm{d}t=\int_0^{\infty}\left(\frac{U_0}{R}\mathrm{e}^{-\frac{1}{RC}}\right)^2 R\,\mathrm{d}t=\frac{1}{2}CU_0^2$$

即原存储在电容上的电场能量全部消耗在电阻上，电容是储能元件，不消耗电能。

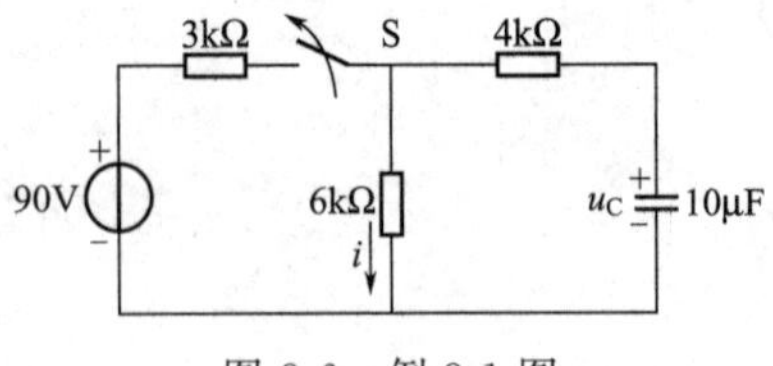

图 8-6 例 8-1 图

【例 8-1】 电路如图 8-6 所示，已处于稳态，在 $t=0$ 时刻开关 S 打开，求 $u_C(t)$ 和 $i(t)$。

解 由电路可得电容电压的初始值为

$$u_C(0_+)=u_C(0_-)=\frac{6}{6+3}\times 90\text{V}=60\text{V}$$

换路后的等效电路为电容 C 对 4kΩ 与 6kΩ 串联电阻的放电过程。可求出时间常数为

$$\tau=RC=(4\times 10^3+6\times 10^3)\times 10\times 10^{-6}\text{s}=0.1\text{s}$$

据式(8-7) 可得电容电压的变化为

$$u_C(t)=U_0\mathrm{e}^{-\frac{t}{RC}}=60\mathrm{e}^{-10t}\,\text{V}\qquad (t\geqslant 0)$$

据式(8-8) 可得放电电流为

$$i(t)=\frac{u_C}{R}=\frac{60e^{-10t}}{10\times10^3}=6e^{-10t}\text{ mA}\qquad(t\geqslant0)$$

二、RL 电路的零输入响应

RL 电路也属于一阶电路，其零输入响应与 RC 电路的零输入响应有类似的特性，仅是初始储能为磁场能量。

电路如图 8-7(a) 所示，开关 S 长时间被打开，$t=0$ 时刻开关 S 突然闭合，换路后的电路如图 8-7(b) 所示，此时电路连通，电感开始放电，电感上的电流开始发生变化。

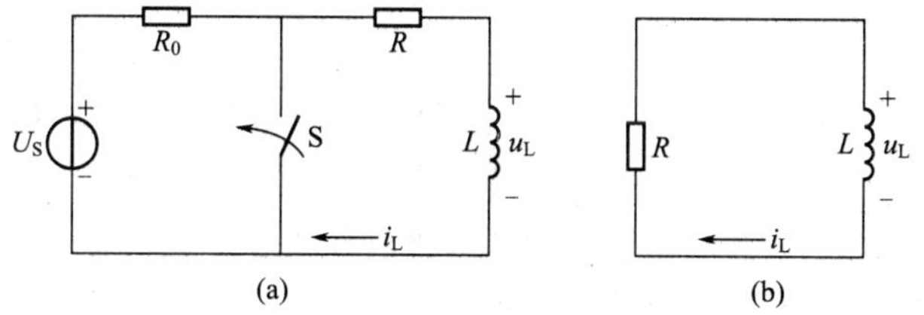

图 8-7　RL 电路的零输入响应

换路后的 KVL 方程为

$$u_L+Ri=0\tag{8-9}$$

关联参考方向下，据电感元件的伏安关系微分式有

$$u_L=L\frac{di_L}{dt}\tag{8-10}$$

将式(8-10) 代入式(8-9) 可得

$$\frac{L}{R}\frac{di_L}{dt}+i_L=0\tag{8-11}$$

式(8-11) 为一阶线性常系数齐次微分方程，描述了 RL 电路零输入响应的暂态特性，求解便可得电感电流随时间的变化状况，即可得到 $i_L(t)$。类似式(8-5) 可得

$$i_L=Ae^{-\frac{R}{L}t}\tag{8-12}$$

因初始条件为 $i_L(0_+)=i_L(0_-)=I_0=\dfrac{U_S}{R+R_0}$，可确定系数 A，求得电感电流为

$$i_L=I_0e^{-\frac{R}{L}t}=I_0e^{-\frac{t}{\tau}}\qquad(t\geqslant0)\tag{8-13}$$

根据电感元件的伏安关系，可得电感电压为

$$u_L=L\frac{di_L}{dt}=-RI_0e^{-\frac{R}{L}t}=-RI_0e^{-\frac{t}{\tau}}\qquad(t\geqslant0)\tag{8-14}$$

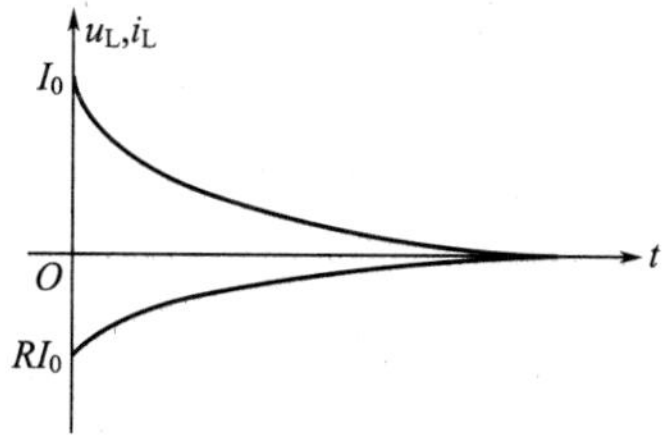

图 8-8　电感电流和电压随时间变化的曲线

u_L、i_L 随时间变化的曲线如图 8-8 所示。

由曲线可以看出，电感电流从 I_0 开始逐渐下降，即电感中存储的磁通量逐渐减少，进入了放电过程，且放电电流逐渐减小，下降速率以指数规律衰减，电感电流和端电压都向零逼近，进入新的稳态。

在式(8-13) 和式(8-14) 中，$\tau=\dfrac{L}{R}$，也是时间常数，当电阻电感的单位分别取 Ω 和 H 时，时间常数的单位为 s。

同理，当经历了等于时间常数的时间后，即 $t=\tau$ 时，也有

$$i_L = I_0 e^{-1} = 0.368 I_0$$

所以，在 RL 电路的零响应中，时间常量的意义是：按照指数规律衰减的电感电流或电压衰减到初始值的 36.8%所需的时间。

过渡过程结束后，电阻吸收的电能为

$$W_R = \int_0^{\infty} i_L^2 R \, dt = \int_0^{\infty} (I_0 e^{-\frac{R}{L}})^2 R \, dt = \frac{1}{2} L I_0^2$$

即原存储在电感上的磁场能量全部消耗在电阻上，电感是储能元件，不消耗电能。

三、应用示例

电路如图 8-9(a) 所示，电阻 R_0 与一线圈并联，已知线圈电阻 $R=1\Omega$，电感 $L=1H$，外加直流电压 $U_S=10V$。开关原处于闭合状态，且电路已处于稳态。在 $t=0$ 时刻开关 S 打开，在 $R_0=1\Omega$，和 $R_0=1M\Omega$ 两种情况下，试求 $i_L(t)$ 和电阻两端的最大电压值。

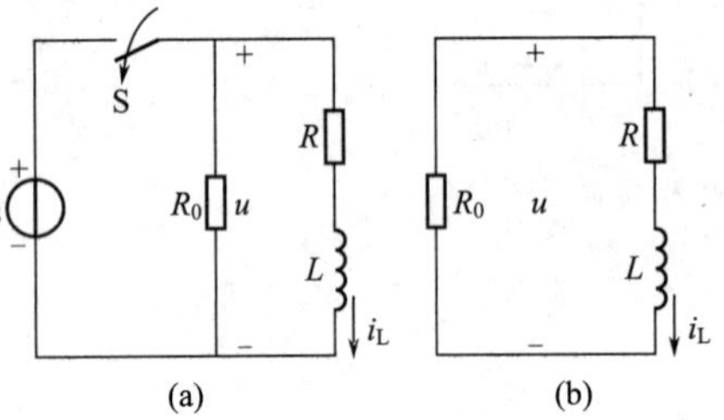

图 8-9 应用示例图

解 换路后的等效电路如图 8-9(b) 所示，为电感 L 与 R_0 和 R 串联的放电过程，电路的时间常数为

① 当 $R_0=1\Omega$ 时

$$\tau_1 = \frac{L}{R+R_0} = \frac{1}{1+1} s = 0.5 s$$

② 当 $R_0=1M\Omega$ 时

$$\tau_2 = \frac{L}{R+R_0} = \frac{1}{1+10^6} s = 1 \times 10^{-6} s$$

电感电流的初始值为

$$i_L(0_+) = i_L(0_-) = \frac{U_S}{R} = \frac{10}{1} A = 10A$$

据式(8-13)，电感电流为

① 当 $R_0=1\Omega$ 时

$$i_{L1} = I_0 e^{-\frac{t}{\tau_1}} = 10 e^{-\frac{1}{0.5}} A = 10 e^{-2t} A \qquad (t \geqslant 0)$$

② 当 $R_0=1M\Omega$ 时

$$i_{L2} = I_0 e^{-\frac{t}{\tau_2}} = 10 e^{-\frac{1}{10^{-6}}} A = 10 e^{-10^6 t} A \qquad (t \geqslant 0)$$

线圈电压、即电阻 R_0 的电压为

① 当 $R_0=1\Omega$ 时

$$u = -R_0 i_{L1} = -1 \times 10 e^{-2t} = -10 e^{-2t} V \qquad (t \geqslant 0)$$

② 当 $R_0=1M\Omega$ 时

$$u = -R_0 i_{L2} = -10^6 \times 10 e^{-10^6 t} V = -10^7 e^{-10^6 t} V \qquad (t \geqslant 0)$$

线圈的最大电压为

① 当 $R_0=1\Omega$ 时

$$U_{m1} = 10V$$

② 当 $R_0=1\text{M}\Omega$ 时

$$U_{\text{m2}}=10^7\,\text{V}=10\text{MV}$$

当用直流电压表测量线圈两端的电压时，若连接的电源突然断开，相当于接入很大的电阻 R_0，在线圈两端就会出现高电压现象，故实际中一般在线圈两端并联续流二极管。

【思考与讨论】

1. 什么是激励？什么是响应？什么是零输入响应？
2. 如何建立零输入响应的动态方程？
3. 对 RC 电路和 RL 电路，时间常数 τ 分别如何？

第三节　一阶电路的零状态响应

一、RC 电路的零状态响应

零状态响应是指在无初始储能的情况下，即 $u_\text{C}(0_+)$ 和 $i_\text{L}(0_+)$ 都为零时，仅依靠外部输入所产生的响应。

电路如图 8-10(a) 所示，开关闭合前电容上无电荷，即初始状态为零，当 $t=0$ 时刻开关 S 突然闭合，求换路后的电路响应。

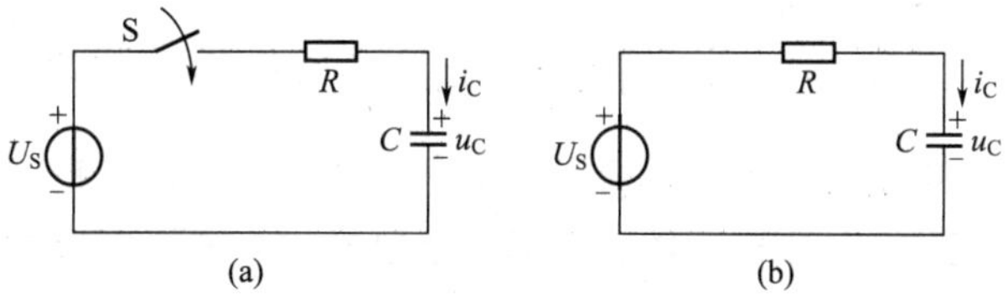

图 8-10　RC 电路的零状态响应

换路后的电路如图 8-10(b) 所示，据 KVL 可列写出换路后的电路方程为

$$Ri_\text{C}+u_\text{C}=U_\text{S} \tag{8-15}$$

据电容元件的伏安关系微分式，有

$$i_\text{C}=C\frac{\text{d}u_\text{C}}{\text{d}t} \tag{8-16}$$

将式(8-16) 代入式(8-15) 得

$$RC\frac{\text{d}u_\text{C}}{\text{d}t}+u_\text{C}=U_\text{S} \tag{8-17}$$

式(8-17) 为一阶线性常系数非齐次微分方程，描述了 RC 电路零输入响应的暂态特性，求解便可得电容电压随时间的变化状况，即得到 $u_\text{C}(t)$。该方程的全解 u_C 由特解 u'_C 和通解 u''_C 组成，即

$$u_\text{C}=u'_\text{C}+u''_\text{C} \tag{8-18}$$

特解取决于外部激励，称为强制分量。当外部为直流和正弦激励时，特解为稳态解，该电路的外部激励为直流电压源，故

$$u'_\text{C}=U_\text{S} \tag{8-19}$$

齐次微分方程的通解为

$$u''_\text{C}=A\text{e}^{-\frac{t}{RC}} \tag{8-20}$$

式中，A 为待定的积分常数。将式(8-19) 和式(8-20) 代入式(8-18) 得

$$u_C=U_S+A\mathrm{e}^{-\frac{t}{RC}} \tag{8-21}$$

初始条件为 $u_C(0_+)=u_C(0_-)=0$

将初始条件代入式(8-21) 可得

$$A=-U_S$$

故电容电压为

$$u_C=U_S(1-\mathrm{e}^{-\frac{t}{RC}}) \qquad (t\geqslant 0) \tag{8-22}$$

充电电流为

$$i_C=C\frac{\mathrm{d}u_C}{\mathrm{d}t}=\frac{U_S}{R}\mathrm{e}^{-\frac{t}{RC}} \qquad (t\geqslant 0) \tag{8-23}$$

u_C、i_C 随时间变化的曲线如图 8-11 所示。

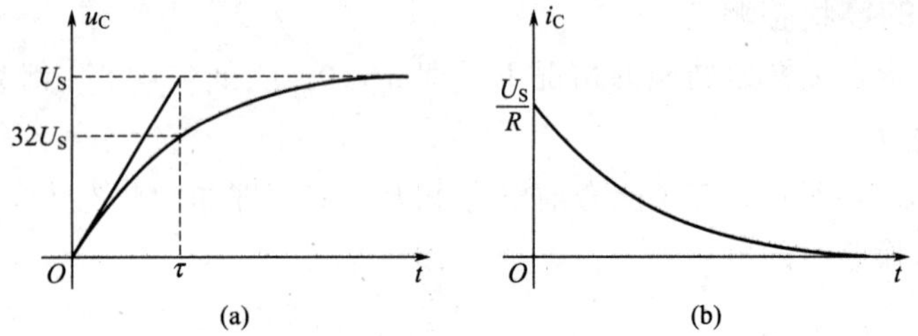

图 8-11 电容电压和电流随时间变化的曲线

由曲线可以看出，电容电压从零开始逐渐上升，开始了充电过程。电容电压开始逐渐上升，而充电电流逐渐下降，上升和下降速率都以指数规律衰减，电容电压向外加直流电压源电压 U_S 逼近，充电电流向零逼近。

当经历等于时间常数的时间，即 $t=\tau$ 后，有

$$U_C=U_S(1-\mathrm{e}^{-1})=0.632U_S$$

理论上，过渡过程的结束需要无穷长的时间，但经过 5τ 时间，已上升到稳态值的 99.3%，即 $0.993U_S$，可认为过渡过程结束。时间常数的大小，决定着一阶电路零状态响应进行的快慢，时间常数越大，充电过程越慢。

在 RC 电路的零状态响应中，假若能以充电过程开始的速率等速上升，则经过 τ 时间过渡过程结束，即充电到 U_S。即过（0,0）点作过渡过程曲线的切线，该切线必然过（τ，U_S）点，如图 8-11(a) 所示。

电源的能量一部分消耗在电阻上，一部分转化为电容上的电场能量，且两部分能量相等，即

$$W_R=\int_0^{\infty}i_C^2R\,\mathrm{d}t=\int_0^{\infty}\left(\frac{U_S}{R}\mathrm{e}^{-\frac{t}{RC}}\right)^2R\,\mathrm{d}t=\frac{1}{2}CU_S^2$$

电源充电的效率为 50%。

【例 8-2】 在图 8-10 中，电容原未被充电，已知 $U_S=10\mathrm{V}$，$R=2\mathrm{k}\Omega$，$C=100\mu\mathrm{F}$，在 $t=0$ 时开关 S 闭合，求①$u_C(t)$ 和 $i_C(t)$；②电容充电到 8V 所用的时间。

解 ① 换路后的时间常数为

$$\tau=RC=2\times10^3\times100\times10^{-6}\mathrm{s}=0.2\mathrm{s}$$

按照式(8-22) 有

$$u_C=10(1-e^{-\frac{t}{0.2}})=10(1-e^{-5t})\qquad (t\geqslant 0)$$

② 设开关 S 闭合后经过 t 秒充电到 8V，即

$$8=10(1-e^{-5t})$$

解得 $t=0.3218$s

二、RL 电路的零状态响应

电路如图 8-12(a) 所示，开关闭合前电感中无电流，即初始状态为零。当 $t=0$ 时刻开关 S 突然闭合，求换路后的电路响应。

换路后的电路如图 8-12(b) 所示，列出换路后的电路方程，据 KVL 有

$$Ri_L+u_L=U_S \tag{8-24}$$

据电感元件的伏安关系微分式，有

$$u_L=L\frac{di_L}{dt} \tag{8-25}$$

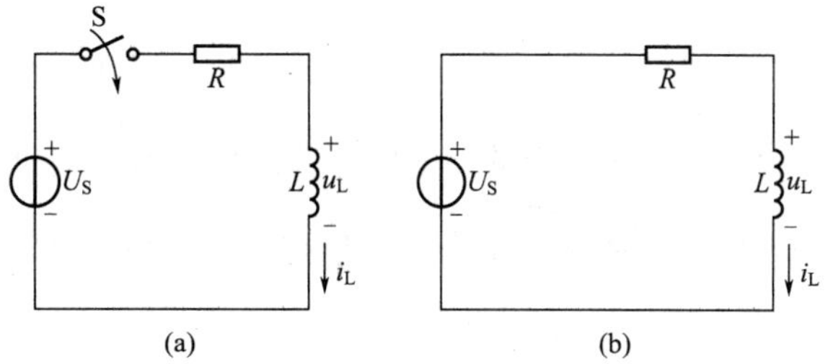

图 8-12　RL 电路的零状态响应

将式(8-25) 代入式(8-24) 可得

$$\frac{L}{R}\frac{di_L}{dt}+i_L=\frac{U_S}{R} \tag{8-26}$$

式(8-26) 为一阶线性常系数非齐次微分方程，描述了 RL 电路零输入响应的暂态特性，求解便可得电感电流随时间的变化状况，即得到 $i_L(t)$。该方程的全解 i_L 仍由特解 i'_L 和通解 i''_L 组成，即

$$i_L=i'_L+i''_L \tag{8-27}$$

其中的特解为

$$i'_L=\frac{U_S}{R} \tag{8-28}$$

通解为

$$i''_L=Ae^{-\frac{R}{L}t} \tag{8-29}$$

将式(8-29)、式(8-28) 代入式(8-27) 可得

$$i_L=\frac{U_S}{R}+Ae^{-\frac{R}{L}t} \tag{8-30}$$

初始条件为

$$i_L(0_+)=i_L(0_-)=0$$

将初始条件代入式(8-30) 可得

$$A=-\frac{U_S}{R}$$

故电感电流为

$$i_L=\frac{U_S}{R}(1-e^{-\frac{R}{L}t})\qquad (t\geqslant 0) \tag{8-31}$$

电感电压为

$$u_L=L\frac{di_L}{dt}=U_Se^{-\frac{R}{L}t}\qquad (t\geqslant 0) \tag{8-32}$$

i_L、u_L 随时间变化的曲线如图 8-13 所示。

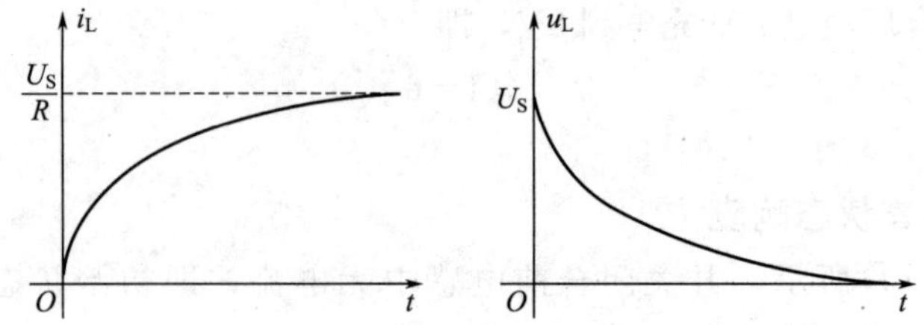

图 8-13 电感电流和电压随时间变化的曲线

由曲线可以看出，电感电流从零开始逐渐上升，而电感电压开始逐渐下降，上升和下降速率都以指数规律衰减，电感电流向稳态值$\frac{U_S}{R}$逼近，电感电压向零逼近。

电源的能量一部分消耗在电阻上，一部分转化为电感上的磁场能量，且两部分的能量相等。即

$$W_R=\int_0^{\infty} i_L^2 R\,dt=\frac{1}{2}L\left(\frac{U_S}{R}\right)^2=W_L$$

三、应用示例

电路如图 8-14(a) 所示，$I_S=3A$，$R=20\Omega$，$L=2H$，电感的初始电流为零。在 $t=0$ 时刻开关 S 闭合，求电路的零状态响应 i_L 和 u_L 并求 $t=0.2s$ 时的电感电流。

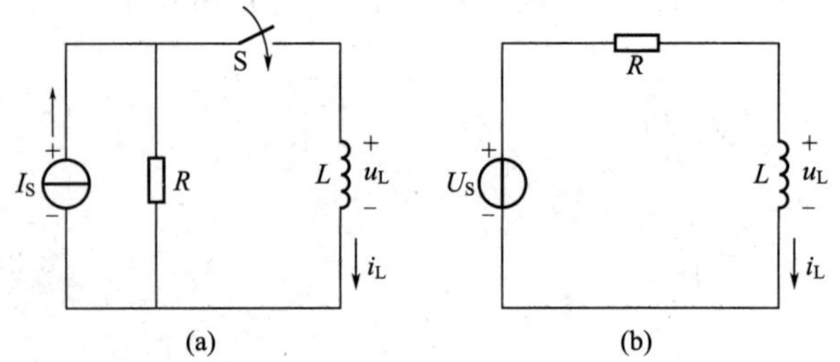

图 8-14 应用示例图

解 开关闭合后，将电感两端求取戴维南等效电路，也即将电流源模型变换成电压源模型，做出换路后的等效电路如图 8-14(b) 所示，其中

$$U_S=I_SR=3\times 20V=60V$$

时间常数为

$$\tau=\frac{L}{R}=\frac{2}{20}s=0.1s$$

根据式(8-31) 有

$$i_L=\frac{U_S}{R}(1-e^{-\frac{R}{L}t})=\frac{60}{20}(1-e^{-\frac{t}{0.1}})A=3(1-e^{-10t})A \qquad (t\geqslant 0)$$

据式(8-32) 有

$$u_L=U_Se^{-\frac{R}{L}t}=60e^{-\frac{t}{0.1}}V=60e^{-10t}V \qquad (t\geqslant 0)$$

当 $t=0.2s$ 时的电感电流为

$$i_L(0.2)=3(1-e^{-10t})=3(1-e^{-10\times 0.2})A=2.6A$$

【思考与讨论】

1. 什么是零状态响应?

2. 如何建立零状态响应的动态方程?

3. 对 RC 电路和 RL 电路，时间常数 τ 为多大时电路达到稳定?

第四节　一阶电路的全响应

一、全响应的两种分解

全响应是指既有初始储能［即 $u_C(0_+)$ 或 $i_L(0_+)$ 不为零］，又有外部输入所产生的响应。

在图 8-15(a) 中，电容元件已被充电。设 $u_C(0_-)=U_0$，电压源电压为 U_S，在 $t=0$ 时将开关 S 闭合，等效电路如图 8-15(b) 所示。则换路后的方程为

$$RC\frac{du_C}{dt}+u_C=U_S \tag{8-33}$$

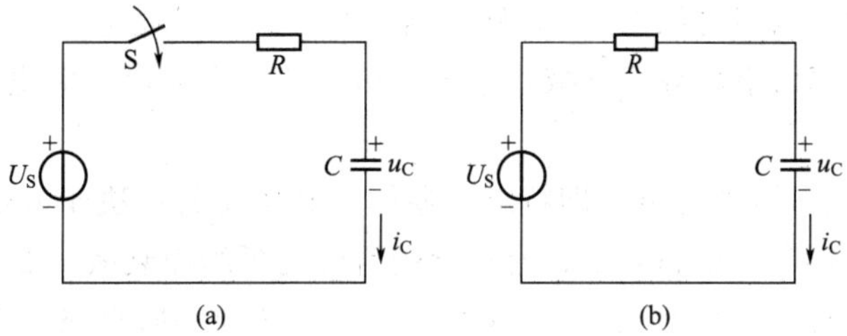

图 8-15　RC 电路的全响应

式(8-33) 为一阶线性常系数非齐次微分方程，描述了 RC 电路全响应的暂态特性。该方程的全解 u_C 仍然由特解 u'_C 和通解 u''_C 组成，即

$$u_C=u'_C+u''_C \tag{8-34}$$

特解为稳态解，即

$$u'_C=U_S \tag{8-35}$$

齐次微分方程的通解为

$$u''_C=Ae^{-\frac{t}{RC}} \tag{8-36}$$

式中，A 为待定的积分常数。将式(8-35)、式(8-36) 代入式(8-34) 可得

$$u_C=U_S+Ae^{-\frac{t}{RC}} \tag{8-37}$$

初始条件为

$$u_C(0_+)=u_C(0_-)=U_0$$

将初始条件代入式(8-37) 可得

$$A=U_0-U_S$$

故电容电压为

$$u_C=U_S+(U_0-U_S)e^{-\frac{t}{RC}} \quad (t\geqslant 0) \tag{8-38}$$

充电电流为

$$i_C=C\frac{du_C}{dt}=\frac{U_S-U_0}{R}e^{-\frac{t}{RC}} \quad (t\geqslant 0) \tag{8-39}$$

u_C、i_C 随时间变化（$U_S>U_0$）的曲线如图 8-16 所示。

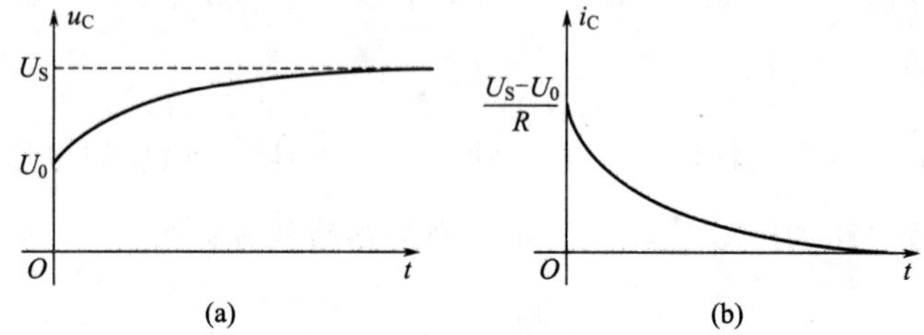

图 8-16 电容电压和电流随时间变化的曲线

由曲线可以看出，电容电压由 U_0 开始逐渐上升，开始了充电过程。而充电电流逐渐下降，上升和下降速率都以指数规律衰减，电容电压向外加直流电压源电压 U_S 逼近，充电电流向零逼近。

RC 电路的全响应包含两部分，即特解和通解，其中特解取决于外部输入，直流激励时就是稳态解，称为全响应的稳态分量；通解则随时间的延续而衰减，故为暂态解，称为全响应的暂态分量。RL 电路的全响应也包含这两部分，即任何一阶电路的全响应都可以分解为稳态分量和暂态分量。这是一阶电路全响应的第一种分解方法。即

$$u_C=U_S+(U_0-U_S)e^{-\frac{t}{RC}} \tag{8-40}$$

稳态分量　暂态分量

全响应是外部输入和内部初始储能共同作用所产生的响应。根据叠加定理，可看成是分别单独作用产生响应的代数和，而分别产生的响应恰是零输入响应和零状态响应，故一阶电路和全响应是零输入响应和零状态响应的叠加。即

$$u_C=U_0e^{-\frac{t}{RC}}+U_S(1-e^{-\frac{t}{RC}}) \tag{8-41}$$

零输入响应　　零状态响应

RL 电路的全响应也包含这两部分，即任何一阶电路的全响应都可分解为零输入响应分量和零状态响应分量。这是一阶电路全响应的第二种分解方法。而两种分解的表达式实际上是完全相同的。

全响应两种分解方法的曲线分别如图 8-17 所示。

【例 8-3】 在如图 8-15 所示电路中，已知 $C=50\mu F$，$R=100\Omega$，在 $t=0$ 时刻开关 S 闭合，闭合前电容电压已被充电到 15V，闭合后分别求出 $U_S=10V$、$U_S=15V$ 和 $U_S=20V$ 时

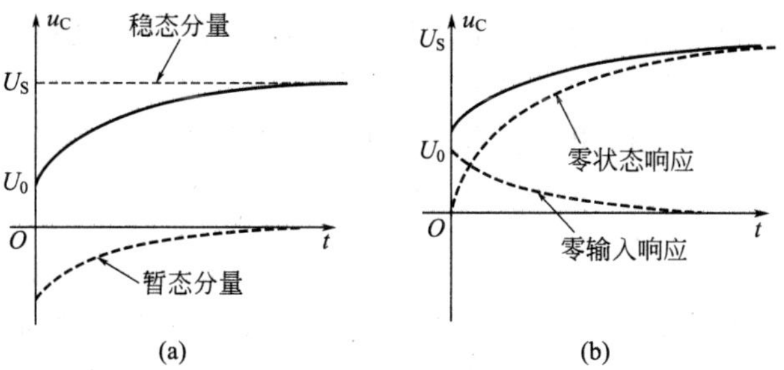

图 8-17　全响应的两种分解方法的曲线

的 $u_C(t)$。

解　求 RC 电路的全响应。时间常数为

$$\tau = RC = 100\times10^{3}\times50\times10^{-6}\text{s} = 5\text{s}$$

① $U_S=10\text{V}$，据式(8-35) 可得响应的特解为

$$u'_C = U_S = 10\text{V}$$

据式(8-36)，并代入初始条件，可得响应的通解为

$$u''_C = (U_0 - U_S)e^{-\frac{t}{\tau}} = (15-10)e^{-\frac{t}{5}}\text{V} = 5e^{-0.2t}\text{V}$$

据式(8-38) 可得响应的全解为

$$u_C = u'_C + u''_C = 10 + 5e^{-0.2t}\text{V} \qquad (t\geqslant0)$$

电容电压由 15V 开始放电，经过动态过程，衰减到 10V 结束。过渡过程曲线如图 8-18 中的曲线 1 所示。

也可用零输入和零状态分别求解：

据式(8-7) 可得 RC 电路的零输入响应为

$$u_C = U_0 e^{-\frac{t}{\tau}} = 15e^{-\frac{t}{5}} = 15e^{-0.2t}\text{V} \qquad (t\geqslant0)$$

据式(8-22) 可得 RC 电路的零状态响应为

$$u_C = U_S(1-e^{-\frac{t}{\tau}}) = 10(1-e^{-\frac{t}{5}}) = 10(1-e^{-0.2t})\text{V} \qquad (t\geqslant0)$$

据式(8-14) 可得 RC 电路的全响应为

$$u_C = [15e^{-0.2t} + 10(1-e^{-0.2t})]\text{V} \qquad (t\geqslant0)$$

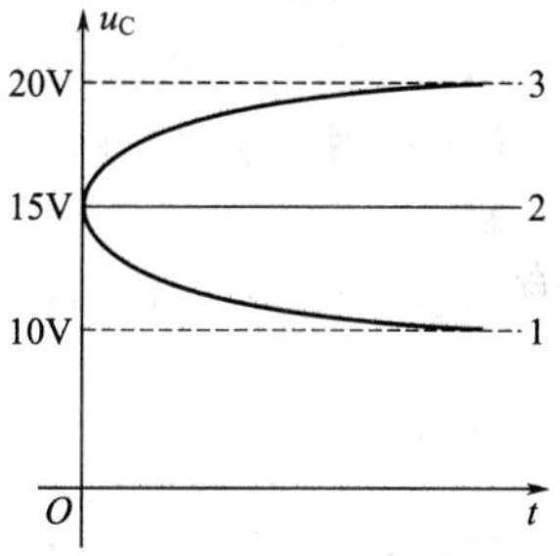

图 8-18　例 8-3 图

② $U_S=15\text{V}$，响应的全解为

$$u_C = u'_C + u''_C = (15+0)\text{V} = 15\text{V}$$

电容电压无暂态分量，不经过动态过程，直接进入 15V 的稳态。过渡过程曲线如图 8-18 中的曲线 2 所示。

③ 若 $U_S=20\text{V}$，则响应的全解为

$$u_C = u'_C + u''_C = 20 - 5e^{-0.2t}\text{V}$$

电容电压由 15V 开始充电，经过动态过程，上升到 20V 结束。过渡过程曲线如图 8-18 中的曲线 3 所示。

二、一阶电路的三要素分析法

通过对一阶电路的分析可知，同一电路中的任何响应，都是由初始值开始，以固定时间常数的负指数规律变化，上升或衰减至稳态值结束。即当一个一阶电路的某个电流或电压的初始值、稳态值和时间常数确定后，它的动态响应就可完全确定。所以将初始值、稳态值和

时间常数称为一阶电路动态响应的三要素。利用三要素求取一阶电路动态响应的方法称为三要素分析法。

根据前面的讨论，可以归纳出三要素分析法的一般公式。

$$f(t)=f(\infty)+[f(0_+)-f(\infty)]e^{-\frac{t}{\tau}} \tag{8-42}$$

这里将换路时刻设为 $t=0$。下面再对三要素的确定做一些必要的说明。

① $f(0_+)$ 为所求响应 $f(t)$ 的初始值，且必须是换路后瞬时的值。据换路定理，电容电压和电感电流响应的初始值在 $t=0_-$ 时刻、即换路前的最后瞬时求取，而其他响应的初始值在 $t=0_+$ 时刻、即换路后的最初瞬时求取。

② $f(\infty)$ 为所求响应 $f(t)$ 的稳态值，是指响应在 $t\to\infty$ 后的值。求取时可做出 $t\to\infty$ 的等效电路。若外部激励为直流电源，其中的电容可等效为开路，电感可等效为短路。

③ τ 为所求响应的电路的时间常数，对于 RC 电路，$\tau=RC$；对于 RL 电路，$\tau=L/R$。在一阶电路中，储能元件只能为一个；当有多个时，必须是同种元件，且可以经串并联等效为一个储能元件，故时间常数中 C 或 L 的确定较容易。R 是电路的等效电阻，即换路后从储能元件两端得到的戴维南等效电阻。

对于外部激励为正弦电源的一阶电路，也可用三要素法求取动态响应，其公式为

$$f(t)=f_\infty(t)+[f(0_+)-f_\infty(t)]e^{-\frac{t}{\tau}} \tag{8-43}$$

式中，$f_\infty(t)$ 为响应的稳态值，在换路后用相量法求取，仍然是一个正弦量。$f_\infty(0_+)$ 为稳态值的初始值，即在 $t=0$ 时刻的 $f_\infty(t)$，是一个确定的数值。$f(0_+)$ 为响应的初始值，也是一个确定的数值。

【例 8-4】 电路如图 8-19 所示，开关 S 长期断开，在 $t=0$ 时闭合，求电感电流 $i_L(t)$。

解 用三要素法求解。

在开关 S 闭合前，且电感短路，据换路定律求得初始值为

$$i_L(0_+)=i_L(0_-)=\frac{25}{5+5}A=2.5A$$

在开关 S 闭合，且电感短路，求得稳态值为

$$i_L(\infty)=\frac{25}{5}A=5A$$

在开关 S 闭合后，求时间常数为

$$\tau=\frac{L}{R}=\frac{10}{5}s=2s$$

据式(8-42) 或得电路全响应为

$$\begin{aligned}i_L(t)&=i_L(\infty)+[i_L(0_+)-i_L(\infty)]e^{-\frac{t}{\tau}}\\&=5+[2.5-5]e^{-\frac{t}{2}}A\\&=5-2.5e^{-0.5t}A \qquad (t\geqslant 0)\end{aligned}$$

【例 8-5】 电路如图 8-20 所示，开关 S 长时间闭合，在 $t=0$ 时刻突然断开，求电容电压 u_C 和电阻电压 u、i 的动态响应。

解 用三要素法求解。

① 求初始值。

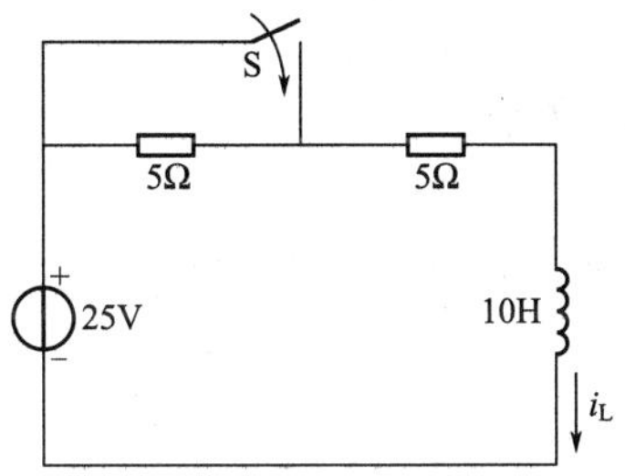

图 8-19　例 8-4 图

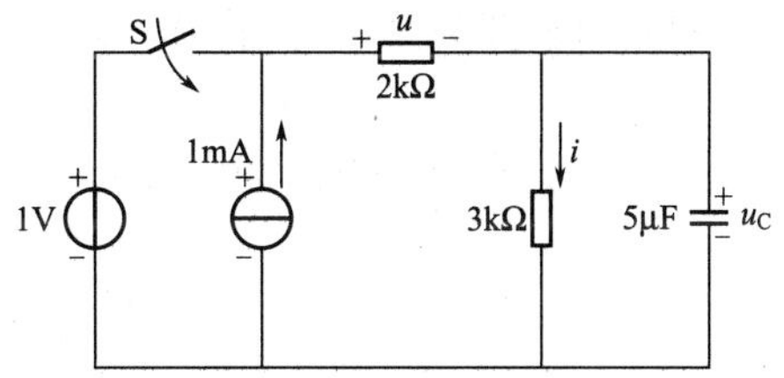

图 8-20　例 8-5 图

在开关 S 断开前求电容电压。可认为电容开路，等效为电压源与两个电阻的单回路电路。据换路定律有

$$u_C(0_+)=u_C(0_-)=\frac{3}{2+3}\times 1\text{V}=0.6\text{V}$$

在开关 S 断开后求电阻的电压。电流源与 2kΩ 电阻的串联，可得

$$u(0_+)=2\times 10^3\times 1\times 10^{-3}\text{V}=2\text{V}$$

在开关 S 断开后求电阻的电流。电容等效为一个电压源，并与 3kΩ 电阻并联，可得

$$i(0_+)=\frac{u_C(0_+)}{3\times 10^3}=\frac{0.6}{3\times 10^3}\text{A}=0.2\text{mA}$$

② 求稳态值。

在开关 S 断开后，且电容开路，等效电路为电流源与两个电阻的单回路电路。显然有

$$u_C(\infty)=1\times 10^{-3}\times 3\times 10^3\text{V}=3\text{V}$$

$$u(\infty)=1\times 10^{-3}\times 2\times 10^3\text{V}=2\text{V}$$

$$i(\infty)=1\times 10^{-3}\text{A}=1\text{mA}$$

③ 求时间常数。

在开关 S 断开后，从电容两端看去的戴维南等效电阻为 3kΩ，故时间常数为

$$\tau=RC=3\times 10^3\times 5\times 10^{-6}\text{s}=1.5\times 10^{-2}\text{s}$$

据式(8-42) 可得电路全响应应为

$$u_C(\text{t})=u_C(\infty)+[u_C(0_+)-u_C(\infty)]\text{e}^{-\frac{t}{\tau}}=3-2.4\text{e}^{-\frac{200}{3}t}\text{V}\qquad(t\geqslant 0)$$

$$u(t)=u(\infty)+[u(0_+)-u(\infty)]\text{e}^{-\frac{t}{\tau}}=2\text{V}\qquad(t\geqslant 0)$$

$$i(t)=i(\infty)+[i(0_+)-i(\infty)]\text{e}^{-\frac{t}{\tau}}=(1-0.8\text{e}^{-\frac{200}{3}t})\text{mA}\qquad(t\geqslant 0)$$

【例 8-6】 电路如图 8-21(a) 所示，$C=100\mu\text{F}$。$t=0$ 时刻开关 S 突然闭合，试求（$t\geqslant 0$）的电容电压 $u_C(t)$ 和电流 $i_C(t)$。

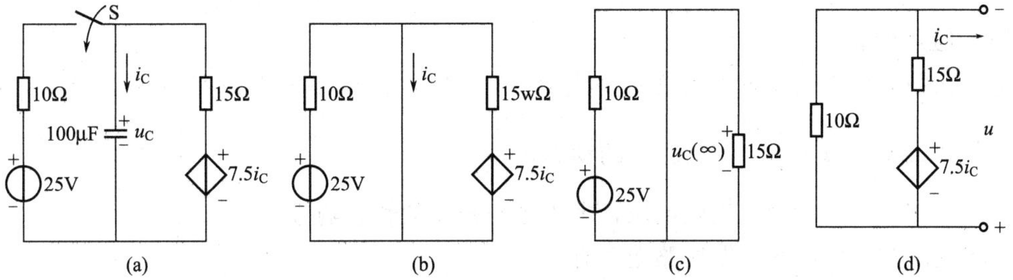

图 8-21　例 8-6 图

解 用三要素法求解。

① 求初始值。开关S闭合前，电容所在回路无独立源，故有

$$u_C(0_+)=u_C(0_-)=0$$

做出 $t=(0_+)$ 的等效电路如图 8-21(b) 所示，电容等效的电压源为零，故电容元件被短路，故有

$$i_C(0_+)=\frac{25}{10}+\frac{7.5i_C(0_+)}{15}=2.5+0.5i_C(0_+)$$

解出电容电流的初始值为

$$i_C(0_+)=5\text{A}$$

② 求稳态值。因电容在稳态时相当于开路，故电容电流的稳态值为零，受控源电压为零，被短路即

$$i_C(\infty)=0$$

做出 $t\to\infty$ 的等效电路如图 8-21(c) 所示，求电容电压的稳态值为

$$u_C(\infty)=\frac{15}{10+15}\times 25\text{V}=15\text{V}$$

③ 等效电阻和时间常数。做出换路后电容两端求等效电阻的电路如图 8-21(d) 所示，可得方程为

$$i_C=\frac{7.5i_C+u}{15}+\frac{u}{10}$$

整理为

$$30i_C=15i_C+2u+3u$$

端口的等效电阻为

$$R=\frac{u}{i_C}=\frac{15}{5}\Omega=3\Omega$$

电路的时间常数为

$$\tau=RC=3\times 100\times 10^{-6}\text{s}=3\times 10^{-4}\text{s}$$

所求响应

$$\begin{aligned}u_C(t)&=u_C(\infty)+[u_C(0_+)-u_C(\infty)]e^{-\frac{t}{\tau}}\\&=15+(0-15)e^{-\frac{t}{3\times 10^{-4}}}\text{V}\\&=15(1-e^{-\frac{10^4}{3}t})\text{V}\qquad (t\geqslant 0)\end{aligned}$$

$$i_C(t)=i_C(\infty)+[i_C(0_+)-i_C(\infty)]e^{-\frac{t}{\tau}}=5e^{-\frac{10^4}{3}t}\text{A}$$

三、应用示例

电路如图 8-22 所示，电容已被充电至 $u_C=10\text{V}$，在 $t=0$ 时刻开关 S 突然闭合，已知 $u_S=100\sqrt{2}\sin\left(314t+\frac{\pi}{6}\right)\text{V}$，求 u_C 的动态过程。

解 本例的外部激励为正弦电压，求正弦激励下的暂态响应。

电容电压初始值已知，据换路定理有

$$u_C(0_+)=u_C(0_-)=10\text{V}$$

开关 S 闭合后，用相量法求电容电压的稳态值：

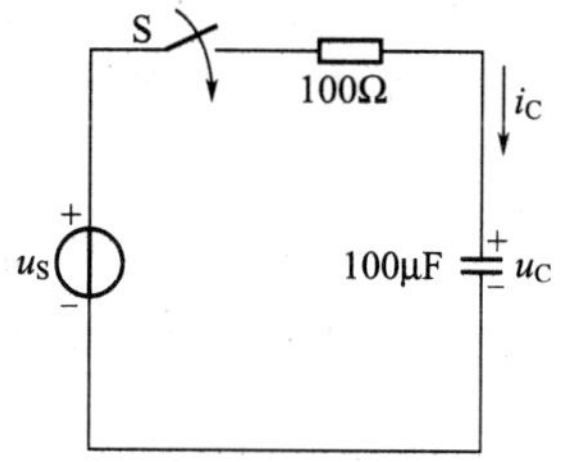

图 8-22　应用示例图

$$\dot{U}_C=\frac{\frac{1}{j\omega C}}{R+\frac{1}{j\omega C}}\dot{U}_S=\frac{1}{j\omega RC+1}\dot{U}_S$$

$$=\frac{100\angle 30^\circ}{j314\times100\times100\times10^{-6}+1}=\frac{100\angle 30^\circ}{j3.14+1}$$

$$=\frac{100\angle 30^\circ}{3.3\angle 72^\circ}V=30.3\angle -42^\circ V$$

$$u_C(0_+)=30.3\sqrt{2}\sin(-42^\circ)V=-30.3\sqrt{2}\times0.7V=-28.7V$$

时间常数为

$$\tau=RC=100\times100\times10^{-6}s=10^{-2}s$$

据式(8-43) 的三要素公式，可求出响应为

$$u_C(t)=u_{C\infty}(t)+[u_C(0_+)-u_{C\infty}(0_+)]e^{-\frac{t}{\tau}}$$

$$=30.3\sqrt{2}\sin(314t-42^\circ)+38.7e^{-100t}V\qquad(t\geqslant0)$$

【思考与讨论】

1. 三要素法的通式是怎样的？如何确定 $f(0_+)$？如何确定 $f(\infty)$？如何确定 τ？使用时应注意什么？三要素的使用条件是什么？

2. 试从三要素公式中写出零输入响应与零状态响应表达式。

3. 响应的强制分量与动态响应的稳态解之间关系如何？

第五节　阶跃函数和一阶电路的阶跃响应

一、阶跃函数

先来介绍单位阶跃函数，它的数学定义为

$$\varepsilon(t)=\begin{cases}0 & t<0\\ 1 & t\geqslant0\end{cases}\qquad(8\text{-}44)$$

该函数的图像如图 8-23 所示。在 $t<0$ 的区段恒为零，在 $t\geqslant0$ 的区段恒为 1 个单位，在 $t=0$ 处不连续，有幅度为 1 个单位的阶梯形跳跃。也可将单位阶跃函数乘以常数 k，成为一般的阶跃函数 $k\varepsilon(t)$，它与单位阶跃函数的区别在于 $t=0$ 的阶梯形跳跃幅度为 k 个单位。

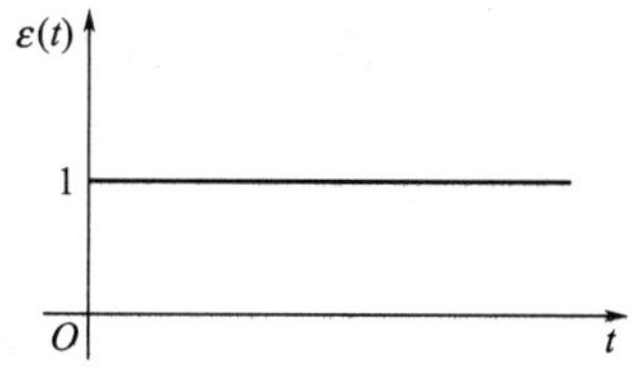

图 8-23　单位阶跃函数

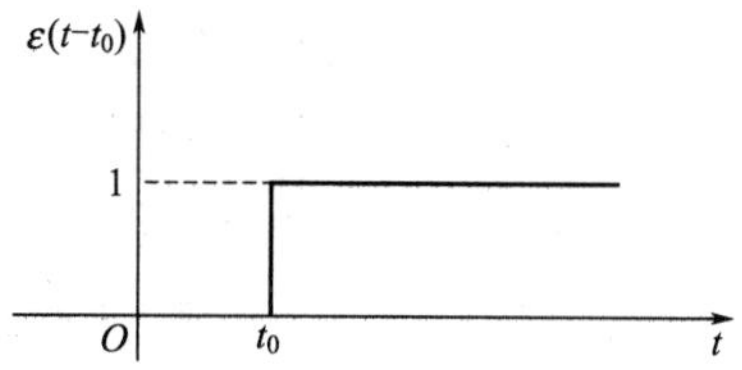

图 8-24　延迟的单位阶跃函数

还有延迟的单位阶跃函数，它的数学定义为

$$\varepsilon(t-t_0)=\begin{cases}0 & t<t_0\\ 1 & t\geqslant t_0\end{cases}\qquad(8\text{-}45)$$

该函数的图像如图 8-24 所示。它是由单位阶跃函数的曲线向右平移所得，即产生阶跃的时刻由 $t=0$ 延迟到 $t=t_0$。同理，也可将延迟单位阶跃函数乘以常数 k，成为一般的延迟阶跃函数 $k\varepsilon(t-t_0)$。

定义了阶跃函数和延迟阶跃函数后，任意的矩形波都可表示为若干个阶跃函数的代数和，如图 8-25(a) 所示的矩形波可表示为

$$\begin{aligned} f(t)&=f_1(t)-f_2(t)+f_3(t) \\ &=k_1\varepsilon(t-t_1)-(k_1+k_2)\varepsilon(t-t_2)+k_2\varepsilon(t-t_3) \end{aligned}$$

$f_1(t)$、$f_2(t)$、$f_3(t)$ 的波形分别如图 8-25 (b)～(d) 所示。

任意的时域函数 $f(t)$ 与一个单位阶跃函数 $\varepsilon(t)$ 相乘，可使得 $f(t)$ 在 $t=0$ 时刻“开始有效”；与一个延迟单位阶跃函数 $\varepsilon(t-t_0)$ 相乘，可使得 $f(t)$ 在 $t=t_0$ 时刻“开始有效”。在开始之前都为零，开始之后的值仍为 $f(t)$ 的值。

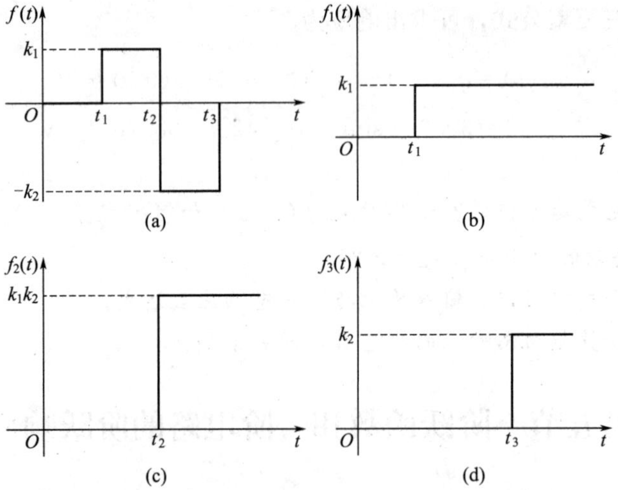

图 8-25 任意矩形波的阶跃函数表示

二、一阶电路和阶跃响应

阶跃响应是指在零初始条件下，电路对阶跃激励（电压或电流）的响应，若电路是一阶的，相应地称为一阶电路的阶跃响应。

如前所述，阶跃函数可以使任意一个函数从某个时刻“开始有效”，而零状态响应电路的换路也是在某一时刻（一般是在 $t=0$ 时刻）使电路与外部激励的电源接通，故完全可以用阶跃函数表示一阶电路零状态响应的外部激励情况。

如图 8-26(a)、(c) 所示，表示外部激励电源在 $t=0$ 时刻与电路接通，等效于如图 8-26 (b)、(d) 所示的一个阶跃函数的激励作用于该电路。

一阶 RC 电路的电容电压零状态响应为

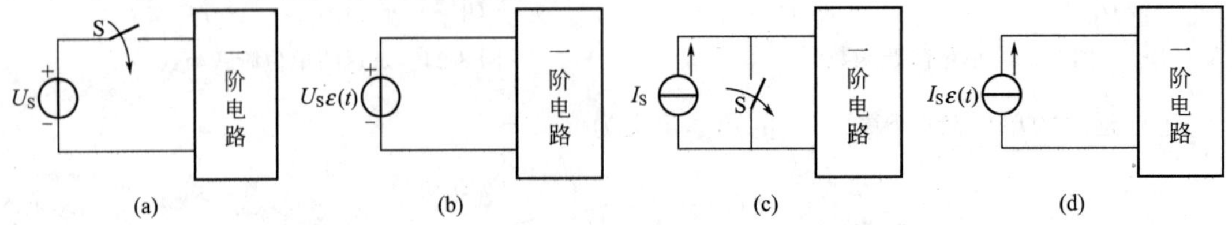

图 8-26 用阶跃函数表示一阶电路的激励

$$u_C=U_S(1-e^{-\frac{t}{RC}}) \qquad (t\geqslant 0) \tag{8-46}$$

对应的阶跃响应为

$$u_C=U_S(1-e^{-\frac{t}{RC}})\varepsilon(t) \tag{8-47}$$

此处不再标明 $t\geqslant 0$，因单位阶跃函数本身就是在 $t=0$ 时刻使函数 u_C “开始有效”。另外，也可用延迟的单位阶跃函数表示有延迟的一阶电路阶跃响应，即

$$u_C=U_S(1-e^{-\frac{t-t_0}{RC}})\varepsilon(t-t_0)$$

注意：指数是 $t-t_0$，而不是 t，当 $t\geqslant t_0$ 后 u_C 仍然由零开始上升至稳态值，符合换路定理。

若激励为矩形脉冲波形的电压或电流，因可将矩形脉冲表示为若干个阶跃函数的代数和，故可用叠加定理分别求取各激励的阶跃响应后求和，便得到矩形脉冲波形激励下的响应。

三、应用示例

电压为如图 8-25(a) 所示波形的电压源作用于 RC 串联电路，求它的阶跃响应 u_C，并做出 u_C 的波形。已知 $R=10\text{k}\Omega$，$C=2\mu\text{F}$，$k_1=2\text{V}$，$k_2=4\text{V}$。

解　根据前面结果，如图 8-25(a) 所示矩形脉冲波形可用阶跃函数和延迟阶跃函数表示为

$$f(t)=k_1\varepsilon(t-t_1)-(k_1+k_2)\varepsilon(t-t_2)+k_2\varepsilon(t-t_3)$$

则矩形脉冲波形的电压源电压可相应地表示为

$$U_S=[2\varepsilon(t-t_1)-6\varepsilon(t-t_2)+4\varepsilon(t-t_3)]\text{V}$$

电路的时间常数为

$$RC=10\times10^3\times2\times10^{-6}\text{s}=2\times10^{-2}\text{s}$$

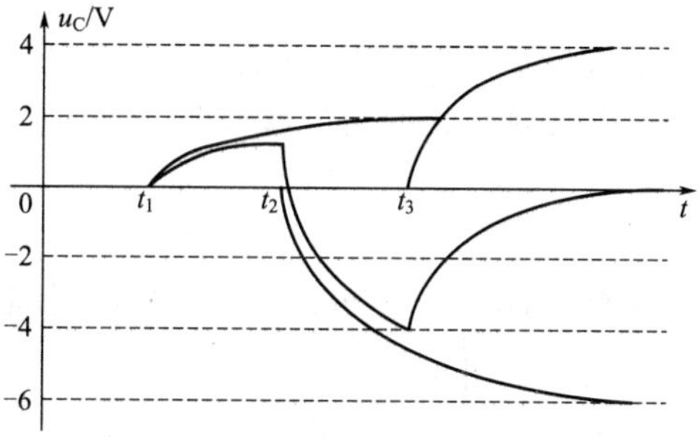

图 8-27　应用示例图

可得出所求的电容电压阶跃响应为

$$u_C=2[1-e^{-50(t-t_1)}]\varepsilon(t-t_1)-6[1-e^{-50(t-t_2)}]\varepsilon(t-t_2)+4[1-e^{-50(t-t_3)}]\varepsilon(t-t_3)$$

可做出该响应的波形如图 8-27 所示。

【思考与讨论】

1. 阶跃激励可看作是直流电源与开关状态的组合，试画出阶跃电压和阶跃电流激励的电路模型。

2. 阶跃响应为何是在零状态条件下定义的？

3. 一阶电路的阶跃响应能否用三要素法来求解？

第六节　二阶电路的零输入响应

一、RLC 典型二阶电路零输入响应的方程

前面已经对一阶电路进行了讨论，基本方法是通过求解一阶线性微分方程，研究 RC 和 RL 电路的动态特性。二阶线性微分方程描述的电路称为二阶电路，本节以最典型的 RLC 串联电路为例，进行二阶电路零输入响应的时域分析，研究典型二阶电路的基本动态特性。

RLC 串联的典型二阶电路如图 8-28 所示，假设仅电容有初始储能，而电感无初始储能，

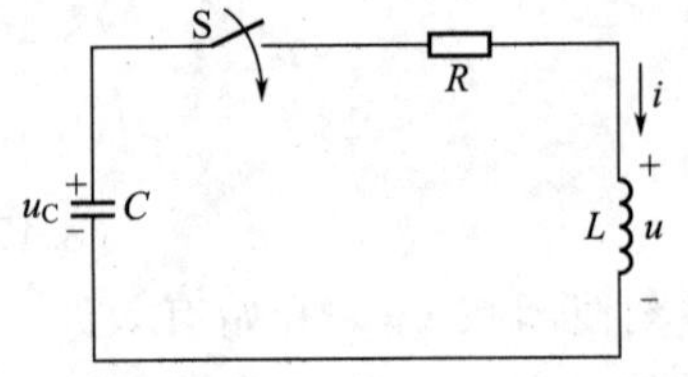

图 8-28 RLC 串联的典型二阶电路

即 $u_C(0_-)=U_0$，$i(0_-)=0$ 开关 S 在 $t=0$ 时刻闭合，据 KVL 可列出闭合后的方程为

$$Ri+u_L-u_C=0 \tag{8-48}$$

据电容元件伏安关系微分式，在非关联参考方向下有

$$i=-C\frac{du_C}{dt} \tag{8-49}$$

据电感元件的伏安关系微分式，在关联参考方向下有

$$u_L=L\frac{di}{dt} \tag{8-50}$$

将式(8-49) 代入式(8-50)，可得

$$u_L=-LC\frac{d^2u_C}{dt^2} \tag{8-51}$$

将式(8-49) 和式(8-51) 代入式(8-48)，可得

$$LC\frac{d^2u_C}{dt^2}+RC\frac{du_C}{dt}+u_C=0 \tag{8-52}$$

式(8-52) 为二阶线性常系数齐次微分方程，描述了 RLC 串联电路零输入响应的暂态特性。初始条件可据换路定理求得

$$u_C(0_+)=u_C(0_-)=U_0$$
$$i(0_+)=i(0_-)=0$$

求解式(8-52) 便可得电容电压随时间的变化过程。令齐次微分方程解的形式为

$$u_C=e^{pt} \tag{8-53}$$

将式(8-53) 代入式(8-52)，可得

$$LCp^2e^{pt}+RCpe^{pt}+e^{pt}=0 \tag{8-54}$$

式(8-52) 的特征方程为

$$LCp^2+RCp+1=0 \tag{8-55}$$

故特征根为

$$p_{1,2}=-\frac{R}{2L}\pm\sqrt{\left(\frac{R}{2L}\right)^2-\frac{1}{LC}} \tag{8-56}$$

若令 $\delta=\frac{R}{2L}$，$\omega_0=\frac{1}{\sqrt{LC}}$则特征根可表示为

$$p_1=-\delta+\sqrt{\delta^2-\omega_0^2}$$
$$p_2=-\delta-\sqrt{\delta^2-\omega_0^2} \tag{8-57}$$

可见特征根的值是由元件参数 R、L、C 决定的，与电路的初始状态无关。特征根有三种不同情况，使电路的零输入响应呈现不同的过渡过程。

二、典型二阶电路零输入响应方程的解

二阶线性微分方程的解为

$$u_C=A_1e^{p_1t}+A_2e^{p_2t} \tag{8-58}$$

式中，A_1、A_2 为待定的积分常数，由初始条件确定。当 $t=0$ 时，式(8-58) 有

$$u_C(0_+)=A_1+A_2 \tag{8-59}$$

对式（8-58）两边求时间的导数，当 $t=0$ 时有

$$\left.\frac{du_C}{dt}\right|_{t=0}=p_1A_1=p_2A_2 \tag{8-60}$$

由式（8-49）可得

$$\left.\frac{du_C}{dt}\right|_{t=0}=-\frac{i(0_+)}{C} \tag{8-61}$$

将初始条件代入式(8-59)、式(8-60) 和式(8-61)，可得

$$\left.\begin{aligned}A_1+A_2=U_0\\ p_1A_1+p_2A_2=0\end{aligned}\right\} \tag{8-62}$$

联立求解式(8-62) 得

$$A_1=\frac{p_2}{p_2-p_1}U_0$$

$$A_2=\frac{p_1}{p_1-p_2}U_0$$

故电容电压为

$$u_C=\frac{U_0}{p_1-p_2}(p_2e^{p_1t}-p_1e^{p_2t})\qquad(t\geqslant0) \tag{8-63}$$

放电电流为

$$i=-C\frac{du_C}{dt}=-\frac{U_0}{(p_2-p_1)L}(e^{p_1t}-e^{p_2t})\qquad(t\geqslant0) \tag{8-64}$$

电感电压为

$$u_L=L\frac{di}{dt}=-\frac{U_0}{p_2-p_1}(p_1e^{p_1t}-p_2e^{p_2t})\qquad(t\geqslant0) \tag{8-65}$$

以上表达式中，当特征根 p_1、p_2 为不同的值时，电路的零输入响应呈现不同的过渡过程。

① $\delta>\omega_0$，即特征根为两个相异的负实根，因 $p_2-p_1<0$ 且 $|p_2|>|p_1|$，故有 $e^{p_1t}-e^{p_2t}>0$，$p_2e^{p_1t}-p_1e^{p_2t}<0$，$p_1e^{p_1t}-p_2e^{p_2t}$ 由正到负再到零，电容电压、放电电流和电感电压的波形如图 8-29 所示，图 8-29 中的 $t_m-\frac{1}{p_1-p_2}\ln\frac{p_2}{p_1}$（推导过程略）。

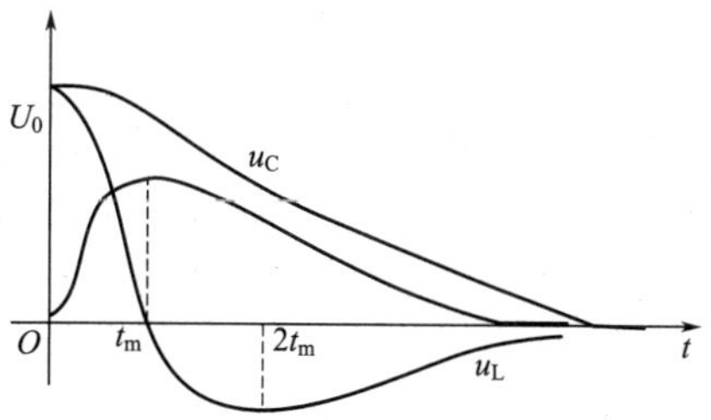

图 8-29　非振荡的过渡过程

由图 8-29 可看出，放电电流由小到大再到零，但恒为正，电容电压由正初始值单调衰减到零，说明过渡过程为非振荡的放电过程，称为非振荡放电。电容持续地释放电场能量。t_m 以前，电流由小到大，电容释放的电场能量一部分消耗在电阻上，另一部分转变为磁场能量存储在电感上，t_m 以后，电流由大到小，电感开始释放磁场能量，直至电场能量和磁场能量都被电阻消耗完，过渡过程结束。

② $\delta<\omega_0$，特征根为一对共轭复根，即式(8-57) 为

$$p_1=-\delta+\mathrm{j}\omega_{\mathrm{n}}$$
$$p_2=-\delta-\mathrm{j}\omega_{\mathrm{n}}$$

式中，$\omega_{\mathrm{n}}=\sqrt{\omega_0^2-\delta^2}$，故可将式(8-63) 写成

$$\begin{aligned}u_{\mathrm{C}}&=\frac{U_0}{p_2-p_1}(p_2\mathrm{e}^{p_1t}-p_1\mathrm{e}^{p_2t})\\&=\frac{U_0}{\omega_{\mathrm{n}}}\mathrm{e}^{-\delta t}\ (\delta\sin\omega_{\mathrm{n}}t+\omega_{\mathrm{n}}\cos\omega_{\mathrm{n}}t)\\&=\frac{\omega_0}{\omega_{\mathrm{n}}}U_0\mathrm{e}^{-\delta t}\ (\cos\beta\sin\omega_{\mathrm{n}}t+\sin\beta\cos\omega_{\mathrm{n}}t)\\&=\frac{\omega_0}{\omega_{\mathrm{n}}}U_0\mathrm{e}^{-\delta t}\sin\ (\omega_{\mathrm{n}}t+\beta)\qquad(t\geqslant0)\end{aligned}\tag{8-66}$$

δ、ω_{n}、ω_0 构成的三角形和夹角 β 的关系如图 8-30 所示。

放电电流和电感电压为

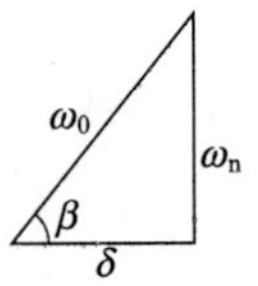

图 8-30 δ、ω_{n}、ω_0 构成的三角形

$$\begin{aligned}i&=-C\frac{\mathrm{d}u_{\mathrm{C}}}{\mathrm{d}t}=C\frac{\omega_0}{\omega_{\mathrm{n}}}U_0\mathrm{e}^{-\delta t}[\delta\sin(\omega_{\mathrm{n}}t+\beta)-\omega_{\mathrm{n}}\cos(\omega_{\mathrm{n}}t+\beta)]\\&=C\frac{\omega_0^2}{\omega_{\mathrm{n}}}U_0\mathrm{e}^{-\delta t}[\cos\beta\sin(\omega_{\mathrm{n}}t+\beta)-\sin\beta\cos(\omega_{\mathrm{n}}t+\beta)]\\&=\frac{U_0}{\omega_{\mathrm{n}}L}\mathrm{e}^{-\delta t}\sin\omega_{\mathrm{n}}t\qquad(t\geqslant0)\end{aligned}\tag{8-67}$$

$$\begin{aligned}u_1&=L\frac{\mathrm{d}i}{\mathrm{d}t}=\frac{U_0}{\omega_{\mathrm{n}}}\mathrm{e}^{-\delta t}[\omega_{\mathrm{n}}\cos\omega_{\mathrm{n}}t-\delta\sin\omega_{\mathrm{n}}t]\\&=\frac{\omega_0}{\omega_{\mathrm{n}}}U_0\mathrm{e}^{-\delta t}(\sin\beta\cos\omega_{\mathrm{n}}t-\cos\beta\sin\omega_{\mathrm{n}}t)\\&=-\frac{\omega_0}{\omega_{\mathrm{n}}}U_0\mathrm{e}^{-\delta t}\sin(\omega_{\mathrm{n}}t-\beta)\qquad(t\geqslant0)\end{aligned}\tag{8-68}$$

电容电压、放电电流的波形如图 8-31 所示。图 8-31 中的虚线称为包络线。包络线的方程分别为$\pm\frac{\omega_0}{\omega_{\mathrm{n}}}U_0\mathrm{e}^{-\delta t}$ 和$\pm\frac{U_0}{\omega_{\mathrm{n}}L}\mathrm{e}^{-\delta t}$。

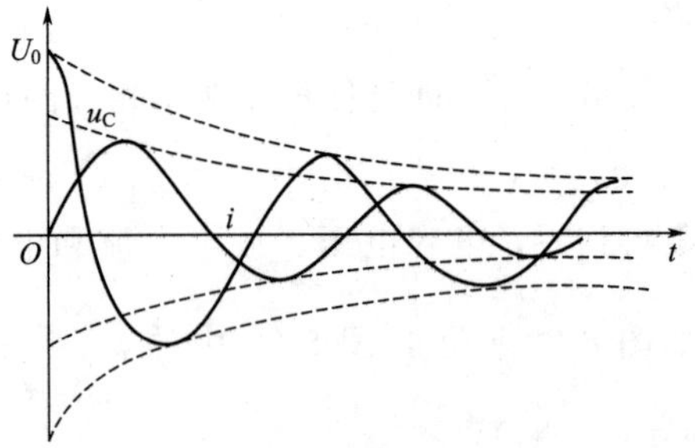

图 8-31 衰减振荡放电过程波形

由图 8-31 可看出，电容电压由正初始值衰减振荡到零，放电电流以零初相角衰减振荡到零，说明过渡过程为衰减振荡的放电过程，称为振荡放电。电容放电释放的电场能量转变为磁场能量存储在电感上、电容和电感同时释放能量、电感放电释放的磁场能量转变为电场能量存储在电容上，几种情况交替出现，但电阻持续的消耗能量，直至电场能量和磁场能量都被电阻消耗完，过渡过程结束。

作为特例，若电阻 $R=0$，即 $\delta=0$，此时 $\omega_{\mathrm{n}}=\sqrt{\delta^2+\omega_0^2}=\omega_0$，电容电压、放电电流和电感电压分别为

$$u_{\mathrm{C}}=U_0\sin\left(\omega_0t+\frac{\pi}{2}\right)=U_0\cos\omega_0t$$

$$i=\frac{U_0}{\omega_0 L}\sin\omega_0 t$$

$$u_L=-U_0\sin\left(\omega_0 t-\frac{\pi}{2}\right)=U_0\cos\omega_0 t$$

电容电压、放电电流和电感电压都为不衰减的等幅振荡，振荡的角频率为 ω_0。

③ $\delta=\omega_0$，特征根为两个相同的负实根，即式(8-57) 为

$$P_1=P_2=-\delta$$

因 $\omega_n=0$，故用求极限的方法可得电流为

$$i=\frac{U_0}{\omega_n L}e^{-\delta t}\sin\omega_n t\Big|_{\omega_n\to 0}=\frac{U_0}{L}te^{-\delta t}\left.\frac{\sin\omega_n t}{\omega_n t}\right|_{\omega_n\to 0}$$
$$=\frac{U_0}{L}te^{-\delta t}$$

电容电压为

$$u_C=\frac{1}{C}\int_0^t -i\,dt+U_0=-\frac{U_0}{LC}\int_0^t te^{-\delta t}dt+U_0$$
$$=\frac{U_0}{LC\delta^2}e^{-\delta t}(\delta t+1)\Big|_0^t+U_0=U_0e^{-\delta t}(\delta t+1)$$

电容电压和放电电流波形与图 8-29 相似，不再另画，过渡过程属于非振荡与振荡的临界状态，但仍为非振荡的放电过程，称为临界放电。电容电感之间的能量交换、电阻的能量消耗也与非振荡放电相似。

从以上讨论可知，特征根的值决定着二阶电路零输入响应的暂态特性。若 $\delta>\omega_0$，即 $R>2\sqrt{\frac{L}{C}}$ 时，产生的暂态响应是非振荡的；若 $\delta<\omega_0$，即 $R<2\sqrt{\frac{L}{C}}$ 时，产生的暂态响应是振荡的；而 $R=2\sqrt{\frac{L}{C}}$ 时，产生的暂态响应介于振荡与非振荡之间的临界状态。$R>2\sqrt{\frac{L}{C}}$ 称为临界电阻。也将非振荡的过渡过程称为过阻尼情况，振荡的过渡过程称为欠阻尼情况，临界状态称为临界阻尼情况，而 $R=0$ 的等幅振荡过渡过程称为无阻尼情况。

三、应用示例

如图 8-28 所示的电路，已知 $C=0.5\mu F$，$L=2H$，开关闭合前有 $u_C=100V$，在 $t=0$ 时刻开关 S 闭合，求 R 分别为 2kΩ 和 5kΩ 时的 u_C，i，u_L。

解 临界电阻为 $2\sqrt{\frac{L}{C}}=2\sqrt{\frac{2}{0.5\times10^{-6}}}k\Omega=4k\Omega$

① $R=2k\Omega$，因 $R<2\sqrt{\frac{L}{C}}$，故电路产生的暂态响应是振荡的，据式(8-56) 可得

$$\delta=\frac{R}{2L}=\frac{2000}{2\times2}=500/s$$

$$\omega_0=\frac{1}{\sqrt{LC}}=\frac{1}{\sqrt{2\times0.5\times10^6}}rad/s=1000rad/s$$

$$\omega_n=\sqrt{\omega_0^2-\delta^2}=\sqrt{1000^2-500^2}\,rad/s=866rad/s$$

根据图 8-30 的三角形关系可得

$$\beta=\arctan\frac{\omega_{\mathrm{n}}}{\delta}=\arctan\frac{866}{500}=\arctan 1.732=\frac{\pi}{3}$$

根据式(8-66)～式(8-68) 可得

$$u_{\mathrm{C}}=\frac{\omega_0}{\omega_{\mathrm{n}}}U_0\mathrm{e}^{-\delta t}\sin(\omega_{\mathrm{n}}t+\beta)=\frac{1000}{866}\times 100\mathrm{e}^{-500t}\sin\left(866t+\frac{\pi}{3}\right)$$

$$=115.5\mathrm{e}^{-500t}\sin\left(866t+\frac{\pi}{3}\right)\mathrm{V}$$

$$i=\frac{U_0}{\omega_{\mathrm{n}}L}\mathrm{e}^{-\delta t}\sin\omega_{\mathrm{n}}t=\frac{100}{866\times 2}\mathrm{e}^{-500t}\sin 866t$$

$$=0.058\mathrm{e}^{-500t}\sin 866t\,\mathrm{A}$$

$$u_{\mathrm{L}}=-\frac{\omega_0}{\omega_{\mathrm{n}}}U_0\mathrm{e}^{-\delta t}\sin(\omega_{\mathrm{n}}t-\beta)=-\frac{1000}{866}\times 100\mathrm{e}^{-500t}\sin\left(866t-\frac{\pi}{3}\right)$$

$$=-115.5\mathrm{e}^{-500t}\sin\left(866t-\frac{\pi}{3}\right)\mathrm{V}$$

② $R=5\mathrm{k}\Omega$，因 $R>2\sqrt{\frac{L}{C}}$，故电路产生的暂态响应是非振荡的，据式(8-56) 可得

$$\delta=\frac{R}{2L}=\frac{5000}{2\times 2}=1250/\mathrm{s}$$

根据式(8-57) 可得

$$p_1=-\delta+\sqrt{\delta^2-\omega_0^2}=-1250+\sqrt{1250^2-1000^2}=-500$$

$$p_2=-\delta-\sqrt{\delta^2-\omega_{\mathrm{n}}^2}=-1250-\sqrt{1250^2-1000^2}=-2000$$

根据式(8-63)～式(8-65) 可得

$$u_{\mathrm{C}}=\frac{U_0}{p_2-p_1}(p_2\mathrm{e}^{p_1t}-p_1\mathrm{e}^{p_2t})$$

$$=\frac{1000}{-2000+500}(-2000\mathrm{e}^{-500t}+500\mathrm{e}^{-2000t})\mathrm{V}$$

$$=33.33(4\mathrm{e}^{-500t}-\mathrm{e}^{-2000t})\ \mathrm{V}$$

$$i=-\frac{U_0}{(p_2-p_1)L}(\mathrm{e}^{p_1t}-\mathrm{e}^{p_2t})$$

$$=-\frac{100}{(-2000+500)\times 2}(\mathrm{e}^{-500t}-\mathrm{e}^{-2000t})$$

$$=0.033(\mathrm{e}^{-500t}-\mathrm{e}^{-2000t})\mathrm{A}$$

$$u_{\mathrm{L}}=-\frac{U_0}{p_2-p_1}(p_1\mathrm{e}^{p_1t}-p_2\mathrm{e}^{p_2t})$$

$$=-\frac{100}{-2000+500}(-500\mathrm{e}^{-500t}+2000\mathrm{e}^{-2000t})\mathrm{V}$$

$$=-33.33(\mathrm{e}^{-500t}-4\mathrm{e}^{-2000t})\mathrm{V}$$

【思考与讨论】

1. 如何理解 RLC 典型二阶电路零输入响应方程？
2. 典型二阶电路零输入响应方程的解有几种？
3. 如何理解过阻尼、欠阻尼及临界阻尼？

知识梳理与学习导航

一、知识梳理

1. 电路的过渡过程是电路由一个稳态到另一个稳态所经历的电磁过程，只有包括储能元件的有损耗电路在换路后才可能发生渡过程。过渡过程有利有弊，研究电路的过渡过程称为电路的暂态分析，时域分析法是电路暂态分析的基本方法。

2. 电路中元件参数的突然变化或结构的突然改变称为换路。换路是在瞬间完成的，即换路不需要时间。对于有损耗电路，换路前后的电容电压和电感电流不能跃变，这称为换路定律。常将换路时刻选为 $t=0$，则换路定律可表示为 $u_C(0_+)=u_C(0_-),i_L(0_+)=i_L(0_-)$。

3. 求解微分方程必须有初始值，初始值应该是换路后瞬时的值，即 $t=0_+$ 的值。电容电压和电感电流的初始值应该在 $t=0_-$ 的时刻求取，再据换路定理确定。其他的物理量换路前后可以发生跃变，故必须在 $t=0_+$ 的时刻求取，所得到的值就是初始值。为方便求取，可做出 $t=0_+$ 时刻的等效电路。

4. 由一阶微分方程描述的电路称为一阶电路，零输入响应是指在无外部输入的情况下，仅依靠初始储能所产生的响应。RC 和 RL 电路的初始储能分别为电场能量和磁场能量。描述过渡过程的微分方程为

$$\left.\begin{aligned}&RC\frac{\mathrm{d}u_C}{\mathrm{d}t}+u_C=0\\&u_C(0)=U_0\end{aligned}\right\}\qquad\left.\begin{aligned}&\frac{L}{R}\frac{\mathrm{d}i_L}{\mathrm{d}t}+i_L=0\\&i_L(0)=I_0\end{aligned}\right\}$$

均为一阶线性常系数齐次微分方程，解为

$$u_C=U_0\mathrm{e}^{-\frac{1}{RC}},i_L=I_0\mathrm{e}^{-\frac{R}{L}t}\qquad(t\geqslant0)$$

RC 和 $\frac{L}{R}$ 都称为时间常数 τ，时间常数的物理意义就是：按照指数规律衰减的物理量衰减到初始值的 36.8%所需的时间。显然 τ 越大，过渡过程越快，工程上常认为过渡过程的结束需 $(3\sim5)\tau$ 时间。过渡过程结束后，原存储的电场或磁场能量全部消耗在电阻上。

5. 零状态响应是指在无初始储能的情况下，仅依靠外部输入（激励）所产生的响应。描述过渡过程的微分方程为

$$\left.\begin{aligned}&RC\frac{\mathrm{d}u_C}{\mathrm{d}t}+u_C=U_S\\&u_C(0)=0\end{aligned}\right\}\qquad\left.\begin{aligned}&\frac{L}{R}\frac{\mathrm{d}i_L}{\mathrm{d}t}+i_L=I_S\\&i_L(0)=0\end{aligned}\right\}$$

均为一阶线性系数非齐次微分方程，解为

$$u_C=U_S(1-\mathrm{e}^{-\frac{t}{RC}}),\qquad i_L=\frac{U_S}{R}(1-\mathrm{e}^{-\frac{R}{L}t})(t\geqslant0)$$

电容电压或电感电流从零开始逐渐上升，开始充电过程，电源的能量一部分消耗在电阻上，一部分转化为电容上的电场能量或电感上的磁场能量。

6. 全响应是指既有初始储能，又有外部输入（激励）所产生的响应。描述过渡过程的微分方程均为一阶线性常系数非齐次微分方程，且初始条件不为零，全响应除稳态分量和暂态分量的分解方法外，还可以分解为零输入响应和零状态响应，两种分解方法的表达式分别为

$$u_C = U_S + (U_0 - U_S)e^{-\frac{t}{RC}} \qquad (t \geqslant 0)$$

$$u_C = U_0 e^{-\frac{t}{RC}} + U_S(1 - e^{-\frac{t}{RC}}) \qquad (t \geqslant 0)$$

7. 当某一个阶电路的某个电流或电压的初始值、稳态值和时间常数确定后，它的动态响应就可完全确定，称为一阶电路动态响应的三要素分析法，直流激励一阶电路分析的三要素公式为

$$f(t) = f(\infty) + [f(0_+) - f(\infty)]e^{-\frac{t}{RC}} \qquad (t \geqslant 0)$$

8. 任意的矩形波都可表示为若干个阶跃函数、延迟阶跃函数的代数和。在零初始条件下，一阶电路对阶跃或延迟阶跃激励的响应，称为一阶电路的阶跃响应。例如对于 RC 电路有

$$u_C = U_S(1 - e^{-\frac{t}{RC}})\varepsilon(t), \quad u_C = U_S(1 - e^{-\frac{t-t_0}{RC}})\varepsilon(t - t_0)$$

9. 二阶线性微分方程描述的电路称为二阶电路，RLC 串联电路是最典型的二阶电路。描述二阶电路零输入响应过渡过程的微分方程为

$$\left.\begin{aligned} LC\frac{d^2u_C}{dt^2} + RC\frac{du_C}{dt} + u_C = 0 \\ u_C(0) = U_0, i_L(0) = I_0 \end{aligned}\right\}$$

根据特征方程的特征根的不同，过渡过程有三种情况。

① 特征根为两个相异的负实根，电容电压和电感电流由初始值单调衰减到零，说明过渡过程为非振荡的放电过程，称为非振荡放电。也将非振荡的过渡过程称为过阻尼情况。

② 特征根为一对共轭复根，电容电压和电感电流由初始值衰减振荡到零，说明过渡过程为衰减振荡的放电过程，称为振荡放电。也将振荡的过程称为欠阻尼情况。

③ 特征根为两个相同的负实根，过渡过程属于非振荡与振荡的临界状态，但仍为非振荡的放电过程，称为临界放电。临界状态称为临界阻尼情况。

二、学习导航

1. 知识点

☆动态电路：动态元件、动态过程、动态响应

☆换路和换路定律、初始值计算

☆一阶电路的零输入响应

☆一阶电路的零状态响应

☆一阶电路的全响应

☆一阶电路的三要素分析法

☆阶跃函数和一阶电路的阶跃响应

☆二阶电路的零输入响应

2. 难点与重点

☆初始值的确定

☆时间常数

☆一阶电路的三要素分析法

☆一阶电路的阶跃响应

3. 学习方法

☆正确理解基本概念：稳态、瞬态、换路、零输入响应、零状态响应、全响应和时间常数非常重要

☆熟记概念，有助于对动态电路的分析和计算

☆通过课后加强练习，重点掌握一阶电路的三要素分析法，其中的关键是初始值和时间常数的确定。

习　题　八

8-1　图 8-32 中所示电路原先处于稳态，$t=0$ 时开关 S 断开，求 $u_C(0_+)$ 及 $i_C(0_+)$。

8-2　图 8-33(a) 所示电路原已稳定，$t=0$ 时开关 S 闭合。求 $u_C(0_+)$，$i_C(0_+)$ 及 $i_L(0_+)$，$u_L(0_+)$ 的值。图 8-33(b) 所示电路中，$U_S=100\text{V}$，$R_1=10\Omega$，$R_2=20\Omega$，$R_3=20\Omega$，S 闭合前电路处于稳态；$t=0$ 时 S 闭合。求 $i_2(0_+)$ 及 $i_3(0_+)$。

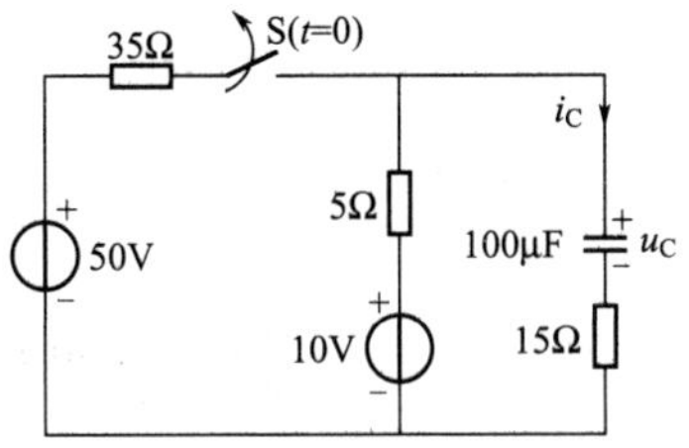

图 8-32

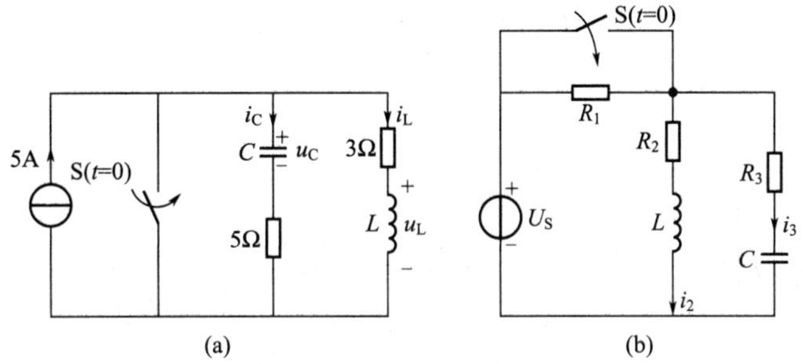

图 8-33

8-3　如图 8-34 所示电路中，直流电压源的电压 $U_S=24\text{V}$，$R_1=R_2=6\Omega$，$R_3=12\Omega$。电路原先已达稳态。在 $t=0$ 时合上开关 S。试求：$u_C(0_+)$、$i_L(0_+)$、$i_2(0_+)$、$i(0_+)$、$i_C(0_+)$、$u_L(0_+)$。

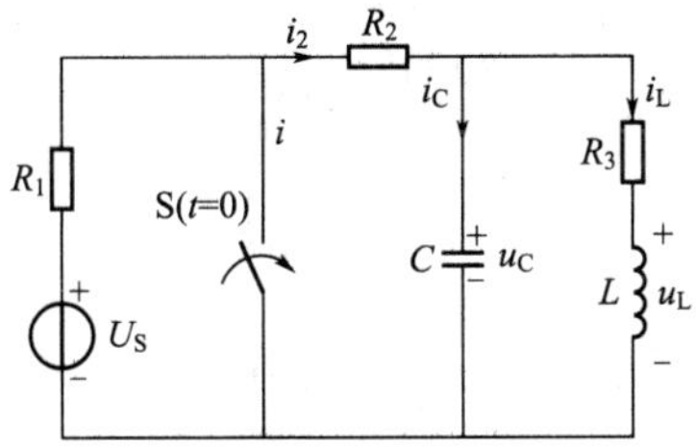

图 8-34

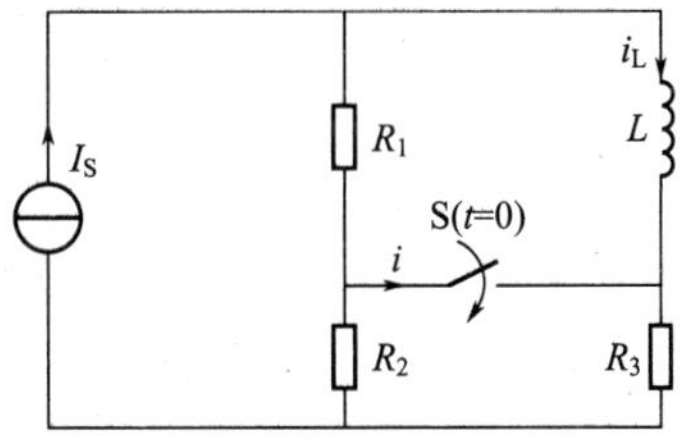

图 8-35

8-4　如图 8-35 所示电路中，直流电流源的电流 $I_S=3\text{A}$，$R_1=36\Omega$，$R_2=12\Omega$，$L=0.04\text{H}$，$R_3=24\Omega$，电路原先已经稳定。试求换路后的 $i(0_+)$ 和 $\left.\dfrac{\mathrm{d}i_L}{\mathrm{d}t}\right|_{t=0_+}$。

8-5　求图 8-36 所示各电路的时间常数。

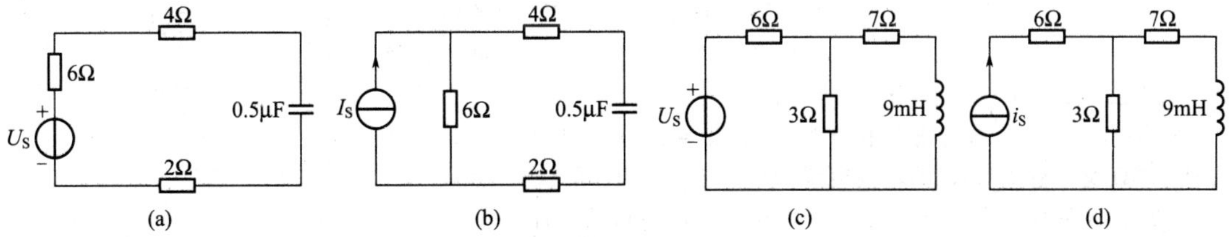

图 8-36

8-6 一个高压电容原先已充电，其电压为 10kV，从电路中断开后，经过 15min 它的电压降为 3.2kV，问：

① 再过 15min 电压将降为多少？

② 如果电容 $C=15\mu F$，那么它的绝缘电阻是多少？

③ 需经多少时间，可使电压降至 30V 以下？

④ 如果以一根电阻为 0.2Ω 的导线将电容接地放电，最大放电电流是多少？若认为在 5τ 时间内放电完毕，那么放电的平均功率是多少？

⑤ 如果以 100kΩ 的电阻放电，应放电多少时间？并重答④中所问。

8-7 一个具有磁场储能的电感经电阻释放储能，已知：经过 0.6s 后储能减少为原先一半；又经过 1.2s 后，电流为 25mA。试求电感电流 $i(t)$。

8-8 图 8-37 所示电路为一标准高压电容器的电路模型，电容 $C=2\mu F$，漏电阻 $R=10M\Omega$。FU 为快速熔断器，$u_S=2300\sin(314t+90°)V$，$t=0$ 时熔断器烧断（瞬间断开）。假设安全电压为 50V，问从熔断器断开之时起，经历多少时间后，人手触及电容器两端才是安全的。

8-9 图 8-38 所示电路已处于稳态，$t=0$ 时开关 S 闭合。求 i_L 及 u_L。

8-10 零状态的 RC 并联电路在 $t=0$ 时接通到直流电流源，已知 R、C 及电流源电流 I_S，试求 $u_C(t)$、$i_R(t)$、$i_C(t)$。

8-11 求图 8-39 所示电路的零状态响应 i_L。

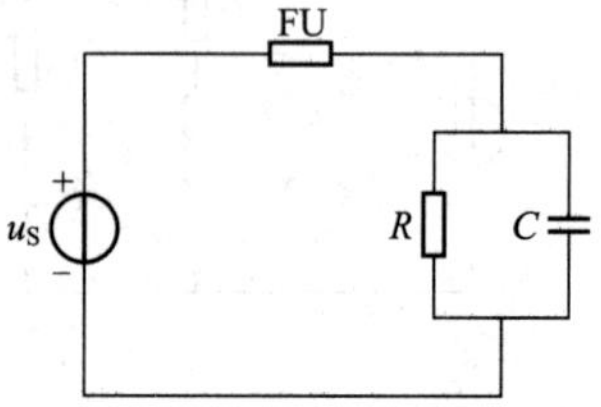

图 8-37

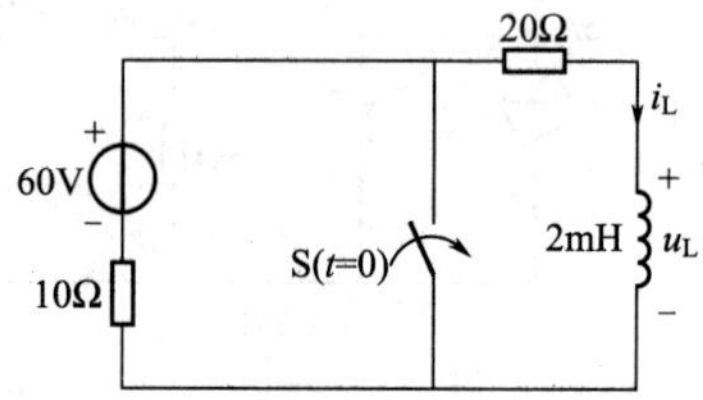

图 8-38

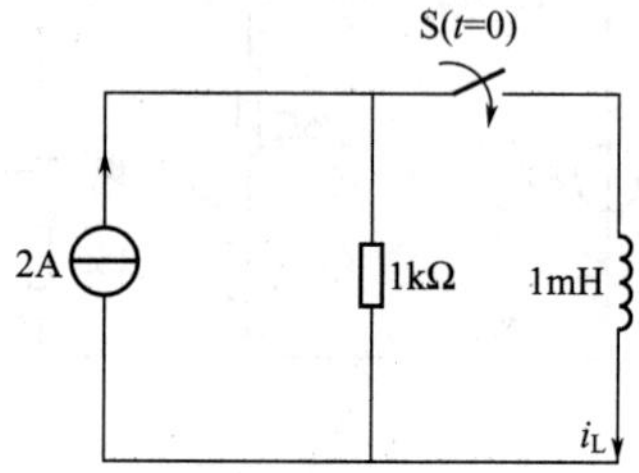

图 8-39

8-12 分别求图 8-40 所示电路的零状态响应，各待求响应已标在图中。

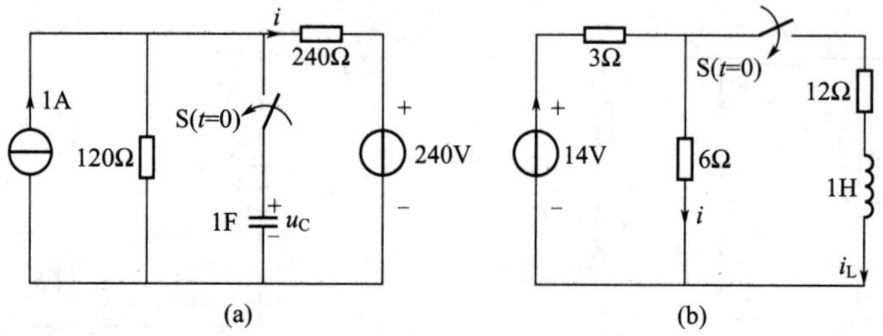

图 8-40

8-13 图 8-41 所示电路原已达稳定。开关 S 在 $t=0$ 时打开。求：

① 全响应 i_1、i_2、i_L；

② i_L 的零状态响应和零输入响应；

③ i_L 的自由分量和强制分量。

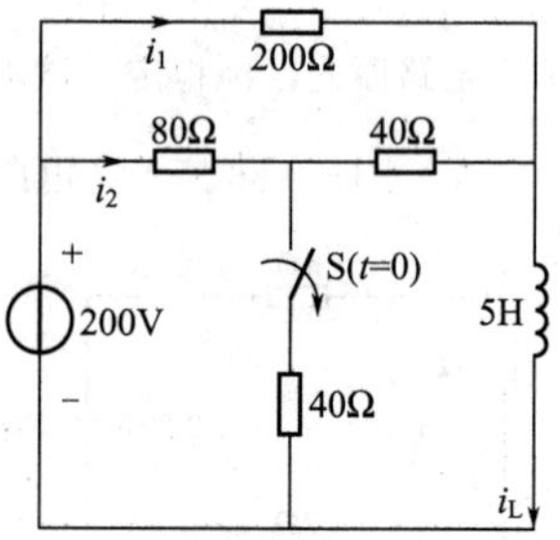

图 8-41

8-14 图 8-42 所示电路中直流电流源的电流 $I_S=1mA$，直流电压源的电压 $U_S=10V$，$R_1=R_2=10k\Omega$，$R_3=20k\Omega$，$C=10\mu F$。电路原先稳定。试求换路后的 $u(t)$ 和 $i(t)$。

8-15 图 8-43 所示电路中电压源电压 $U_S=220V$，继电器线圈的电阻 $R_1=3\Omega$ 及电感 $L=1.2H$，输电线的电阻 $R_2=2\Omega$，负载的电阻 $R_3=20\Omega$。继电器在通过的电流达到 30A 时动作。试问负载短路（图中开关 S 合上）后，经过多长时间继电器动作？

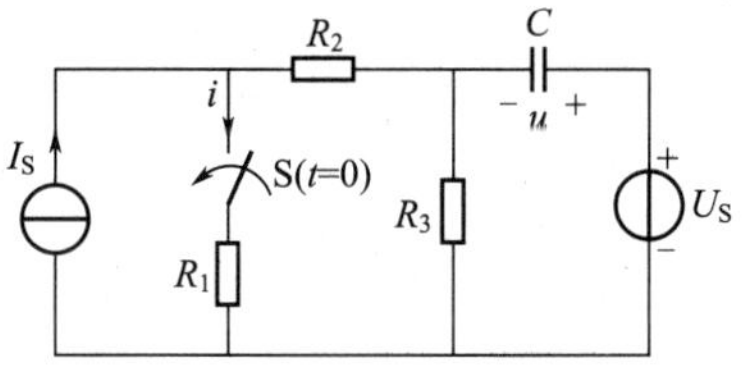

图 8-42

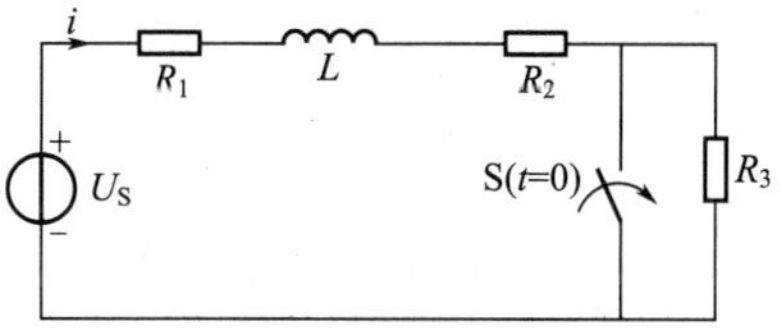

图 8-43

8-16　图 8-44 所示电路原处于稳态。当 U_S 为何值时，将能使 S 闭合后电路不出现动态过程？若 $U_S=50V$，用三要素法求 u_C。

8-17　图 8-45 所示电路中，直流电流源的电流 $I_S=2A$，$R_1=R_4=80\Omega$，$R_2=R_3=20\Omega$，$L=0.01H$。电路原已稳定。试求换路后的 $i(t)$ 和 $u(t)$。[可用叠加定理求 $u(0_+)$。]

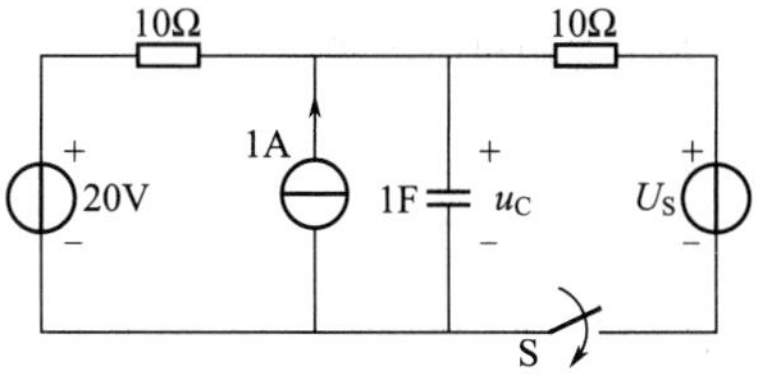

图 8-44

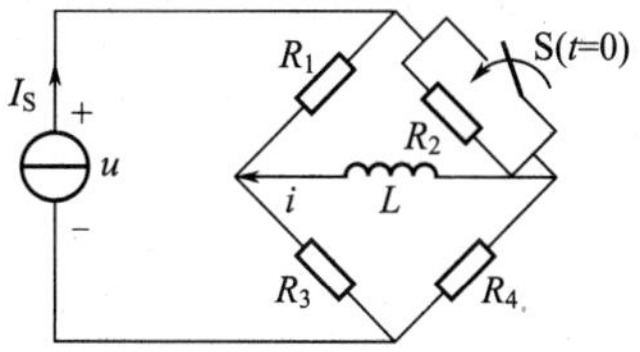

图 8-45

8-18　图 8-46 所示电路中，直流电压源的电压 $U_S=8V$，直流电流源的 $I_S=2A$，$R=2\Omega$，$L=4H$。开关 S 原未接通，L 无电流。在 $t=0$ 时，将开关 S 接通到位置 1；经过 1s，将 S 从位置 1 断开并立即接通到位置 2。试求 $i(t)$ 和 $u(t)$。

8-19　$R=200\Omega$、$C=100\mu F$、$u_C(0_-)=U_0$ 的串联电路接到 $u_S(t)=220\sqrt{2}\sin(100\pi t+30°)V$ 电压源。(1) 试求 $u_C(t)$；(2) U_0 为多大时，接通后立即进入稳态？

8-20　图 8-47 所示电路，$u_S(t)=100\sin(100\pi t+30°)$ V，$R_1=20\Omega$，$R_2=10\Omega$，$R_3=30\Omega$，$L=0.24H$。电路原已稳定。试求换路后的 $i(t)$。

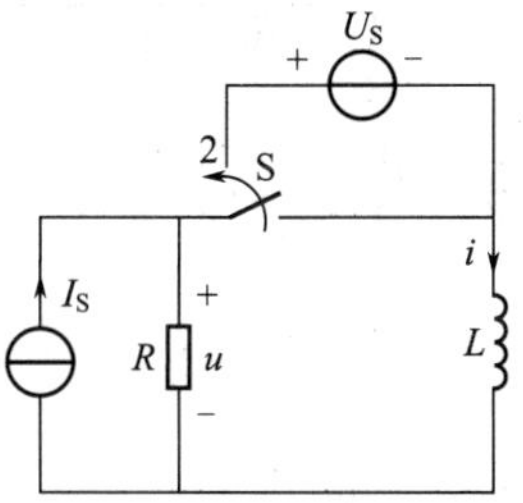

图 8-46

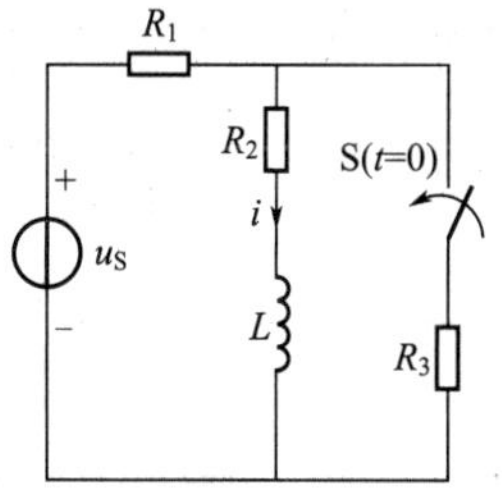

图 8-47

8-21　如图 8-48 所示，$t=0$ 时开关 S 合上，求 i。

8-22　图 8-49 所示电路中，$u_S=100\sin(100\pi t+120°)V$，$R_1=80\Omega$，$R=20\Omega$，$L_1=0.1H$，$L=0.2H$。电路原已稳定。试求换路后的 $i(t)$。

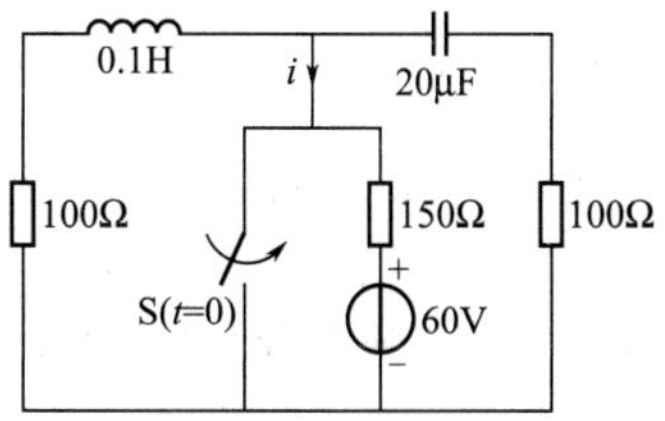

图 8-48

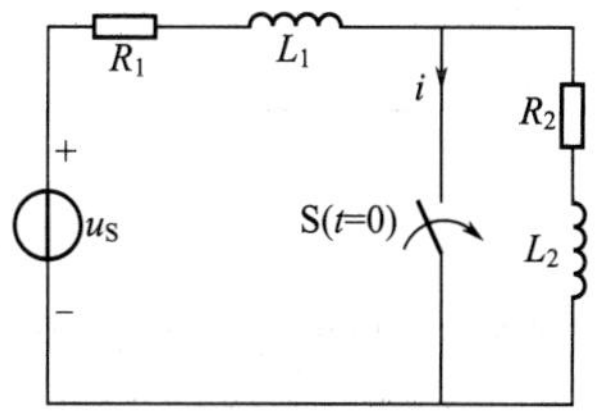

图 8-49

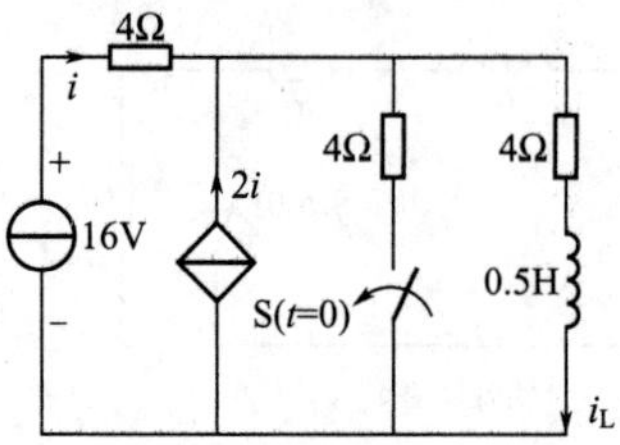

图 8-50

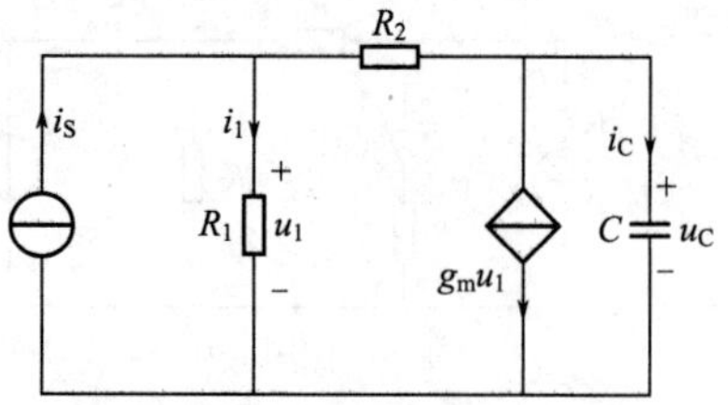

图 8-51

8-23　图 8-50 所示电路中，电压源电压不变，电路原已稳定。试求换路后的 $i_L(t)$ 和 $i(t)$。

8-24　图 8-51 所示电路中，设已知 $i_S=10\varepsilon(t)$A，$R_1=1\Omega$，$R_2=2\Omega$，$C=1\mu$F，且 $u_C(0_-)=2$V，$g_m=0.25$S。求全响应 $i_1(t)$、$i_C(t)$、$u_C(t)$。

8-25　电流源的波形如图 8-52(b) 所示，试求零状态响应 $u(t)$，并画出曲线图。

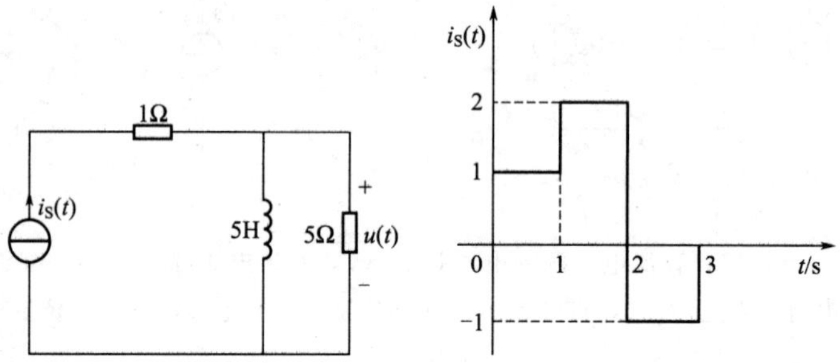

(a)　(b)

图 8-52

8-26　求图 8-53 中所示电路的零状态响应 u_C。

8-27　试求图 8-54 所示电路的零状态响应 $u(t)$，并画出曲线图。

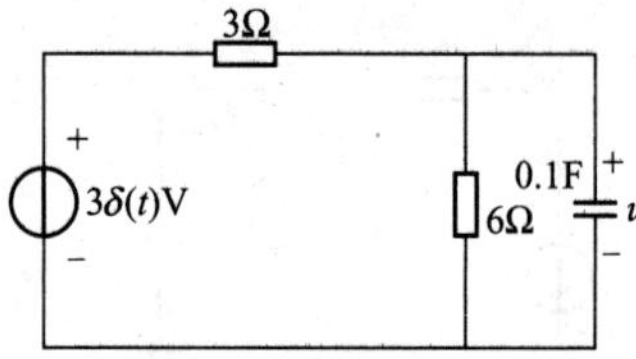

图 8-53

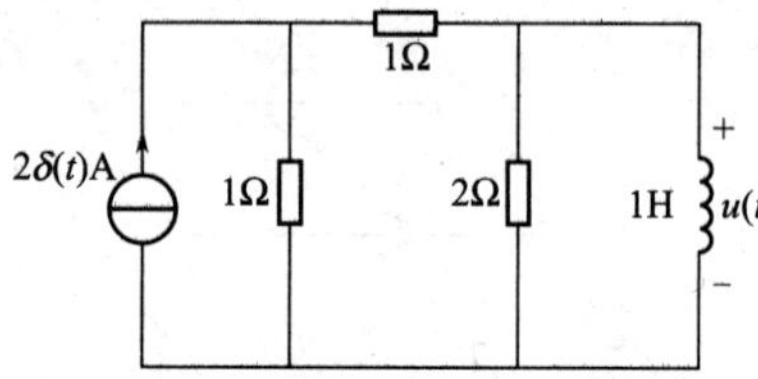

图 8-54

8-28　图 8-55 所示电路中电容未充电，求当 i_S 给定为下列情况时的 u_C 和 i_C：

① $i_S=25\varepsilon(t)$ mA；

② $i_S=\delta(t)$ mA。

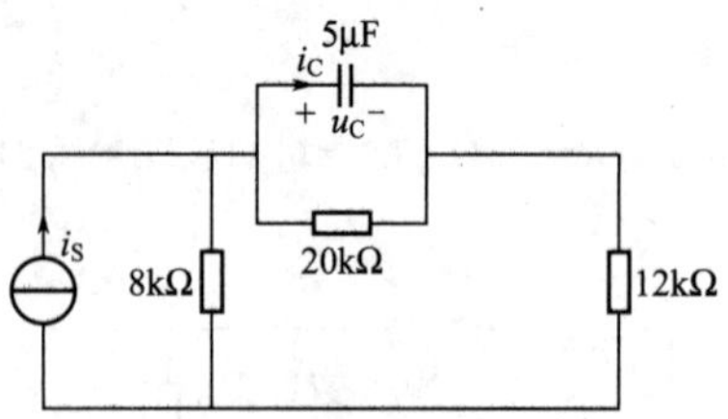

图 8-55

8-29　已知图 8-56(a) 所示电路中，$u_S(t)=\varepsilon(t)$V，$C=2$F，其零状态响应为

$$u_1(t)=\left(\frac{1}{2}+\frac{1}{3}e^{-0.25t}\right)\varepsilon(t)\text{V}$$

如果用 $L=2$H 大电感代替电容 C[见图 8-56(b)]，试求零状态响应 $u_2(t)$。

8-30　为什么一阶电路中不论电阻多么大，电流只能单调地变化？而在二阶电路中电阻小了就会出现振荡变化？

8-31　某 RLC 串联放电电路原处于临界状态。欲使电路进入振荡状态，试问在调节下列参数之一时，应当如何改变它们的量值？

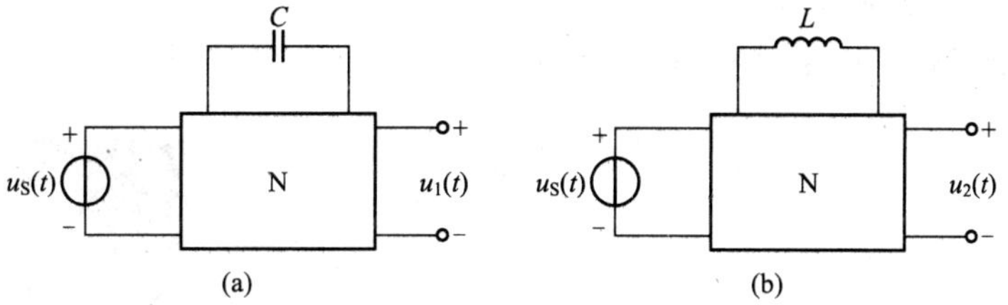

图 8-56

①调节电阻；②调节电容；③调节电感。

8-32　根据特征根的不同对二阶电路零输入响应的各种情况作为分析比较，并说明各种情况下的能量转换过程。

8-33　某继电器的线圈电感 $L=1\text{H}$，电阻 $R=1\text{k}\Omega$。为了消灭触点 S 的火花，用 $2\mu\text{F}$ 电容与线圈并联，如图 8-57 所示。试问与电容器串联多大电阻才不致在电路中产生振荡现象？

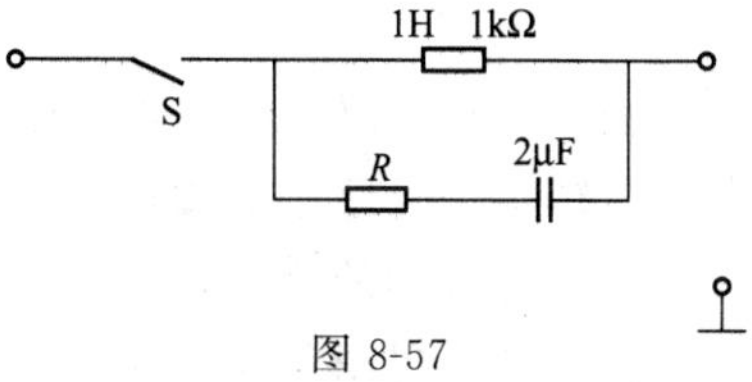

图 8-57

哲思语录：讲之功有限，习之功无己。

学而不思则罔，思而不学则殆。

科学家简介

拉普拉斯（Pierre-Simon Laplace，1749－1827）是法国分析学家、概率论学家和物理学家，法国科学院院士。1749 年 3 月 23 日生于法国西北部卡尔瓦多斯的博蒙昂诺日，1827 年 3 月 5 日卒于巴黎。1816 年被选为法兰西学院院士，1817 年任该院院长。1812 年发表了重要的《概率分析理论》一书，在该书中总结了当时整个概率论的研究，论述了概率在选举审判调查、气象等方面的应用，导入"拉普拉斯变换"等。他是决定论的支持者，提出了拉普拉斯妖。在拿破仑皇帝时期和路易十八时期两度获颁爵位，后被选为法兰西学院院长。拉普拉斯曾任拿破仑的老师，所以和拿破仑结下不解之缘。

拉普拉斯生于法国诺曼底的博蒙，父亲是一个农场主，他从青年时期就显示出卓越的数学才能，18 岁时离家赴巴黎，带着一封推荐信去找当时法国著名学者达朗贝尔，但被后者拒绝接见。拉普拉斯就寄去一篇力学方面的论文给达朗贝尔。这篇论文出色至极，以至达朗贝尔忽然高兴得要当他的教父。他同拉瓦锡在一起工作时，测定了许多物质的比热，他们证明了将一种化合物分解为其组成元素所需的热量等于这些元素形成该化合物时所放出的热量。拉普拉斯在研究天体问题的过程中，创造和发展了许多数学的方法，以他的名字命名的拉普拉斯变换、拉普拉斯定理和拉普拉斯方程，在科学技术的各个领域有着广泛的应用。

欧拉（Leonhard Euler，1707 年 4 月 15 日～1783 年 9 月 18 日），瑞士数学家、自然科学家。1707 年 4 月 15 日出生于瑞士的巴塞尔牧师家庭。1727 年，欧拉应圣彼得堡科学院的邀请到俄国。他以旺盛的精力投入研究，他在分析学、数论和力学方面做了大量出色的工作。1741 年受普鲁士腓特烈大帝的邀请到柏林科学院工作，在柏林期间他的研究内容更加广泛，涉及行星运动、刚体运动、热力学、弹道学、人口学，这些工作和他的数学研究相互推动。

历史学家把欧拉同阿基米德、牛顿、高斯并列为数学史上的"四杰"。阿基米德有"翘起地球"的豪言壮语，牛顿因为苹果闻名世界，高斯少年时就显露出计算天赋，唯独欧拉没有戏剧性的故事让人印象深刻。然而，几乎每一个数学领域都可以看到欧拉的名字——初等几何的欧拉线、多面体的欧拉定理、立体解析几何的欧拉变换公式、数论的欧拉函数、变分法的欧拉方程、复变函数的欧拉公式……欧拉还是数学史上最多产的数学家，他一生写下 886 种书籍论文，彼得堡科学院为了整理他的著作，足足忙碌了 47 年。他的著作《无穷小分析引论》《微分学》《积分学》是 18 世纪欧洲标准的微积分教科书。欧拉还创造了一批数学符号，如 $f(x)$、$\sum$、i、e 等等，使得数学更容易表述、推广。法国大数学家拉普拉斯曾说过一句话——读读欧拉，他是所有人的老师。

第九章　线性电路过渡过程的复频域分析

☼知识导图

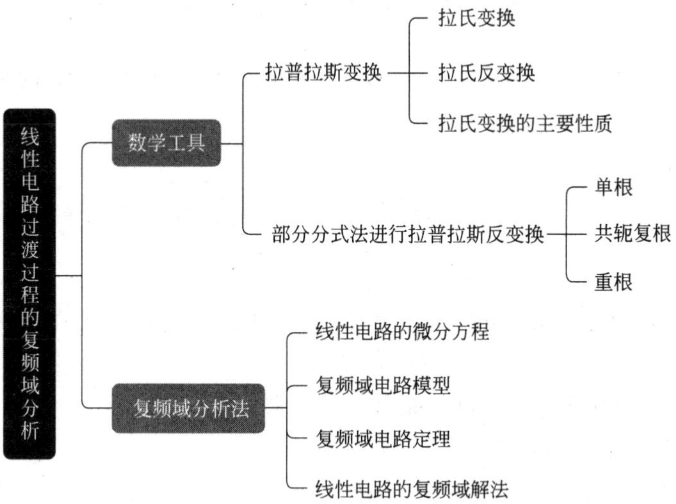

☼学习目标

☆知识目标：①理解拉普拉斯变换及基本性质；
②了解拉普拉斯反变换的定义；
③理解部分分式法进行拉普拉斯反变换；
④理解电路定律的复频域形式；
⑤理解电路元件的复频域模型；
⑥理解线性动态电路的复频域求解过程。

☆技能目标：①掌握拉普拉斯变换及基本性质；
②会用部分分式法进行拉普拉斯反变换；
③掌握电路定律的复频域形式；
④掌握电路元件的复频域模型；
⑤熟练掌握运算电路的画法；
⑥掌握线性动态电路的复频域求解方法。

☆培养目标：①具备有效获取所需信息以及制定和安排学习计划并有效实施工作任务的能力；
②学会总结和评价，具备举一反三、构建自己的学习策略和方法的能力；
③在解决实际电路的过程中，善于科学思维，从战胜困难、实现目标、完善成果中体验喜悦。

用第八章介绍的时域法分析电路的动态过程，需要对电路列微分方程，确定初始条件，而后再求解，对一阶电路而言，三要素法实质上是直接使用一阶常系数微分方程解的结果。

对于非一阶电路，用时域法求解就显得困难了，比如上章最后讲述的 RLC 电路的动态过程，所列方程为二阶微分方程，求解时有两个困难，一是二阶及以上微分方程用时域法求解困难，二是与方程相关的初始条件确定困难，为此，本章介绍复频域分析的数学工具：拉氏变换定义、主要性质，部分分式求反变换；复频域分析的具体方法：线性电路过渡过程的复频域求解法。

第一节 拉普拉斯变换及基本性质

拉普拉斯变换，简称为拉氏变换，是积分变换的一种，该变换可将时域函数变换为复频域函数。

一、拉氏变换

定义：设函数 $f(t)$ 在 $t \geqslant 0$ 时有定义，则 $f(t)$ 的拉氏变换式为

$$F(s)=\int_0^{+\infty} f(t)\mathrm{e}^{-st}\,\mathrm{d}t \tag{9-1}$$

式中，$s=\sigma+\mathrm{j}\omega$ 为复变量，$F(s)$ 称为 $f=(t)$ 的拉氏变换，或称为象函数，记为

$$F(s)=L[f(t)] \tag{9-2}$$

为保证拉氏变换的存在，对 $f(t)$ 提出如下要求。

① 在 $t \geqslant 0$ 的任一有限区间上分段连续。

② 当 t 充分大后满足不等式 $|f(t)| \leqslant M\mathrm{e}^{ct}$，其中 M、c 都是实常数，即 $f(t)$ 的增大不超过指数级。

由于电路暂态分析中所施加的激励信号主要有阶跃函数、冲击函数、斜坡函数、正弦函数等，大部分都满足以上条件，故这些信号的拉氏变换大部分都存在。

【例 9-1】 求单位阶跃函数 $\varepsilon(t)=\begin{cases}0 & t<0\\ 1 & t \geqslant 0\end{cases}$ 的拉氏变换。

解 据拉氏变换定义，有

$$L[\varepsilon(t)]=\int_0^{+\infty} \mathrm{e}^{-st}\,\mathrm{d}t=-\frac{1}{s}\mathrm{e}^{-st}\Big|_0^{+\infty}=\frac{1}{s}$$

$$\mathrm{Re}[s]=\sigma>0$$

常用函数的拉氏变换见表 9-1。

表 9-1 常用函数的拉氏变换表

原函数 $f(t)$	象函数 $F(s)$	原函数 $f(t)$	象函数 $F(s)$
$\varepsilon(t)$	$\frac{1}{s}$	$\sin\omega t$	$\frac{\omega}{s^2+\omega^2}$
t	$\frac{1}{s^2}$	$\cos\omega t$	$\frac{s}{s^2+\omega^2}$
t^n，n=正整数	$\frac{n}{s^{n+1}}$	$\mathrm{e}^{-\alpha t}\sin\omega t$	$\frac{\omega}{(s+\alpha)^2+\omega^2}$
$\mathrm{e}^{-\alpha t}$	$\frac{1}{s+\alpha}$	$\mathrm{e}^{-\alpha t}\cos\omega t$	$\frac{s+\alpha}{(s+\alpha)^2+\omega^2}$
$t\mathrm{e}^{-\alpha t}$	$\frac{1}{(s+\alpha)^2}$	$t^n\mathrm{e}^{-\alpha t}$ n=正整数	$\frac{n!}{(s+\alpha)^{n+1}}$，$n$=正整数

二、拉氏反变换

拉氏反变换的目的在于将复频域函数变换为时域函数，即由象函数 $F(s)$ 求出原函数 $f(t)$，一般公式为

$$f(t)=\frac{1}{2\pi j}\int_{\sigma-\infty}^{\sigma+\infty}F(s)e^{st}ds \tag{9-3}$$

记为

$$f(t)=L^{-1}[F(s)] \tag{9-4}$$

式(9-3) 是一个复变函数的广义积分，计算它是比较困难的。实际上并不用该式求取拉氏反变换，而是将象函数分解成几个简单的分式，查积分变换表求出原函数。具体方法详见本章第二节。

三、拉氏变换的主要性质

掌握拉氏变换的一些性质，可使人们在进行拉氏变换和反变换时计算简便。这里只给出性质的表达式，关于性质的证明此处从略，有兴趣的读者可参考有关文献。

1. 线性性质

若 $L[f_1(t)]=F_1(s)$，$L[f_2(t)]=F_2(s)$，α、β 为任意常数，则

$$L[\alpha f_1(t)\pm\beta f_2(t)]=\alpha F_1(s)\pm\beta F_1(s) \tag{9-5}$$

拉氏变换的线性性质说明，若干个任意时域函数的线性组合的象函数，等于它们各自的象函数取同样的线性组合。

【例 9-2】 已知 $L[e^{\alpha t}]=\dfrac{1}{s-\alpha}$，求出正弦函数 $\sin\omega t$ 的象函数。

解　据欧拉公式有

$$\sin\omega t=\frac{e^{j\omega t}-e^{-j\omega t}}{2j}$$

$$L[\sin\omega t]=L\left[\frac{1}{2j}e^{j\omega t}-\frac{1}{2j}e^{-j\omega t}\right]=L\left[\frac{1}{2j}e^{j\omega t}\right]-L\left[\frac{1}{2j}e^{-j\omega t}\right]$$

$$L\left[\frac{1}{2j}e^{j\omega t}\right]=\frac{1}{2j}L[e^{j\omega t}]=\frac{1}{2j}\times\frac{1}{s-j\omega}$$

$$L\left[\frac{1}{2j}e^{-j\omega t}\right]=\frac{1}{2j}L[e^{-j\omega t}]=\frac{1}{2j}\times\frac{1}{s-j\omega}$$

故有

$$L[\sin\omega t]=\frac{1}{2j}\times\frac{1}{s-j\omega}-\frac{1}{2j}\times\frac{1}{s+j\omega}=\frac{\omega}{s^2+\omega^2}$$

2. 微分性质

若 $L[f(t)]=F(s)$，则 $f(t)$ 的一阶导数 $f'(t)$ 的拉氏变换式为

$$L[f'(t)]=L\left[\frac{df(t)}{dt}\right]=sF(s)-f(0_-) \tag{9-6}$$

同理，$f(t)$ 的二阶导数 $f''(t)$ 的拉氏变换式为

$$L[f''(t)]=L\left[\frac{d^2f(t)}{dt^2}\right]=L\left[\frac{df'(t)}{dt}\right]=s^2F(s-sf(0_-)-f'(0_-))$$

依此类推，可得 $f(t)$ 的 n 阶导数的拉氏变换式为

$$L[f^{(n)}(t)]=s^nF(s)-s^{n-1}f(0_-)-s^{n-2}f'(0_-)-\cdots-sf^{(n-2)}(0_-)-f^{(n-1)}(0_-) \tag{9-7}$$

【例 9-3】 由上例的结果求余函数的象函数。

解 因 $\cos\omega t=\frac{1}{\omega}\sin'\omega t$，而 $L[\sin\omega t]=\frac{\omega}{s^2+\omega^2}$，故据微分性质，有

$$L[\cos\omega t]=L\left[\frac{1}{\omega}\sin'\omega t\right]=\frac{1}{\omega}L[\sin'\omega t]=\frac{1}{\omega}\times\frac{s\omega}{s^2+\omega^2}=\frac{s}{s^2+\omega^2}$$

3. 积分性质

若 $L[f(t)]=F(s)$，则 $f(t)$ 积分 $\int_{0_-}^{t}f(t)\mathrm{d}t$ 的拉氏变换式为

$$L[\int_{0_-}^{t}f(t)\mathrm{d}t]=\frac{F(s)}{s} \tag{9-8}$$

四、应用示例

已知 $L[\varepsilon(t)]=\frac{1}{s}$，求出斜坡函数 kt 的象函数。

解 因 $t=\int_{0_-}^{1}\varepsilon(t)\mathrm{d}t$，而 $L[\varepsilon(t)]=\frac{1}{s}$，故据积分性质，有

$$L[kt]=L[k\int_{0_-}^{t}\varepsilon(t)\mathrm{d}t]=kL[\int_{0_-}^{t}\varepsilon(t)\mathrm{d}t]=k\frac{1/s}{s}=k\frac{1}{s^2}$$

【思考与讨论】

1. 拉普拉斯变换的积分下限为什么定在 0_-？这有什么意义？

2. 拉普拉斯变换具有唯一性，即原函数 $f(t)$ 与它的象函数 $F(s)$ 之间一一对应，问 $\delta^{-1}\{\delta[f(t)]\}=?$

3. 在表 9-1 中所列拉普拉斯变换对中，有哪些可用拉普拉斯变换的基本性质直接进行互求？

第二节 部分分式法进行拉普拉斯反变换

当已知表 9-1 所列的函数时，可查表得出对应的象函数；同理，当已知表 9-1 所列的象函数时，也可查表的出对应的原函数。当然，遇到的象函数不一定恰如表中的简单形式，这就要求先把分式多项式展成为部分分式，即变换为表 9-1 中所列的形式，再查表求出原函数。

设象函数 $F(s)$ 为

$$F(s)=\frac{N(s)}{D(s)}=\frac{a_ms^m+a_{m-1}s^{m-1}+\cdots+a_1s+a_0}{s^n+b_{n-1}s^{n-1}+\cdots+b_1s+b_0} \tag{9-9}$$

式中，多项式的系数都是实数，且 $n>m$，$N(s)$ 与 $D(s)$ 无公因式，即 $F(s)$ 为不可约的、有理真分式多项式。

将 $D(s)=0$ 称为特征方程，该方程解出的根称为特征根，根据特征根的不同，分三种情况讨论 $F(s)$ 的部分分式展开。

一、单根的情况

设 $D(s)=0$ 的 n 个单根分析为 s_1，s_2，…，s_n，则式（9-9）可变换为

$$F(s)=\frac{N(s)}{D(s)}=\frac{N(s)}{(s-s_1)(s-s_2)\cdots(s-s_n)}$$

$$=\frac{K_1}{s-s_1}+\frac{K_2}{s-s_2}+\cdots+\frac{K_n}{s-s_n} \tag{9-10}$$

式中，K_1，K_2，…，K_n 为待定系数。

将式(9-10) 两边同乘以 $s-s_1$，可得

$$(s-s_1)\frac{N(s)}{D(s)}=K_1+(\frac{K_2}{s-s_2}+\cdots+\frac{K_n}{s-s_n})(s-s_1)$$

在上式中令 $s=s_1$，则上式右边只留下 K_1，可得

$$K_1\left((s-s_1)\frac{N(s)}{D(s)}\right)_{s=s_1}$$

同理，可求出全部待定系数

$$K_k\left((s-s_k)\frac{N(s)}{D(s)}\right)_{s=s_k}$$

$$(k=1,2,\cdots,n) \tag{9-11}$$

当各系数全部求出后，$F(s)$ 的原函数便极易写出

$$f(t)=L^{-1}[F(s)]=\sum_{k=1}^{n}K_k e^{s_k t} \qquad (t\geqslant 0)$$

$$(k=1,2,\cdots,n) \tag{9-12}$$

【例 9-4】 求象函数 $F(s)=\frac{1}{s(s+1)}$的函数。

解　将原式展成部分分式

$$F(s)=\frac{1}{s(s+1)}=\frac{K_1}{s}+\frac{K_2}{s+1}$$

据式(9-11) 可得待定系数为

$$K_1=\left[s\frac{N(s)}{D(s)}\right]_{s=0}=\left(\frac{1}{s+1}\right)_{s=0}=1$$

$$K_2=\left[(s+1)\frac{N(s)}{D(s)}\right]_{s=-1}=\left(\frac{1}{s}\right)_{s=-1}=-1$$

据式(9-12) 可得原函数为

$$f(t)=L^{-1}[L(s)]=L^{-1}\left(\frac{1}{s}-\frac{1}{s-1}\right)=1-e^{-1} \quad (t\geqslant 0)$$

二、共轭复根的情况

设 $D(s)=0$ 有一对共轭复根为 $s_1=\sigma+j\omega$、$s_1^*=\sigma-j\omega$，则式(9-9) 可变换为

$$F(s)=\frac{N(s)}{D(s)}=\frac{N(s)}{(s-s_1)(s-s_1^*)}=\frac{N(s)}{(s-\sigma-j\omega)(s-\sigma+j\omega)}$$

$$=\frac{K_1}{s-\sigma-j\omega}+\frac{K_1^*}{s-\sigma}=j\omega \tag{9-13}$$

式中，K_1、K_1^* 为待定系数，一般也是复数。

将式(9-13) 两边同乘以 $s-s_1$，可得

$$(s-s_1)\frac{N(s)}{D(s)}=K_1+\left(\frac{K_1^*}{s-s_1^*}\right)(s-s_1)$$

在上式中令 $s=s_1$，则上式右边只留下 K_1，可得

$$K_1=\left[(s-s_1)\frac{N(s)}{D(s)}\right]_{s-s_1}=|K_1|\mathrm{e}^{\mathrm{j}\theta_1} \tag{9-14}$$

$|K_1|$为复数 K_1 的模，θ_1 为复数 K_1 的幅角。同理，也可得出

$$K_1^*=|K_1|\mathrm{e}^{-\mathrm{j}\theta_1} \tag{9-15}$$

$F(s)$ 的原函数为

$$\begin{aligned}f(t)&=L^{-1}[F(s)]=K_1\mathrm{e}^{\mathrm{j}s_1t}+K_1^*\mathrm{e}^{\mathrm{j}s_1^*t}\\&=|K_1|\mathrm{e}^{\mathrm{j}\theta_1}\mathrm{e}^{(\sigma+\mathrm{j}\omega)t}+|K_1|\mathrm{e}^{-\mathrm{j}\theta_1}\mathrm{e}^{(\sigma-\mathrm{j}\omega)t}\\&=|K_1|\mathrm{e}^{\sigma t}[\mathrm{e}^{\mathrm{j}(\omega+\theta_1)t}+\mathrm{e}^{-\mathrm{j}(\omega+\theta_1)t}]\\&=2|K_1|\mathrm{e}^{\sigma t}\cos(\omega t+\theta_1)\end{aligned}\quad(t\geqslant 0) \tag{9-16}$$

【例 9-5】 求象函数 $F(s)=\dfrac{s}{s^2+2s+2}$的拉氏反变换。

解 将原式展成部分分式

$$F(s)=\frac{s}{s^2+2s+2}=\frac{K_1}{s+1-\mathrm{j}}+\frac{K^*}{s+1+\mathrm{j}}$$

据式(9-14) 可得待定系数为

$$K_1=\left[(s+1-\mathrm{j})\frac{N(s)}{D(s)}\right]_{s=-1+\mathrm{j}}=\left(\frac{s}{s+1+\mathrm{j}}\right)_{s=-1+\mathrm{j}}=\frac{-1+\mathrm{j}}{2\mathrm{j}}$$

据式(9-15) 可得 K_1 的模和相角为

$$|K_1|=\frac{\sqrt{2}}{2},\ \theta_1=135°-90°=45°=\frac{\pi}{4}$$

据式(9-16) 可得原函数为

$$f(t)=2|K_1|\mathrm{e}^{\sigma t}\cos(\omega t+\theta_1)=\sqrt{2}\,\mathrm{e}^{-t}\cos\left(t+\frac{\pi}{4}\right)\quad(t\geqslant 0)$$

三、重根的情况

设 $D(s)=0$ 有一个三重根为 s_1，则式(9-9) 可变换为

$$\begin{aligned}F(s)&=\frac{N(s)}{D(s)}=\frac{N(s)}{(s-s_1)(s-s_1)(s-s_1)}\\&=\frac{K_1}{(s-s_1)^3}+\frac{K_2}{(s-s_1)^2}+\frac{K_3}{(s-s_1)}\end{aligned} \tag{9-17}$$

式中，K_1，K_2，K_3 为待定系数。

将式(9-17) 两边同乘以$(s-s_1)^3$，可得

$$(s-s_1)^3\frac{N(s)}{D(s)}=K_1+\left[\frac{K_2}{(s-s_1)^2}+\frac{K_3}{(s-s_1)}\right](s-s_1)^3 \tag{9-18}$$

在式(9-18) 中令 $s=s_1$，则式(9-18) 右边只留下 K_1，可得

$$K_1=\left[(s-s_1)^3\frac{N(s)}{D(s)}\right]_{s=s_1}$$

在式(9-18)两边对 s 求一阶导数，可得

$$\frac{d}{ds}\left[(s-s_1)^3\frac{N(s)}{D(s)}\right]=K_2+2K_3(s-s_1)$$

在上式中令 $s=s_1$，则上式右边只留下 K_2，可得

$$K_2=\left(\frac{d}{ds}\left[(s-s_1)^3\frac{N(s)}{N(s)}\right]\right)_{s=s_1}$$

在式(9-18)两边对 s 求二阶导数，可得

$$\frac{d^2}{ds^2}\left[(s-s_1)^3\frac{N(s)}{D(s)}\right]=2K_3$$

在上式中令 $s=s_1$，则可求出 K_3 为

$$K_3=\left(\frac{1}{2}\frac{d^2}{ds^2}\left[(s-s_1)^3\frac{N(s)}{D(s)}\right]\right)_{s=s_1}$$

归纳上列各式，可得出 n 重根（根为 s_1）的部分分式待定系数公式。

$$K_m=\left\{\frac{1}{(m-1)!}\times\frac{d^{m-1}}{ds^{m-1}}\left[(s-s_1)^n\frac{N(s)}{D(s)}\right]\right\}_{s=s_1} \tag{9-19}$$

$$m=1,2,\cdots,n$$

$F(s)$ 的原函数为

$$f(t)=L^{-1}[F(s)]=\frac{K_1}{2}t^2e^{s_1t}+K_2te^{s_1t}+K_3e^{s_1t}\quad(t\geqslant0) \tag{9-20}$$

四、应用示例

求象函数 $F(s)=\dfrac{1}{s^2(s+1)}$ 的拉氏反变换。

解　据式(9-17)将原式展成部分分式。

$$F(s)=\frac{1}{s^2(s+1)}=\frac{K_1}{s^2}+\frac{K_2}{s}+\frac{K_3}{s+1}$$

据式(9-11)可得待定系数 K_3（单根）为

$$K_3=\left[(s+1)\frac{N(s)}{D(s)}\right]_{s=-1}=\left(\frac{1}{s^2}\right)_{s=-1}=1$$

据式(9-19)可得待定系数 K_1（重根）为

$$K_1=\left[s^2\frac{N(s)}{D(s)}\right]_{s=0}=\left(\frac{1}{s+1}\right)_{s=0}=1$$

可得待定系数 K_2（重根）为

$$K_2=\left\{\frac{d}{ds}\left[s^2\frac{N(s)}{D(s)}\right]\right\}_{s=0}=\left(\frac{1}{s+1}\right)'_{s=0}=\left(\frac{-1}{(s+1)^2}\right)_{s=0}=-1$$

据式(9-20)可得原函数为

$$f(t)=L^{-1}[F(s)]=L^{-1}\left(\frac{1}{s^2}-\frac{1}{s}+\frac{1}{s+1}\right)=t-1+e^{-1}\qquad(t\geqslant0)$$

【思考与讨论】

1. 简述部分分式法如何进行拉普拉斯反变换？

2. 象函数 $F(s)=\dfrac{N(s)}{D(s)}$ 中，当 $D(s)=0$ 中含有共轭复根时，其对应的原函数 $f(t)$ 中

应含有什么分量？

3. 若原函数 $f(t)$ 中只含有指数分量时，其对应的象函数 $F(s)$ 的分母的根为哪一类根？

第三节 线性电路的复频域解法

一、用拉氏变换求解描述线性电路的微分方程

拉氏变换可将时域函数变换为复频域函数，可将微分方程变换为代数方程，将求解微分方程变换为求解代数方程，代数方程的解进行拉氏反变换又可得微分方程的解。人们可以应用拉氏变换求解描述线性电路过渡过程的常微分方程。

对于一个 RC 电路的全响应，在前一章已经建立了关于电容电压的微分方程，即

$$RC\frac{\mathrm{d}u_C}{\mathrm{d}t}+u_C=U_S\varepsilon(t) \tag{9-21}$$

初始条件为

$$u_C(0_-)=U_0$$

对式(9-21) 两边取拉氏变换，得

$$RC[sU_C(s)-U_0]+U_C(s)=U_S\frac{1}{s}$$

求出 $U_C(s)$ 为

$$U_C(s)=\frac{U_0 s+\dfrac{U_S}{RC}}{s\left(s+\dfrac{1}{RC}\right)} \tag{9-22}$$

对式(9-22) 进行拉氏反变换，得

$$u_C(t)=L^{-1}[U_C(s)]=L^{-1}\left[\frac{U_S}{s}+\frac{U_S-U_0}{s+\dfrac{1}{RC}}\right]=U_S+(U_S-U_0)\mathrm{e}^{-\frac{1}{RC}} \quad (t\geqslant 0) \tag{9-23}$$

在求解时，初始条件融入了计算过程，不必专门确定。

以上的方法是将线性微分方程变为代数方程求解，使求解较为简便，但前提必须是已列出描述电路的微分方程。实际上可以把时域的电路模型直接变换为复频域的电路模型，称为运算电路，利用电路定律和元件伏安关系的复频域形式，直接列写出描述电路的复频域代数方程，而不必先建立描述电路的微分方程。通过求解复频域代数方程，得到求解变量的象函数，经过拉氏反变换便可得到求解变量的时域解。

二、电路元件的复频域模型

1. 电阻元件

对于图 9-1(a) 所示的电阻元件，因是关联参考方向，据欧姆定律有

$$u(t)=Ri(t) \tag{9-24}$$

对式(9-24) 两边取拉氏变换，并设

$$\begin{aligned}L[u(t)]&=U(s)\\L[i(t)]&=I(s)\end{aligned} \tag{9-25}$$

式中，$U(s)$称为复电压，$I(s)$称为复电流。据拉氏变换的线性性质，有

$$U(s)=RI(s) \tag{9-26}$$

式(9-26) 即是电阻元件伏安关系的复频域形式，图 9-1(b) 即为电阻元件复频域模型。

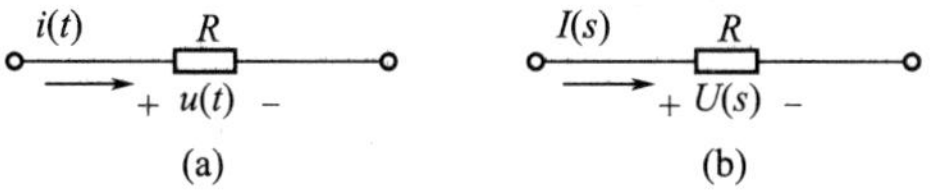

图 9-1 电阻元件的复频域模型

2. 电感元件

对于图 9-2(a) 所示的电感元件，因是关联参考方向，故有

$$u(t)=L\frac{\mathrm{d}i(t)}{\mathrm{d}t} \tag{9-27}$$

对式(9-27) 两边取拉氏变换，据拉氏变换的微分性质，有

$$U(s)=L[sI(s)-i(0_-)]=sLI(s)-Li(0_-) \tag{9-28}$$

也可变换为

$$I(s)=\frac{U(s)}{sL}+\frac{i(0_-)}{s} \tag{9-29}$$

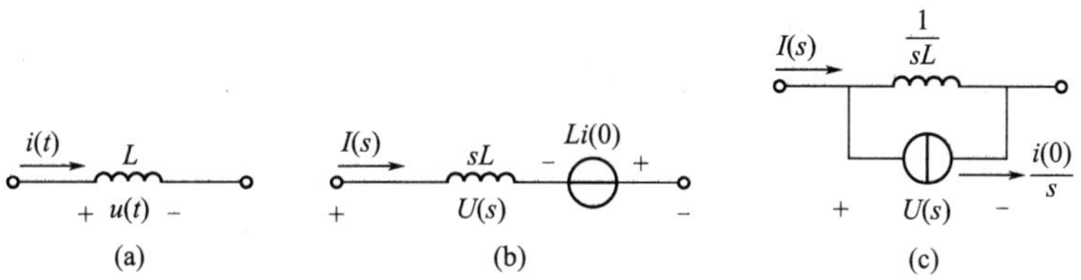

图 9-2 电感元件的复频域模型

式(9-28) 是电感元件伏安关系的复频域形式之一，图 9-2(b) 即为对应的电感元件复频域模型，称为串联模型。其中 sL 为复频域感抗，$Li(0_-)$为附加电压源，极性与复电压 $U(s)$ 相反。$U(s)$ 包括附加电压源的电压$Li(0_-)$ 和复电流 $I(s)$ 在复频域感抗sL 上的电压降。式(9-29) 是电感元件伏安关系的复频域形式之二，图 9-2(c) 即为对应的电感元件复频域模型，称为并联模型。其中 $1/sL$ 为复频域导纳，$i(0_-)/s$ 为附加电流源的电流。$I(s)$ 包括附加电流源的电流和复电压$U(s)$ 在复频域导纳 $1/sL$ 上产生的电流。两种模型可根据需要自由选用。

3. 电容元件

对于如图 9-3(a) 所示的电容元件，因是关联参考方向，故有

$$i(t)=C\frac{\mathrm{d}u(t)}{\mathrm{d}t} \tag{9-30}$$

对式(9-30) 两边取拉氏变换，据拉氏变换的微分性质，有

$$I(s)=C[sU(s)-u(0_-)]=sCU(s)-CU(0_-) \tag{9-31}$$

也可变换为

$$U(s)=\frac{I(s)}{sC}+\frac{u(0_-)}{s} \tag{9-32}$$

式(9-31) 即是电容元件伏安关系的复频域形式之一，图 9-3(b) 即为对应的电容元件复频域模型，称为并联模型，其中 sC 为复频域容纳，$Cu(0_-)$ 为附加电流源的电流。复电流 $I(s)$ 为复电压 $U(s)$ 在复频域容纳 sC 上产生的电流与附加电流源的电流 $Cu(0_-)$ 之差。

式(9-32) 是电容元件伏安关系的复频域形式之二，图 9-3(c) 即为对应的电容元件复频

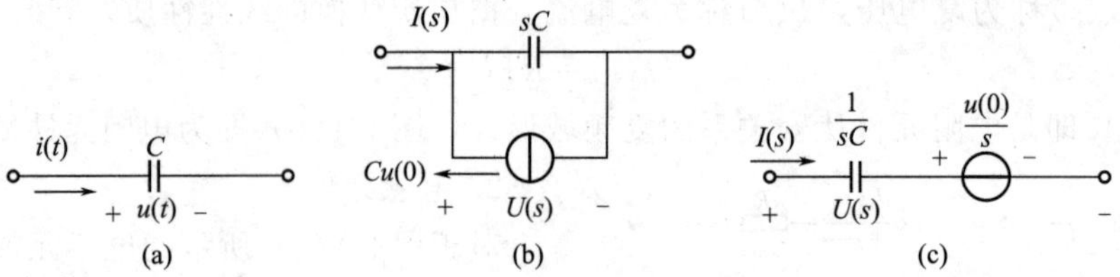

图 9-3 电容元件的复频域模型

域模型，称为串联模型。其中 $1/sC$ 为复频域容抗，$u(0_-)/s$ 为附加电压源的电压，极性与复电压 $U(s)$ 相同。$U(s)$ 包括附加电压源的电压和复电流 $I(s)$ 在复频域容抗 $1/sC$ 上产生的电压降。两种模型可根据需要自由选用。

三、基尔霍夫定律的复频域形式

时域的基尔霍夫定律也有复频域形式，就是将时域的 KCL 和 KVL 两边同时进行拉氏变换，便可得到。

对于任一节点，有

$$\sum_{k=1}^{n} I_k(s)=0 \tag{9-33}$$

对于任一回路，有

$$\sum_{k=1}^{n} U_K(s)=0 \tag{9-34}$$

四、线性电路的复频域解法

前面已经介绍了电路元件伏安关系的复频域形式和对应的复频域模型，也介绍了 KCL 和 KVL 的复频域形式，实际上就是将时域的关系式取拉氏变换，变成复频域的关系式。可以推断，无源二端网络等效的阻抗和导纳也有复频域形式，称为复频域阻抗 $Z(s)$ 和复频域导纳 $Y(s)$。前面已经给出了复频域感抗 sL 和复频域感纳 $1/sL$，复频域容抗 $1/sC$ 和复频域容纳 sC，其形式只是将 $\mathrm{j}\omega$ 换成 s，量纲仍是电阻和电导的量纲。独立电压源和电流源换路后相当于阶跃函数激励，故在复频域模型中以 U_S/s 或 I_S/s 出现。同样，在时域分析中所用的各种分析方法和定理，都可移植到复频域分析中应用，只不过是电压和电流变成复电压 $U(s)$ 和复电流 $I(s)$。

求出 $U(s)$ 或 $I(s)$ 后，用拉氏反变换便可得到原函数，即时域的电压、电流表达式，具体方法举例说明如下。

【例 9-6】 电路如图 9-4(a) 所示，在 $t=0$ 时将开关 S 闭合，此前电路已处于稳态。已知 $I_S=10\mathrm{A}$，$R_2=4\Omega$，$R_3=4\Omega$，$U_S=10\mathrm{V}$，$C=2\mu\mathrm{F}$，求 $(t\geqslant 0)$ 时的 $u_C(t)$。

解 先求出电容元件的初始电压，即在开关 S 断开、电容开路的情况下求出 $u_C(0_-)$，可得

$$u_C(0_-)=30\mathrm{V}$$

电容元件采用复频域并联模型，将电容移开，但保留附加的电流源，并将电阻 R_1、R_2 并联，得到换路后复频域的线性有源二端网络，端子为 a、b 复频域电路模型如图 9-4(b) 所示。附加电流源的电流为

$$Cu(0_-)=2\times10^{-6}\times30\mathrm{A}=6\times10^{-5}\mathrm{A}$$

据单节点偶电路的分析方法，求出戴维南等效电路，开路复电压与等效复频域阻抗分

别为

$$U_{oc}(s)=\frac{\frac{10}{s}+\frac{10}{4s}+6\times10^{-5}}{\frac{1}{6}+\frac{1}{4}+\frac{1}{4}}=\frac{75+3.6\times10^{-4}}{4s}$$

$$Z(s)=\frac{1}{\frac{1}{6}+\frac{1}{4}+\frac{1}{4}}\Omega=1.5\Omega$$

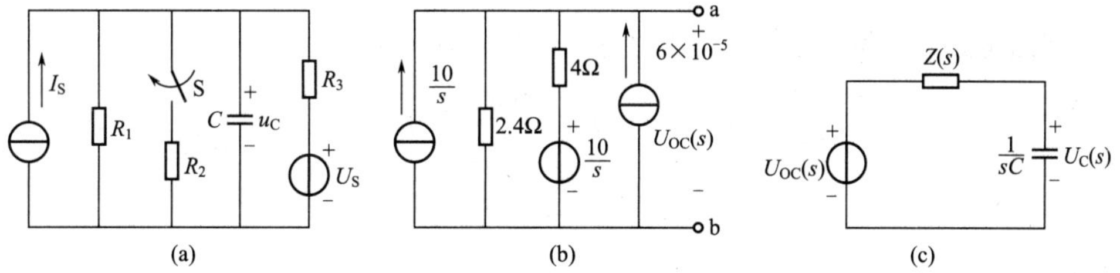

图 9-4 例 9-6 图

电容与戴维南等效电路成为单回路电路，如图 9-4(c) 所示，据分压公式有

$$U_c(s)=\frac{1/sC}{Z(s)+1/sC}U_{oc}(s)=\frac{1}{3\times10^{-6}s+1}\times\frac{75+3.6\times10^{-4}s}{4s}$$

$$=\frac{6.25\times10^{6}+30s}{s(s+10^{6}/3)}=\frac{K_1}{s}+\frac{K_2}{s+10^{6}/3}$$

据式(9-11) 可得部分分式的待定系数为

$$K_1=\left[\frac{6.25\times10^{6}+30s}{s+10^{6}/3}\right]_{s=0}=18.75$$

$$K_2=\left[\frac{6.25\times10^{6}+30s}{s}\right]_{s=-\frac{10^6}{3}}=11.25$$

据式(9-12) 可得电容电压的时域表达式为

$$u_C(t)=L^{-1}[U_C(s)]=18.75+11.25e^{-\frac{10^6}{3}t}\text{V}\qquad(t\geqslant0)$$

【例 9-7】 电路如图 9-5(a) 所示，在 $t=0$ 时将开关 S 打开，此前电路已处于稳态。已知 $U_S=120$V，$r=100\Omega$，$R=300\Omega$，$L=1$H，$C=100\mu$F。求 $t\geqslant0$ 时的 $u_C(t)$ 和 $i_L(t)$。

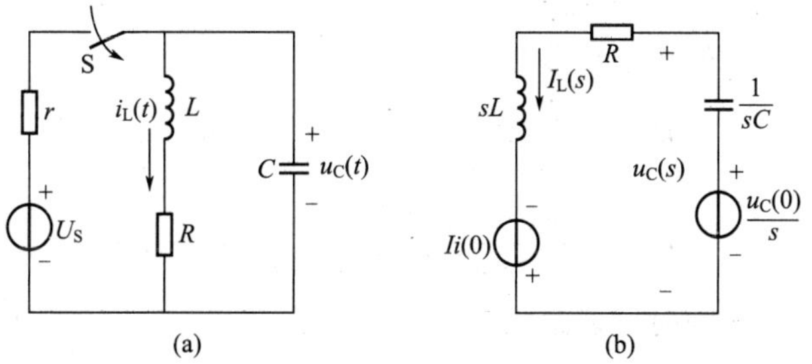

图 9-5 例 9-7 图

解 求出电感电流的初始值，据换路定理有

$$i_L(0_+)=i_L(0_-)=\frac{U_S}{R+r}=\frac{120}{300+100}\text{A}=0.3\text{A}$$

求出电感电流的初始值，据换路定理有

$$u_C(0_+)=u_C(0_-)=\frac{R}{R+r}U_S=\frac{300}{300+100}\times 120\text{V}=90\text{V}$$

作出换路后的复频域电路模型如图 9-5(b) 所示，其中电感的附加电压源电压为

$$Li_L(0_-)=1\times 0.3\text{V}=0.3\text{V}$$

电容的附加电压源电压为

$$\frac{u_C(0_-)}{s}=\frac{90}{s}\text{V}$$

据单回路电路的分析方法，可得出电感元件的复电流为

$$I_L(s)=\frac{\dfrac{u_C(0_-)}{s}+Li_L(0_-)}{R+sL+\dfrac{1}{sC}}=\frac{\dfrac{90}{s}+0.3}{300+s+\dfrac{10^4}{s}}=\frac{0.3s+90}{s^2+300s+10^4}$$

分母多项式方程（即特征方程）的根为

$$s_1=-38.2,\ s_2=-261.8$$

则可得出

$$I_L(s)=\frac{K_1}{s+38.2}+\frac{K_2}{s+261.8}$$

据式(9-11) 可得部分分式的待定系数为

$$K_1=\left[\frac{0.3s+90}{s+261.8}\right]_{s=-38.2}=0.35$$

$$K_2=\left[\frac{0.3s+90}{s+38.2}\right]_{s=-261.8}=-0.05$$

据式(9-12) 可得电感电流的时域表达式为

$$i_L(t)=L^{-1}[I_L(s)]=0.35\text{e}^{-38.2t}-0.05\text{e}^{-261.8t}\text{A}\qquad(t\geqslant 0)$$

可得出电容元件的复电压为

$$U_C(s)=\frac{u_C(0_-)}{s}-\frac{I_L(s)}{sC}=\frac{90}{s}-\frac{10^4(0.3s+90)}{s(s^2+300s+10^4)}$$

$$=\frac{90s+24000}{s^2+300s+10^4}=\frac{K_1}{s+38.2}+\frac{K_2}{s+261.8}$$

据式(9-11) 可得部分分式的待定系数为

$$K_1=\left[\frac{90s+24000}{s+261.8}\right]_{s=-38.2}=91.96$$

$$K_2=\left[\frac{90s+24000}{s+38.2}\right]_{s=-261.8}=-1.96$$

据式(9-12) 可得电容电压的时域表达式为

$$u_C(t)=L^{-1}[U_C(s)]=91.96\text{e}^{-38.2t}-1.96\text{e}^{-261.8t}\text{V}\qquad(t\geqslant 0)$$

五、应用示例

图 9-6(a) 所示电路，开关 S 在 $t=0$ 时刻闭合，已知 $I_S=4\text{A}$，$R=1\Omega$，$L=0.2\text{H}$，$C=0.5\text{F}$，$I_L(0_-)$，$U_C(0_-)=0$，求换路后的 $u_C(t)$ 和 $i_L(t)$。

解　初始值已知，作为换路后的复频域模型如图 9-6(b) 所示，其中电感的附加电流源电流为

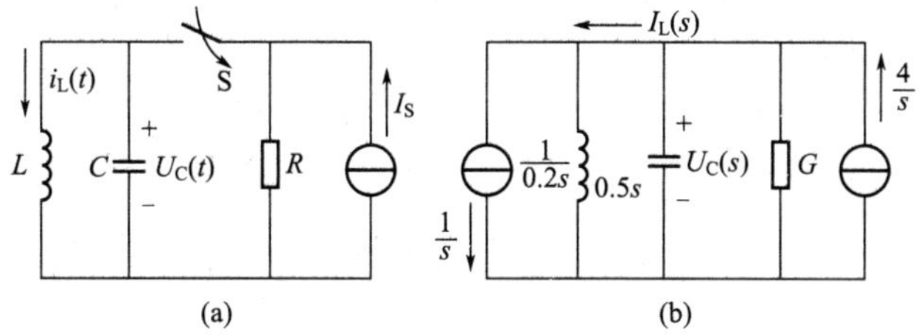

图 9-6　应用示例图

$$\frac{i_L(0_-)}{s}=\frac{1}{s}\text{A}$$

参考方向向下。电容的初始值为零，故附加电流源电流为零，据单节点偶电路的分析方法，有

$$U_C(s)=\frac{\frac{4}{s}-\frac{1}{s}}{1+0.5s+\frac{1}{0.2s}}=\frac{6}{s^2+2s+10}$$

$$=\frac{6}{(s+1-\text{j}3)(s+1+\text{j}3)}=\frac{-\text{j}}{s+1-\text{j}3}+\frac{\text{j}}{s+1+\text{j}3}$$

据图可得电感复电流为

$$I_L(s)=\frac{U_C(s)}{0.2s}+\frac{1}{s}=\frac{30}{s(s+1-\text{j}3)(s+1+\text{j}3)}+\left(\frac{1}{s}\right)$$

$$=\frac{4}{s}+\frac{-\text{j}5}{s+1-\text{j}3}+\frac{\text{j}5}{s+1+\text{j}3}$$

进行拉氏反变换，得电容电压为

$$u_C(t)=L^{-1}[U_C(s)]=2\text{e}^{-t}\cos\left(3t-\frac{\pi}{2}\right)=2\text{e}^{-t}\sin 3t\quad \text{V}\quad (t\geqslant 0)$$

进行拉氏反变换，得电感电流为

$$i_L(t)=L^{-1}[I_L(s)]=4+2\times 5\text{e}^{-t}\cos\left(3t-\frac{\pi}{2}\right)=4+10\text{e}^{-t}\sin 3t\quad \text{A}\quad (t\geqslant 0)$$

【思考与讨论】

1. 什么是运算电路？如何确定储能元件附加电源的大小和方向？

2. 当初始状态为 0 和不为 0 两种情况下，具有耦合电感的两个线圈的复频域电路模型是什么？

3. 比较运算法和相量法求解电路步骤的异同？

知识梳理与学习导航

一、知识梳理

1. 拉普拉斯变换是积分变换的一种，该变换可将时域函数变换为复频域函数。时域函

数 $f(t)$ 在 $t \geqslant 0$ 时的拉氏变换氏为 $F(s)=\int_{0}^{+\infty} f(t)\mathrm{e}^{-st}\mathrm{d}t$，其中 $s=\sigma+\mathrm{j}\omega$，为复变量，$F(s)$ 称为 $f(t)$ 的拉氏变换或称为象函数，记为 $F(s)=L[f(t)]$。电路分析中大部分函数（外部激励）的拉氏变换都存在。

2. 拉氏变换的主要性质有线性质：$L[\alpha f_1(t) \pm \beta f_2(t)]=\alpha F_1(s) \pm \beta F_2(s)$，即若干个任意时域函数的线性组合的象函数，等于它们各自的象函数取同样的线性组合。微分性质：$L[f'(t)]=L\left[\frac{\mathrm{d}f(t)}{\mathrm{d}t}\right]=sF(s)-f(0_-)$，函数一阶导数的象函数，等于该函数的象函数与复变量 s 的乘机减去函数零负时刻的值。积分性质：$L\left[\int_{0_-}^{t} f(t)\mathrm{d}t\right]=\frac{F(s)}{s}$，函数零负到任意时刻 t 的积分的象函数，等于该函数的象函数除以复变量 s。

3. 拉氏反变换是由象函数 $F(t)$ 求出源函数 $f(t)$，一般公式为 $f(t)=\frac{1}{2\pi\mathrm{j}}\int_{\sigma-\infty}^{\sigma+\infty} F(s)\mathrm{e}^{st}\mathrm{d}s$，记为 $f(t)=L^{-1}[F(s)]$。实际上求取拉氏反变换的方法是部分分公式法。即将象函数分解成几个简单的分式，查积分变换表求出原函数。对于象函数 $F(s)$，根据分母多项式方程根的不同，$F(s)$ 的部分分式展开分三种情况：单根、共轭复根和重根。

4. 各类电路元件都有复频域模型，其中电感、电容当非零初始条件时要附加电压源或电流源，且有串联和并联两种形式，可根据需要自由选用。基尔霍夫定律的复频域形式为 $\sum_{k=1}^{n} I_k(s)=0$ 和 $\sum_{k=1}^{n} U_k(s)=0$。

5. 无源二端网络等效的阻抗和导纳也有复频域形式，称为复频域阻抗 $Z(s)$ 和复频域导纳 $Y(s)$，量纲仍是电阻和电导的量纲。同样，在时域分析中所用的各种分析方法和定理，都可移植到复频域分析中应用，只不过是电压和电流变成复电压 $U(s)$ 和复电流 $I(s)$。

6. 求出 $U(s)$ 和 $I(s)$ 后，用部分分式法进行拉氏反变换，便可得到 $ui(t)$ 和 $i(t)$，即时域的电压、电流表达式。

二、学习导航

1. 知识点

☆拉氏变换

☆拉氏反变换

☆拉氏变换的主要性质

☆部分分式法进行拉普拉斯反变换

☆用拉氏变换求解描述线性电路的微分方程

☆电路元件的复频域模型

☆基尔霍夫定律的复频域形式

☆线性电路的复频域解法

2. 难点与重点

☆拉普拉斯反变换

☆运算电路的建立

☆运算法

3. 学习方法

☆理解拉氏变换定义、主要性质、部分分式求反变换的概念

☆通过做练习题加强理解部分分式求反变换

☆采用运算法解决拉普拉斯变换分析解决动态电路

☆注意本章的核心内容是如何用数学工具——拉普拉斯变换解决线性电路问题

习　题　九

9-1　求下列函数的象函数。

①$f(t)=3t^2$；　②$f(t)=shat$；　③$f(t)=chat$；

④$f(t)=\sin(\omega t+\varphi)$；　⑤$f(t)=\cos(\omega t+\varphi)$；　⑥$f(t)=\sin^2\omega t$；

⑦$f(t)=t\cos at$；　⑧$f(t)=\cos^3 t$；　⑨$f(t)=2\delta(t-1)-3e^{-at}$；

9-2　求图 9-7 中各时间函数的象函数。

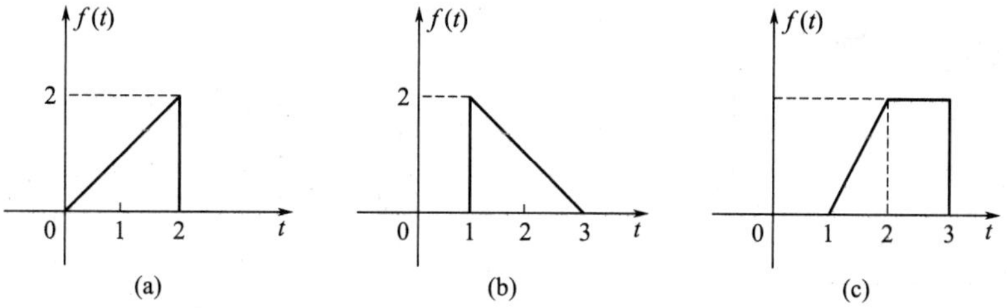

图 9-7

9-3　求下列各有理函数的原函数：

①$\dfrac{s+4}{2s^2+5s+3}$；　②$\dfrac{10(s+2)(s+5)}{s(s+1)(s+3)}$；　③$\dfrac{3s}{(s^2+1)(s^2+4)}$；

④$\dfrac{3s^2+11s+11}{(s+1)^2(s+2)}$；　⑤$\dfrac{3s^2+10s+9}{(s+1)(s+2)}$

9-4　试分别求图 9-8(a) 网络的复频域阻抗和图 9-8(b) 网络的复频域导纳。

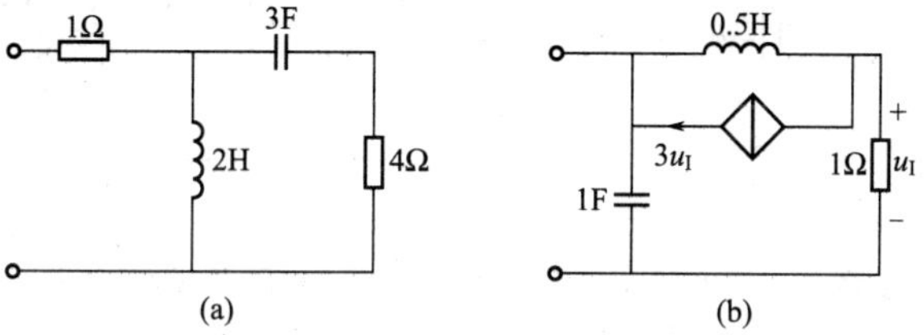

图 9-8

9-5　如图 9-9 所示电路原已稳定，$t=0$ 时开关动作，试作出各图的复频域电路模型。

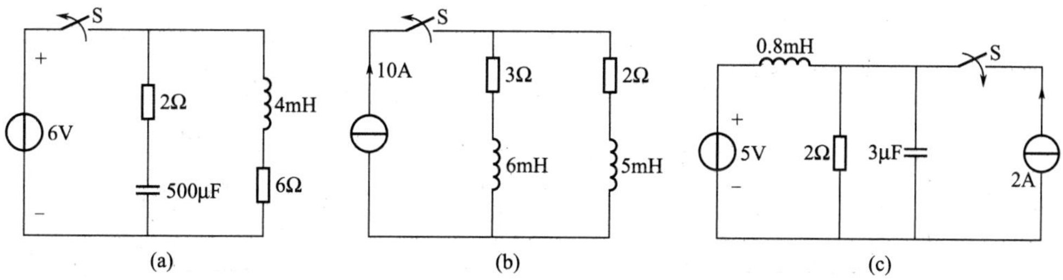

图 9-9

9-6　如图 9-10 所示电路在 $t=0$ 时合上开关 S，用节点法求 $i(t)$。

9-7　如图 9-11 所示电路在 $t=0$ 时合上开关 S，用运算法求 $i(t)$ 及 $u_C(t)$。

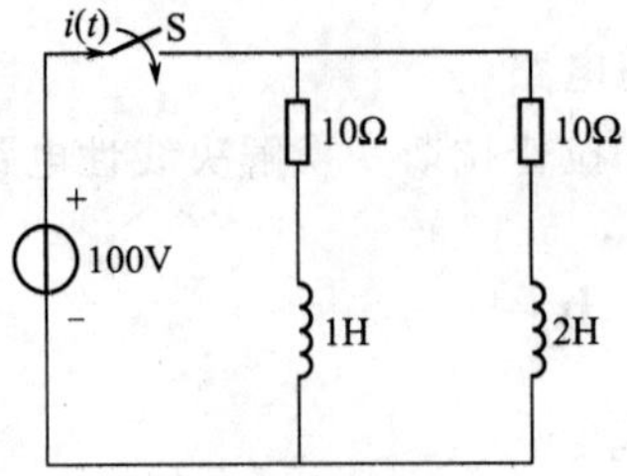

图 9-10

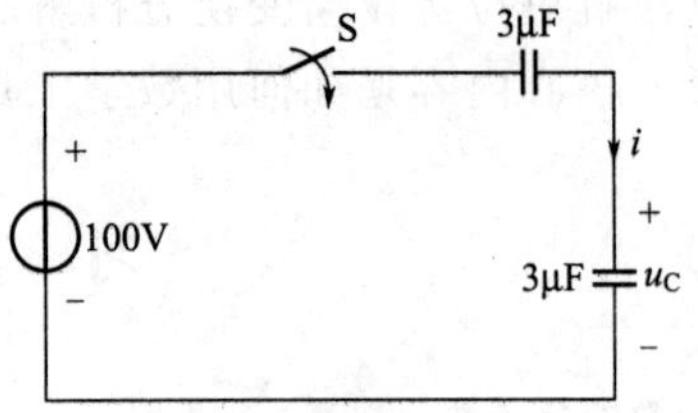

图 9-11

9-8 电路如图 9-12 所示，$t<0$ 时处于直流稳态。$t=0$ 时将开关 S 断开。求：$t>0$ 时的 $i(t)$ 及 $u_l(t)$；开关动作前后电感电流是否跃变？

9-9 如图 9-13 所示电路在开关 S 断开之前处于稳态，求开关断开后的电压 $u(t)$。

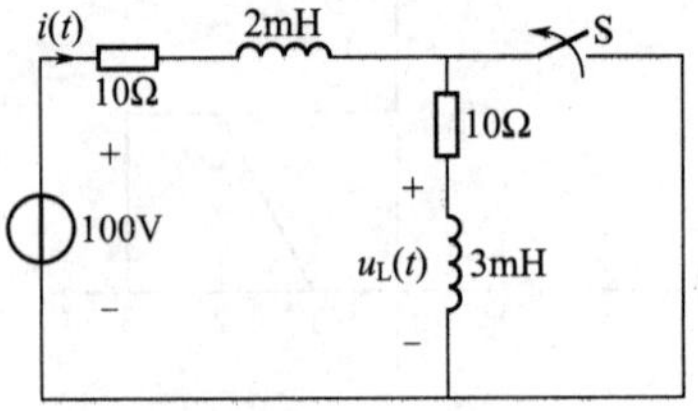

图 9-12

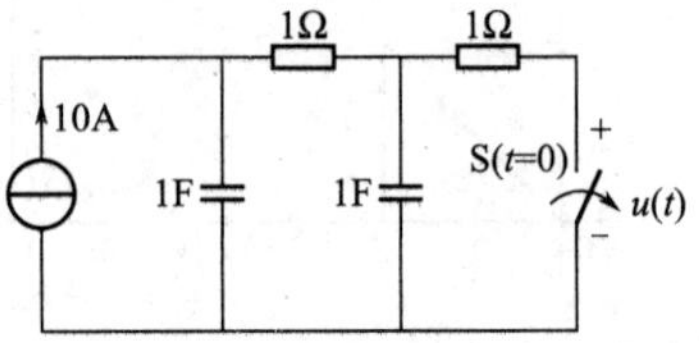

图 9-13

9-10 用复频域分析法求图 9-14 所示电路的零状态响应 $u_0(t)$。已知 $i_S(t)=2e^{-2t}\varepsilon(t)$ A。

9-11 求图 9-15 所示电路在开关 S 闭合后电容 C 两端的电压。已知开关闭合前电路处于稳态。

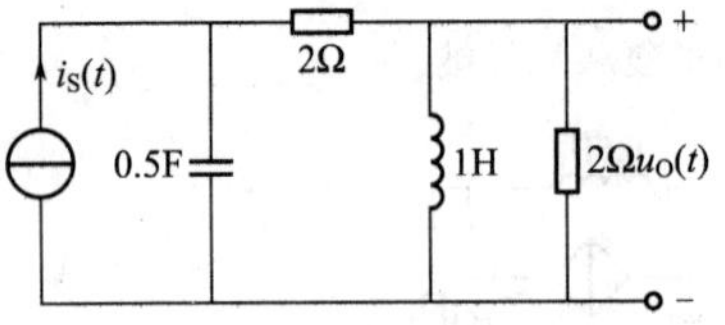

图 9-14

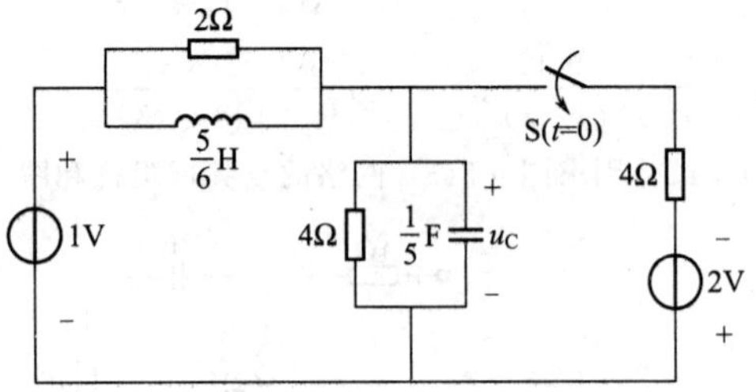

图 9-15

9-12 图 9-16 所示电路，$t<0$ 时处于零状态，已知 $R=100\Omega$，$L=0.1$H，$u_S(t)=100\sin(\omega t+60°)$ V，$\omega=2000$rad/s。试用复频域分析法求电感中的电流 $i_L(t)$。

9-13 如图 9-17 所示电路原先处于零状态，冲激电流源的冲激强度为 $10^{-3}\delta(t)$。求 $u_1(t)$、$u_2(t)$、$i_1(t)$ 及 $i_2(t)$。根据结果说明 C_1 及 C_2 的充放电过程。

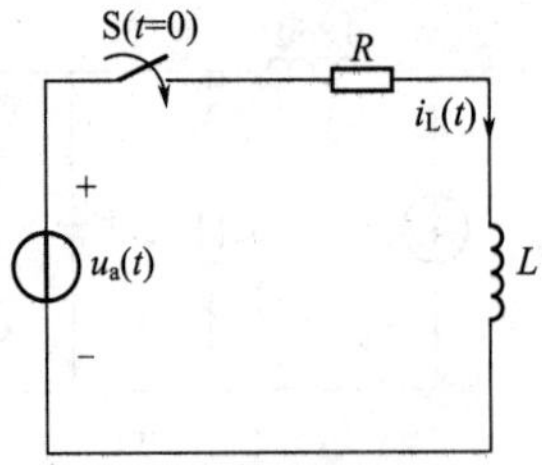

图 9-16

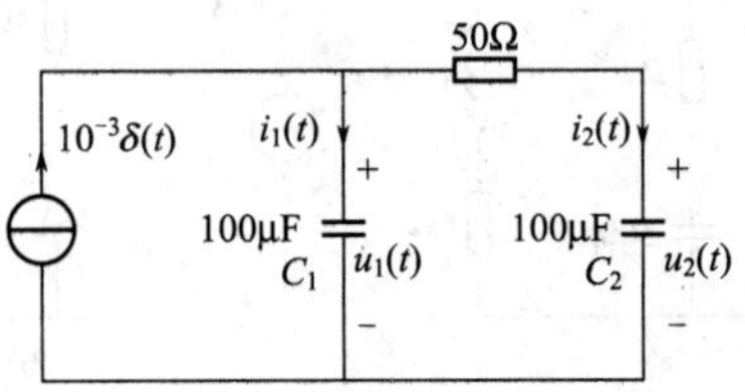

图 9-17

9-14 试分别求如图 9-18 所示网络中的电流源 $i_S(t)=\delta(t)$ A、$i_S(t)=\varepsilon(t)$ A 时的 $i(t)$。

9-15 求题如图 9-19 所示电路的戴维宁等效电路。

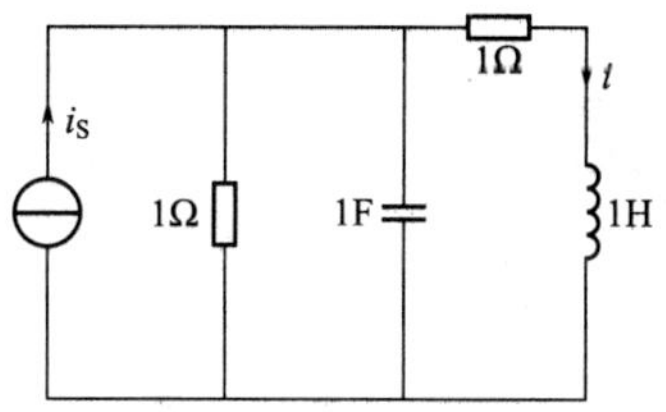

图 9-18

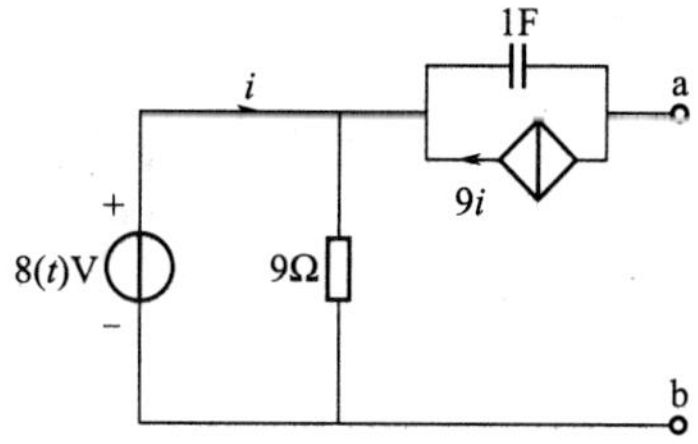

图 9-19

9-16　如图 9-20 所示电路中的储能元件均为零初始值，$u_S(t)=5\varepsilon(t)$ V，在下列条件下求 $U_1(s)$：①$r=-3$；②$r=3$。

9-17　如图 9-21 所示电路中，$L_1=1$H，$L_2=4$H，$M=2$H，$R_1=R_2=1\Omega$，$U_S=10$V 电路为零状态。$t=0$ 时合上开关 S_0 求 i_1 及 i_2。

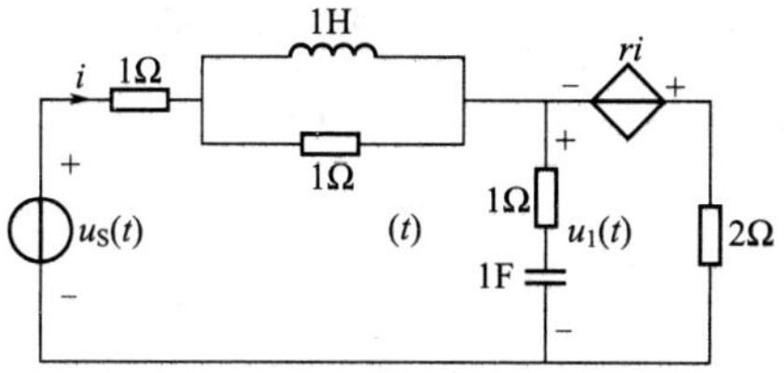

图 9-20

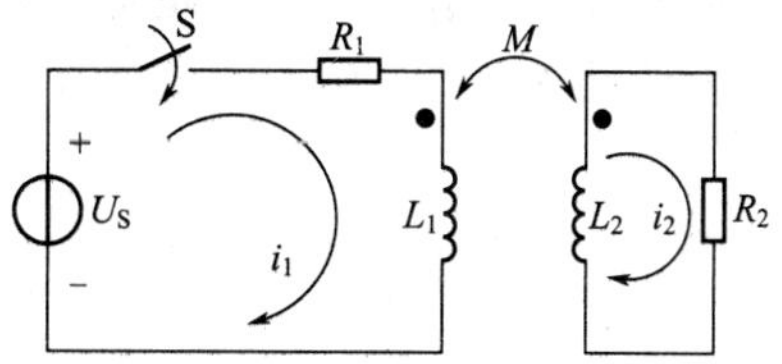

图 9-21

9-18　已知如图 9-22 所示网络在单位冲激电压激励下的零状态响应

$$u_2(t)=\sqrt{2}\,e^{-\frac{\sqrt{2}}{2}t}\sin\frac{\sqrt{2}}{2}t\ \text{V}$$

试求 L 和 C。

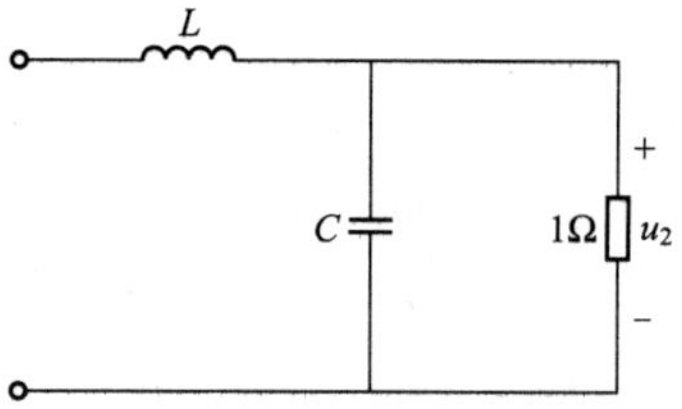

图 9-22

附　录

附录 A　线性联立方程组的求解

电路分析常常涉及线性方程组的求解。这里主要是复习用行列式解方程组的方法。在此复习内容中，仅限于讨论用行列式求解方程组的原理。

一、预备知识

用行列式求方程组的第一步是将方程写成矩阵形式，就是将方程按列按排书写，各变量在行中的排列顺序一致。例如在式（A-1）中，变量 i_1，i_2，i_3 分别在第一个、第二个和第三个位置。

$$\begin{aligned}21i_1-9i_2-12i_3&=-33\\-3i_1+6i_2-2i_3&=3\\-8i_1-4i_2+22i_3&=50\end{aligned}\tag{A-1}$$

也可以说 i_1 占每行的第一列，i_2 占每行的第二列，i_3 占每行的第三列，如果方程中不存在某个变量或多个变量，也可以使其前面的系数为零，这样式(A-2）就可以变为方形，如式(A-3）所示。

$$\begin{aligned}2u_1-u_2&=4\\4u_2+3u_3&=16\\7u_1+2u_3&=5\end{aligned}\tag{A-2}$$

$$\begin{aligned}2u_1-u_2+0u_3&=4\\0u_1+4u_2+3u_3&=16\\7u_1+0u_2+2u_3&=5\end{aligned}\tag{A-3}$$

二、克莱姆法则

方程组中每个未知变量的值可表示为两个行列式值之比。若令具有下标的 N 代表分子行列式，Δ 代表分母行列式，则第 k 个未知数 χ_k 为

$$\chi_k=\frac{N_k}{\Delta}\tag{A-4}$$

分母行列式对任何未知变量均为同一个行列式，叫方程组的特征行列式，分子行列式随所求未知数不同而不同。式（A-4）就是解方程组的克莱姆法则。

三、特征行列式

将联立方程组写成矩阵行式，如式(A-1）和式(A-3）所示，会非常容易地得到特征行列式。该行列式由未知变量的系数矩阵组成。例如式(A-1）和式(A-2）的特征行列式分别为

$$\Delta=\begin{vmatrix}21&-9&-12\\-3&6&-2\\-8&-4&22\end{vmatrix}\tag{A-5}$$

和

$$\Delta=\begin{vmatrix}2 & -1 & 0\\0 & 4 & 3\\7 & 0 & 2\end{vmatrix} \tag{A-6}$$

四、分子行列式

分子行列式 N_k 是将特征行列中的第 k 列用方程右侧出现的已知数组成的列代替后得到的，例如，计算式（A-1）中 i_1，i_2，i_3 所用的分子行列式分别为

$$N_1=\begin{vmatrix}-33 & -9 & -12\\3 & 6 & -2\\50 & -4 & 22\end{vmatrix} \tag{A-7}$$

$$N_2=\begin{vmatrix}21 & -33 & -12\\-3 & 3 & -2\\-8 & 50 & 22\end{vmatrix} \tag{A-8}$$

和

$$N_3=\begin{vmatrix}21 & -9 & -33\\-3 & 6 & 3\\-8 & -4 & 50\end{vmatrix} \tag{A-9}$$

计算式(A-3）中的 u_1，u_2，u_3 所用的分子行列式为

$$N_1=\begin{vmatrix}4 & -1 & 0\\16 & 4 & 3\\5 & 0 & 2\end{vmatrix} \tag{A-10}$$

$$N_2=\begin{vmatrix}2 & 4 & 0\\0 & 16 & 3\\7 & 5 & 2\end{vmatrix} \tag{A-11}$$

和

$$N_3=\begin{vmatrix}2 & -1 & 4\\0 & 4 & 16\\7 & 0 & 5\end{vmatrix} \tag{A-12}$$

五、行列式的值

行列式的值可根据余子式展开求得。任一元素的余子式是在去掉该元素的行和列后所得的行列式。例如式（A-7）中元素 6 的余子式为

$$\begin{vmatrix}-33 & -12\\50 & 22\end{vmatrix}$$

而式(A-7）中元素 22 的余子式为

$$\begin{vmatrix}-33 & -9\\3 & 6\end{vmatrix}$$

元素的代数余子式等于它的余子式乘以符号控制因数。

$$(-1)^{(i+j)}$$

其中 i 和 j 分别代表元素所在位置的行和列。这样式(A-7）中元素 6 的代数余子式为

$$-1^{(2+2)}\begin{vmatrix}-33 & -12\\ 50 & 22\end{vmatrix}$$

元素 22 的代数余子式为

$$-1^{(3+3)}\begin{vmatrix}-33 & -9\\ 3 & 6\end{vmatrix}$$

元素的代数余子式也叫元素的符号余子式。

符号控制因子$(-1)^{(i+j)}$根据$(i+j)$值的不同而取 1 或-1。因此，当按行或列依次取不同元素时，其代数余子式的代数符号在$+1$和-1间交替变化。对一个3×3的行列式，用$+$和$-$号形成以下方式。

$$\begin{vmatrix}+ & - & +\\ - & + & -\\ + & - & +\end{vmatrix}$$

行列式可按任何一个行或列展开。展开行列式的第一步是选择行或列。当选定行或列后，该行或列的元素与其代数余子式相乘，行列式的值就是这些积之和。下面以式(A-5)为例，按其第一列展开。根据展开规则，展开式为

$$\Delta=21(1)\begin{vmatrix}6 & -2\\ -4 & 22\end{vmatrix}-3(-1)\begin{vmatrix}-9 & -12\\ -4 & 22\end{vmatrix}-8(1)\begin{vmatrix}-9 & -12\\ 6 & -2\end{vmatrix} \tag{A-13}$$

式(A-13)中的2×2行列式也可用余子式展开。其余子式为单一的元素。其展开式为左上角元素乘以右下角元素减去左下角元素乘以右上角元素。计算式(A-13)的值为

$$\begin{aligned}\Delta&=-3(-1)\begin{vmatrix}-9 & -12\\ -4 & 22\end{vmatrix}+6(+1)\begin{vmatrix}21 & -12\\ -8 & 22\end{vmatrix}-2(-1)\begin{vmatrix}21 & -9\\ -8 & -4\end{vmatrix}\\ &=3(-198-48)+6(462-96)+2(-84-72)\\ &=-738+2196-312=1146\end{aligned} \tag{A-14}$$

由式(A-7)、式(A-8)和式(A-9)得到的行列式值为

$$N_1=1146 \tag{A-15}$$

$$N_2=2292 \tag{A-16}$$

和

$$N_3=3438 \tag{A-17}$$

由式(A-14)～式(A-17)得i_1，i_2和i_3为

$$\begin{aligned}i_1&=\frac{N_1}{\Delta}=1\text{A}\\ i_2&=\frac{N_2}{\Delta}=2\text{A}\\ i_3&=\frac{N_3}{\Delta}=3\text{A}\end{aligned} \tag{A-18}$$

将求解式(A-3)中u_1，u_2，u_3的过程留给读者，其结果为

$$\begin{aligned}u_1&=\frac{49}{-5}=-9.8\text{V}\\ u_2&=\frac{118}{-5}=-23.6\text{V}\\ u_3&=\frac{-184}{-5}=36.8\text{V}\end{aligned} \tag{A-19}$$

六、矩阵

联立线形方程组也可用矩阵进行求解。下面简要复习一下矩阵的概念、矩阵代数和术语。

矩阵是按矩形排列的元素，即

$$A=\begin{bmatrix} a_{11} & a_{12} & a_{13} & \cdots & a_{1n} \\ a_{21} & a_{22} & a_{23} & \cdots & a_{2n} \\ \vdots & \vdots & \vdots & \vdots & \vdots \\ a_{m1} & a_{m2} & a_{m3} & \cdots & a_{mn} \end{bmatrix} \tag{A-20}$$

它是由 m 行 n 列元素组成的矩阵。A 叫 $m\times n$ 阶矩阵。其中 m 为行数，n 为列数。总是行在前，列在后。矩阵的元素可为实数、复数或函数。用大写黑体字母表示矩阵。

式(A-20) 中的矩阵常简写为

$$A=[a_{ij}]_{mn} \tag{A-21}$$

其中 a_{ij} 是第 i 行第 j 列的元素。

若 $m=1$，A 就称为行矩阵，即

$$A=[a_{11}a_{12}a_{13}\cdots a_{1n}] \tag{A-22}$$

若 $n=1$，A 就称为列矩阵，即

$$A=\begin{bmatrix} a_{11} \\ a_{21} \\ a_{31} \\ \vdots \\ a_{m1} \end{bmatrix} \tag{A-23}$$

若 $m=n$，A 就称为方阵。例如若 $m=n=3$，则三阶方阵为

$$A=\begin{bmatrix} a_{11} & a_{12} & a_{13} \\ a_{21} & a_{22} & a_{23} \\ a_{31} & a_{32} & a_{33} \end{bmatrix} \tag{A-24}$$

应当注意的是：用方括号表示矩阵，而双竖线表示行列式，一定要将它们区别开来。矩阵是元素的矩形排列。行列式是元素组成的方形阵列的函数。因此，若一个矩阵为方阵，就可以定义该方阵的行列式。例如，若

$$A=\begin{bmatrix} 2 & 1 \\ 6 & 15 \end{bmatrix}$$

则

$$\det A=\begin{bmatrix} 2 & 1 \\ 6 & 15 \end{bmatrix}=30-6=24$$

七、矩阵代数

只有同阶矩阵才能进行等于、加、减运算。两个矩阵，当且仅当其对应元素相等时，这两个矩阵才相等。即对所有的 i，j 值，只有当 $a_{ij}=b_{ij}$ 时，$A=B$ 才成立。例如式(A-25) 和式(A-26) 两个矩阵，因 $a_{11}=b_{11}$，$a_{12}=b_{12}$，$a_{21}=b_{21}$，$a_{22}=b_{22}$，所以这两个矩阵才相等。

$$A=\begin{bmatrix} 36 & -20 \\ 4 & 16 \end{bmatrix} \tag{A-25}$$

$$B=\begin{bmatrix}36 & -20\\ 4 & 16\end{bmatrix} \tag{A-26}$$

若 A 和 B 矩阵是同阶的，则

$$C=A+B \tag{A-27}$$

可以表示为

$$c_{ij}=a_{ij}+b_{ij} \tag{A-28}$$

例如，如果

$$A=\begin{bmatrix}4 & -6 & 10\\ 8 & 12 & -4\end{bmatrix} \tag{A-29}$$

和

$$B=\begin{bmatrix}16 & 10 & -30\\ -20 & 8 & 15\end{bmatrix} \tag{A-30}$$

则

$$C=\begin{bmatrix}20 & 4 & -20\\ -12 & 20 & 11\end{bmatrix} \tag{A-31}$$

方程

$$D=A-B \tag{A-32}$$

表示

$$d_{ij}=a_{ij}-b_{ij} \tag{A-33}$$

由式(A-29) 和式(A-30)，得

$$D=\begin{bmatrix}-12 & -16 & 40\\ 28 & 4 & -19\end{bmatrix} \tag{A-34}$$

对同阶矩阵加减运算而言，同阶矩阵被认为是匹配的。

矩阵乘以 k 等于各元素乘以 k。当且仅当 $a_{ij}=kb_{ij}$ 时，$A=kB$，k 可为实数也可以为复数。例如将式(A-34) 的矩阵乘以 5 得

$$5D=\begin{bmatrix}-60 & -80 & 200\\ 140 & 20 & -95\end{bmatrix} \tag{A-35}$$

只有当第一个矩阵的列数与第二个矩阵的行数相等时，两个矩阵才能进行乘积运算。就是说，AB 相乘要求 A 的列数等于 B 的行数。乘积所得矩阵的行和列分别是 A 的行数，B 的列数。即，如用 $C=AB$，其中 A 为 $m\times n$ 阶，B 为 $n\times n$ 阶，则 C 为 $m\times n$ 阶。当 A 的列数等于 B 的行数时，则认为 A 与 B 的乘法是匹配的。

矩阵 C 的元素由下式给出

$$c_{ij}=\sum_{k=1}^{p}a_{ik}b_{kj} \tag{A-36}$$

如果记住矩阵的乘积是行乘以列的运算，则式(A-36) 所给出的表达式很容易应用，要求 C 中第 ij 项等于 A 中的第 i 行每一项乘以 B 中第 j 列对应的项，再将各乘积相加就可以得到 C 中第 ij 项。下例说明了该过程。求矩阵 C，已知

$$A=\begin{bmatrix}6 & 3 & 2\\ 1 & 4 & 6\end{bmatrix} \tag{A-37}$$

和

$$B=\begin{bmatrix}4 & 2\\ 0 & 3\\ 1 & -2\end{bmatrix} \tag{A-38}$$

首先要注意，C 矩阵为 2×2 阶，且 C 中每一项是三个积之和。

为求 c_{11}，将 A 中第一行的各元素与 B 中第一列各对应元素的积相加。取出各矩阵中对应的行和列并依次排列成行，就可以看到乘积与相加的过程。因此，求 c_{11} 时

$$\begin{array}{r|c|c|c} A\text{ 的第一行} & 6 & 3 & 2 \\ \hline B\text{ 的第一列} & 4 & 0 & 1 \end{array}$$

因此

$$c_{11}=6\times4+3\times0+2\times1=26$$

为求 c_{12} 有

$$\begin{array}{r|c|c|c} A\text{ 的第一行} & 6 & 3 & 2 \\ \hline B\text{ 的第二列} & 2 & 3 & -2 \end{array}$$

因此

$$c_{12}=6\times2+3\times3+2\times(-2)=17$$

对 c_{21}，有

$$\begin{array}{r|c|c|c} A\text{ 的第二行} & 1 & 4 & 6 \\ \hline B\text{ 的第一列} & 4 & 0 & 1 \end{array}$$

得到

$$c_{21}=1\times4+4\times0+6\times1=10$$

最后求 c_{22}，有

$$\begin{array}{r|c|c|c} A\text{ 的第二行} & 1 & 4 & 6 \\ \hline B\text{ 的第二列} & 2 & 3 & -2 \end{array}$$

得到

$$c_{22}=1\times2+4\times3+6\times(-2)=2$$

结果为

$$C=AB=\begin{bmatrix}26 & 17\\ 10 & 2\end{bmatrix} \tag{A-39}$$

一般情况下，矩阵乘积不满足交换律，即 $AB\neq BA$。例如对式(A-37) 和式(A-38) 中的矩阵乘积 BA，所得矩阵为 3×3 阶，并且其中每项元素均是两个乘积之和。

因此，若令 $D=BA$，则得

$$D=\begin{bmatrix}26 & 20 & 20\\ 3 & 12 & 18\\ -4 & -5 & -10\end{bmatrix} \tag{A-40}$$

显然 $C\neq D$。式(A-40) 中各元素的验证留给读者。

矩阵乘积满足结合律和分配律，即

$$(AB)C=A(BC) \tag{A-41}$$

$$A(B+C)=AB+AC \tag{A-42}$$

和

$$(A+B)C=AC+BC \tag{A-43}$$

在式(A-41)、式(A-42)和式(A-43)中，假设各矩阵对加法和乘法匹配。已知矩阵的乘积不符合交换律，另外还有两个乘法特性不适用于矩阵运算。

第一，矩阵乘积 $AB=0$ 并不表示 $A=0$ 或 $B=0$（注意：当矩阵的所有元素为 0 时，矩阵为 0）。例如若

$$A=\begin{bmatrix}1 & 0\\ 2 & 0\end{bmatrix} \text{和} B=\begin{bmatrix}0 & 0\\ 4 & 8\end{bmatrix}$$

则

$$AB=\begin{bmatrix}0 & 0\\ 0 & 0\end{bmatrix}=0$$

因此，积为零，但 A 和 B 都不为零。

第二，矩阵方程 $AB=AC$，不表示 $B=C$，例如，若

$$A=\begin{bmatrix}1 & 0\\ 2 & 0\end{bmatrix},\ B=\begin{bmatrix}3 & 4\\ 7 & 8\end{bmatrix},\ C=\begin{bmatrix}3 & 4\\ 5 & 6\end{bmatrix}$$

则

$$AB=AC=\begin{bmatrix}3 & 4\\ 6 & 8\end{bmatrix},\ B\neq C$$

转置矩阵是将矩阵的行列对调生的，例如，若

$$A=\begin{bmatrix}1 & 2 & 3\\ 4 & 5 & 6\\ 7 & 8 & 9\end{bmatrix} \text{则} A^{T}=\begin{bmatrix}1 & 4 & 7\\ 2 & 5 & 8\\ 3 & 6 & 9\end{bmatrix}$$

矩阵之和的转置等于矩阵转置之和，即

$$(A+B)^{T}=A^{T}+B^{T} \tag{A-44}$$

两矩阵乘积的转置等于转置矩阵的反序乘积，即

$$[AB]^{T}=B^{T}A^{T} \tag{A-45}$$

式(A-45)可推广为多个矩阵的乘积，例如

$$[ABCD]^{T}=D^{T}C^{T}B^{T}A^{T} \tag{A-46}$$

若 $A=A^{T}$，则 A 为对称矩阵。只有方阵才有对称矩阵。

八、单位矩阵、伴随矩阵和逆矩阵

单位矩阵是一个方阵，其中 $i\neq j$ 时，$a_{ij}=0$，当 $i=j$，$a_{ij}=1$，即除主角元素为 1 以外，所有元素均为 0

例如

$$\begin{bmatrix}1 & 0\\ 0 & 1\end{bmatrix} \quad \begin{bmatrix}1 & 0 & 0\\ 0 & 1 & 0\\ 0 & 0 & 1\end{bmatrix} \quad \begin{bmatrix}1 & 0 & 0 & 0\\ 0 & 1 & 0 & 0\\ 0 & 0 & 1 & 0\\ 0 & 0 & 0 & 1\end{bmatrix}$$

均为单位矩阵。单位矩阵总是方阵，用 U 表示。

$n\times n$ 阶矩阵 A 的伴随矩阵定义为

$$adjA=[\Delta_{ji}]_{n\times n} \tag{A-47}$$

其中 Δ_{ij} 是 a_{ij} 的代数余子式（见五关于代数余子式的定义）。根据式(A-48)的定义，求方阵的伴随矩阵可分为两步。第一步，构造一个由 A 的代数余子式组成的矩阵，然后将其转

置。例如，求一个 3×3 阶矩阵的伴随矩阵。

已知

$$A=\begin{bmatrix}1 & 2 & 3\\3 & 2 & 1\\-1 & 1 & 5\end{bmatrix}$$

A 中元素的代数余子式为

$$\Delta_{11}=1(10-1)=9$$
$$\Delta_{12}=-1(15+1)=-16$$
$$\Delta_{13}=1(3+2)=5$$
$$\Delta_{21}=-1(10-3)=-7$$
$$\Delta_{22}=1(5+3)=8$$
$$\Delta_{23}=-1(1+2)=-3$$
$$\Delta_{31}=1(2-6)=-4$$
$$\Delta_{32}=-1(1-9)=8$$
$$\Delta_{33}=1(2-6)=-4$$

代数余子式矩阵为

$$B=\begin{bmatrix}9 & -16 & 5\\-7 & 8 & -3\\-4 & 8 & -4\end{bmatrix}$$

因此，A 的伴随矩阵为

$$adjA=B^{\mathrm{T}}=\begin{bmatrix}9 & -7 & -4\\-16 & 8 & 8\\5 & -3 & -4\end{bmatrix}$$

可以用下面的定理验证伴随矩阵的求法。

$$adjA\cdot A=\det\ A\cdot U \tag{A-48}$$

式(A-48) 说明，A 的伴随矩阵乘以 A 等于 A 行列式值乘以单位阵。对上述的例子，有

$$\det A=1(9)+3(-7)-1(-4)=-8$$

若令 $C=adjA\cdot A$，并用附录 A（t、矩阵代数）中的方法求得 C 的元素为

$$c_{11}=9-21+4=-8$$
$$c_{12}=18-14-4=0$$
$$c_{13}=27-7-20=0$$
$$c_{21}=-16+24-8=0$$
$$c_{22}=-32+16+8=-8$$
$$c_{23}=-48+8+40=0$$
$$c_{31}=5-9+4=0$$
$$c_{32}=10-6-4=0$$
$$c_{33}=15-3-20=-8$$

因此

$$C=\begin{bmatrix}-8 & 0 & 0\\0 & -8 & 0\\0 & 0 & -8\end{bmatrix}=-8\begin{bmatrix}1 & 0 & 0\\0 & 1 & 0\\0 & 0 & 1\end{bmatrix}=\det A\cdot U$$

若式(A-48) 成立，则 A 方阵具有逆矩阵，记为 A^{-1}。

$$A^{-1}A=AA^{-1}=U \tag{A-49}$$

式(A-49) 表明，一个矩阵无论是左乘还是右乘其逆矩阵，结果均等于单位矩阵。若一个矩阵的逆矩阵存在，则该矩阵的行列式值不为零。只有方阵有逆矩阵，逆矩阵也为方阵

求逆矩阵的公式为

$$A^{-1}=\frac{ad\mathrm{j}A}{\det A} \tag{A-50}$$

如果矩阵大于 3 阶，该公式就非常麻烦。现在的数字计算机技术使矩阵运算变得非常容易。

由式(A-51) 得到上列中矩阵的逆为

$$A^{-1}=-1/8\begin{bmatrix} 9 & -7 & -4 \\ -16 & 8 & 8 \\ 5 & -3 & -4 \end{bmatrix}=\begin{bmatrix} -1.125 & 0.875 & 0.5 \\ 2 & -1 & -1 \\ -0.625 & 0.375 & 0.5 \end{bmatrix}$$

可以验证

$$A^{-1}A=AA^{-1}=U$$

九、分块矩阵

将已知的矩阵划分子矩阵，在矩阵的处理中常常带来很多方便。前面提到的代数运算就可以根据子矩阵进行。矩阵的分块完全是任意的，唯一限制的是必须对整个矩阵进行分割。在选块时，还要保证子块要与所进行的运算相匹配。

例如，用子矩阵求职 $C=AB$。其中

$$A=\begin{bmatrix} 1 & 2 & 3 & 4 & 5 \\ 5 & 4 & 3 & 2 & 1 \\ -1 & 0 & 2 & -3 & 1 \\ 0 & 1 & -1 & 0 & 1 \\ 0 & 2 & 1 & -2 & 0 \end{bmatrix}$$

和

$$B\begin{bmatrix} 2 \\ 0 \\ -1 \\ 3 \\ 0 \end{bmatrix}$$

假设将 B 分为两个子矩阵 B_{11} 和 B_{21} 即

$$B=\begin{bmatrix} B_{11} \\ B_{21} \end{bmatrix}$$

因 B 已经分成两行的列矩阵，所以，A 必须分成两列的矩阵。否则，乘法运算就不能进行了。A 矩阵中子块的列数也必须根据 B_{11} 和 B_{21} 确定。

例如，若

$$B_{11}=\begin{bmatrix} 2 \\ 0 \\ -1 \end{bmatrix},\ B_{21}=\begin{bmatrix} 3 \\ 0 \end{bmatrix}$$

则 A_{11} 必须含三列，A_{12} 必须含二列，式(A-51) 的分块结果才能进行乘积运算。

$$C=\left[\begin{array}{rrr|rr}1&2&3&4&5\\5&4&3&2&1\\-1&0&2&-3&1\\0&1&-1&0&1\\0&2&1&-2&0\end{array}\right]\left[\begin{array}{r}2\\0\\-1\\\vdots\\3\\0\end{array}\right] \tag{A-51}$$

另外，若按如下方式分解 B

$$B_{11}=\begin{bmatrix}2\\0\end{bmatrix},\ B_{21}=\begin{bmatrix}-1\\3\\0\end{bmatrix}$$

则（A_{11}）必须含二列，A_{12} 必须含三列，式(A-52) 的分块方法才能进行乘积运算。

$$A=\left[\begin{array}{rr|rrr}1&2&3&4&5\\5&4&3&2&1\\-1&0&2&-3&1\\0&1&-1&0&1\\0&2&1&-2&0\end{array}\right]\left[\begin{array}{r}2\\0\\\vdots\\-1\\\hline 3\\0\end{array}\right] \tag{A-52}$$

将式(A-52) 分块结果的验证留给读者，下面集中讨论式(A-51) 的分块方法。

由式(A-51) 得

$$C=[A_{11}\quad A_{12}]\begin{bmatrix}B_{11}\\B_{21}\end{bmatrix}=A_{11}B_{11}+A_{12}+B_{21} \tag{A-53}$$

由式(A-51) 和式(A-53) 得

$$A_{11}B_{11}=\begin{bmatrix}1&2&3\\5&4&3\\-1&0&2\\0&1&-1\\0&2&1\end{bmatrix}\begin{bmatrix}2\\0\\-1\end{bmatrix}=\begin{bmatrix}-1\\7\\-4\\1\\1\end{bmatrix}$$

$$A_{12}B_{21}=\begin{bmatrix}4&5\\2&1\\-3&1\\0&1\\-2&0\end{bmatrix}\begin{bmatrix}3\\0\end{bmatrix}=\begin{bmatrix}12\\6\\-9\\0\\-6\end{bmatrix}$$

和

$$C=\begin{bmatrix}11\\13\\-13\\1\\-7\end{bmatrix}$$

当一个矩阵的垂直分割适合于乘法运算后，也可以水平分割。在这个简单问题中，经过分析就可以进行水平分割。因此，C 也可用式(A-54) 的分块法运算。

$$C=\left[\begin{array}{ccc|cc}1 & 2 & 3 & 4 & 5\\ 5 & 4 & 3 & 2 & 1\\ \vdots & \vdots & \vdots & \vdots & \vdots\\ -1 & 0 & 2 & -3 & 1\\ 0 & 1 & -1 & 0 & 1\\ 0 & 2 & 1 & -2 & 0\end{array}\right]\begin{bmatrix}2\\0\\-1\\ \cdots\\3\\0\end{bmatrix} \tag{A-54}$$

由式(A-54)得

$$C=\begin{bmatrix}A_{11} & A_{12}\\A_{21} & A_{22}\end{bmatrix}\begin{bmatrix}B_{11}\\B_{21}\end{bmatrix}=\begin{bmatrix}C_{11}\\C_{21}\end{bmatrix} \tag{A-55}$$

其中

$$C_{11}=A_{11}B_{11}+A_{12}B_{21}$$
$$C_{21}=A_{21}B_{11}+A_{22}B_{21}$$

验证如下

$$C_{11}=\begin{bmatrix}1 & 2 & 3\\5 & 4 & 3\end{bmatrix}\begin{bmatrix}2\\0\\-1\end{bmatrix}+\begin{bmatrix}4 & 5\\2 & 1\end{bmatrix}=\begin{bmatrix}-1\\7\end{bmatrix}+\begin{bmatrix}12\\6\end{bmatrix}=\begin{bmatrix}11\\13\end{bmatrix}$$

$$C_{21}=\begin{bmatrix}-1 & 0 & 2\\0 & 1 & -1\\0 & 2 & 1\end{bmatrix}\begin{bmatrix}2\\0\\-1\end{bmatrix}+\begin{bmatrix}-3 & 1\\0 & 1\\-2 & 0\end{bmatrix}\begin{bmatrix}3\\0\end{bmatrix}=\begin{bmatrix}-4\\0\\-1\end{bmatrix}+\begin{bmatrix}-9\\0\\-6\end{bmatrix}=\begin{bmatrix}-13\\1\\-7\end{bmatrix}$$

和

$$C=\begin{bmatrix}11\\13\\-13\\1\\-7\end{bmatrix}$$

式(A-51)和式(A-54)的分割方式对加法也是可进行的。

附录B　复　　数

发明复数是为了对负数开方运算，它使许多复杂问题得到简化。例如方程 $\chi^2+8\chi+41$ 在复数外无解。这些数在电路分析中非常有用，也能够进行代数运算。

一、符号

复数有两种表示方法：笛卡儿坐标或叫直角坐标方式、极坐标或叫三角法。用直角坐标时，复数是由实部和虚部组成，即

$$n=a+\mathrm{j}b \tag{B-1}$$

其中 a 是实部，b 是虚部，j 是虚数单位，定义为$\sqrt{-1}$。

用极坐标表示时，复数是根据它的幅值（模）和相角（或幅角）写为

$$n=c\,\mathrm{e}^{\mathrm{j}\theta} \tag{B-2}$$

式中 c 是幅值，θ 是相角，e 是自然对数的底。同样 $\mathrm{j}=\sqrt{-1}$。在有些文献资料中常常用符号$\angle\theta^0$ 代替 $\mathrm{e}^{\mathrm{j}\theta}$；这就是极坐标形式。

$$n=c\angle\theta^0 \tag{B-3}$$

尽管式(B-3)在课文中比较方便，但式(B-2)在数学处理中是主要的，因此处理指数很方便。例如，因 $(y^{\chi})^{n}=y^{\chi n}$，则 $(e^{j\theta})^{n}=e^{j\theta n}$；因 $y^{-\chi}=1/y^{\chi}$，则 $e^{-j\theta}=1/e^{j\theta}$，等。

因复数有两种表示方法，所以，要建立这两种表示法之间的关系。从极坐标转化为直角坐标形式要用欧拉公式

$$e^{\pm j\theta}=\cos\theta\pm j\sin\theta \tag{B-4}$$

以极坐标形式表示的复数也可以写为直角坐标形式

$$c\,e^{j\theta}=c(\cos\theta+j\sin\theta)=c\cos\theta+jc\sin\theta=a+jb \tag{B-5}$$

从直角坐标转化为极坐标用到了直角三角几何学，即

$$a+jb=(\sqrt{a^{2}+b^{2}})e^{j\theta}=c\,e^{j\theta} \tag{B-6}$$

其中

$$\tan\theta=b/a \tag{B-7}$$

式(B-7)中，相角 θ 在第几象限不是很明显。但复数的图形表示法就很清楚。

二、复数的图形表示

复数可以用复平面上的图形表示，横轴表示实部，纵轴表示虚部。复数的角是从正实轴开始按逆时针方向计量。若假设 a 和 b 均是正数，则复数 $n=a+jb=c\angle\theta°$就可以用附图 B-1 来表示。

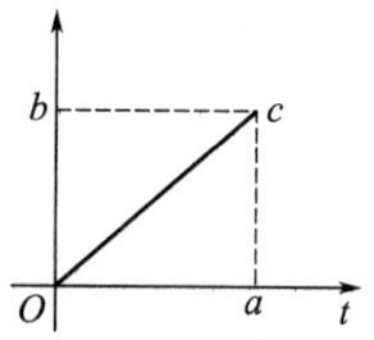

附图 B-1　当 a 和 b 均为正数时 $a+jb$ 的图形表示

该图是复数的直角坐标和极坐标之间的关系表现得非常清楚。复平面上任意一点，若给定了它与各轴间的距离（a 和 b）或与原点的径向距离和扇形角，则该复数就唯一地确定了。

根据附图 B-1 可知，当 a 和 b 均为正数时，θ 在第一象限；当 a 为负，b 为正时，θ 在第二象限；当 a 和 b 均为复数时，θ 在第三象限；当 a 为正，b 为负数时，θ 在第四象限。结果如附图 B-2 所示，图中画了四个复数。

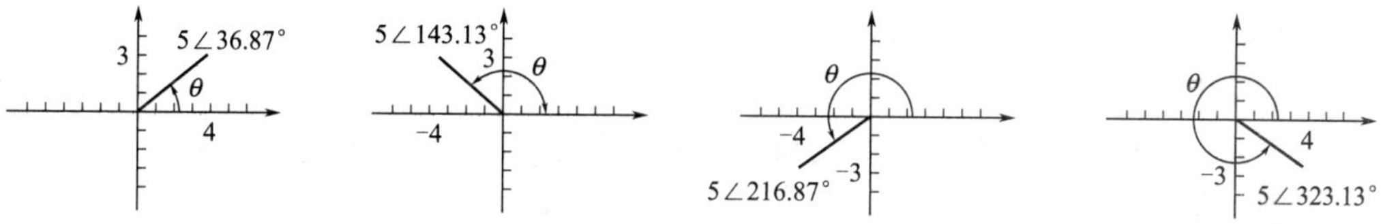

(a) 4+j3=5∠36.87°　(b) −4+j3=5∠143.13°　(c) −4−j3=5∠216.87°　(d) 4−j3=5∠323.13°

附图 B-2　四个复数的图形表示

也可以从实轴开始以顺时针方向计量相角值。这样在附图 B-2(c) 中，$-4-j3$ 就可以表示为 $5\angle-143.13°$，在附图 B-2(d) 中可以看出 $5\angle323.13°=5\angle-36.87°$。当 θ 位于第三或第四象限时，习惯将 θ 表示为负值。

复数的图形表示法也表明了一个复数和它的共轭复数之间的关系。一个复数的共轭复数是将其虚部符号取反后得到的复数。因此，$a+jb$ 的共轭复数为 $a-jb$，而 $-a+jb$ 的共轭复数为 $-a-jb$。当用极坐标形式表示一个复数时，只要将其幅角的符号取反后就得到它的共轭复数。因此，$c\angle\theta°$的共轭复数是 $c\angle-\theta°$。复数的共轭复数用星号表示。即 N^{*} 表示的是 N 的共轭复数。附图 B-3 表示了画在复平面上的

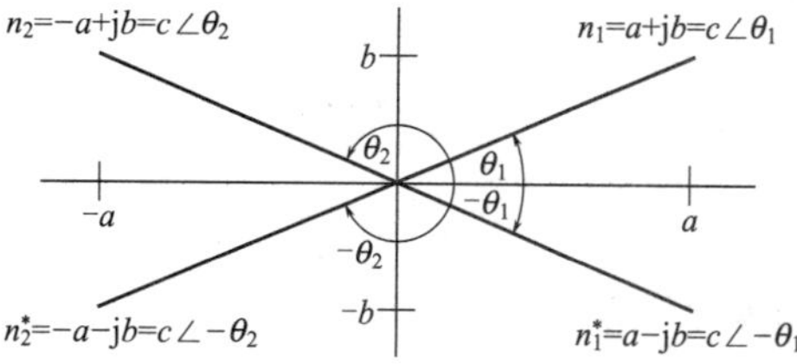

附图 B-3　复数 N_1 和 N_2 及其共轭复数 N_1^{*} 和 N_2^{*}

两个复数和它们的共轭复数。

共轭复数简单的反映了复数关于实轴的关系。

三、数字运算

1. 加法（减法）

复数进行加、减运算时，必须将复数表示成直角坐标形式。复数相加，实部和虚部分别相加。例如，已知

$$n_1=8+j16$$

和

$$n_2=12-j3$$

则

$$n_1+n_2=(8+12)+j(16-3)=20+j13$$

减法也遵循这个原则，即

$$n_2-n_1=(12-8)+j(-3-16)=4-j19$$

若要进行复数的加减运算，而复数是以极坐标形式给出，那么首先要将其转化为直角坐标形式。

例如，若

$$n_1=10\angle 53.13^\circ$$

和

$$n_2=5\angle -135^\circ$$

则

$$\begin{aligned}n_1+n_2&=6+j8-3.535-j3.535=(6-3.535)+j(8-3.535)\\&=2.465+j4.465=5.10\angle 61.10^\circ\end{aligned}$$

和

$$\begin{aligned}n_1-n_2&=6+j8-(-3.535-j3.535)=9.535+j11.535\\&=14.966\angle 50.42^\circ\end{aligned}$$

2. 乘法（除法）

复数的乘法和除法用直角坐标形式和极坐标形式均可以进行。但在多数情况下，极坐标形式更方便，例如，当 $n_1=8+j10$，$n_2=5-j4$，求 n_1，n_2，用直角坐标形式得

$$n_1n_2=(8+j10)(5-j4)=40-j32+j50+40=80+j18=82\angle 12.68^\circ$$

若用极坐标形式，则乘积为

$$n_1n_2=(12.81\angle 51.34^\circ)(6.40\angle -38.66^\circ)=82\angle 12.68^\circ=80+j18$$

两个直角坐标形式的复数相除，第一步是将分子和分母同时乘以分母的共轭复数，这样，将分母化为了实数。然后，用分子除以该实数。例如，已知 $n_1=6+j3$，$n_2=3-j1$，求 n_1/n_2 得

$$\begin{aligned}\frac{n_1}{n_2}&=\frac{6+j3}{3-j1}=\frac{(6+j3)(3+j1)}{(3-j1)(3+j1)}=\frac{18+j6+j9-3}{9+1}\\&=\frac{15+j15}{10}=1.5+j1.5=2.12\angle 45^\circ\end{aligned}$$

若用极坐标形式，n_1/n_2 为

$$\frac{n_1}{n_2}=\frac{6.71\angle 26.57^\circ}{3.16\angle -18.43}=2.12\angle 45^\circ=1.5+j1.5$$

四、重要的恒等式

在用复数和复变量运算时，下列恒等式非常有用。

$$\pm j^2 = \mp 1 \tag{B-8}$$

$$(-j)(j) = 1 \tag{B-9}$$

$$j = \frac{1}{-j} \tag{B-10}$$

$$e^{\pm j\pi} = -1 \tag{B-11}$$

$$e^{\pm j\pi/2} = \pm j \tag{B-12}$$

假设 $n = a + jb = c\angle\theta°$

则

$$nn^* = a^2 + b^2 = c^2 \tag{B-13}$$

$$n + n^* = 2a \tag{B-14}$$

$$n - n^* = j2b \tag{B-15}$$

$$n/n^* = -1\angle 2\theta° \tag{B-16}$$

五、复数的整数次幂

求复数的 k 次幂时，先将其化为极坐标形式，即

$$n^k = (a + jb)^k = (c\,e^{j\theta})^k = c^k e^{jk\theta} = c^k(\cos k\theta + j\sin k\theta)$$

例如

$$(2e^{j12°})^5 = 2^5 e^{j60°} = 32e^{j60°} = 16 + j27.71$$

和

$$(3 + j4)^4 = (5e^{j53.13°})^4 = 5^4 e^{j212.52°} = 625e^{j212.52°} = -527 - j336$$

六、复数的开方

为求复数的 k 次方根，必须认识到是解方程

$$\chi^k - c\,e^{j\theta} = 0 \tag{B-17}$$

因方程为 k 阶，因此有 k 个根。为求 k 次根，首先注意到

$$c\,e^{j\theta} = c\,e^{j(\theta+2\pi)} = c\,e^{j(\theta+4\pi)} = \cdots \tag{B-18}$$

由式(B-17) 和式(B-18) 得

$$\chi_1 = (c\,e^{j\theta})^{1/k} = c^{1/k} e^{j\theta/k} \tag{B-19}$$

$$\chi_2 = [c\,e^{j(\theta+2\pi)}]^{1/k} = c^{1/k} e^{j(\theta+2\pi)/k} \tag{B-20}$$

$$\chi_3 = [c\,e^{j(\theta+4\pi)}]^{1/k} = c^{1/k} e^{j(\theta+4\pi)/k} \tag{B-21}$$

继续按式(B-19)、式(B-20) 和式(B-21) 的方式进行，直到出现重根为止。当 π 的倍数等于 $2k$ 时就出现了重根。例如 $81e^{j60°}$ 的四次方根，可得

$$\chi_1 = 81^{1/4} e^{j60/4} = 3e^{j15°}$$

$$\chi_2 = 81^{1/4} e^{j(60+360)/4} = 3e^{j105°}$$

$$\chi_3 = 81^{1/4} e^{j(60+720)/4} = 3e^{j195°}$$

$$\chi_4 = 81^{1/4} e^{j(60+1080)/4} = 3e^{j285°}$$

$$\chi_5 = 81^{1/4} e^{j(60+1440)/4} = 3e^{j375°} = 3e^{j15°}$$

式中 χ_5 与 χ_1 相等，方程的根开始重复。因此，可知的 $81e^{j60°}$ 四次方根为 χ_1，χ_2，χ_3，

χ_4。值得注意的是，复数的根位于复平面的一个圆上，圆的半径为 $c^{1/k}$。各根均匀分布在圆上，相邻两根之间的角度为 $2\pi/k$ 弧度，或 $360/k$ 度，$81e^{j60^\circ}$ 的根画在附图 B-4 上。

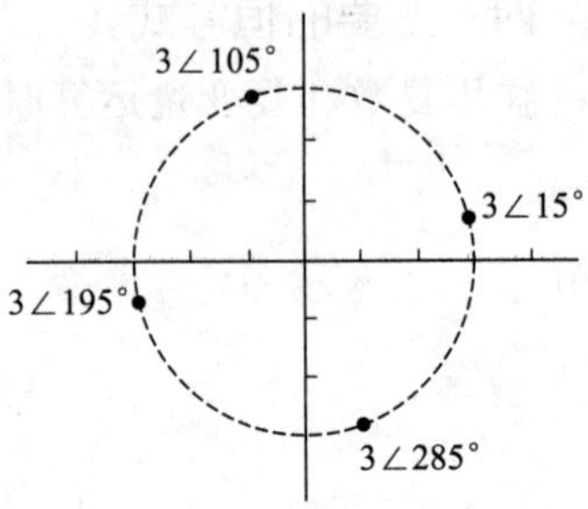

附图 B-4 $81e^{j60^\circ}$ 的四个根

附录 C 三角恒等式简表

1. $\sin(\alpha\pm\beta)=\sin\alpha\cos\beta\pm\cos\alpha\sin\beta$
2. $\cos(\alpha\pm\beta)=\cos\alpha\cos\beta\mp\sin\alpha\sin\beta$
3. $\sin\alpha+\sin\beta=2\sin\dfrac{\alpha+\beta}{2}\cos\dfrac{\alpha-\beta}{2}$
4. $\sin\alpha-\sin\beta=2\cos\left(\dfrac{\alpha+\beta}{2}\right)\sin\left(\dfrac{\alpha-\beta}{2}\right)$
5. $\cos\alpha+\cos\beta=2\cos\left(\dfrac{\alpha+\beta}{2}\right)\cos\left(\dfrac{\alpha-\beta}{2}\right)$
6. $\cos\alpha-\cos\beta=-2\sin\left(\dfrac{\alpha+\beta}{2}\right)\sin\left(\dfrac{\alpha-\beta}{2}\right)$
7. $2\sin\alpha\sin\beta=\cos(\alpha-\beta)-\cos(\alpha+\beta)$
8. $2\cos\alpha\cos\beta=\cos(\alpha-\beta)+\cos(\alpha+\beta)$
9. $2\sin\alpha\cos\beta=\sin(\alpha+\beta)+\sin(\alpha-\beta)$
10. $\sin2\alpha=2\sin\alpha\cos\alpha$
11. $\cos2\alpha=2\cos^2\alpha-1=1-2\sin^2\alpha$
12. $\cos^2\alpha=\dfrac{1}{2}+\dfrac{1}{2}\cos2\alpha$
13. $\sin^2\alpha=\dfrac{1}{2}-\dfrac{1}{2}\cos2\alpha$
14. $\tan(\alpha\pm\beta)=\dfrac{\tan\alpha+\tan\beta}{1\mp\tan\alpha\tan\beta}$
15. $\tan2\alpha=\dfrac{2\tan\alpha}{1-\tan^2\alpha}$

附录 D 证明 $m=b-(n-1)$ 个网孔

证明具有 n 个节点、b 条支路的平面连通网络，有 $m=b-(n-1)$ 个网络。

用数学归纳证明：当网络仅有一个网孔，即 $m=1$ 时，如附图 D-1(a) 所示，显然 $b=n$，$m=b-(n-1)=1$ 成立，若设对于具有 m 个网孔的平面连通网络 $m=b-(n-1)$ 成立，如附图 D-1(b) 所示，可在原具有 m 个网孔网络的基础上，通过加一条支路使网孔数增加一个；也可加上 k 条串联支路、经过 $(k-1)$ 个节点使网孔数增加一个。如果设新网络的网孔数为 m'，支路数为 b'，节点

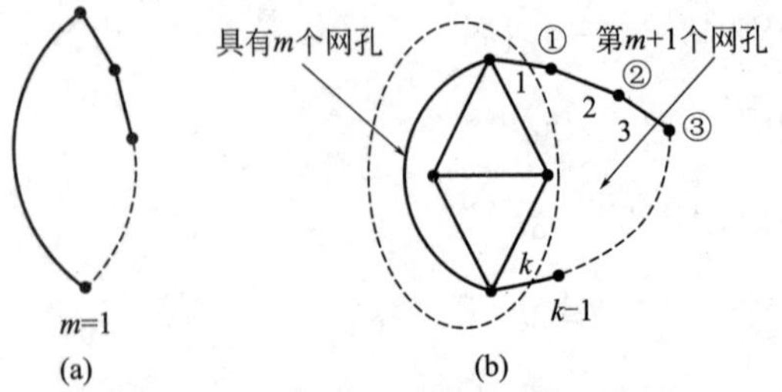

附图 D-1 平面网络网孔数的证明

数为 n'，则有

$$m'=m+1,\ b'=b+k,\ n'=n+(k-1)$$

由于 $m=b-(n-1)$，因此

$$m'=m+1=b-(n-1)+1=b'-k-n'+k+1=b'-(n'-1)$$

故平面连通网络网孔数计算公式成立。

附录 E　习题参考答案

习题一

1-1　正电荷 $I_{AB}=0.25A$，$I_{BA}=I_{AB}$；负电荷 $I_{AB}=-0.25A$，$I_{BA}=-I_{AB}$

1-2　$U_{AB}=U=-100V$，$U_{BA}=100V$

1-3　$V_O=-5V$　$V_A=16V$　$V_B=10V$　$U_{AB}=6V$　$U_{BO}=15V$ 两种情况下的电压相同。

1-4　①$U_A=10V$；②$I_B=100mA$ 方向向左；③$P_C=2\times10^{-5}W$，电流与电压取关联参考方向。

1-5　①$U_{ab}=-250V$，$U_{cd}=25V$，$U_{ef}=200V$，$U_{gh}=25V$；②四个电压的代数和为零。

1-6　相同区间 $\left[0,\ \frac{\pi}{2000}\right]$，$\left[\frac{\pi}{1000},\ \frac{3\pi}{2000}\right]$ 相反区间 $\left[\frac{\pi}{2000},\ \frac{\pi}{1000}\right]$，$\left[\frac{3\pi}{2000},\ \frac{\pi}{500}\right]$

1-7　$-4W$，$-16W$，$40W$，$-50W$，$30W$

1-8　15W，179W

1-9　(a) $u_{ab}=U_S+Ri$；(b) $u_{ab}=U_S-Ri$；(c) $u_{ab}=-U_S+Ri$；(d) $u_{ab}=-U_S-Ri$

1-10　5.8V，0.3Ω

1-11　$-20V$，$-24W$，$104W$

1-12　0.5A，1A，0.5A，3V，2V，$-2V$

1-13　5A，6A，$-11A$，9A，4A

1-14　5～10V，5～9.375V

1-15　①2A，6A，$-7A$；②19V，$-19V$，16V；③38W，$-90W$，$-36W$，27W，21W，4W，$-16W$

习题二

2-1　$I_3=3A$，$U_{ab}=-25V$，$U_{bc}=20V$，$U_{ca}=5V$

2-2　①略；②$U_{ab}=-3V$

2-3　$R=17.5\Omega$，$U_{ab}=65V$

2-4　①$U_O=0$；②$U_O=55V$；③$U_O=99V$

2-5　①$U_O=0$；②$U_O=37V$；③$U=83.8V$；$I=2.6A$ 不安全。

2-6　①$U=204V$，$E=205V$；②略。

2-7　①$R_1=302.5\Omega$，$I_1=0.364A$；$R_2=806.7\Omega$，$I_2=0.136A$；
②$U_1=60V$，$U_2=160V$ 所以不能串联连接；
③都不能达到额定电压。

2-8　$V_a=5V$

2-9　①$V_a=8V$，$V_b=8V$；②$V_a=0V$，$V_c=-8V$

2-10 $V_a=1.67V$

2-11 开关断开时，$V_a=-5.8V$；开关闭合时，$V_a=1.96V$

2-12 ①略；②$V_a=0$

2-13 图(a)：$R_{ab}=2.5\Omega$，图(b)：$R_{ab}=21.2\Omega$

2-14 图(a)：$R_1=15\Omega$，$R_2=10\Omega$，$R_3=6\Omega$；
图(b)：$R_{ab}=270\Omega$，$R_{bc}=648\Omega$，$R_{ca}=540\Omega$

2-15 图(a)：$R_{ab}=100\Omega$，图(b)：$R_{ab}=6.75k\Omega$

2-16 $I_2=-2.86A$

2-17 $C_1=3\mu F$，$C_2=7\mu F$

2-18 $U=1.33V$

2-19 1A 电流源的电压 $U_1=20V$(上负下正)，$P_{1A}=20W$，$P_{20\Omega}=20W$；
2A 电流源的电压 $U_2=40V$(上负下正)，$P_{2A}=-80W$，$P_{10\Omega}=40W$

2-20 $I_3=0.6A$

2-21 $U=2.37V$

2-22 略

2-23 $I=1A$

2-24 $I_1=5.5A$，$I_2=-7A$，$I_3=-1.5A$

2-25 电压源的电流为 2/3A，方向向下，$P_{18V}=12W$(耗能)
电流源的电压为 36V，上正下负，$P_{4A}=144W$(供能)

2-26 略

2-27 略

2-28 $I_1=55A$，$I_2=-7A$，$I_3=-1.5A$

2-29 $V_a=-2.3V$，$U_{ac}=-26.3V$

2-30 $I=4A$

2-31 $I_2=-4A$，$I_3=-1A$，$U_{S1}=-31V$

2-32 $I_2=-2A$，$I_3=8A$，$U_{S1}=23V$

2-33 略

2-34 $I=-1.6A$

2-35 $I=-8A$

2-36 $U=2.5V$

2-37 $U=52V$ $I_2=8A$

2-38 $R_L=80\Omega$ 时，$P_L=0.8W$；$R_L=160\Omega$ 时，$P_L=0.9W$；
$R_L=240\Omega$ 时，$P_L=0.864W$

2-39 $P_m=0.72W$

2-40 ①$I=0$，②略

2-41 46.58W

2-42 2.07A，1.89A，−1.96A，4.93A

2-43 8Ω

2-44 $(1-\beta)R_1+R_2$，$\dfrac{R_1R_2}{R_1+R_2-r}$，12Ω

2-45　264.3V，397.4V，183.9V，−133.1V，213.5V，80.4V

2-46　16.67A，10.5kV

2-47　0.93V

2-48　5A，−9V

2-49　−25V

2-50　2.33A，9.33V

2-51　−13.5W

2-52　$\frac{63}{17}$A，$\frac{39}{17}$A，$\frac{24}{17}$A，$\frac{15}{17}$A，$\frac{9}{17}$A，$\frac{6}{17}$A，$\frac{3}{17}$A

2-53　10V，3Ω，6V，16Ω

2-54　10V，180Ω

习题三

3-1　①$\mu=311\sin(314t-30°)$　②$i=10\sin(10t-60°)$A

3-2　①$U_m=20$V，$\omega=314$rad/s，$\varphi=-30°$

②$I_m=20$V，$\omega=100$rad/s，$\varphi=70°$

3-3　$I_m=10$A，$i=10\sin(\omega t+30°)$A

3-4　$\varphi_{AB}=75°$

3-5　$U=220$V，$I=1$A

3-6　$u=643.3\sin(100t+60°)$

3-7　①5+j8.66，②−j5，③−6+j8，④17.32−j10

3-8　①5∠53.1°；②2.24∠26.6°；③20∠−53.1°；④10∠−60°

3-9　$A_1+A_2=11.93+j4.66$；$A_1-A_2=1.93-j12.66$；

$A_1A_2=80\angle300$；$A_1/A_2=0.8L-90°$

3-10　①相量和为241.6∠5.6°V，相量差为241.6∠54.4°V；

②相量和为10∠41°A，相量差为10∠49°A；相量图略

3-11　①电压相量为100∠30°V；②电流相量为3∠−45°V；相量图略

3-12　$i=1.41\sin(314t+60°)$A，相量图略

3-13　$I=0.27$A

3-14　$u_R=14.1\sin(31t+60°)$V

3-15　$i_L=12.8\sin(314t-60°)$A，相量图略

3-16　$f=79.6$Hz

3-17　$i=2.75\sqrt{2}\sin(314t-30°)$A，$Q=605$var

3-18　$u=220\sqrt{2}\sin314t$V，$Q=484$var

3-19　(a) $A_0=10\sqrt{2}$A　(b) $U_0=80$V　(c) $A_0=2$A　(d) $U_0=10\sqrt{2}$V

3-20　$R=6\Omega$，$L=255$mH

3-21　略

3-22　$f=50$Hz，$X_C=63.7\Omega$，$I=1.73$A，$Q=190$var

$f=5000$Hz，$X_C=0.637\Omega$，$I=173$A，$Q=19030$var

3-23　$L\approx62$mH

3-24 $U_2=139V$ $\cos\varphi=0.73$

3-25 $f\approx1000Hz$

3-26 $i_1=4.4\sqrt{2}\sin(314t-53^\circ)A$

$i_2=2.2\sqrt{2}\sin(314t+37^\circ)A$

$i=4.9\sqrt{2}\sin(314t-26.5^\circ)A$

3-27 ①$i=36.7\sin(\omega t-45^\circ)A$②$U_1=275.5V$③$U_2=122.6V$④$P\approx4044W$,$Q\approx4044var$

3-28 ①$i_R=10\sqrt{2}\sin(\omega t+20^\circ)A$

$i_c=10\sqrt{2}\sin(\omega t+110^\circ)A$

$i_L=20\sqrt{2}\sin(\omega t-70^\circ)A$ $i=20\sin(\omega t-25^\circ)A$

②$P=2200W$，$Q=2200va$

3-29 $R=10\Omega$ $L=31.8mH$ $C=159.2\mu F$

3-30 ①$Q_L=10.3kvar$ $W=16.4J$；②$I=2.34A$ $Q_L=513.8var$

3-31 $i=9.8\sin(314t+90^\circ)A$，相量图略

3-32 $u=955\sin(314t-45^\circ)V$，$Q_C=678var$

3-33 电阻上电压的相量为 $72.4\angle40.8^\circ V$，

电感上电压的相量为 $22.7\angle130.8^\circ V$，

电容上电压的相量为 $230.2\angle-49.2^\circ V$

3-34 $\dot{I}=0.65\angle-69.1^\circ A$ $\dot{U}_1=65\angle-69.1^\circ V$ $\dot{U}_2=204.5\angle17.3^\circ V$

3-35 $\dot{U}=10.05\angle5.7^\circ V$，相量图略。

3-36 50Hz 时，$\dot{I}=22\angle36.9^\circ A$，电路为容性。

200Hz 时，$\dot{I}=22\angle-36.9^\circ A$，电路为感性。

3-37 电压 U 的相量为 $0.707\angle-15^\circ V$，$\Phi_{Oi}=45^\circ$

3-38 电流 i 的相量为 $1.65\angle-80.5^\circ A$，$P=27.2W$，$Q=163.4var$，$S=165.5VA$

3-39 电流 I 的相量为 $19.6\angle-19.7^\circ A$ $\dot{U}_1=98\angle33.4^\circ V$ $\dot{U}_2=196\angle-56.6^\circ V$

3-40 $\dot{I}_1=2\angle-26.6^\circ A$ $\dot{I}_2=5.5\angle0^\circ A$

3-41 $\dot{I}_1=0.707\angle-45^\circ A$ $\dot{I}_2=1\angle90^\circ A$ $\dot{I}=0.707\angle45^\circ A$ $P=5W$

3-42 $Y=0.21\angle36.7^\circ S$ $\dot{I}=2.1\angle36.7^\circ A$ $\dot{I}_1=0.86\angle-59^\circ A$ $\dot{I}_2=1.25\angle0^\circ A$

$\dot{I}_3=1\angle90^\circ A$

3-43 $\dot{U}_W=220\angle-150^\circ V$，$\dot{U}_V=220\angle-30^\circ V$ 相量图略

3-44 ①220V；②220V

3-45 $\dot{I}_U=5.82\angle30^\circ A$ $\dot{I}_V=5.82\angle-150^\circ A$ $\dot{I}_W=5.82\angle90^\circ A$

3-46 $\dot{I}_U=22\angle0^\circ A$ $\dot{I}_V=15.6\angle-105^\circ A$ $\dot{I}_W=15.6\angle165^\circ A$ $\dot{I}_O=-8.2A$

3-47 $\dot{I}_{UV}=38\angle-30^\circ A$ $\dot{I}_{VW}=38\angle-150^\circ A$ $\dot{I}_{WU}=38\angle90^\circ A$；

$\dot{I}_W=65.8\angle-60^\circ A$ $\dot{I}_V=65.8\angle-180^\circ A$ $\dot{I}_U=65.8\angle60^\circ A$

3-48 $\dot{I}_{UV}=34.5\angle0^\circ A$ $\dot{I}_{VW}=17.3\angle-120^\circ A$ $\dot{I}_{WU}=17.3\angle120^\circ A$；

$\dot{I}_U=45.7\angle-19.2°A$　$\dot{I}_V=45.7\angle-160.9°A$　$\dot{I}_W=30\angle 90°A$

3-49　$P=22kW$

3-50　$\dot{I}_U=22\angle-53.1°A$　$\dot{I}_V=22\angle-173.1°A$　$\dot{I}_W=22\angle 66.9°A$

$P=869W$　$Q=11579var$　$s=14479.5VA$

3-51　$Z=10\Omega$　$U_P=220V$　$I_P=22A$　$I_1=I_P=22A$　$P\gamma=11616W$

3-52　$I_1=20A$　$I_P=11.55A$

3-53　①$I_P=1.73A$②$I_L=3A$③$P_A=1972.2W$

3-54　①$U_P=3810V$②$P_A=2429kW$

3-55　④⑤⑥是对的　①②③是错的

3-56　略

习题四

4-1　$f_0=159Hz$　$Q=100$

4-2　$f_0=796Hz$　$\rho=2\times10^3\Omega$　$Q=100$　$U_{CO}=U_{LO}=10V$

4-3　$C=10^{-9}F$　$L=10^{-3}H$

4-4　$I_0=227\mu A$　$I=227\mu A$

4-5　$B=7.96kHz$　$B'=39.8kHz$

4-6　$R=0.4\Omega$　$C=0.025\times10^{-6}F$　$L=40\mu F$

4-7　A_2 的读数为 8A。

4-8　$f_0=1.09MHz$　$|Z_0|=0.215\times10^6\Omega$

$I_0=46.5\times10^{-6}A$　$I_{L0}=I_{C0}=5.81mA$

4-9　谐振的条件是：$\omega L_1+\omega L_2-\dfrac{1}{\omega C_2}=0$；

谐振的频率是：$f_0=\dfrac{1}{2\pi\sqrt{(L_1+L_2)C}}$

习题五

5-1　①$M=4mH$；②$k=0.75$；③$M=8mH$

5-2　$L_{顺}=20H$　$L_{反}=8H$

5-3　略

5-4　$U_{AB}=150V$

5-5　$\dot{I}_1=1/3\angle-90°A$

5-6　$C=10pF$

5-7　$\dot{I}_1=0.16\angle-81.9°A$

5-8　图 5-30(a)：$Z=(10+j1.75)\Omega$；图 5-30(b)：$Z=(10+j0.875)\Omega$

5-9　图 5-31(a)：$C=1.2\times10^{-5}F$；图 5-31(b)：$C=1.3\times10^{-5}F$

5-10　$N_2=71$ 匝

习题六

6-1～6-8　略

6-9　(a) $Y_{11}=\dfrac{(R_1+R_4)(R_2+R_4)}{R_1R_2R_3+R_2R_3R_4+R_1R_3R_4+R_1R_2R_4}$

$$Y_{12}=Y_{21}=\frac{R_1R_2-R_3R_4}{R_1R_2R_3+R_2R_3R_4+R_1R_3R_4+R_1R_2R_4}$$

$$Y_{22}=\frac{(R_1+R_3)(R_2+R_4)}{R_1R_2R_3+R_2R_3R_4+R_1R_3R_4+R_1R_2R_4}$$

(b) $Y_{11}=Y_{22}=\frac{\omega^4L^2C^2-3\omega LC+1}{\mathrm{j}\omega L(-\omega^2LC+2)}$

$Y_{12}=Y_{21}=-\frac{1}{\mathrm{j}\omega L(-\omega^2LC+2)}$

(c) $\frac{1}{R}$，$\frac{-3}{R}$，$-\frac{1}{R}$，$\frac{3}{R}$.

6-10 (a) $\mathrm{j}\omega \mathrm{L}$，$\mathrm{j}\omega M$，$\mathrm{j}\omega M$，$\mathrm{j}\omega L_2$；

(b) $R+\frac{1}{\mathrm{j}\omega c}$，$\frac{1}{\mathrm{j}\omega c}$，$\frac{i}{\mathrm{j}\omega c}$，$\mathrm{j}\omega L+\frac{1}{\mathrm{j}\omega c}$.

(c) $3R$，$2R$，$-7R$，$-3R$.

6-11 (a) $1.24\angle 23.7°$，$10.6\angle -0.99°\Omega$，$0.106\angle 89.1°\mathrm{S}$.

(b) $1+\mathrm{j}\omega 6RC-5(\omega RC)^2+\mathrm{j}(\omega RC)^3$，$R(3+\mathrm{j}\omega RC)(1+\mathrm{j}\omega RC)$，$\mathrm{j}\omega C(3+\mathrm{j}\omega RC)(1+\mathrm{j}\omega RC)$，$1+3\mathrm{j}\omega RC-(\omega RC)^2$

6-12 (a) 30Ω，-1，1，0；(b) 1Ω，$\frac{4}{3}$，-2，$-1\mathrm{S}$

6-13 Z 参数：$\frac{5}{3}\Omega$，$\frac{4}{3}\Omega$，$\frac{4}{3}\Omega$，$\frac{5}{3}\Omega$；

Y 参数：$\frac{5}{3}\mathrm{S}$，$-\frac{4}{3}\mathrm{S}$，$-\frac{4}{3}\mathrm{S}$，$\frac{5}{3}\mathrm{S}$；

T 参数：$\frac{5}{4}$，$\frac{3}{4}\Omega$，$\frac{3}{4}\mathrm{S}$，$\frac{5}{4}$

6-14～6-15 略

6-16 (1) $\left(\frac{1}{7}+\frac{1}{3}\mathrm{e}^{-2t}-\frac{10}{21}\mathrm{e}^{-3.5t}\right)\varepsilon(t)\mathrm{V}$；(2) $1.9\sin(3t+34.7°)\mathrm{V}$

6-17 $\begin{bmatrix}1-\omega^2C^2R^2+l2\omega CR & 2R+\mathrm{j}\omega CR^2\\ -\omega^2C^2R+\mathrm{j}2\omega C & 1+\mathrm{j}\omega CR\end{bmatrix}$

习题七

7-1 略

7-2 $U=69.5\mathrm{V}$

7-3 $I=64.7\mathrm{A}$

7-4 ①$i=2.5+1.42\sqrt{2}\sin(1000t-15°)$；②$I=2.88\mathrm{A}$；③$P=165.9\mathrm{W}$

7-5 $R_1=12\Omega$，$X_{L1}=0.314\Omega$，$X_{C1}=10.14\Omega$，$R_5=12\Omega$.
$X_{L5}=1.57\Omega$，$X_{C5}=2.02\Omega$

7-6 ①$i=1.11\sqrt{2}\sin(\omega t+63.7°)\mathrm{A}$ $I=1.11\mathrm{A}$；

②$u_L=2.22\sqrt{2}\sin(\omega t+153.7°)\mathrm{V}$

③$P=7.39\mathrm{W}$

7-7 $U_2=62V$，$I=3.9A$.

7-8 $Z_3=(30+j60)\Omega$，$Z_5=(30+j100)\Omega$

7-9 $i=[2+4.2\sqrt{2}\sin(1000t+72°)]A$，$P=173.1W$

7-10 $u=(50+141.4\cos ut+70.7\cos 2ut)V$，$U=122.5V$，$P=1500W$

7-11 $u=[141.4\sin(100t-90°)+35.35\sin(200t-90°)]V$，$U_0=103.1V$，$P=0$

7-12 $u=[141.4\sin(100t+90°)+141.4\sin(200t+90°)]V$，$U_0=141.4V$，$P=0$

习题八

8-1 15V，−0.25A

8-2 15V，−3A，5A，−15V，$\frac{10}{3}$A，$\frac{5}{3}$A

8-3 12V，1A，−2A，6A，−3A，0V

8-4 −1A，900A/S

8-5 6μs，6μs，1ms，0.9ms

8-6 ①1.024kV②52.66MΩ③4588.5s④50kA，50MW⑤7.5s，0.1A，100W

8-7 $70.71e^{-0.5776t}$mA

8-8 76.6S

8-9 $2e^{-10^4t}$A，$-4e^{-10^4t}$V

8-10 $I_SR-I_SRe^{-t/RC}$，$I_S-I_Se^{-t/RC}$，$I_Se^{-t/RC}$

8-11 $(2-2e^{-1\times10^6t})$A

8-12 (a)$(160-160e^{-\frac{1}{80}t})$V，$\left(-\frac{1}{3}-\frac{2}{3}e^{-\frac{1}{80}t}\right)$A；

(b)$\left(\frac{2}{3}-\frac{2}{3}e^{-14t}\right)$A，$\left(\frac{4}{3}+\frac{2}{9}e^{-14t}\right)$A

8-13 ①$\left(1-\frac{1}{4}e^{-15t}\right)$A，$\left(\frac{5}{3}-\frac{5}{12}e^{-15t}\right)$A，$\left(\frac{8}{3}-\frac{2}{3}e^{-15t}\right)$A②零状态$\left(\frac{8}{3}-\frac{8}{3}e^{-15t}\right)$A，

零输入 $2e^{-15t}$③自由分量$-\frac{2}{3}e^{-15t}$A，强制分量是 A。

8-14 $(5-15e^{-10t})$V，$0.75(1+e^{-10t})$mA

8-15 0.03688S

8-16 30V，$(40-10e^{-\frac{1}{5}t})$V

8-17 $(1.6-0.4e^{-4444t})$A，$(32+14.22e^{-4444t})$V

8-18 $[-2+2.79e^{-0.5(t-1)}]$A，$[8-5.574e^{-0.5(t-1)}]$V

8-19 $[34.6\sqrt{2}\sin(100\pi t-50.95°)+(U_0+37.98)e^{-50t}]$V，−37.98V

8-20 $[0.7639\sin(100\pi t-43.73°)-0.2355e^{-91.67t}]$A

8-21 $0.24(e^{-500t}-e^{-1000t})$A

8-22 $[1.163\sin(100\pi t+98.56°)-0.4418e^{-800t}-0.7082e^{-100t}]$A

8-23 $(2.4+0.6e^{-10t})$A，$(1.6+0.15e^{-10t})$A

8-24 $(8-0.667e^{-\frac{t}{2.4}\times10^6})$A，$0.833e^{-\frac{t}{2.4}\times10^6}$A，$(4-2e^{-\frac{t}{2.4}\times10^6})$V

8-25 $u(t)=5e^{-t}\varepsilon(t)+5e^{-(t-1)}\varepsilon(t-1)-15e^{-(t-2)}\varepsilon(t-2)+5e^{-(t-3)}\varepsilon(t-3)$

8-26 $10e^{-5t}$ V

8-27 $\delta(t)-e^{-t}$ V

8-28 ①$100(1-e^{-20t})$ V，$0.01e^{-20t}$ A；②$80e^{-20t}$ V，$[0.4\delta(t)-8e^{-20t}]$ mA

8-29 $\left(\frac{5}{6}-\frac{1}{3}e^{-t}\right)\varepsilon(t)$ V

8-30～8-32 略

8-33 $(\sqrt{2}-1)$ kΩ

习题九

9-1～9-2 略

9-3 ①$3e^{-t}-2.5e^{-1.5t}$；②$\frac{100}{3}-20e^{-t}-\frac{10}{3}e^{-3t}$；③$\cos t-\cos 2t$；

④$2e^{-t}+3te^{-t}+e^{-2t}$；⑤$3\delta(t)+2e^{-t}-e^{-2t}$；

9-4 (a)$\frac{30S^2+14S+1}{6S^2+12S+1}$；(b)$\frac{2S^2+S+1}{2S+1}$

9-5 略

9-6 $(6.667-0.447e^{-6.34t}-6.22e^{-23.66t})$ A

9-7 $0.15\delta(t)$，50V

9-8 $(5-e^{-4\times10^3})$ A，$[12\times10^{-3}\delta(t)+12e^{-10^3t}]$ V

9-9 $(5t+12.5-2.5e^{-2t})$ V

9-10 $[-2e^{-2t}+8.54e^{-0.75t}\cos(0.66t+20.85°)]$ V

9-11 $(1-3.75e^{-2t}+3.75e^{-3t})$ V

9-12 $[0.027e^{-10^3t}+447.2\cos(2\times10^3t-93.43°)]$ A

9-13 $(5+5e^{-400t})$ V，$(5-5e^{-400t})$ V，$0.2e^{-400t}$ A，$[10^3\delta(t)-0.2e^{-400t}]$ A

9-14 $e^{-t}\sin$ A，$\left[\frac{1}{2}+\frac{\sqrt{2}}{2}e^{-t}\cos(t+135°)\right]$ A

9-15 $U_{OC}(s)=1-\frac{1}{s}$；$Z(s)=\frac{10}{s}$

9-16 ①$\frac{25(S+1)^2}{S(11S^2+15S+6)}$；②$\frac{-5(S+1)^2}{S^2(5S+3)}$.

9-17 $(10-2e^{-\frac{1}{5}t})$ A，$4e^{-\frac{1}{5}t}$ A

9-18 $L=\sqrt{2}$ H，$C=\frac{\sqrt{2}}{2}$ F

参 考 文 献

[1] 邱关源. 电路. 5版. 北京：高等教育出版社，2020.
[2] 秦曾煌. 电工学. 7版. 北京：高等教育出版社，2020.
[3] 谭恩鼎. 电子基础. 北京：高等教育出版社，2019.
[4] 王俊鹍. 电路基础. 4版. 北京：人民邮电出版社，2020.
[5] 李树燕. 电路基础. 北京：高等教育出版社，2019.
[6] 曹泰斌. 电路分析基础教程. 北京：电子工业出版社，2020.
[7] 石生. 电路基本分析. 北京：高等教育出版社，2019.
[8] 沈翃. 电工与电子技术. 北京：化学工业出版社，2019.
[9] 田淑华. 电路基础. 北京：机械工业出版社，2020.
[10] 王佩珠. 电路与模拟电子电路. 南京：南京大学出版社，2020.